MONOGRAPHIE DES SANGSUES MÉDICINALES

CONTENANT

LA DESCRIPTION, L'ÉDUCATION, LA CONSERVATION, LA REPRODUCTION, LES MALADIES, L'EMPLOI, LE DÉGORGEMENT ET LE COMMERCE DE CES ANNÉLIDES,

SUIVIE

DE L'HYGIÈNE DES MARAIS A SANGSUES,

PAR

M. CH. FERMOND,

Pharmacien en chef de la Salpêtrière, membre de la Société botanique de France et de la Société d'hydrologie médicale.

Avec 26 Figures.

PARIS.

GERMER BAILLIÈRE, LIBRAIRE-ÉDITEUR,

17, RUE DE L'ÉCOLE-DE-MÉDECINE.

LONDRES, H. Baillière, 219 Regent-Street. | NEW-YORK, Charles Baillière.

1854.

MONOGRAPHIE

DES

SANGSUES MÉDICINALES.

Paris. — Imprimerie de L. MARTINET, rue Mignon, 2.

MONOGRAPHIE

DES

SANGSUES MÉDICINALES

CONTENANT

LA DESCRIPTION, L'ÉDUCATION, LA CONSERVATION,
LA REPRODUCTION, LES MALADIES, L'EMPLOI, LE DÉGORGEMENT
ET LE COMMERCE DE CES ANNÉLIDES,

SUIVIE

DE L'HYGIÈNE DES MARAIS A SANGSUES,

PAR

M. CH. FERMOND,

Pharmacien en chef de la Salpêtrière, membre de la Société botanique de France
et de la Société d'hydrologie médicale.

Avec 36 Figures.

PARIS.

GERMER BAILLIÈRE, LIBRAIRE-ÉDITEUR,

17, RUE DE L'ÉCOLE-DE-MÉDECINE.

LONDRES,
H. Baillière, 219, Regent-Street.

NEW-YORK,
Charles Baillière.

1854.

A MESSIEURS

DUMÉRIL, MAGENDIE, MOQUIN-TANDON, VALENCIENNES,

MEMBRES DE L'INSTITUT (ACADÉMIE DES SCIENCES);

A MONSIEUR LE DOCTEUR MÊLIER,

MEMBRE DE L'ACADÉMIE IMPÉRIALE DE MÉDECINE ET DU COMITÉ CONSULTATIF D'HYGIÈNE;

A MONSIEUR BOUCHARDAT,

PROFESSEUR D'HYGIÈNE A LA FACULTÉ DE MÉDECINE DE PARIS, MEMBRE DE L'ACADÉMIE IMPÉRIALE DE MÉDECINE.

Témoignage de vive reconnaissance pour la bienveillance et les bontés qu'ils ont eues pour moi.

Hommage respectueux !

CH. FERMOND.

PRÉFACE.

Après la *Monographie des Hirudinées*, justement estimée, de M. Moquin-Tandon, il était difficile de faire un ouvrage sur les sangsues qui ne lui fût pas inférieur, et, pour cette raison, il eût peut-être été sage de ne pas entreprendre une publication semblable à celle que nous offrons au public. Cependant, si l'on veut bien observer que l'opportunité de la question de l'hirudoculture, le grand nombre de publications qui ont paru depuis peu de temps, ainsi que des demandes particulières qui nous ont été adressées par des personnes qui s'occupent de la reproduction de ces annélides, ont dû nous décider à faire ce travail, on nous pardonnera, nous l'espérons, d'avoir osé entreprendre un ouvrage que d'autres, sans doute, eussent été plus capables que nous de bien faire. Mais puisqu'un ouvrage aussi complet ne se faisait pas, bien qu'il fût jugé nécessaire, fallait-il ne pas oser l'aborder? Là était la question ; et, après de longues réflexions, nous avons pensé qu'en réunissant tout ce qui avait été publié, sous le point de vue pratique, sur la *multiplication* et la *conservation* des sangsues médicinales, et qu'en y introduisant le résultat de nos propres observations, nous pouvions encore rendre quelque service aux hommes qui ont besoin de recourir à la multitude d'écrits que l'on a produits sur ce sujet.

En même temps nous avons voulu être fidèle historien de tout ce qui avait été écrit sur les sangsues : il nous a donc fallu faire un précis anatomique et physiologique de ces annélides ,et rappeler les classifications dont ils ont été l'objet. A cette occasion, nous devons dire qu'il nous a semblé utile d'établir une distinction entre les *Bdelliens*, qui sont spécialement l'objet de notre ouvrage, et les *Néphéliens*, qui, avec les précédents, composent le groupe des Hirudinées bdelliennes de M. Moquin-Tandon. La tribu des Bdelliens nous semble si naturelle, que nous ne comprenons pas qu'elle n'ait pas été déjà établie.

Nous avons laissé à peu près intacts la division et les caractères des sangsues médicinales, établis par M. Moquin-Tandon, persuadé que cette classification est la meilleure qui ait été produite. Pour l'anatomie et la physiologie, nous avons dû nous aider de ce qui avait été fait de mieux à ce sujet, et nous nous plaisons à proclamer le service que nous ont rendu dans cette circonstance, d'abord la *Monographie de la famille des Hirudinées*, publiée en 1846 par M. Moquin-Tandon, et ensuite les publications ou les travaux de Thomas, Vitet, Brandt (J.-F.), Johnson (J.-R.), Pelletier et Huzard fils, Dugès, Duvernoy, Gratiolet, etc.

L'*hirudoculture*, ou *multiplication des sangsues*, a été l'objet de tous nos soins, puisque c'est essentiellement en vue de faciliter l'extension de cette industrie que nous avons entrepris cet ouvrage. Autant que possible, nous nous sommes procuré tout ce qui a été écrit sur cette question importante, et nous avons cherché à classer par ordre toutes les questions secondaires qui s'y rapportent, en élaguant, du mieux que nous avons pu, toutes les choses inutiles ou les répétitions, ce qui n'était pas parfaitement facile. C'est à cette partie de notre Monographie que nous avons rapporté tout ce qui a trait à la *conservation* et aux *maladies* de ces annélides, car ce sont, après la nourriture, les questions les plus importantes de l'hirudoculture.

Nous avons consacré une assez grande partie de notre ouvrage à l'*emploi*, au *dégorgement*, au *commerce*, à l'*importation*, à l'*exportation*, à la *fraude*, et au *transport* des sangsues, persuadé qu'il y a là des intérêts très importants à réaliser, au point de vue de la médecine et de l'industrie.

Nous avons voulu que notre ouvrage, qui est surtout destiné à favoriser et à encourager l'hirudoculture, répondît aux nombreux reproches que l'on a faits à cette industrie. Nous avons, autant que possible, essayé de combattre ces reproches peut-être exagérés, à l'aide d'une argumentation puisée dans la science et les statistiques ; mais nous avons dû le faire avec cette sage réserve qui prouvera, nous l'espérons, que nous n'avons pas voulu n'écouter que les intérêts des hirudoculteurs, au mépris des sages conseils que donnent l'hygiène et la salubrité publiques.

En conséquence, comme l'indique ce court exposé, notre ouvrage est divisé en cinq parties, savoir :

1° Classification des espèces ;

2° Études anatomiques et physiologiques ;

3° Hirudoculture, ou multiplication des sangsues ;

4° Emploi, dégorgement et commerce des sangsues ;

5° Hirudoculture envisagée au point de vue de l'hygiène et de la salubrité publiques.

Nous avons eu, autant que possible, grand soin d'attacher aux idées, aux expériences et aux résultats obtenus, le nom des auteurs, afin de donner à chacun d'eux la part de gloire qui lui revient dans l'étude de ces utiles animaux

Parmi les personnes qui nous ont aidé dans ce travail, soit par des conseils, soit par des communications directes, soit par des traductions, nous citerons particulièrement MM. Valenciennes, Mêlier, Chevallier, Huzard, Gratiolet, Malinowski, Letavernier, de Gonzalès, etc., et nous les prions de recevoir ici le témoignage de notre reconnaissance la plus sincère.

Nous nous plaisons aussi à reconnaître le service incontestable que nous ont rendu les travaux récents publiés par MM. Derheims, Soubeiran, Bouchardat, Huzard, Chevallier, Guibourt, Charpentier, J. Martin, Ébrard, Vayson, Harreaux, Borne, Laignez, Boudard, Levieux, Élie Masson, A. Ph. Laurens, Quenard, L. Busquet, etc., où nous avons trouvé des documents très précieux que nous nous sommes empressés de mettre à profit.

Nous avons cru devoir avancer nos idées sur la *polycoloration*, l'*adhérence*, la *succion*, le *sommeil* et le mode accidentel de *reproduction par ovo-viviparité* des sangsues, et nous avons donné avec détail les procédés de *dégorgement* tels que nous les pratiquons, ainsi que le résultat de nos *expériences sur la conservation* de ces animaux, soit en grand, ou en petit, soit pendant leur repos, ou pendant leur voyage sur terre et sur mer. Dans ce but, nous avons décrit un *marais* et conçu des *appareils* qui nous ont paru, autant que possible, remplir les conditions les meilleures qui soient exigées pour la conservation des êtres vivants.

Nous avons fait notre possible pour que ceux qui s'occuperont de cette importante question puissent arriver à distinguer nettement les *vraies* sangsues des *fausses*, les *bonnes* des *mauvaises*. Dans ce but, nous nous sommes longuement étendu sur les *ca-*

ractères dont les principaux ont été indiqués en lettres italiques, et nous avons donné une méthode à l'aide de laquelle il est impossible de ne pas reconnaître les *Néphélis*, les *Hæmopis* et les *Aulastomes*, qui seraient mélangées avec des *sangsues médicinales.*

Enfin nous avons fait nos efforts pour faire de notre Monographie un ouvrage complet où non seulement les éleveurs, mais aussi les négociants, les médecins, les pharmaciens et tous ceux qui veulent s'occuper de ces utiles animaux, puissent, chacun à son point de vue, trouver tous les renseignements dont ils peuvent avoir besoin. Sans doute, nous n'avons pas la prétention d'avoir fait un travail irréprochable, mais nous l'avons fait consciencieusement, et s'il donne prise à quelques reproches ou à quelques critiques, nous prions nos lecteurs de se rappeler cette maxime de Cicéron : *Ut humanus possum falli.* Ce qui ne nous empêchera pas néanmoins d'accueillir avec bonheur les observations que l'on voudra bien nous faire.

20 juillet 1854.

TABLE DES MATIÈRES

CONTENUES DANS CET OUVRAGE.

PREMIÈRE PARTIE.

Historique et classification des sangsues.

DEUXIÈME PARTIE.

Anatomie et physiologie des sangsues médicinales.

TROISIÈME PARTIE.

Hirudoculture, ou multiplication des sangsues.

QUATRIÈME PARTIE.

Distribution géographique; accroissement, âge et longévité; emploi médical et commerce des sangsues.

CINQUIÈME PARTIE.

De l'hirudoculture envisagée sous le point de vue de l'hygiène publique et de la salubrité.

FIN DE LA TABLE DES MATIÈRES.

MONOGRAPHIE
DES SANGSUES.

PREMIÈRE PARTIE.

HISTORIQUE ET CLASSIFICATION.

CHAPITRE PREMIER.

HISTORIQUE DE L'ÉTUDE DES SANGSUES ET DE LEUR CLASSIFICATION.

1°. — CLASSE.

Les sangsues ont été placées par les anciens au nombre des animaux qu'ils appelaient *Exsangus* (*animalia exsanguia*) parce qu'ils pensaient que ces animaux étaient complétement dépourvus de sang.

Albert le Grand, dans son livre sur les animaux de la division des *Exsanguia*, parle de la sangsue et du ver de terre, mais par ordre alphabétique.

Plusieurs auteurs ont placé les sangsues parmi les Poissons (Wotton). D'autres les ont regardées comme des reptiles.

Aldrovande et son abréviateur Jonston, les placent au rang des insectes aquatiques.

En 1710, Ray les a considérées comme des insectes apodes, aquatiques, ne subissant aucune métamorphose.

En 1735, Linné les a rangées dans sa classe des *Vermes* et dans sa division des *Reptilia*. Dans les éditions subséquentes, il a substitué le nom d'*Intestina* à celui de *reptilia*, et c'est parmi les *Vermes intestina*, que se trouvent classés les *Hirudo*.

En 1756, Arnault de Nobleville et Salerne dans leur *His-*

toire naturelle des animaux, les ont regardées, ainsi qu'Aldrovande, comme des insectes aquatiques.

Plusieurs auteurs postérieurs à Linné, Blumenbach (1779); Gmelin (1788), Bruguière (1791), les ont aussi rangées parmi les vers intestinaux.

En 1774, Müller (O.-F.) les a placées parmi ses *Vers terrestres et fluviatiles*, qui ne sont ni testacés, ni infusoires et qu'il a nommés *Helminthica*.

En 1777, Scopoli les réunit avec les mollusques et les zoophytes sous la dénomination d'*Helminthica*, et les plaça dans sa division des *Mutica* avec les genres Tænia, Ascaris, Gordius, Fasciola, Globaria, Ascidia et Sipunculus.

En 1798, Cuvier dans son Tableau des animaux, les admit parmi ses *Vers*, division des *Apodes*, qui comprenait les animaux sans épines ni soies, ne donnant le nom de vers intestinaux qu'aux espèces parasites des animaux vivants.

Lamarck dans son Système des animaux sans vertèbres (1801) et Bosc dans son *Histoire des vers* (1802), les comprirent parmi leurs *vers extérieurs*, désignant ainsi les invertébrés qui ne vivaient pas dans l'intérieur du corps et des animaux.

En 1802, ayant reconnu que parmi les vers extérieurs, il y avait des espèces dont le corps était formé par des anneaux, et qui, de plus, avaient un sang rouge et étaient pourvus d'un double système de vaisseaux compliqués, Cuvier eut l'idée d'en faire un groupe distinct auquel il donna le nom d'*Animaux à sang rouge*.

En 1806, Duméril, dans sa *Zoologie analytique*, les classa parmi les *Vers endobranches*, c'est-à-dire qui ne présentent aucun système de respiration extérieure.

En 1812, Lamarck, dans le prodrome de son cours, admit la division de Cuvier; mais il la plaça dans un rang plus élevé que celle des insectes sous le nom d'*Annélides* (*Annulata*, *Annularia* ou *annulosa*) etc. C'est parmi ses annélides cryptobranches que se trouvent comprises les sangsues.

En 1815, Oken rangea ces annélides dans son ordre des *vers* : tribu des *Vers lisses*.

En 1817, Cuvier les mit au nombre de ses *Annélides abranches*.

En 1818, Lamarck les a placées parmi ses *Annélides apodes*, et Carus dans sa classe des *Thoracozoaires* et dans son ordre des *Annélides*.

En 1820, Goldfuss admit ces animaux dans sa section des *Gymnodermes*.

En 1822, de Blainville en fit des *Entomozoaires apodes*.

En 1825, Latreille les mit au nombre de ses *Annélides entérobranches*.

En 1828, de Blainville les classa dans ses *Entomozoaires* ou *Vers apodes*, ordre des *Mizocéphalés*, famille des *Monocotylaires* ou *Bdellaires*.

En 1838, Dugès, dans sa *Physiologie comparée*, en a fait l'ordre des *Hirudiniens* qui se trouve être le premier de sa classe des *Lombricistes* ou *Annélides*, laquelle est elle-même la première de son sous-règne des *Astacaires* ou *Articulés*.

Milne Edwards, dans son *Cours élémentaire d'histoire naturelle*, les place parmi les *vers* dans son deuxième sous-embranchement (*animaux annelés*), classe des *Annélides*.

En 1848, dans son article SANGSUES du *Dictionnaire universel d'histoire naturelle* de d'Orbigny, Dujardin les a classées ainsi : « ANNÉLIDES. — Famille d'Annélides abranches et sans soies, constituant l'ordre entier des Hirudinées et correspondant à la famille du même nom, fondée par Lamarck et au grand genre *Sangsue* de Linné et de Cuvier. »

Valenciennes, dans le cours qu'il professe au Muséum d'histoire naturelle (1849), a divisé les Annélides en quatre sections : les *Annélides errantes*, les *Annélides sédentaires*, les *Annélides terricoles* ou *lombricoïdes* et les *Annélides suceuses* ou *hirudinées*.

Cette dernière division est caractérisée ainsi qu'il suit : corps sans appendices, sans soies sur les anneaux et portant une ventouse à chaque extrémité.

Enfin, selon de Quatrefages, les Sangsues ne sont nullement des Annélides : elles appartiennent à un rameau différent de l'embranchement des Annelés (*Annales des Sciences naturelles*, partie zoologique, 1850, page 331, note.)

2°. — FAMILLES.

C'est à Lamarck qu'est due l'idée du groupement des genres de sangsues sous le nom de famille des *Hirudinées*, nom formé du genre principal *Hirudo*. Savigny l'a admise sous le nom de *Famille des Sangsues*, constituant son quatrième ordre des *Annélides Hirudinées*.

Dans ses *familles naturelles du règne animal*, Latreille en a fait la quatrième famille de ses *Annélides entérobranches*, rejetant le genre branchellion parmi ses *mésobranches* (1).

De Blainville en adoptant l'idée de famille en a d'abord changé le mot pour celui de *sanguisugaires*, puis, plus tard, il lui a donné le nom de *monocotylaires* ou *bdellaires*, pour les distinguer d'autres animaux qu'il classe sous le nom de *polycotylaires*.

Savigny, non seulement a adopté l'idée de famille, mais encore il les a groupés en trois sections, ainsi qu'il suit :

1° Sangsues Branchelliennes;
2° — Albioniennes;
3° — Bdelliennes.

Malheureusement pour sa division, comme il est reconnu que les sangsues sont privées de branchies, il s'ensuit que sa première section est fondée sur un caractère qui n'existe pas.

Plus tard, Filippi a divisé les Hirudinées en deux sections : les *Hirudinées à sang rouge* et les *Hirudinées à sang blanc*.

Par une étude approfondie des divers genres et de leurs affinités, Moquin-Tandon (2), admet quatre tribus qui sont :

1° Les Hirudinées Albioniennes;
2° — Bdelliennes;
3° — Siphoniennes;
4° — Planériennes.

(1) Il fait observer, cependant, que dans l'ordre naturel, ce genre devrait rentrer dans la famille des Hirudinées.

(2) Moquin-Tandon, *Monographie de la famille des Hirudinées*, 2e édit., 1846, 1 vol. in-8, et atlas de 14 planches.

La première tribu est formée des *Branchelliennes* et des *Albionniennes* de Savigny; la seconde correspond aux *Bdelliennes* de cet auteur, moins les Clepsines et une partie de ses Hœmocharis; la troisième tribu est formée des espèces à sang incolore et munies d'une trompe tubuleuse; enfin la quatrième renferme les genres à sang incolore aussi, mais qui n'ont pas d'anneaux et dont les ventouses sont imparfaites.

Enfin, Duvernoy pense que tous les genres de cette famille doivent être groupés en deux sections :

1° *Hirudinées suceuses de sang* ou *sangsues* proprement dites : celles qui ne vivent que de sang.

2° *Hirudinées voraces :* celles qui vivent de proie et dont l'appareil alimentaire est organisé pour ce genre d'alimentation.

Nous ne partageons nullement l'opinion du savant académicien. Cette division nous paraît peu naturelle, et sépare évidemment des genres dont l'analogie est manifeste ainsi que l'on peut s'en assurer chez les *Sangsues*, les *Hæmopis* et les *Aulastomes* dans les caractères comparatifs que nous en donnons page 19.

Nous considérons la division de Moquin-Tandon comme la plus complète et la plus naturelle; aussi est-ce celle que nous adopterons de préférence. Toutefois, il nous a semblé qu'il aurait dû classer ensemble, dans une même tribu, mais séparément, les genres *Hirudo*, *Hæmopis* et *Aulastoma* comme ayant des caractères d'ensemble que ne présentent, à un aussi haut degré, aucun des genres d'Hirudinés entre eux.

Nous admettrons donc la division suivante :

1° Hirudinés Albioniens;
2° — Néphéliens;
3° — Bdelliens;
4° — Siphoniens;
5° — Planériens.

En consultant les caractères comparatifs des Aulastomes, des Hæmopis et des Sangsues, page 19, on comprendra la raison de cette séparation des Bdelliens, de Moquin-Tandon, en Néphéliens et en Bdelliens.

En effet, les trois genres *Aulastoma*, *Hæmopis* et *Hirudo* ont des caractères communs qu'ils ne partagent point avec d'autres; caractères qui nous ont paru suffire à l'établissement d'un groupe très naturel, tels sont :

1° Le nombre des anneaux distincts qui est assez semblable;

2° La ventouse antérieure qui est assez pareille dans les trois genres, et qui surtout présente une lèvre supérieure très avancée et presque lancéolée;

3° Les mâchoires qui sont au nombre de trois et pourvues de denticules;

4° Les points oculiformes qui sont au nombre de 10, et placés de la même façon sur une ligne courbe.

5° La place qu'occupent les organes sexuels et qui est la même pour tous.

6° Enfin la reproduction qui se fait de la même manière au moyen d'un cocon ou embryophore enveloppé d'un tissu spongieux.

3°. — GENRES.

Le genre le plus important de cette famille est sans contredit le genre *Hirudo* que Ray établit le premier. Linné l'adopta dans sa *Faune suédoise* et dans son *Systema naturæ* (1767), mais en réunissant sous ce nom des espèces très différentes. Les caractères qu'il donne du genre *Hirudo*, dans son dernier ouvrage, sont les suivants : « *Corpus oblongum, promovens se ord caudâque in orbiculum dilatatis* » (Corps oblong, se mouvant par une bouche et une queue dilatées en un petit rond).

Plusieurs naturalistes (Müller, Gmelin, Blumenbach, Bruguières, Cuvier, Bosc, Duméril, Carena, etc.) admirent pareillement le genre *Hirudo* de Ray sans presque aucune modification.

Ce n'est que plus récemment qu'un examen plus attentif de ces Annélides fit reconnaître que les espèces présentaient des différences assez notables pour que l'on dût en tenir compte et les séparer, et ce fut Leach qui, en 1815, prit l'initiative de cette séparation, et proposa la création d'un genre nouveau sous le nom *Pontobdella* pour la sangsue de mer observée par Rondelet. Très peu de temps après, Oken créa les genres *Gôl* (Pontobdella), *Ihl* (Piscicola), *Phylline* (Malacobdella), et *Helluo* (Glossiphonia).

En 1816, Rawlins Johnson donna le nom de *Glossiphonia* aux espèces à trompe tubuleuse.

En 1817, Dutrochet a fait connaître une espèce nouvelle qu'il a découverte et à laquelle il a donné son nom : *Trocheta*, et Savigny, cette même année, dans son *Système des Annélides*, a divisé les sangsues en sept genres (Branchellion, Albione, Bdella, Sanguisuga, Hæmopis, Nephelis et Clepsine).

Lamarck, dans son *Histoire naturelle des animaux sans vertèbres* (1818), a adopté les genres *Hirudo*, *Pontobdella*, *Philline*, *Piscicola*, *Erpobdella* : ces deux derniers mots étant destinés à remplacer les mots *Ihl* et *Helluo* d'Oken qui sont allemands et n'ont pas une forme scientifique. Quant au genre *Trocheta*, il l'a admis en l'écrivant *Trochetia* ; cette manière d'écrire ce nom a été suivie par de Blainville dans son article du *Dictionnaire d'histoire naturelle*.

Le nom de *Branchiobdella* a été proposé, en 1819, par Auguste Odier pour désigner le genre auquel appartient la sangsue parasite qui vit sur les branchies de l'écrevisse.

En 1826, dans la première édition de sa *Monographie des Hirudinées*, Moquin-Tandon admet huit genres : *Clepsine*, *Hæmopis*, *Sanguisuga*, *Limnatis*, *Aulastoma*, *Nephelis*, *Piscicola* et *Albione*.

De Blainville, en 1828, à l'article *Vers* du *Dictionnaire des sciences naturelles*, dirigé par l'idée que tous les genres d'une même famille devraient avoir une même désinence, établit les genres suivants :

Genres	
1. *Branchiobdella* (*Branchellion*). 2. *Glossobdella* (*Glossiphonia*). 3. *Hippobdella* (*Hæmopis*). 4. *Jatrobdella* (*Hirudo*). 5. *Paleobdella* (*Limnatis*). 6. *Pseudobdella* (*Aulastoma*). 7. *Erpobdella* (*Nephelis*). 8. *Ichtiobdella* (*Piscicola*). 9. *Epibdella* (*Phylline*).	Nous avons présenté ici, comme nom des genres correspondants aux nouveaux noms de Blainville, ceux qui ont été adoptés par Moquin-Tandon.
10. *Malacobdella* (*Malacobdella*). 11. *Geobdella* (*Trocheta*).	
12. *Pontobdella*, Leach. 13. *Capsala*, Bosc. 14. *Axine*, Oken. 15. *Nitzschia*, Baer.	Ces noms de genres sont admis par de Blainville sans modifications.

Dans son édition de 1846, Moquin-Tandon établit seize genres qu'il divise en quatre tribus, ainsi qu'il suit :

Tribus	Genres
Albioniennes. . .	1. Branchellion. 2. Ponbdelle. 3. Piscicole.
Bdelliennes. . . .	4. Branchiobdelle. 5. Néphélis. 6. Trochète. 7. Aulastome. 8. Hæmopis. 9. Sangsues. 10. Limnatis.
Siphoniennes. . .	11. Glossiphonie.
Planériennes. . . .	12. Malacobdelle. 13. Phylline. 14. Nitschie. 15. Axine. 16. Capsale.

Enfin, dans le cours qu'il professe au Muséum d'histoire naturelle (1849), Valenciennes a admis les huit genres suivants :

1. Sangsues ;
2. Hæmopis ;
3. Bdelle ;
4. Branchiobdelle ;
5. Néphélis ;
6. Aulastome ;
7. Hæmocharis ;
8. Albione.

De toutes ces divisions, de tous ces noms de genres on peut dire que l'auteur de la *Monographie des hirudinées* est celui qui a le mieux indiqué les affinités des genres et adopté les noms les plus euphoniques ou les plus appropriés au langage de la science. L'idée de Blainville est certainement heureuse en elle-même, mais dans l'application elle présente des difficultés qui tiennent à une dureté de prononciation et à une longueur de mots peu usitée. Cependant ils auraient l'avantage d'être significatifs et d'indiquer un des caractères essentiels du genre, si, toutefois, tous les noms étaient bien faits, comme aurait pu l'être le mot *Branchiobdella* d'Odier. Mais cet auteur ayant considéré comme des branchies saillantes les appendices branchiformes qui sont placées latéralement le long du corps du Branchellion, il en résulte que le nom significatif qu'il lui a donné peut induire en erreur et qu'il vaut mieux le changer. Néanmoins, ce nom a été adopté par Moquin-Tandon, mais nous pensons que le nom *Astacobdella*, de Vallot, serait plus exact.

Les noms de genre adoptés par Savigny sont euphoniques et bien faits, et quoique Moquin-Tandon, sans doute avec raison, lui reproche d'avoir remplacé le mot *Hirudo* par celui de *Sanguisuga*, nous ne pouvons nous empêcher de reconnaître que ce dernier, bien que moins euphonique, a cependant l'avantage d'exprimer la principale qualité de tout un genre qui présente à la médecine d'incontestables avantages. D'ailleurs le mot *Hirudo*, de Linné, n'était pas applicable à tel genre plutôt qu'à tel autre, et, pris dans son acception originelle, il peut s'appliquer à tous les genres de la famille des Hirudinées.

Sans blâmer l'auteur de la *Monographie des hirudinées*, d'avoir fait, à l'exemple de Lamarck, le mot *Hirudinées* féminin, nous ferons observer pourtant, que de Blainville, avec plus de raison, en a fait un mot masculin pour mettre le nom de cette famille en rapport de terminaison avec le nom des familles zoologiques (cétacés, crustacés, édentés, gallinacés, etc.). Au contraire, en botanique, les noms des familles sont plutôt du féminin. La raison est tout entière dans le genre des mots : *animal* et *plante*. Le premier étant masculin, on a dû prendre le masculin de l'adjectif ; tandis que pour le second, qui est féminin, on a dû prendre le féminin de l'adjectif : car c'est comme si l'on disait animaux cétacés, hirudinés, etc., ou bien, plantes labiées, synanthérées, etc.

Pareillement, s'il convient de faire masculin le nom de la famille, il faut que les noms des tribus soient aussi masculins, sans cela il n'y aurait aucun accord : Conséquemment, de ce que l'on dit *Hirudinées Albioniennes*, *Bdelliennes*, *Siphoniennes*, *Planériennes*, nous dirons, dans cette monographie, *Hirudinés Albioniens*, *Néphéliens*, *Bdelliens*, *Siphoniens*, et *Planériens*, comme on dit *Didelphiens*, *Batraciens*, *Hétéromériens*, *Homomériens*, etc.

4°. — ESPÈCES.

Ce serait vainement que l'on voudrait préciser l'époque où les sangsues commencèrent à être connues, tant cette connaissance paraît remonter haut dans l'antiquité. Les anciens ouvrages qui sont parvenus jusqu'à nous, tout en nous laissant dans le doute sur la signification exacte des noms et des descriptions de ces animaux, permettent cependant, jusqu'à un certain point, de reconnaître qu'ils ont voulu parler de ces Annélides.

La Bible, un des plus anciens ouvrages, mentionne la sangsue ; car on trouve dans le livre des *Proverbes* de Salomon, chapitre XXX, verset 15 : « *La sangsue a deux filles, qui disent : Apporte, apporte*, etc. (*Sanguisuga duas habet filias clamantes : Affer, affer*). C'est que Luther et Gesner ont traduit le mot *Aluka* (1), *Halucah* ou *Gnaluka* qui se trouve dans la Bible, par le mot *Sangsue* ; probablement parce que plusieurs écrits arabes désignent ces animaux sous les noms de *Aleka*, *Aletha*, *Alag*. D'un autre côté, les

(1) Peut-être du verbe *Alaxa*, en arabe, qui signifie être suspendu, parce que la sangsue se suspend aux parties où elle s'attache.

habitants du Caire donnent le nom d'*Alak*, qui n'est évidemment qu'une modification d'*Alag*, à un hiruliné qui vit aux bords du Nil. Comme on le voit, tous ces noms sont fort rapprochés du mot hébreu *Aluka*.

Le mot βδέλλα (de βδάλλω, *mulgeo*, je trais) appliqué à une espèce de sangsue à cause de la faculté qu'elle avait de sucer; le nom de λιμᾶντις par lequel Théocrite la désigne, parce qu'elle vit dans les marais; ainsi que le nom de φιλαίματος (de φίλος, ami; et αἷμα, sang) donné par Nicandre, prouvent que les anciens Grecs connaissaient au moins une espèce de sangsue qui paraît devoir être rapportée au genre *Hirudo*, peut-être le *medicinalis* (Moq.-Tand.).

Hérodote parle d'une sangsue qui habitait le Nil et qui vivait en parasite dans la gueule du crocodile (*Hist.*, lib. II, cap. LXVIII).

Suivant Strabon on trouve dans certains fleuves de Lydie, des sangsues (βδέλλας) qui ont jusqu'à sept coudées de longueur; mais selon Rondelet la sangsue de Strabon n'est autre qu'une espèce de lamproie.

On trouve dans les ouvrages de Pline (1), Cicéron (2), Horace (3), les mots *Hirudo* et *Sanguisuga* employés indistinctement pour désigner le même animal : le mot *hirudo* étant très vraisemblablement dérivé de ἔρω, *necto*, j'attache, ou de αἱρέω, *hæreo*, *adhæreo*, j'adhère; et le mot *sanguisuga* de *sanguis*, sang, et de *sugo*, je suce.

Les Français et les Italiens ont formé leur mot *sangsue* et *sanguisuca* ou *sanguisugha* du mot latin *sanguisuga*.

Les mots *sangsûa* ou *sangsûo*, *sansûa* ou *sansûo*, *sangsuga* ou *sangsugo*, *sangsûra* ou *sangsûro*, que l'on retrouve dans les idiomes vulgaires de plusieurs de nos départements mé-

(1) Cruciatum potu maximum sentiunt haustâ *hirudine* quam *sanguisugam* vulgo cœpisse appellari animadverto. (*Hist. nat.*, lib XI, cap. 34).

(2) Hirudo ærarii (*Ad Atticum*, lib. I, 16).

(3) Non missura cutem, nisi plena cruoris, hirudo. (*Ars poet.*, carm. 476.)

ridionaux ne sont évidemment qu'une contraction du mot *sanguisuga*. Quant au mot *sannaïrôla* ou *sannaïrôlo*, il viendrait, selon Sauvages, de *sanna*, saigner.

Le nom latin *sanguisuga* se trouve bien autrement modifié dans le mot *sanguettola*, qui est celui par lequel on désigne cet annélide dans certaines parties de l'Italie.

Quoi qu'il en soit, on peut observer, d'après ce que nous venons de dire, que l'origine des noms que les peuples ont donnés à la sangsue est presque toujours tirée de la faculté qu'elle possède de sucer le sang. Toutefois, on trouve quelques pays où ces noms ont une autre origine : dans la Toscane, par exemple, la sangsue porte le nom de *Mignatta* (1), à cause des taches ou des bandes rougeâtres qu'elle offre sur le dos (Moq.-Tand.).

Si la sangsue est connue depuis un temps immémorial, il ne paraît pas que son emploi en médecine ait été connu de tout temps ; car Hippocrate ne nous parle point de son usage comme médicament. Il en est de même de Galien et de Celse ; et Cœlius Aurelianus n'en dit rien dans les extraits qu'il a faits des écrits de ceux qui ont pratiqué la médecine depuis Hippocrate jusqu'à Thémisson.

Pline non seulement connaissait la propriété que possèdent les sangsues de sucer le sang humain, mais encore il rapporte qu'on avait trouvé bon de les appliquer aux goutteux et contre toute sorte de fièvre, et il dit encore qu'un certain Messalinus, chevalier romain, qui avait été consul, mourut pour s'être appliqué des sangsues au genou.

Cependant on s'accorde généralement à regarder Thémisson de Laodicée qui vivait au commencement de l'ère chrétienne, comme le premier médecin qui ait employé les sangsues pour tirer du sang dans certaines maladies. Il est vrai que quelques auteurs, et Fée en particulier, considèrent cette assertion comme hasardée. Quoi qu'il en soit, l'usage des sangsues est indiqué par Paul Éginète, Oribase, Actuarius.

(1) Du féminin de *miniatus*, coloré en rouge (Ménage).

Archigène dit qu'Aétius recommande l'emploi des sangsues contre les inflammations du foie, lorsque les cataplasmes émollients ne réussissent pas.

Arnaud de Villeneuve et Nicandre en ont conseillé l'application sur les blessures et les morsures envenimées.

Avicenne et Razès s'en sont servis contre les dartres et les autres maladies de la peau.

Ambroise Paré assure qu'elles sont bonnes contre les morsures des bêtes venimeuses et qu'elles ont la propriété de rappeler les règles.

Enfin Amatus et Zacutus Lusitanus, Alexander Benedictus, Bruelle, Forestus et quelques autres, paraissent avoir reconnu l'avantage des sangsues dans les affections qui ont pour cause la suppression d'évacuations périodiques.

En 1665, Jérôme Nigrisoli a publié un ouvrage sous le titre de : *Progymnasmata, seu de Hirudinum appositione internæ parti uteri*. Il paraît que c'est de cette époque que date l'usage plus général des sangsues.

Comme il n'y a que les espèces de la tribu des *Bdelliens* qui soient traitées dans cet ouvrage ou employées en médecine, nous nous bornerons à indiquer ici, autant que possible, les époques auxquelles il faut rapporter la connaissance de ces espèces.

Le célèbre Rondelet dans son *Histoire des Poissons* (1554) donne la figure et la description d'une sangsue marine qui suce les poissons (*Pontobdella muricata*, Lam.), en même temps qu'il en signale plusieurs autres qui sont noires, rousses ou de diverses couleurs et qui vivent dans l'eau douce : il est probable qu'il en est parmi elles qui appartiennent au groupe des Bdelliens; mais comme les caractères qu'il en donne sont incomplets, il est tout à fait impossible de se prononcer sur ce point.

En 1558, Gesner donna la description et une mauvaise figure de la sangsue des anciens, type de l'*Hirudo medicinalis* de Linné et qu'il nomme *Hirudo major* et *varia*.

En 1602, dans *De animalibus insectis Bononiæ*, Aldrovande

parle de trois espèces d'Hirudinées nouvelles, parmi lesquelles se trouve l'*Hæmopis sanguisuga*.

Dans la relation ou *Voyage de l'île Ceylan*, dans les Indes orientales (1693), Knox fait connaître une sangsue qui vit à Ceylan sous l'herbe, dans les bois humides, etc., qui se rapporte au genre *Hirudo* (*H. zeylanica*). Thunberg parle aussi d'une sangsue terrestre qui s'attache aux pieds des voyageurs. Comme il dit qu'elle est rouge foncé, il est probable que c'est une espèce particulière ou du moins une variété de la précédente. (*Voyages*, éd. in-4°, *Paris*, 1796, II, p. 438.)

Dans son *Systema naturæ* (1767), Linné a rassemblé neuf espèces de sangsues sous le nom générique de *Hirudo*. Ce sont les :

Hirudo indica (*Ponbdella indica*).
— *medicinalis*.
— *sanguisuga* (*Hæmopis sanguisuga*).
— *octoculata* (*Nephelis octoculata*).
— *stagnalis* (*Glossiphonia bioculata*).
— *complanata* (*Glossiphonia sexoculata*).
— *heteroclita* (*Glossiphonia heteroclita*).
— *geometra* (*Ponbdella piscium*).
— *muricata* (*Ponbdella muricata*).

Comme on le voit par ce qui précède, Linné n'indique que deux espèces que l'on puisse rapporter à la tribu des Bdelliens telle que nous l'avons délimitée. C'est l'*Hirudo medicinalis* qui est le type de la vraie *sangsue médicinale* et l'*Hirudo sanguisuga* ou *Hæmopis sanguisuga*. Toutes les autres appartiennent à des genres différents, désignés par les dénominations qui sont en regard des noms linnéens.

En 1805, Braun a fait connaître un Hirudiné très vorace qu'il a nommé *Hirudo gulo* et qu'il a confondu avec la sangsue du cheval : c'est l'*Aulastoma gulo* de Moquin-Tandon.

En 1810, Krusenstern décrit assez incomplètement une sangsue qui habite le Japon (*Hirudo japonica*) (*Reise um die Welt*, Pétersbourg, 1810-1812).

Jusqu'en 1816, les Bdelliens n'étaient réellement représentés que par les espèces *medicinalis*, *zeylanica* et *japonica*, auxquelles il faut ajouter les espèces *Hæmopis*, *Sanguisuga* et *Aulastoma gulo*. Mais cette même année, Johnson découvrit la sangsue truite (*Hirudo troctina*).

En 1817, Savigny, dans un fort beau travail où les détails sont d'une grande exactitude, décrit trois nouvelles espèces d'Hirudinés parmi lesquelles on distingue l'*Hirudo granulosa*.

En 1820, Hyacinthe Carena publia une monographie du genre *Hirudo* dans laquelle il fit connaître une nouvelle espèce du genre : la sangsue du lac Majeur (*Hirudo verbana*), en même temps qu'il décrivit deux autres espèces nouvelles du genre *Glossiphonia*.

En 1824, dans l'appendice de l'*Histoire naturelle zoologique du voyage du major Long*, Say donne la description incomplète et sans figures de quatre nouvelles espèces d'*Hirudo* (*H. parasitica*, *lateralis*, *marmorata* et *decora*).

Dans la même année, Guyon a présenté à l'Académie des sciences une sangsue qu'il a découverte sous les paupières et dans les fosses nasales du crabier verdâtre des montagnes de la Martinique (*Hæmopis ardeæ* de Moquin-Tandon).

En 1825, Derheims dans son *Histoire naturelle et médicale des sangsues*, a décrit une sangsue des étangs (*Hirudo stagnorum*) et une sangsue brune (*Hirudo fusca*) *Horse-leach* des Écossais. Ces deux espèces ont été adoptées comme nouvelles par de Blainville (*Dict. des sciences nat.*, t. XLVII, 1827, p. 270 et 273).

Dans son *Histoire naturelle de l'Europe méridionale* publiée en 1826, Risso parle d'une sangsue marginée (*Hirudo marginata*).

En 1827, de Blainville, dans un excellent article inséré dans le *Dictionnaire des sciences naturelles*, fait connaître trois espèces d'Hirudinés : une sangsue chinoise (*Hirudo sinica*) et deux sangsues de la Martinique qui paraissent appartenir aux *Hæmopis*, l'une indiquée par Moquin-Tandon sous le nom d'*Hæmopis unicolor* et l'autre sous celui d'*Hæmopis martini-*

censis. De Blainville les a désignées sous le nom d'*Hirudo martinicensis*, quoiqu'en les rapportant à deux espèces différentes.

En 1829, Henry, Sérullas et Virey ont fait connaître une nouvelle espèce de sangsue, envoyée du Sénégal par Kéraudren, voisine de la sangsue médicinale et qu'ils ont nommée *Hirudo mysomelas*.

En 1830, Dupuy, dans un Mémoire présenté à l'Académie des sciences, signale une sangsue qui habite le Sénégal et qui est *moins avide* que la sangsue médicinale (*Hirudo senegalensis*).

En 1835, Gay a écrit qu'il existe au Chili des sangsues qui vivent dans les forêts et jamais dans l'eau, qui montent sur les arbrisseaux ou les plantes et qui, par leurs piqûres, ont maltraité ses jambes pendant ses herborisations.

Enfin J. Martin, en 1845, a donné la description d'une sangsue de Batavia, que nous avons rapportée à l'*Hirudo troctina*, variété *squamosa*, mais que nous croyons devoir constituer une espèce particulière.

De ce qui précède on peut reconnaître dix-huit espèces de sangsues se rapportant au genre *Hirudo*, quatre appartenant au genre *Hæmopis* et une seule formant le genre *Aulastoma* : en tout, vingt-trois espèces, constituant la tribu des Bdelliens. Cependant, parmi elles, il en est qui n'ont pas été suffisamment décrites et sur lesquelles, par conséquent, on peut élever quelques doutes quant au genre auquel elles appartiennent ; en voici le tableau :

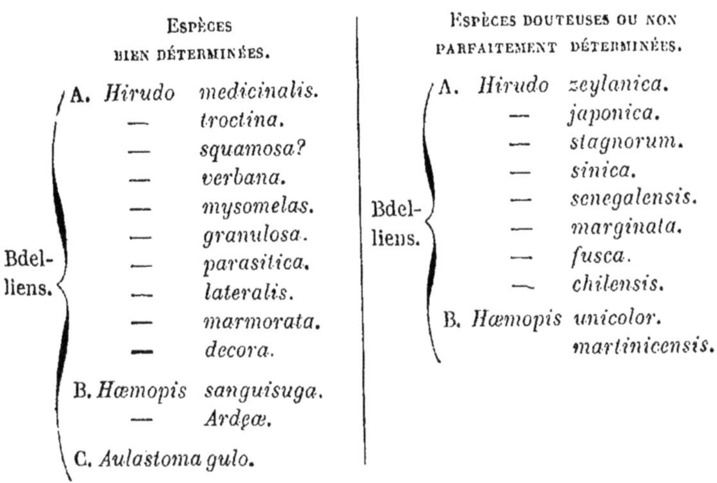

Espèces bien déterminées.	Espèces douteuses ou non parfaitement déterminées.
Bdelliens.	Bdelliens.
A. *Hirudo medicinalis.*	A. *Hirudo zeylanica.*
— *troctina.*	— *japonica.*
— *squamosa?*	— *stagnorum.*
— *verbana.*	— *sinica.*
— *mysomelas.*	— *senegalensis.*
— *granulosa.*	— *marginata.*
— *parasitica.*	— *fusca.*
— *lateralis.*	— *chilensis.*
— *marmorata.*	B. *Hæmopis unicolor.*
— *decora.*	*martinicensis.*
B. *Hæmopis sanguisuga.*	
— *Ardeæ.*	
C. *Aulastoma gulo.*	

Maintenant doit-on n'admettre avec de Blainville et Moquin-Tandon, qu'une seule espèce de sangsues dans toutes les variétés et sous-variétés qu'il décrit sous le nom de *Hirudo medicinalis?* ou, à l'exemple de la plupart des hommes qui se sont occupés de la question, faut-il en admettre plusieurs espèces ?

Nous touchons évidemment à l'une des questions les plus délicates de l'histoire naturelle et à plus forte raison de l'histoire des sangsues. Définir l'espèce et la variété est une des choses les plus difficiles à moins que de s'en tenir à la définition suivante :

On désigne sous le nom d'Espèce, *la collection de tous les individus qui se ressemblent plus entre eux qu'ils ne ressemblent à d'autres ; qui peuvent, par une fécondation réciproque, produire des individus fertiles, et qui se reproduisent par la génération, de telle sorte qu'on peut, par analogie, les supposer tous sortis originairement d'un seul individu (Species, Proles,* Neck). Mais, en s'en tenant à cette définition, il est certaines variétés obtenues par voie d'hybridité qui deviendraient des espèces et certaines espèces qui, placées dans certaines circonstances, s'éloigneraient assez du type originel pour que l'on fût bientôt obligé de les considérer comme des variétés de l'espèce type de laquelle ils sont issus. Ce fait, bien connu surtout en botanique, suffit pour faire comprendre combien la détermination des espèces et des variétés est une tâche difficile, et exige de sagacité de la part de celui qui l'entreprend. Mais, parce qu'un pareil travail présente d'innombrables, pour ne pas dire d'insurmontables difficultés, il nous semble que ce n'est pas une raison pour ne pas faire quelques tentatives dans l'espoir d'arriver à une détermination autant que possible approchée de la vérité.

Les considérations dans lesquelles nous allons entrer n'auront d'autre but que d'essayer d'éclairer un peu la question de l'espèce et de la variété, dans cette série d'animaux, et d'indiquer notre opinion sur leur classification.

Aucun des caractères spécifiques des espèces du genre *Hirudo* ne repose sur une différence anatomique, ou sur une modification d'appareil ou d'organe : tous sont tirés de la coloration des téguments ou de la manière dont cette coloration est dessinée. C'est pour cette raison que de Blainville a paru disposé à les considérer toutes comme les variétés d'une même espèce.

Il nous semble que le caractère tiré de la coloration des individus de cette famille peut suffire pour constituer l'espèce, quand il présente une constance parfaite et nous nous fondons sur ce que :

1° Plus on descend bas dans l'échelle des êtres, par cela seul que les appareils et les organes se simplifient, moins, à notre avis, on doit exiger des caractères génériques et, à plus forte raison, des caractères spécifiques.

2° Les caractères essentiels qui ont déterminé la formation des genres est loin d'avoir une très grande valeur, ainsi qu'on peut le voir par le tableau suivant, puisqu'ils reposent sur des modifications ou plutôt des comparaisons qui varient du *plus* au *moins* et qui, pourtant, nous paraissent motiver suffisamment leur différence générique. Donc, pour être conséquent, lorsque nous établissons, sur une simple différence, dans le nombre ou dans l'acuité des denticules, trois genres distincts, il nous semble qu'il ne doit plus rester, pour la distinction des espèces, que des caractères d'une faible valeur relative ; et où seront pris ces caractères, si ce n'est dans la coloration ?

Voici le tableau comparatif des genres *Hirudo*, *Hæmopis*, et *Aulastoma*, dans lequel les caractères distinctifs sont décrits en italique.

	GENRE HIRUDO.	GENRE HÆMOPIS.	GENRE AULASTOMA.
CORPS. . .	Allongé, subdéprimé, ou rétréci graduellement en avant, obtus en arrière, *mollasse.*	Allongé, subcylindrique, peu déprimé, rétréci graduellement en avant, *extrêmement mollasse.*	Allongé, subcylindrique ou peu déprimé, rétréci graduellement en avant, *très mollasse.*
ANNEAUX.	95, *très distincts*, égaux.	95 à 97, *peu distincts*, égaux.	95, *assez distincts*, égaux.
ORGANES DE LA GÉNÉRATION. . .	Mâle, entre le 24e et le 25e. Femelle, entre le 29e et le 30e.	Mâle, entre le 24e et le 25e. Femelle, entre le 29e et le 30e.	Mâle, entre le 24e et le 25e. Femelle, entre le 29e et le 30e.
VENTOUSE ORALE. . .	Peu concave, à lèvre supérieure très avancée, et presque lancéolée, formée par trois segments et deux anneaux.	Peu concave, à lèvre supérieure très avancée et presque lancéolée, formée par 3 segments; le terminal grand et obtus.	Peu concave, à lèvre supérieure avancée en demi-ellipse et presque lancéolée.
BOUCHE. .	Grande, relativement à la ventouse antérieure.	Grande, relativement à la ventouse antérieure.	Très grande, relativement à la ventouse orale.
MACHOIRES. . . .	3, égales, *grandes*, *demi-ovales*, *très comprimées, à denticules nombreux*, *très pointus.*	3, égales, *petites, ovales*, *non comprimées, à denticules peu nombreux, peu pointus.*	3, à denticules *très peu nombreux*, *émoussés.*
YEUX. . .	10, sur une ligne courbe; 6 rapprochés sur le premier segment; 2 sur le troisième segment, et 2 sur le troisième anneau; les 4 postérieurs plus petits.	10, sur une ligne très courbe; 6 rapprochés sur le premier segment, 2 sur le troisième segment et 2 sur le troisième anneau; les 4 postérieurs plus petits.	10, sur une ligne courbe; les 4 postérieurs plus isolés et plus petits.
VENTOUSE ANALE. . .	*Moyenne*, obliquement terminale.	*Assez grande*, obliquement terminale.	*Assez petite*, obliquement terminale.
ANUS. . .	*Extrêmement petit*, arrondi, à peine visible.	*Petit*, arrondi, à peine visible.	*Très large*, semi-lunaire, *très apparent.*

Voici maintenant le raisonnement sur lequel nous nous appuyons pour soutenir l'idée que la coloration constante doit suffire à la caractéristique des espèces.

1° Supposons qu'il n'existe qu'une seule espèce de sangsue et que, par exemple, cette espèce soit celle que l'on désigne communément sous le nom de *Sangsue verte*. Chez cette sangsue nous choisissons, de préférence, celle dont le ventre est sans tache, et nous la supposons placée dans des localités très différentes. Il est extrêmement probable que la localité aura peu d'influence sur cette coloration générale, surtout celle du ventre, si ce n'est de la diminuer ou de l'exalter. Dans ce cas les individus ne présenteront que des *variations* de couleur, sans constituer pour cela de véritables *variétés*. Ce qui a lieu pour la sangsue à ventre vert, aura lieu certainement pour la sangsue à ventre jaunâtre, ou la sangsue à ventre brun, et il ne nous paraît pas probable que le seul changement de climat ou de localité fasse apparaître des taches sur le ventre des sangsues, alors même que plusieurs générations successives les auraient reproduites dans le même climat. Dans ce cas, cette fixité de couleur uniforme pourrait, il nous semble, suffire à caractériser une espèce et, s'il existe des sangsues à ventre bicoloré, il faut donc chercher une autre hypothèse pour expliquer leur présence.

2° Admettons, au contraire, que l'espèce originelle de la sangsue soit à ventre bicoloré et unique, et supposons-la placée dans les mêmes circonstances que la précédente. De même que nous avons admis que le changement de localité n'avait pas le pouvoir de bicolorer le ventre unicolore des précédentes, de même, conséquemment, nous devons admettre qu'il sera sans influence sur la bicoloration et qu'il ne pourra pas en faire des sangsues à ventre unicolore. Mais, s'il existe des sangsues à ventre unicolore, il faut bien donner une raison qui explique leur présence.

3° Mais allons plus loin, et concevons, s'il se peut, que, par une cause quelconque, toutes les sangsues à ventre unicolore disparaissent seules et qu'il ne reste plus que celles qui ont le ventre bicoloré. Dans ce cas, ou bien, par la suite, il ne se produira plus jamais que des espèces à ventre bicoloré, et alors il faudra croire que ces sangsues constituent une espèce ; ou bien encore, les enfants qui en naîtront auront, après plusieurs générations, le ventre unicolore ; dans ce cas il faudra admettre, qu'en vertu de la loi de Flourens sur la production des mulets, les sangsues n'étaient que des hybrides, qu'elles se sont fécondées réciproquement, et que les enfants ont revêtu les caractères propres aux espèces desquelles ils descendent (1). Alors nous serons conduits à considérer comme espèce celles des sangsues qui ont le ventre unicolore. Mais, de ce que la sangsue primitive avait le ventre bicoloré, il en résultera, dans l'hypothèse, deux espèces à ventre unicolore : l'une à ventre vert, et l'autre à ventre jaunâtre, si la sangsue primitive présentait cette bicoloration verte et jaunâtre.

4° Enfin, si nous supposons, vivant ensemble, deux espèces à ventre uniformément coloré : l'une en vert, l'autre en jaunâtre ; comme elles peuvent s'accoupler, les produits offriront des caractères appartenant aux deux parents, et comme le

(1) Les expériences de Flourens établissent que l'accouplement de deux espèces voisines continué dans le même sens pendant quatre générations, ramènent au type qui a été le sens de l'accouplement. Par exemple, l'accouplement du chien et du chacal produit un mulet ayant moitié du chien et moitié du chacal. Si ce métis est accouplé avec un chien, le nouveau produit est un mulet qui a 3/4 de chien et 1/4 de chacal ; en accouplant encore ce mulet (3/4 chien) avec un chien, le métis obtenu n'a plus que 1/8 du chacal ; enfin ce nouveau métis accouplé encore avec un chien donne, pour résultat, un individu qui n'a plus rien du chacal. Le contraire dans le sens chacal aurait lieu ; c'est-à-dire que si les accouplements successifs se faisaient toujours avec un chacal on retournerait entièrement au type chacal. Les accouplements successifs du loup avec le chien, du mouflon et de la chèvre, de l'hémione et de l'âne donneraient les mêmes résultats. Chez l'homme, la même chose se remarque ; ainsi du blanc et du nègre naît le *mulâtre ;* le mulâtre et le blanc produisent le *quarteron ;* le quarteron et le blanc donnent naissance à l'*octavon* ; enfin, l'octavon et le blanc reproduisent le type blanc sans mélange de nègre. (Flourens, *Cours d'ovologie*, au Muséum d'histoire naturelle, 1850.)

ventre est la partie dont la coloration uniforme permet de mieux vérifier les résultats de l'accouplement, on aura la preuve de l'hybridité, si cette uniformité de couleur est altérée par des taches. Or, nous savons qu'il y a des sangsues à ventre uniformément grisâtre, jaunâtre, verdâtre, couleur de chair, brun, etc., et des sangsues à ventre bicoloré; il est donc fort possible que ces bicolorations soient dues à l'hybridité et que les sangsues à ventre unicolore soient des espèces particulières, et nous aimons mieux, *à priori*, attribuer la polycoloration des sangsues à l'hybridité qu'à la lenteur du mouvement circulatoire, comme Spix; ou à l'action chimique des humeurs acides de certains insectes, comme Derheims; ou bien encore, à l'action du sol qu'elles habitent, comme Johnson.

Nous ne savons si nous avons été suffisamment clair dans notre raisonnement, mais il nous semble que, jusqu'à ce que le contraire soit prouvé, on pourrait admettre :

1° Qu'il existe plusieurs espèces de *sangsues médicinales*, et qu'il convient de les bien distinguer;

2° Que les variations de teinte générale peuvent être attribuées aux diverses localités; tandis que les vraies variétés peuvent être expliquées par l'hybridité. Par exemple, deux ou trois sangsues, de la variété *Tessellata*, pourront offrir des teintes générales différentes avec le même dessin. Ces individus appartiendront toujours à la même variété avec des variations de couleur qui pourront tenir à la localité, tandis que la variété *Intermissa*, qu'elle soit de quelque localité que l'on voudra, présentera d'autres dispositions dans les taches et se distinguera toujours de la première. Mais leur croisement pourra donner lieu à des produits portant d'autres dessins : de là des sous-variétés difficiles à classer. On comprend, de cette façon, que les dessins pourraient aller variant ainsi à l'infini, s'il n'existait une loi de retour au type originel qui s'y oppose.

3° Qu'enfin la coloration du ventre pourrait être un caractère suffisant pour l'établissement des espèces distinctes.

Ce que nous avons supposé dans le raisonnement que nous venons de faire n'est pas de l'ordre des expériences irréalisables; car, nous avons déjà établi des petits bassins portatifs où se trouvent des espèces aussi semblables que possible. Dans l'un, se trouvent des espèces à ventre vert; dans un autre, des espèces à ventre bicolore ; dans un troisième, des espèces à ventre vert et des espèces à ventre jaunâtre; dans un quatrième, des espèces à ventre vert et des espèces à ventre brun. S'il arrive que ces sangsues produisent, en étudiant le produit de ces accouplements nous avons l'espoir d'arriver à un résultat intéressant, au point de vue de l'espèce et de la variété chez ces animaux.

Nous avons indiqué ce genre de recherches, pour que ceux qui voudraient les poursuivre voient bien dans quel sens elles doivent être faites, et aussi, dans le cas où quelques personnes tenteraient de pareils essais, pour voir si les résultats obtenus présentent quelque concordance.

5°. — VARIÉTÉS.

Les Hirudinés présentent un assez grand nombre de variétés, et particulièrement les espèces du genre *Hirudo* et du genre *Hæmopis*. Aussi, il faut bien le reconnaître, malgré le talent des hommes qui se sont occupés de la description des variétés (1), il règne quelque confusion et, parfois, il est assez difficile de dire si deux auteurs ont ou n'ont pas décrit la même variété. Cela tient, selon nous, à trois choses essentielles : 1° à la coloration qui, certainement, n'est pas vue de la même façon par tous les yeux, et qui surtout n'est pas rendue en des termes équivalents par tous les descripteurs; 2° à ce que, peut-être, on n'est pas suffisamment remonté au type ou à l'espèce qui peuvent seuls être la base de la description des variétés qui en dérivent; 3° enfin, précisément

(1) Carena, Moquin-Tandon, Müller, Pelletier et Huzard, Savigny, Risso, etc.

parce que ces descriptions sont difficiles, il nous semble qu'une ou deux phrases, sur les caractères des variétés, ne sont pas suffisantes pour bien les distinguer. Plus la description sera détaillée, plus dans l'ensemble des caractères il sera facile de se faire une idée exacte de l'identité de l'individu que l'on a sous les yeux, et de l'individu qui a servi de modèle aux caractères descriptifs qui servent à les comparer.

Une autre raison qui n'est pas sans importance dans la question, c'est que, pour bien fixer ses idées sur les colorations si diverses des variétés, il ne suffit pas d'en voir quelques unes et de les décrire d'après les caractères qu'on leur reconnaît. En agissant ainsi, on ne saisit pas les vraies liaisons qui existent entre elles ; tandis que, vues en masse, les sangsues offrent une certaine conformité de dessins, quoique avec des nuances différentes, qui peut guider dans la voie des descriptions. Par exemple, on n'a pas assez fait attention au caractère de coloration du ventre qui, peut-être, pourrait être considéré comme le caractère dominateur de la plupart des sangsues ; car, en tenant compte de l'effet des contrastes, il nous a semblé que l'on pouvait souvent reconnaître à peu de chose près la couleur du ventre, dans les lignes ou les taches du dos. Il est vrai que quelquefois cette coloration devient plus intense, et que le jaune, par exemple, devient rougeâtre ; mais on reconnaît, néanmoins, que la couleur dérive, dans la plupart des cas, de la couleur du ventre. Un autre caractère qui nous paraît bon à faire entrer en ligne de compte dans les descriptions, sont les lignes longitudinales plus ou moins brunes qui se trouvent chez un grand nombre de sangsues, sur les côtés du ventre. Quelquefois ces lignes sont uniformément colorées, d'autres fois elles sont mouchetées de blanc. Ici, bien évidemment, nous n'avons affaire qu'à un caractère bien secondaire, mais qui peut néanmoins servir à caractériser les variétés. Nous espérons faire connaître, plus tard, une classification basée sur ces idées.

L'auteur de la *Monographie des Hirudinées* est, sans contredit, celui qui a cherché à classer le plus de variétés, mais nous devons dire qu'il est difficile de reconnaître avec certitude certaines de celles qu'il a décrites, par la raison que ses descriptions sont trop courtes et laissent encore du doute à l'esprit.

CHAPITRE II.

CLASSIFICATION ET DESCRIPTION DE LA FAMILLE DES HIRUDINÉS, ET PARTICULIÈREMENT DU GENRE SANGSUE, DE SES ESPÈCES ET DE SES VARIÉTÉS.

Bien que notre intention, comme semble l'indiquer le titre de ce livre, soit de traiter spécialement le genre sangsue, cependant nous n'avons pas pu nous dispenser de donner les caractères des tribus et des genres, parce qu'il nous a semblé qu'il fallait que la première personne venue qui voulait se livrer à l'étude et à l'éducation des sangsues, ne pût pas être induite en erreur par le défaut des caractères qui distingue les espèces qui n'appartiennent pas au genre *sangsue*.

HIRUDINÉS. — *HIRUDINEA.*

SYN. — Hirudo, *Ray.*, *Linn.*, *Müll.*, *Duméril*, *Cuv.* — Hirudinées, *Lamarck*, *Latreille*, *Moq.-Tand.* — Sangsues, *Savigny.* — Sanguisugaires, Bdellaires ou Monocotylaires, *Blainville.*

CARACTÈRES GÉNÉRAUX.

CORPS nu, très rarement appendiculé, aplati, contractile, formé le plus souvent d'une multitude d'anneaux ou segments, terminé à chaque extrémité par deux ventouses concaves dilatables, préhensiles.

VENTOUSE ORALE ordinairement peu concave, d'une ou de plusieurs pièces, étroitement unie avec le corps ou séparée par un étranglement plus ou moins fort.

BOUCHE située dans la ventouse antérieure, avec ou sans mâchoires, quelquefois munie d'une petite trompe œsophagienne cylindrique et exsertile.

MACHOIRES au nombre de 3, rarement de 2, denticulées ou non denticulées, réduites dans certains genres à des points plus ou moins saillants.

Points oculiformes au nombre de 2 à 10, peu visibles, quelquefois nuls, placés à la partie antérieure et supérieure de la ventouse orale.

Ventouse anale simple, nue, rarement armée de petits crochets, tantôt oblique, tantôt exactement inférieure ou terminale.

Anus, placé supérieurement à la naissance de la ventouse postérieure, très apparent ou difficile à distinguer.

Branchies nulles.

Les Hirudinés ont été divisés par Moquin-Tandon en quatre tribus de la manière suivante :

- Corps
  - avec des anneaux
    - très distincts, opaque ; sang rouge.
      - Ventouse orale unilabiée. 1° H. Albioniennes.
      - Ventouse orale bilabiée. . 2° H. Bdelliennes.
    - peu distincts, transparents ; sang incolore. 3° H. Siphoniennes.
  - sans anneaux distincts, transparents ; sang incolore. 4° H. Planériennes.

Valencienne les a subdivisés ainsi qu'il suit :

- Bouche
  - prolongée en ventouse ou suçoir. .
    - armée de mâchoires cornées, au nombre de. . . .
      - 3
        - dentée à bords
          - tranchants. 1° Sangsues.
          - arrondis. . 2° Hæmopis.
        - sans dents . . . . . 3° Bdelle.
      - 2. . . . . 4° Branchiobdelle.
    - sans mâchoires, mais plissées intérieurement ; plis au nombre de. . . . . .
      - de 3 seulement. 5° Néphélis.
      - très nombreux. . 6° Aulastome.
  - sans ventouse orale ; anneaux. . . . . .
    - peu distincts, 8 points oculiformes. . . . . 7° Hæmocharis.
    - très distincts, hérissés ou tuberculeux ; 6 points oculiformes . . . . 8° Albione.

Nous avons adopté la division de Moquin-Tandon, en lui faisant subir une légère modification qui porte à cinq le nombre des tribus.

- Corps
  - avec des anneaux
    - très distincts, opaques ; sang rouge. . . .
      - Ventouse orale unilabiée . . *A.* H. Albioniens.
      - Ventouse orale bilabiée ; mâchoires. . . .
        - sans denticules. . . *B.* H. Néphéliens.
        - avec denticules. . . *C.* H. Bdelliens.
    - peu distinctincts, transparents; sang incolore. *D.* H. Siphoniens.
  - sans anneaux distincts, transparents ; sang incolore. . *E.* H. Planériens.

A. H. ALBIONIENS. — *H. ALBIONEA.*

SYN. — Sangsues branchelliennes et albioniennes, *Sav.* — Hirudinées albioniennes, *Moq.-Tand.*

CARACTÈRES GÉNÉRAUX.

CORPS composé d'anneaux distincts, opaque.

VENTOUSE ORALE séparée du corps par un fort étranglement, d'une seule pièce, en forme de coupe ou de disque, unilabiée.

SANG rouge.

OEUFS simples.

Division en trois genres (Moquin-Tandon) :

VENTOUSE ORALE.
- en coupe profonde.
  - Appendices branchiformes. . 1° Branchellion.
  - Appendices nuls . . . . . . 2° Ponbdelle.
- en coupe aplatie. . . . . 3° Piscicole.

CARACTÈRES DES GENRES ET ÉNUMÉRATION DES ESPÈCES.

BRANCHELLION. — *BRANCHELLION.*

CORPS allongé, déprimé, peu bombé en dessus, *tout à fait plat en dessous, extrêmement rétréci antérieurement, coriace, bordé de lobes foliacés dans les 4/5e postérieurs;* composé de 48 anneaux, un peu inégaux, non verruqueux, portant entre le douzième et le treizième et entre le quinzième et le seizième, les orifices sexuels.

VENTOUSE ORALE *petite, très concave, en forme de godet,* munie d'un petit rebord extérieur non tuberculeux, inclinée.

BOUCHE très petite, située au fond de la ventouse antérieure, inférieurement.

MACHOIRES réduites à 3 points saillants.

POINTS OCULIFORMES, au nombre de 8, disposés sur une ligne transverse? (Sav.)

VENTOUSE ANALE, plus grande que l'orale, *très concave* et *exactement terminale, non bordée.*

ANUS, très petit, arrondi, peu apparent.

Ces Hirudinés sont essentiellement marins; ils se tiennent attachés aux poissons.

ESPÈCE UNIQUE.

BRANCHELLION DE LA TORPILLE. — B. *Torpidinis* (1).

(1) Nous renvoyons, pour les caractères distinctifs des espèces et des variétés que nous ne devons pas traiter ici, à l'excellente *Monographie des Hirudinées* de Moquin-Tandon.

PONBDELLE. — *PONTOBDELLA.*

Corps allongé, cylindro-conique, *également convexe dessus* et *dessous*, très rétréci antérieurement, *coriace*, entièrement nu, composé de 58, 63, 65, 70 anneaux inégaux et *plus ou moins verruqueux;* les huit anneaux compris entre le quatorzième et le vingt-troisième, courts, serrés et offrant entre le dix-septième et le dix-huitième et entre le vingtième et le vingt et unième les orifices sexuels.

Ventouse orale *très grande*, très concave, en forme de godet, à ouverture elliptique sensiblement longitudinale, munie d'un petit rebord extérieur et de trois paires de tubercules, inclinée.

Bouche très petite, située au fond de la ventouse antérieure, un peu inférieurement.

Machoires réduites à 3 points saillants peu visibles.

Points oculiformes, au nombre de 6, disposés sur une ligne transverse (Sav.).

Ventouse anale grande, très concave, *bordée* et *exactement terminale.*

Anus très petit, arrondi, peu apparent.

Ces Hirudinés se tiennent attachés aux poissons de mer et ne sortent jamais de l'eau.

SIX ESPÈCES :

P. Muriquée. *P. Muricata.*
P. Verruqueuse. *P. Verrucata.*
P. Aréolée. *P. Areolata.*
P. Lisse. *P. Lævis.*
P. Bandelette. *P. Vittata.*
P. Indienne. *P. Indica.*

PISCICOLE. — *PISCICOLA.*

Corps allongé, cylindrique, légèrement aminci vers la partie antérieure, *peu consistant, muni de papilles cornées abdominales?* composé de 63 anneaux très peu saillants; le dix-septième et le vingtième portant les orifices sexuels.

Ventouse orale assez grande, *peu concave*, en forme de coupe déprimée, munie d'un léger rebord oblique.

Bouche très petite, située au fond de la ventouse antérieure, un peu inférieurement.

Points oculiformes, au nombre de 8, peu distincts, réunis par paires et disposés en trapèze, isolés ou confondus par une tache foncée.

VENTOUSE ANALE double de la ventouse orale, *aplatie, oblique.*
ANUS très petit, arrondi, peu apparent.

On trouve les Piscicoles dans les lacs, les rivières, les viviers, fixées sur les carpes, les goujons et quelques autres espèces du genre *cyprinus.*

ESPÈCE UNIQUE.

P. GÉOMÈTRE. — *P. Piscium.*

B. II. NÉPHÉLIENS. — H. *NEPHELINEA.*

SYN. — Sangsues bdelliennes *(partim)*, *Sav.* — Hirudinées bdelliennes *(partim)*, *Moq.-Tand.*

CARACTÈRES GÉNÉRAUX.

CORPS composé d'anneaux plus ou moins distincts, généralement opaques.
VENTOUSE ORALE non *séparée du corps par un étranglement* de plusieurs pièces, en forme de bec de flûte, bilabiée.
MACHOIRES nulles ou non munies de denticules.
SANG rouge.
EMBRYOPHORES nus (1).

DIVISION EN QUATRE GENRES :

Mâchoires	nulles.		1° Néphélis.
	deux.		2° Branchiobdelle.
	trois	rudimentaires.	3° Trochète.
		plus ou moins développées.	4° Limnatis.

NÉPHÉLIS. — *NEPHELIS* (planche I, fig. 1).

SYN. — Helluo, *Oken*, 1815. — Erpobdella, *Blainv.*, 1827.

CORPS allongé, *assez déprimé*, rétréci graduellement en avant, obtus postérieurement, *un peu mou.*
ANNEAUX au nombre de quatre-vingt-seize à quatre-vingt-dix-neuf, égaux.
ORIFICES SEXUELS placés : le mâle, entre le trente-un et le trente-deuxième anneau ; la femelle, entre le trente-quatre et le trente-cinquième.
VENTOUSE ORALE peu concave, à lèvre supérieure avancée en demi-ellipse, formée par trois segments, le terminal grand et obtus.

(1) Voir plus loin pour les prétendus œufs composés des sangsues.

Bouche très grande relativement à la ventouse antérieure.

Machoires *nulles*, *œsophage à trois plis*.

Points oculiformes (fig. 2), *au nombre de* 8, *très distincts*, les quatre antérieurs disposés en croissant sur le premier segment et les quatre postérieurs rangés sur les côtés du troisième.

Ventouse anale moyenne, *obliquement terminale*.

Anus assez grand, *semi-lunaire*, *très apparent*.

Embryophore lisse, *lenticulaire*, *très elliptique* fixé aux corps qui sont plongés dans l'eau (fig. 3).

ESPÈCE UNIQUE.

N. Octoculée. — *N. Octoculata* (Moq.-Tand.).

Syn. — Hirudo octoculata, *Berg.*, *Linn.*, *Derh.* — Hirudo vulgaris, *Müll.*, *Bosc.*, *Carena.* — Erpobdella vulgaris, *Lam.*, *Blainv.* — Nephelis tessellata, *Sav.*, *Risso.* — Nephelis vulgaris, *Moq.-Tand.*, 1826.

Corps brunâtre, plus ou moins foncé, assez souvent unicolore, d'autres fois présentant un grand nombre de points bruns ou jaunâtres; quelquefois il est rougeâtre, couleur de chair ou grisâtre (1).

Moquin-Tandon indique douze variétés auxquelles nous ajoutons la variété *albicoma*.

α *normalis*.	θ *virescens*.
β *sanguinea*.	ι *flavescens*.
γ *testacea*.	κ *rutila*.
δ *lugubris*.	λ *Mülleria*.
ε *cinerea*.	μ *reticulata*.
ζ *grisola*.	ν *albicoma*.
η *atomaria*.	

Cet Hirudiné, au premier abord, ressemble tellement à

(1) Nous avons quelquefois rencontré des individus dont les trois quarts postérieurs, environ, étaient colorés pendant que l'autre quart était tout à fait blanchâtre et transparent. Comme cette néphélis n'est mentionnée ni par Müller, ni par Savigny, ni par Moquin-Tandon, nous la croyons nouvelle, et pour cette raison nous en avons fait une variété sous le nom de *Nephelis albicoma*. Nous n'avons pas supposé qu'elle fût la même que l'*Hirudo bicolor* de Daudin (*Glossiphonia bicolor* de Moquin-Tandon), par la raison que, selon Daudin, les deux extrémités de cet Hirudiné sont blanches.

une jeune sangsue médicinale, que beaucoup d'auteurs et d'hirudoculteurs s'y sont laissé prendre, et nous-mêmes nous en avons été tellement persuadé que nous avons décrit une partie de son histoire comme appartenant à la sangsue médicinale (1).

Les Néphélis se distinguent surtout des vraies sangsues, extérieurement, par ses points oculiformes au nombre de huit, très noirs et très apparents; par son anus qui est assez large et assez visible; par son défaut de contraction en

(1) Lorsque l'administration des hôpitaux fit construire des bassins, à la Salpêtrière, pour le repos et la conservation des sangsues dégorgées, nous n'avions d'autre but alors, que de remplir la nouvelle tâche qui nous était imposée : nous visitions les bassins pour nous assurer que le renouvellement de l'eau et l'entretien en général se faisait convenablement. Nous fûmes surpris, un jour, de trouver dans nos bassins des animaux très petits ayant toutes les formes et le genre de progression propres aux sangsues. Sans plus d'examen et parce que nous n'y avions mis que des *sangsues médicinales*, nous dûmes croire et nous crûmes, en effet, que c'étaient de vraies sangsues. Cependant nous ne découvrions pas trace de cocons et quelques individus jeunes et évidemment plus petits que ceux que nous avions mis dans les bassins ayant parfaitement piqué la peau, achevèrent de nous plonger dans l'erreur. Comment expliquer la formation de ces jeunes sangsues ? nous ne pouvions supposer que c'était l'eau qui nous avait apporté ces sangsues, puisque la même eau qui alimentait le réservoir de la pharmacie, n'avait jamais laissé apercevoir rien qui ressemblât à une sangsue. Après bien des recherches infructueuses, nous nous aperçûmes que les feuilles portaient des petits corps elliptiques, bruns noirâtres qui, examinés à la loupe, nous parurent contenir des petites sangsues. Nous fûmes confirmé dans cette opinion lorsque nous surprîmes quelques individus sortant de ces corps que, dès lors, nous regardâmes comme des œufs de sangsues, d'autant qu'il nous semblait rationnel de ne pas considérer le cocon comme un œuf. Plus tard, mais après la publication d'un mémoire sur ce sujet, nous reconnûmes notre erreur, et M. Valencienne, à qui nous présentâmes plusieurs individus, eut la complaisance de les examiner; ce fut alors qu'il nous apprit que nous lui avions donné plusieurs espèces d'Hirudinés, parmi lesquels il y avait quelques *sangsues médicinales*, des *Néphélis* et des *Clepsines*. Nous avons vu, alors, que pour continuer des recherches sur ce sujet, il fallait faire une étude approfondie de la question et c'est à quoi nous nous sommes occupé depuis ce temps : en agissant ainsi, nous avons espéré arriver à ne plus tomber dans une erreur aussi profonde.

voile ; enfin, parce que jamais elles ne sortent de l'eau.

Ces Annélides présentent des couleurs très diverses : c'est ainsi que l'on en trouve qui sont brunes ou presque noires et presque opaques, il y en a qui sont rougeâtres, roussâtres ou couleur de chair, d'autres sont verdâtres, grises ou cendrées et plus ou moins transparentes, quelques unes sont complétement unicolores, mais la plupart portent sur le dos ou bien des taches brunes ou bien des points blanchâtres ou jaunâtres. Le ventre est toujours d'une teinte un peu plus claire que le dos.

Les points oculiformes, au nombre de huit, paraissent manquer de constance, car Moquin-Tandon et Müller ont observé des individus ayant un œil de plus et le dernier observateur a rencontré des individus qui n'en avaient que sept.

La *Néphélis octoculée* produit ses embryophores du mois de mai aux mois de septembre et octobre. On les trouve en quantité considérable sur les corps solides submergés (pierre, plomb, bois, feuilles, etc.). Ils ont en général une forme elliptique, aplatie par la face qui tient au corps, bombée par la face opposée. Leur grandeur varie extrêmement : les uns ont tout au plus 3 millimètres de long sur 2 de large, tandis que d'autres atteignent la longueur de 8 millimètres et une largeur de 5. Entre ces deux extrêmes, toutes les grandeurs intermédiaires sont possibles. Pareillement, leur forme elliptique peut disparaître pour faire place à une forme plus ou moins circulaire. La surface bombée présente toujours deux petites ouvertures operculées, placées à peu près aux deux points opposés du plus grand axe de l'ellipse. Ces ouvertures restent fermées jusqu'au moment où les jeunes néphélis sont assez fortes pour soulever l'opercule et s'épandre sur la feuille ou le corps qui sert de support à l'embryophore. C'est surtout pendant le soleil que les jeunes néphélis se mettent en mouvement pour chercher à sortir : alors on peut très facilement les voir, à travers la membrane transparente de l'embryophore, se mouvoir dans tous les sens jusqu'à ce que leur ventouse orale ait trouvé l'ouverture et soulevé l'opercule. Ces embryophores contiennent un nombre très variable d'ovules : le plus souvent il est de six à huit ; quelques uns n'en renferment que deux ou trois ; d'autres, au contraire, en contiennent dix à douze, et Moquin-Tandon en a rencontré qui en contenaient quinze, seize, dix-sept, dix-huit, vingt et jusqu'à vingt-sept.

Les embryophores sont formés par une matière membraneuse coriace et comme cornée, transparente, d'une couleur blanc grisâtre quand elle vient d'être formée, mais que l'action des agents extérieurs fait bientôt passer à une couleur jaunâtre plus ou moins brune. Ils renferment une matière mucilagineuse parfaitement limpide, dans laquelle se trouvent les germes ou ovules. Moquin-Tandon a vu distinctement un certain nombre d'ovules sortant de la vulve de l'animal avant qu'il se débarrassât de l'embryophore qu'il venait de former. Examinée au microscope, la membrane qui constitue l'embryophore présente la demi-transparence et la contexture de la corne. Le liquide hyalin qu'il renferme ressemble beaucoup à une dissolution de gomme arabique. Le microscope y fait apercevoir des globules disposés sans ordre, qui sont arrondis et qui ne sont autre chose que des vitellus.

Carena et Moquin-Tandon ont surpris des néphélis pendant la formation de l'embryophore ; mais il nous semble qu'ils n'ont pas parfaitement décrit le travail auquel la Néphélis s'occupe pour parfaire son œuvre, ou bien c'est qu'elles opéraient différemment suivant certaines circonstances : comme nous avons plusieurs fois surpris ces animaux au moment de ce travail, nous croyons devoir nous étendre un peu sur ce sujet. Quelques jours avant le moment où l'animal va produire son embryophore, sa ceinture se tuméfie et l'on ne tarde pas à voir se former une matière qui l'enveloppe complétement, de sorte que l'on peut prédire qu'une néphélis ne tardera pas à faire son travail. Celui-ci commence par un étranglement qui se forme à chaque extrémité de la ceinture, laquelle est plus dilatée, ovoïde et plus pâle que la couleur du corps (fig. 1, *c*), alors l'animal paraît souffrir, car il se tord en tous sens tout en restant fixé par sa ventouse anale. Peu à peu la pellicule se détache de la ceinture, l'animal en retire la partie antérieure de son corps à reculons et en ayant soin de bien appliquer l'embryophore sur la partie solide qui doit le supporter. Cela fait, il retire lentement la tête, qui se trouve comme coiffée de cette sorte de fourreau, mais avant d'en sortir complétement, l'animal promène sa ventouse orale dans toutes les directions afin de bien le fixer et de faire disparaître des défectuosités de forme que l'embryophore aurait certainement sans cette opération. Lorsque la Néphélis est satisfaite de son ouvrage, elle retire sa tête; aussitôt l'ouverture, par un mouvement d'élasticité particulier à la substance qui la forme, se contracte et se ferme à la manière d'une bourse dont on tire les cordons, après quoi l'animal s'en éloigne, l'abandonnant ainsi aux soins du hasard. Peut-être en est-il qui font ce travail quand elles ont retiré la tête de l'embryophore, comme l'ont observé Carena et Moquin-Tandon; quant à nous, nous les avons toujours vues faire le travail la tête encore dans l'intérieur de l'embryophore et s'en éloigner dès qu'elles en étaient sorties.

Suivant Moquin-Tandon, chaque Néphélis peut produire cinq, six et même huit embryophores, mais il ne dit pas en combien de temps cette quantité peut être produite. Trois Néphélis, que nous conservions en domesticité dans un pot de faïence, ont produit chacune un embryophore tous les trois jours et cela jusqu'à concurrence de trente-cinq; les ayant ensuite abandonnées nous n'avons pu voir au juste jusqu'où pouvait aller cette faculté de production. Johnson a vu une Néphélis produire douze embryophores depuis le 8 octobre jusqu'au 29.

Suivant Carena et Filippi, les germes des Néphélis présentent à peu près les mêmes phases embryogéniques que celles des sangsues auxquelles nous renvoyons. Carena assigne un terme de vingt-un jours pour le temps qui se passe entre le moment où l'embryophore vient d'être produit et celui où les Néphélis en sortent. Suivant Johnson, ce temps varierait entre le quarante-unième, le quarante-quatrième, le cinquante-sixième et le soixante-sixième jour. Moquin-Tandon a trouvé des différences plus grandes encore; ainsi il a vu l'éclosion d'embryophores formés au mois de juin, se faire le vingt-unième, vingt-deuxième et vingt-troisième jour, alors que d'autres formés le 9, le 10 et le 12 octobre ne sont éclos qu'au bout de trente-cinq et même de quatre-vingts jours.

Nous avons fait pareillement quelques expériences (août) qui doivent trouver place ici. Quatre embryophores nouvellement formés ont été placés dans un bocal avec une certaine quantité d'eau des bassins et quelques *chara*, afin d'étudier le temps qui était nécessaire à leur éclosion : le trente-huitième jour après, un de ces embryophores laissait s'échapper six jeunes Néphélis ; le trente-neuvième jour les Néphélis sortaient de deux autres embryophores et le quarantième, le dernier embryophore s'ouvrit pour laisser passer huit autres jeunes Néphélis. Il est clair que le nombre de jours nécessaires à l'éclosion doit dépendre de la saison de l'année où l'on se trouve, de l'intensité de la chaleur et de l'exposition plus ou moins méridionale des embryophores ; c'est du moins ce que semble prouver l'expérience suivante : Plusieurs embryophores, presque arrivés à terme, ont été mis pendant huit jours à l'obscurité ; au bout de ce temps quelques uns ayant été exposés au soleil, laissèrent sortir les jeunes Néphélis qu'ils contenaient ; tandis que ceux qui restèrent à l'obscurité demeurèrent à peu près dans le même état jusqu'au moment où nous les avons exposés au soleil (environ quinze jours après) ; alors les jeunes Néphélis n'ont pas tardé à se mouvoir, puis à sortir de l'embryophore; mais ceux que nous avons conservés dans l'obscurité n'ont jamais laissé sortir les Néphélis. Lorsque ces Annélides sortent de leur embryophore, ils ont environ, dans l'extension de 5 à 10 millimètres de longueur, la grosseur et la couleur d'un fil blanc légèrement argentin. Ils ont des yeux noirs très visibles et sont transparents : aussi peut-on reconnaître, à travers leurs téguments, la chaîne ganglionnaire et le vaisseau qui l'enveloppe. Le tube digestif qui est alors légèrement lobé et de couleur laiteuse, s'aperçoit aussi parfaitement; quelques variétés, en grandissant, conservent une partie de cette transparence et l'on peut très bien voir, à travers leur peau, le vaisseau abdominal, les deux vaisseaux latéraux qui paraissent comme des lignes flexueuses d'un rouge plus ou moins vif et les mouvements de systole et de diastole que l'on peut compter. Enfin les deux épididymes déroulés se laissent aussi facilement apercevoir. (Moquin-Tandon.)

En sortant de leur enveloppe, les jeunes Néphélis courent sur les parties submergées des plantes qui, d'ordinaire, se trouvent enduites d'une matière mucilagineuse. Peut-être est-ce dans cette matière qu'elles trouvent les premiers éléments de leur nourriture. Ce sont toujours les eaux douces des ruisseaux, des bassins, etc., qu'elles habitent. Elles sortent rarement de l'eau, car ce liquide leur est tellement indispensable qu'elles ne sauraient vivre quelques minutes sans lui. Elles ont l'habitude de se fixer par la ventouse anale et de se balancer fort longtemps en formant des ondulations perpendiculaires au plan sur lequel elles sont fixées, sans doute, pour que leur peau soit incessamment en contact avec une eau chargée d'air. Les Néphélis sont très vives et quand on les touche *elles ne se contractent pas en olive*, mais elles se *roulent à peu près à la manière des lombrics.*

La structure de leur bouche ne leur permet pas de percer la peau de l'homme ou des autres vertébrés, mais elles peuvent non seulement sucer les planaires, les monocles et les petites larves aquatiques, mais encore les avaler par portion.

Le genre Néphélis par ses formes extérieures ressemble tellement aux jeunes *sangsues médicinales* que nous avons cru devoir nous étendre longuement sur ses caractères, ses mœurs ou habitudes ainsi que sur son mode de reproduction. En faisant ainsi, nous avons espéré être utile à certaines personnes qui s'occupent de l'éducation des sangsues et qui, comme nous, ont pris des Néphélis pour des *sangsues médicinales*. Toutes ces raisons ont dû nous déterminer à donner aussi les caractères des espèces de la tribu tout entière, bien que le titre de notre ouvrage semble ne s'appliquer qu'au seul genre Sangsue. Nous avons voulu, en agissant de cette façon, rapprocher ou grouper tous les caractères qui peuvent servir à distinquer nettement les fausses sangsues des vraies *sangsues médicinales*.

BRANCHIOBDELLE. — *BRANCHIOBDELLA*.

(Aug. Odier, 1819, et Moq.-Tand., 1846.)

SYN. — Hirudo (Microbdella), *Gervais*, 1836. — Astacobdella, *Vallot*, 1841. — Microbdella, *de Blainv.* (Cours d'hist. nat.).

CORPS allongé, déprimé, très peu rétréci en avant, peu consistant, composé de 18 anneaux inégaux, alternativement grands et petits, très distincts.

ORIFICES SEXUELS (1) placés : le *femelle, à la base du onzième;* le *mâle, à la base du douzième anneau.*

VENTOUSE ORALE peu concave à lèvre supérieure très obtuse.

BOUCHE très grande relativement à la ventouse orale.

MACHOIRES au *nombre de* 2, inégales, petites, triangulaires, très comprimées, *sans denticules.*

POINTS OCULIFORMES 0.

VENTOUSE ANALE moyenne, obliquement terminale.

ANUS très petit, arrondi, à peine visible.

EMBRYOPHORE lisse, *pédicellé* et attaché aux branchies des écrevisses.

TROIS ESPÈCES :

1° B. DE L'ÉCREVISSE. — *B. Astaci.*
2° B. DU CHILI. — *B. Chilensis.*
3° B. DE L'AURICULE. — *B. Auriculæ.*

Ces deux espèces non décrites ne sont connues que par une lettre de Gay, adressée de Valdivia à de Blainville (*Comptes rendus de l'Institut*, 28 mars 1836, t. II, page 322).

La première espèce est le plus petit des Hirudinés connus. Leurs embryophores sont ovoïdes, opaques, d'un jaune pâle,

(1) Dans ce genre les organes sexuels sont placés en sens inverse des autres Hirudinés : le femelle est en avant du mâle.

terminés supérieurement par une pointe, et sont attachés aux branchies des écrevisses au moyen d'un pédicule fin, élargi à la base. Ils ont 2 millimètres de grand diamètre, et se déforment un peu au moment d'éclore. Grosses comme un fil (Vallot), les jeunes Branchiobdelles s'aperçoivent souvent sur le bord extérieur du têt de l'écrevisse (Odier), pour l'abandonner et se mettre à nager, dès qu'arrive la mort de ce crustacé. Leur accouplement, observé par M. Aug. Odier, a présenté dans leur enlacement une modification assez curieuse : les deux individus, après avoir pris un point d'appui, au moyen de leur ventouse anale, s'entrelacent comme les deux anneaux d'une chaîne, en recourbant la partie antérieure à la manière d'un crochet. Alors, leurs surfaces inférieures se touchent en sens opposé, de sorte que les deux pénis peuvent facilement s'introduire dans les deux organes femelles.

TROCHÈTE. — *TROCHETA* (Pl. I, fig. 4).

(Dutrochet et Moq.-Tand.)

SYN. — Trochetia, *Lamarck*, 1818. — Geobdella, *de Blainv.*, 1828.

CORPS allongé, subcylindrique, très déprimé, peu rétréci antérieurement, *mollasse*, composé de 140 *anneaux fort étroits*, *inégaux*, *très peu distincts*.

ORIFICES SEXUELS placés : le mâle, *entre le trente-deuxième et le trente-troisième*, et le femelle, *entre le trente-septième et le trente-huitième anneau*.

VENTOUSE ORALE *très concave* à lèvre supérieure avancée en demi-ellipse, formée par trois segments, le terminal grand et obtus.

BOUCHE très grande relativement à la ventouse orale, *œsophage à trois plis*.

MACHOIRES au nombre de 3, égales, très petites, demi-ovales, très comprimées, *sans denticules*, *tranchantes* (fig. 5).

POINTS OCULIFORMES *au nombre de* 8, peu apparents, les 4 antérieurs disposés en croissant sur le premier segment, les 4 postérieurs rangés sur les côtés du troisième en lignes latérales et transverses.

VENTOUSE ANALE moyenne, *subterminale*.

ANUS *très grand*, *semi-lunaire*, *très apparent*.

EMBRYOPHORE lisse, allongé et terminé par deux mamelons pointus (fig. 6).

Les Trochètes habitent dans les petits ruisseaux et les rigoles des prairies. Elles sont presque aussi voraces que les Aulastomes; on les voit quelquefois sortir de l'eau et poursuivre les lombrics. Elles produisent des embryophores à parois un peu coriaces, qu'elles déposent dans la terre humide, et qui ressemblent beaucoup à ceux des Néphélis; toutefois ils sont plus grands (9 à 14 millimètres de longueur sur 6 à 8 de largeur), plus allongés et terminés par deux mamelons pointus.

T. VERDATRE. — *T. SUBVIRIDIS.*
(Dutrochet et Moq.-Tand.)

SYN. — Trochetia subviridis, *Lam.* — Nephelis Trochetia, *Moq.*, *Mon.*, 1826. — Hirudo, puis Gobdella Trochetii, *de Blainv.*, 1827 et 1828.

CORPS gris roussâtre, tirant un peu sur le verdâtre, avec deux lignes longitudinales brunes, peu apparentes sur le dos.

LONGUEUR, 8 à 12 centimètres. Quelques individus atteignent de 12 à 15 centimètres dans l'extension et même 20 quand ils sont fortement étendus. Largeur, 8 à 10 millimètres.

SIX VARIÉTÉS (Moq.-Tand.) :

α *communis.*	δ *brunnea.*
β *rufescens.*	ε *rubella.*
γ *nigricans.*	ζ *carnea.*

La Trochète verdâtre fait des embryophores oblongs, comprimés et pointus aux deux extrémités par la présence de deux mamelons très apparents. Ils ont environ de 9 à 14 millimètres de diamètre longitudinal sur 6 à 8 de diamètre transversal. L'enveloppe peu transparente est d'un brun foncé, mat, et ressemble assez à de la gélatine desséchée. Quand un embryophore vient d'être formé, il n'est pas blanchâtre, mince et diaphane comme celui de la *Néphélis* : il est épais, d'un gris roussâtre, et se déforme un peu par la dessiccation. Suivant Moquin-Tandon, les Trochètes produisent de sept à huit embryophores. Ce savant en a surpris une pendant son travail au moment où elle cherchait à retirer son corps de l'embryophore. Elle n'était pas entourée de bave écumeuse, comme les *Sangsues*, les *Hæmopis* et les *Aulastomes* (Moquin-Tandon). Quand vient le moment de la reproduction, la ceinture de l'animal se gonfle considérablement, et paraît plus pâle que le reste du corps (fig. 4, *c*) : elle est couleur de chair ou roussâtre. Elle comprend dix-huit anneaux, qui présentent, à considérer la disposition suivante, en commençant du côté de la ventouse orale, savoir : un anneau double, un simple ; cinq doubles, un simple ; cinq doubles, un simple et quatre doubles. Le sphincter de l'orifice mâle, qui est très apparent, présente une douzaine de petits plis rayonnants.

LIMNATIS. — *LIMNATIS.*

(Moq.-Tand., 1846.)

Syn. — Bdella, *Sav.*, 1817. — Paleobdella, *de Blainv.*, 1828.

Corps allongé, cylindro-conique, sensiblement déprimé, graduellement rétréci en avant, *mollasse*.

Anneaux au nombre de 94 très égaux, *très distincts*.

Orifices sexuels placés : le mâle sur *le vingt-troisième* ou *le vingt-quatrième* anneau, le femelle, sur *le vingt-huitième* ou *le vingt-neuvième*.

Ventouse orale assez concave, un *peu en forme de godet*, à lèvre supérieure *peu avancée*, demi-circulaire, profondément *creusée en dessous d'un canal en triangle*, formé de 3 à 4 segments ; le terminal grand et obtus.

Bouche moyenne relativement à la ventouse antérieure.

Machoires au nombre de 3, égales, grandes, ovales, *sans denticules* subcarénées.

Points oculiformes au *nombre de* 8, peu distincts, 6 sur le premier segment, en ligne demi-circulaire, et 2 sur le troisième ; ces derniers plus écartés.

Ventouse anale grande, obliquement terminale.

Anus *petit*, *arrondi*, *peu apparent*.

Cet Hirudiné habite dans les eaux douces.

ESPÈCE UNIQUE.

L. du Nil. — *Limnatis nilotica.*

Cette espèce habite dans les eaux douces de l'Égypte, particulièrement aux environs du Caire.

C. H. BDELLIENS. — H. *BDELLINEA.*

Syn. — Sangsues Bdelliennes (*partim*), *Sav.* — Hirudinées Bdelliennes (*partim*), *Moq.-Tand.*

CARACTÈRES GÉNÉRAUX.

Corps composé de 95 à 97 anneaux, distincts, généralement opaques.

Ventouse orale, peu concave, bilabiée, *très avancée* et *presque lancéolée.*

Machoires au nombre de 3, *munies d'une rangée de denticules.*

Embryophore assez volumineux et *revêtu d'un tissu spongiforme* (fig. 7).

DIVISION EN TROIS GENRES :

Denticules	obtus.		1° Aulastoma (1).
	pointus	peu nombreux.	2° Hæmopis (2).
		très nombreux.	3° Hirudo (3).

Parmi les espèces de cette tribu, les uns peuvent percer la peau des animaux vertébrés (*Sangsues médicinales*); les autres ne peuvent attaquer que les muqueuses, ou peut-être la peau des enfants (Virey) (*Hæmopis*); enfin, les autres, bien que pourvues de dents, ne s'en servent que pour diviser les animaux dont ils font leur nourriture (*Aulastomes*).

AULASTOME. — *AULASTOMA* (fig. 19).

(Moq.-Tand., 1846).

Syn. — Hæmopidis spec., *Sav.*, 1817. — Pseudobdella, *de Blainv.*, 1828.

CARACTÈRES GÉNÉRIQUES.

Corps allongé, subcylindrique, rétréci graduellement en avant, *très mollasse.*

Anneaux au nombre de 95, assez distincts et égaux.

Orifices sexuels placés : le mâle, entre le *vingt-quatrième et le vingt-cinquième anneau ;* le femelle, *entre le vingt-neuvième et le trentième* (fig. 18).

Ventouse orale *peu concave*, à lèvre supérieure presque lancéolée et avancée en demi-ellipse (fig. 25).

Bouche *très grande*, relativement à la ventouse antérieure.

(1) De αὖλαξ, sillon et de στόμα, bouche.

(2) De αἷμα, sang et de ὤψ, ὠπός, œil.

(3) Nous avons donné l'étymologie de ces noms page 11.

Mâchoires au nombre de 3, égales, ovales, très petites, non comprimées, à *denticules très peu nombreux* et *émoussés* (fig. 10) ; *œsophage à 12 plis* (fig. 9) (1).

Points oculiformes *au nombre de* 10, placés sur une ligne courbe, les 4 postérieurs plus isolés et plus petits (fig. 24).

Ventouse anale *assez petite*, obliquement terminale (fig. 19).

Anus *semi-lunaire*, *très large* et *très apparent*.

Les Aulastomes ne peuvent entamer la peau de l'homme. Elles produisent des embryophores ou cocons à tissu spongieux très lâche, qu'elles déposent dans la terre humide ; ils ressemblent à ceux des *Hæmopis*, et comme eux, ils sont plus petits que ceux des *Sangsues médicinales*.

Ces espèces d'Hirudinés sont très souvent hors de l'eau. On les trouve cachées sous les pierres qui avoisinent les mares et les étangs. Elles font une chasse active aux lombrics dont elles sont très friandes, et qu'elles avalent tout entiers. Si elles les saisissent par le milieu du corps, et s'ils ne sont pas trop volumineux, elles les engloutissent ployés en deux, ou bien, elles les coupent par morceaux avec leurs dents. Elles avalent avec la même voracité les Naïs, les larves aquatiques, les Néphélis, les Trochètes, les Sangsues, les petits poissons, et quelquefois même les individus de leur espèce.

Ce genre ne comprend qu'une seule espèce.

A. VORACE. — *A. GULO* (*fig.* 19).

(Moq.-Tand., 1846.)

Syn. — Hirudo sanguisuga, *Müll.*, 1774 ; *Gmel.*, 1788 ; *Penn*, 1812 ; *Cuv.*, 1820. — H. Gulo, *Braun*, 1805. — H. Vorax, *Johns.*, 1816 ; *Pellet* et *Huz.*, 1825 ; *Gerv.*, 1836 — Hæmopis nigra, *Sav.*, 1820. — H. Vorax, *Filippi*, 1837. — Pseudobdella nigra, *de Blainv.*, 1828.

On la nomme, en France, *Sangsue noire*, *Fausse sangsue de cheval*.

Corps très allongé, grêle, plus ou moins aplati, parfois presque cylindrique, un peu rétréci antérieurement, *assez mollasse*, d'une longueur de 6 à 9 centimètres, d'une largeur de 10 à 15 millimètres.

Anneaux au nombre de 95, très égaux et assez distincts quoique moins que dans la *Sangsue médicinale*.

(1) Savigny a indiqué sur les mâchoires, outre les denticules, un *petit crochet mobile* que Moquin-Tandon n'a jamais pu trouver.

VENTRE olivâtre clair, un peu verdâtre, parfois légèrement cendré ou jaunâtre, présentant rarement des taches, toujours plus clair que le dos.

DOS en général uniformément brun noir très foncé ou noir olivâtre, velouté, quelquefois marqué de quelques points noirs irréguliers peu apparents, très rarement tacheté comme dans les variétés *maculosa* et *punctella.*

BORDS marqués de mouchetures irrégulières d'un noir profond, plus ou moins écartées et qui manquent chez quelques individus.

VENTOUSES très lisses en dessous, l'*orale* assez grande, très dilatable; l'*anale* petite, d'un gris d'ardoise, surtout lorsqu'elle est dilatée.

POINTS OCULIFORMES noirs, peu distincts placés comme chez les *Sangsues médicinales.*

Cette espèce se trouve dans toute l'Europe. Elle est commune aux environs de Paris, et Savigny l'a très souvent rencontrée dans les étangs de Gentilly. On la trouve pareillement aux environs de Toulouse, de Bordeaux et dans les Pyrénées (Moquin-Tandon). Les Aulastomes sortent fréquemment de l'eau ; aussi est-on obligé de couvrir les vases qui les contiennent. Elles se contractent peu et *ne font pas l'olive comme les sangsues*. Quelques auteurs les ont confondues avec la sangsue de cheval (*Hæmopis sanguisuga*).

Les embryophores des Aulastomes sont ovoïdes, un peu plus petits que ceux des *Sangsues médicinales*, et *recouverts d'un tissu spongieux, lâche et peu abondant*. Leur grand diamètre est de 15 millimètres, et leur petit de 12. Huit de ces embryophores ont offert à Moquin-Tandon neuf, onze, douze, treize, quatorze, quinze, dix-neuf et vingt embryons. Formés le 10 juillet, ils sont éclos le 11 août. Les jeunes Aulastomes sont brunes, avec des yeux très noirs, et laissent voir par transparence, malgré la couleur de leurs téguments, le tube digestif, les ganglions, le système vasculaire et les poches de la mucosité (Moquin-Tandon).

Moquin-Tandon reconnaît les sept variétés suivantes :

β *fuliginosa.*
γ *olivacea.*
δ *cinerescens.*
ε *viridescens.*
ζ *punctella.*
η *maculosa.*
θ *ornata.*

Peut-être faudrait-il ajouter à ces variétés :

Les *Hirudo pigra nigra* (1) } de Brossat (*Journ. de Pharm.*, 1822).
— *Hirudo carnivora* }

HÆMOPIS. — *HÆMOPIS* (fig. 20).

(*Sav.*, 1817, et *Moq.-Tand.*, 1846.)

SYN. — Hirudinis species, *Lam.*, 1818. — Hippobdella, *de Blainv.*, 1828.

CORPS allongé subcylindrique ou peu déprimé, rétréci graduellement en avant, *extrêmement mollasse*.

ANNEAUX au nombre de 95 à 97 égaux, *peu distincts*.

ORIFICES SEXUELS placés : le mâle, entre le *vingt-quatrième et le vingt-cinquième anneau* ; le femelle, entre le *vingt-neuvième et le trentième* (fig. 18).

VENTOUSE ORALE peu concave à lèvre supérieure très avancée et presque lancéolée, formée par 3 segments ; *le terminal grand et obtus*.

BOUCHE grande relativement à la ventouse orale.

MACHOIRES au nombre de 3, égales, *petites*, *ovales*, *non comprimées* à denticules *peu nombreux*, *peu pointus* (fig. 11).

POINTS OCULIFORMES au nombre de 10, disposés sur une ligne très courbe, 6 rapprochés sur le premier, 2 sur le troisième segment et 2 sur le troisième anneau ; les 4 postérieurs plus petits (fig. 24).

VENTOUSE ANALE *assez grande*, obliquement terminale (fig. 27).

ANUS *petit*, *arrondi*, à *peine visible*.

C'est dans les fossés, les mares, les petites sources et les bassins, que l'on trouve les *Hæmopis*. Elles *ne se contractent presque pas en olive*, et leur corps est tellement mollasse, que, pressées entre les doigts, on *les croirait mortes*. Ces Annélides ne peuvent percer la peau de l'homme et des animaux vertébrés : en s'introduisant dans les cavités naturelles du corps de ces animaux (pharynx, larynx et fosses nasales), elles percent leurs muqueuses et se gorgent de leur sang. Elles ont bien cruellement tourmenté nos soldats en Égypte, en Afrique, en Portugal et en Espagne, où ils sont très abondants. Les Hæmopis déposent dans la terre humide des embryophores plus petits que ceux des Sangsues, et qui sont revêtus d'un tissu spongieux peu serré.

(1) Virey dit positivement que c'est l'*Hirudo sanguisuga* ou sangsue de cheval.

Moquin-Tandon en indique quatre espèces :

1° HÆMOPIS CHEVALINE. — *H. SANGUISUGA.*

SYN. — Rossaglen, *Aldrov.*, 1602. — Hirudo Sanguisuga, *Bergm.*, 1757; *Linn.*, 1767; *Brug.*, 1793; *Bosc.*, 1802; *Cuv.*, 1817; *Aud.*, 1825; *Derh.*, 1825. — H. Sanguisorba, *Lam.*, 1818. — Hæmopis sanguisorba, *Sav.*, 1820. — Vorax, *Moq.-Tand.*, *Monog.*, 1826. (Excl. syn., *Car.*, *Johns.*, *Pellet* et *Hur.*) — Hippobdella sanguisuga, *de Blain.*, 1828.

On la nomme encore :

En France, *Sangsue de cheval*, *Sangsue chevaline*, *Sangsue pointue*, *Hæmopis*; en Angleterre, *Horseleech* (Rai); en Allemagne, *Rossaglen*, *Rossegel*, *Blutegel*, *Blutigel*; en Danemark, *Hestigle*, *Blodigle* (Müll.); en Norvége, *Haestigel* (Müll.); en Suède, *Snigel* ou *Snegel* (Linn.).

CORPS allongé, formé de 95 à 97 anneaux, graduellement rétréci vers la ventouse orale, *mollasse*, d'une longueur de 8 à 10 et même 12 centimètres sur une largeur de 10 à 15 millimètres.

VENTRE d'un noir d'ardoise, plus foncé que le dos, quelquefois un peu roussâtre ou olivâtre, d'autres fois d'un noir très mat, ordinairement sans taches.

DOS brun, brun verdâtre, tirant quelquefois sur le roussâtre, d'autres fois sur le vert ou l'olivâtre. La plupart des individus portent 2, 4 ou 6 raies longitudinales formées de points noirs très rapprochés ; chez d'autres, ces raies sont remplacées par une ou deux larges bandes d'un roux plus ou moins vif, en général fondues sur les bords; quelques individus sont tout à fait unicolores (1).

BORDS peu saillants présentant une bande étroite d'une couleur orangée, jaunâtre ou brun rouge bien tranchée, quelquefois, mais rarement de la couleur du dos.

VENTOUSES lisses, l'antérieure peu grande.

POINTS OCULIFORMES au nombre de 10, *assez distincts* et rangés en ligne courbe comme dans la *Sangsue médicinale* et l'*Aulastome*.

VENTOUSE ANALE *moitié plus grande* que l'antérieure, mince, et de la couleur du ventre.

Risso a décrit, dans son *Histoire naturelle de l'Europe mé-*

(1) Ce que, plus loin, nous appellerons *lignes*, a été désigné sous le nom de *bandes* par Moquin-Tandon. Cet auteur nomme *bandes médianes*, celles qui sont placées sur le milieu du dos; *bandes marginales*, celles qui se trouvent sur les bords et *bandes intermédiaires*, celles qui sont comprises entre les bandes médianes et les bandes marginales. Ce sont ces dénominations que nous avons adoptées dans la *description* des espèces et variétés.

ridionale, une sangsue sous le nom d'*Hæmopis limbata*, qui paraît se rapporter à cette espèce (Moquin-Tandon); mais comme l'auteur lui attribue un abdomen d'un *blanchâtre pâle*, nous pensons que ce caractère devrait en faire une espèce ou tout au moins une variété bien distincte.

Faut-il avec Virey rapporter à cette espèce l'*Hirudo pigra nigra* de Brossat (*Journ. de pharm.*, 1822, n° 1); ou bien, est-il mieux de la placer avec Moquin-Tandon parmi les Aulastomes?

Trémolière a aussi décrit une sangsue qu'il nomme *Hirudo marginata*, que l'on doit peut-être rapporter à l'espèce dont nous venons de donner la description.

Quant à la *sangsue d'Égypte* de Larrey, elle n'est, suivant Moquin-Tandon, qu'un jeune individu de cette espèce.

La ceinture de l'Hæmopis est assez marquée vers l'époque de la reproduction ; elle comprend quinze ou seize anneaux, depuis le vingt-deuxième jusqu'au trente-septième ou trente-huitième. Elle produit des embryophores ovoïdes, plus petits que ceux des *Sangsues médicinales*, et qui sont recouverts d'un tissu plus lâche et moins régulier ; la capsule membraneuse présente aux deux extrémités du grand diamètre deux petites éminences, qui ne sont que des opercules qui tombent lors de la sortie des jeunes Hæmopis. Moquin-Tandon a ouvert un embryophore dans lequel il a trouvé huit embryons. Quand elles sortent de leur enveloppe, les jeunes Hæmopis ressemblent assez à des fils : leur longueur est alors d'un peu plus de 1 centimètre et leur largeur de 1 millimètre à peu près ; elles sont d'une couleur jaune roussâtre, et laissent voir des points oculiformes d'un noir foncé très apparents. Leur dos est marqué de quatre rangées de points bruns très visibles à la loupe. Un peu plus tard, leur couleur est gris brunâtre en dessus, et gris cendré en dessous. On aperçoit alors sur le dos, quoique avec peine, quatre bandes étroites un peu plus foncées que la couleur générale. Quelquefois entre ces bandes, on rencontre une multitude de points jaunâtres, plus distincts, disposés transversalement de cinq en cinq anneaux.

Moquin-Tandon rapporte à cette espèce les onze variétés suivantes :

β *olivacea.*
γ *simplex.*
δ *rufimargo.*
ε *dorsalis* (1).
ζ *elegans.*
η *bicolor?*
θ *lineata.*
ι *luctuosa?*
κ *lacertina?*
λ *nigra.*
μ *aterrima.*

2° H. DU HÉRON. — *H. ARDEÆ.*

(Moq. Tand., 1846).

Syn. — Sangsue....., *Guyon*, *Achard*, *Pellet* et *Huz.* — Hirudo? Ardeæ, *Moq.-Tand.*, 1826. — H. Ardeæ, *de Blainv.*, 1827.

Corps allongé, formé de 90 anneaux, non compris ceux de la lèvre supérieure, minces et égaux; sa longueur est de 30 à 35 millimètres sur une largeur de 3 à 4.

Ventre *gris un peu plus pâle que le dos.*

Dos gris noirâtre un peu roussâtre, il ne présente ni bandes ni taches, pas plus que de bandes marginales colorées.

Ventouse anale grande, mince et débordant de chaque côté.

Bosc et Latreille disent que sa lèvre est trilobée et qu'elle n'a pas de mâchoires. Moquin-Tandon pense, au contraire, qu'elles en possèdent, mais de très petites, difficiles à observer, surtout chez les individus conservés dans l'alcool.

Moquin-Tandon, de qui est cette description, fait observer que l'individu qui lui a servi pour la faire avait sa ventouse orale déchirée, de sorte qu'il lui a été impossible d'avoir une idée de son étendue.

L'anatomie qu'il en a faite lui a offert « une chaîne ganglionnaire composée de vingt-un ganglions, le dernier très grand, ovoïde, et collé contre l'avant-dernier. Tube digestif formé de compartiments avec des poches latérales subilobées; les deux dernières assez grandes, offrant en dehors sept à huit lobes séparés par des sinus profonds. »

(1) Il est possible que l'*hirudo carnivora* de Brossat (*loc. cit.*), doive se rapporter à cette variété : sa couleur brune avec une seule raie rouge au milieu du dos, indique au moins une grande analogie, tandis que son nom spécifique en ferait une variété de l'Aulastome.

Cette espèce d'Hirudiné se trouve assez souvent dans les fosses nasales et sous les paupières de l'*Ardea virescens*, Linn. (crabier vert des montagnes). Suivant Achard, elle ne prend pas sur la peau de l'homme.

3° H.? UNICOLORE. — *H.? UNICOLOR.*

(Moq.-Tand., 1846.)

Syn. — Hirudo martinicensis, *de Blainv.*, 1827.

Corps médiocrement allongé, formé de 82 anneaux assez peu distincts : sa longueur est de 40 millimètres sur une largeur de 9.

Ventre *noir*.

Dos noir.

Ventouse orale à lèvre supérieure arrondie, *papilleuse, comme lobée et digitée* à sa circonférence.

Bouche *plus grande* que chez les Sangsues médicinales.

Machoires 0 ?

Ventouse anale *très large*.

Orifices sexuels placés : le mâle, entre le vingt-unième et le vingt-deuxième anneau ; le femelle, entre le vingt-sixième et le vingt-septième. (De Blainville.)

Cet Hirudiné ressemble à l'*Hæmopis* par les lobes du tube digestif, et à l'*Aulastome* par la largeur du rectum. Il paraît leur être intermédiaire. Il habite la Martinique.

4° H. DE LA MARTINIQUE. — *H. MARTINICENSIS.*

(Moq.-Tand., 1846.)

Syn. — Petite sangsue, *Achard*, 1825. — Hirudo (Jatrobdella) martinicensis, *Blainv.*, 1827.

Corps de petite taille.

Elle habite la Martinique et probablement aussi toutes les îles de l'archipel américain. Il est prouvé qu'elle ne prend pas sur la peau de l'homme.

Dans le *Dictionnaire des sciences naturelles*, de Blainville indique aux pages 250 et 272 du t. XLVII deux espèces de sangsues placées différemment, et portant le même nom (*H. martinicensis*). Sont-elles différentes ou convient-il de les réunir? Moquin-Tandon en a fait deux espèces différentes (*H.? unicolor* et *H. martinicensis*).

5° H. BORDÉ. — *H. LIMBATA.*

(Risso, 1826.)

VENTRE blanchâtre, pâle.

Les *Hæmopis* ne présentent réellement aucun caractère sérieux qui puisse les séparer des *Sangsues;* de Blainville n'était pas éloigné de l'idée qui réunit ces deux genres, et il est probable que dans certaines circonstances les premières piqueraient la peau humaine, particulièrement celle des enfants (Virey). Cependant, nous les avons laissés séparés, parce que nous sommes persuadé que les caractères qu'ils présentent suffisent pour en faire deux genres distincts : les caractères génériques ne pouvant pas être d'un ordre aussi élevé que pour les classes supérieures.

SANGSUE. — *HIRUDO* (fig. 21, 22, 23).

(Moq.-Tand., 1846.)

SYN. — Hirudinis spec., *Rai*, 1710; *Linn.*, 1767; *Lam.*, 1818. — Sanguisuga, *Sav.*, 1817. — Jatrobdella, *de Blainv.*, 1828.

CORPS allongé *subdéprimé*, rétréci graduellement en avant, obtus en arrière, *mollasse.*

ANNEAUX au nombre de 95, égaux, *très distincts*, *saillants sur les côtés* et disposés 5 par 5 ou quinés (*fig.* 22 et 23).

ORIFICES SEXUELS placés : le mâle, *entre le vingt-quatrième et le vingt-cinquième anneau* ; le *femelle* , *entre le vingt-neuvième et le trentième* (fig. 18).

VENTOUSE ORALE peu concave, à lèvre supérieure très avancée et presque lancéolée, formée par 3 segments et 2 anneaux (fig. 25).

BOUCHE grande, relativement à la ventouse orale.

MACHOIRES au nombre de 3, égales, *grandes*, *demi-ovales* (fig. 8), *très comprimées* à *denticules nombreux*, *très pointus* (fig. 12).

POINTS OCULIFORMES au nombre de 10, disposés sur une ligne courbe, 6 rapprochés sur le premier, 2 sur le troisième segment et 2 sur le troisième anneau; les 4 postérieurs plus petits (fig. 24).

VENTOUSE ANALE *moyenne*, obliquement terminale (fig. 27).

ANUS *extrêmement petit*, *arrondi*, à *peine visible*.

Les *Sangsues* ne se rencontrent que dans les eaux douces des fossés, des mares et des étangs. Elles paraissent vivre tout aussi bien dans la terre humide que dans l'eau ; elles s'y enfoncent de plus en plus, et y restent quelquefois fort longtemps avant de revenir dans l'eau. Nous en avons vu jeter plusieurs milliers dans un fossé. Elles se sont enfoncées en terre et y sont restées tellement, qu'on les a crues perdues : ce n'est que plusieurs années après, qu'on les a vues reparaître plus nombreuses qu'elles n'étaient d'abord, parce qu'elles avaient eu le temps de se reproduire. Au reste, quelques-unes se perdent certainement dans les terres très humides, puisque nous en avons retrouvé dans la terre à plus de 100 mètres du fossé où on les avait mises. A l'époque de la reproduction elles sortent de l'eau, mais elles s'en éloignent alors très peu. Lorsqu'on les presse entre les doigts, elles se *contractent fortement*, et *font l'olive*, ainsi qu'on a l'habitude de dire. La faculté qu'elles ont de percer la peau des vertébrés et de sucer leur sang, les rend capables d'être seules employées en médecine. Elles déposent dans la terre humide leurs embryophores ou cocons qui sont recouverts d'un tissu spongieux très serré.

Malgré l'opinion de plusieurs naturalistes, Moquin-Tandon range sous la même dénomination (*Hirudo medicinalis*) plusieurs sangsues qui ont été considérées par eux comme des espèces distinctes, et de Blainville va encore plus loin ; car il considère comme appartenant à la même espèce les *Hirudo troctina*, *granulosa* et *verbana*, dont Moquin-Tandon a fait des espèces particulières. Bien que nous ne partagions pas complétement les idées du savant auteur de la *Monographie des hirudinées*, nous croyons néanmoins devoir placer ici l'espèce médicinale, telle qu'il l'a décrite avec ses types et ses variétés, afin de compléter le mieux possible la question si importante du genre *Hirudo*.

1° S. MÉDICINALE. — *H. MEDICINALIS* (fig. 21 et 23).

(Raï, 1710; Dillen., 1719; Bergm., 1757; Gisler, 1758; Salomon, 1760; Weser, 1765; Linn., 1767; Müll., 1776; Barbut, 1783; Gmelin, 1788; Brug., 1791; Bosc, 1802; Drap., 1803; Penn., 1812; Leach, 1815; Johns., 1816; Cuv., 1817; Lam., 1818; Carena, 1820; Fisch., 1827; Müll. (L. G.), 1830; Moq.-Tand., 1846.)

Syn. — Hirudo major et varia, *Gesner*, 1558. — H. varia, *Aldrov.*, 1602. — H. minor variegata, *Muralto*, 1685. — H. depressa, nigra; abdomine subcinereo, *Linn.*, 1746. — H. nigrescens, flavo-variegata, *Hill.*, 1752. — H. venæsector, *Braunn.*, 1805. — H. officinalis, *Derh.*, 1825. — Jatrobdella medicinalis, *de Blainv.*, 1828.

Elle porte encore les noms suivants :

Chez les Grecs, Βδέλλα, Λίμνατις, φιλαίματος; les Romains, *Hirudo*, *Sanguisuga*; les Italiens, *Sanguisuga*, *Sanguisuca*, *Sanguettole*, *Mignatta*; les Espagnols, *Sanguisuella*; les Portugais, *Sanguisuga*; les Français, *Sangsue* ou *suce-sang*; les Allemands, *Ægle*, *Egle*, *Eigel*, *Igel*, *Bluteglc*, *Blutegel*, *Blutœgel*, *Blutigel*, *Blutsauger*, *Suckelle*, *Ihle*, *Ile*, *Ihl*; les Hongrois, *Nadaly*; les Hollandais, *Bloedzniger*, *Bloedegel*; les Russes, *Pawka*, *Piawiza*; les Polonais, *Pijawka*; les Danois, *Dokteriglen*, *Blodigel*, (Müll.), *Igle*, *Heisteigle*; les Suédois, *Blodigel*; les Anglais, *Leech*, *common Leech*, *Blood-Sucker*.

Corps allongé, déprimé, graduellement rétréci en avant, formé de 93 à 94 anneaux, bien marqués, non carénés, munis d'une multitude de petits mamelons grenus qui paraissent ou s'effacent suivant la volonté de l'animal. Sa longueur est de 8 à 12 centimètres, sur une largeur de 12 à 20 millimètres.

Couleur générale d'un brun-verdâtre, tirant tantôt sur le roussâtre ou le jaunâtre, tantôt sur le noir-olivâtre ou le gris.

Ventre olivâtre, tirant sur le jaunâtre, sur le roux et même sur le gris bleuâtre; tantôt couvert de taches noires plus ou moins larges et plus ou moins rapprochées, quelquefois d'un petit nombre de marbrures ou de points irréguliers, d'autres fois entièrement immaculé. Sur ses bords, on voit deux bandes étroites, noires, formées de petites taches rapprochées et presque confondues. Ces bandes ne sont très distinctes que dans les variétés dont le ventre est immaculé.

Dos marqué de six bandes longitudinales, ordinairement ferrugineuses ou rousses et plus claires que le fond; quelquefois, au contraire, d'un brun foncé presque noir. Les *médianes* sont, en général, d'une couleur de rouille très claire, unicolore, ou à peine tachetées de noir; les *intermédiaires* offrent des mouchetures noires plus fréquentes, irrégulières, ou carrées ou deltoïdes; les *marginales* paraissent à peine roussâtres, tant les taches noires sont nombreuses et rapprochées. La disposition des couleurs est quelquefois la même dans toutes les bandes; il y a des variétés où les taches forment comme une sorte de marqueterie; dans d'autres variétés de petits traits roussâtres ou noirs unissent entre elles les six bandes. En général, ces dernières peuvent être comparées à des rubans d'un roux-pâle, avec de très petites taches sur les bords et des taches plus larges vers le centre.

Bords saillants dentelés, d'un vert-roussâtre ou olivâtre plus clair que le dos.

Ventouse orale arrondie antérieurement, offrant à l'intérieur quelques plis longitudinaux peu apparents. La lèvre supérieure formée de trois ou quatre demi-anneaux.

Machoires très fortes, comprimées, blanches, à denticules très pointus.

Points oculiformes au nombre de 10, saillants, noirâtres, bien visibles dans les jeunes individus, disposés en arc, les quatre derniers un peu écartés.

Ventouse anale un peu plus grande que l'orale, moyenne, à disque très légèrement strié.

Cette espèce, suivant Moquin-Tandon, comprend sept variétés types, desquelles dérivent celles dont nous donnerons les caractères les plus saillants, tels que ce savant les a établis dans sa *Monographie* de 1846.

A. SANGSUE GRISE (fig. 21).

Syn. — Sanguisuga medicinalis, *Sav.*, 1820; *Risso*, 1826; *Moq.-Tand.*, 1826; *Filippi*, 1837. — Hirudo medicinalis, var. Grisea, *de Blainv.*

Ventre (1) généralement maculé de noir.

Dos olivâtre, plus ou moins gris et plus ou moins foncé.

VARIÉTÉS.

α Vulgaris, *Pellet* et *Huz.*, *Moq.-Tand.*

Bandes médianes et intermédiaires sans taches ou avec des taches peu apparentes.

β Catenata, *Moq.-Tand.*

Bandes médianes non tachées, intermédiaires avec des points noirs carrés.

(1) Si, contrairement à l'auteur de la *Monographie des Hirudinées*, nous commençons la description par le ventre, c'est que nous croyons que c'est là que réside le caractère essentiel de l'espèce.

γ SIGNATA, *Moq.-Tand.*

Bandes médianes non tachées, intermédiaires avec des taches triangulaires ou deltoïdes qui se touchent.

δ SERPENTINA, *Moq.-Tand.*

Bandes médianes avec des points noirs, intermédiaires avec des taches anguleuses.

ε TESSELLATA, *Moq.-Tand.*

Bandes représentées par de grosses taches carrées alternes.

L'*Hirudo officinalis vel grisea* de Brossat (*Journ. de pharmacie*, 1822) paraît devoir être rapportée à l'une des cinq variétés de ce type (Moquin-Tandon).

B. SANGSUE VERTE.

SYN. — Sanguisuga officinalis, *Sav.*, 1820; *Moq.-Tand.*, 1826; *Aud.*, 1829; *Brandt* et *Ratzebourg*, 1833. — S. meridionalis? *Risso*, 1826. — Hirudo medicinalis, var. B, *de Blainv.*

VENTRE généralement sans taches.
Dos olivâtre, plus ou moins vert.

ζ COMMUNIS, *Moq.-Tand.*

Bandes à peine tachetées.

η SERIALIS, *Moq.-Tand.*

Bandes réduites à des mouchetures noires.

θ INTERMISSA, *Moq.-Tand.*

Bandes interrompues de 5 en 5 anneaux, formant une ellipse très allongée avec un petit trait noir en dedans.

ι TRANSVERSA, *Moq.-Tand.*

Bandes unies, de 5 en 5 anneaux, par deux petits traits noirs transverses.

κ PROVINCIALIS, *Moq.-Tand.*

SYN. — Hirudo provincialis, *Carena.*

Bandes unies, de 5 en 5 anneaux (excepté les médianes entre elles), par un petit trait roussâtre transverse.

C. SANGSUE JAUNATRE (fig. 23).

VENTRE pointillé de roussâtre ou sans taches.
Dos olivâtre plus ou moins jaune.

λ Chlorogastra, *Moq.-Tand.*

Syn. — Sanguisuga chlorogastra, *Brandt* et *Ratzebourg.*

Ventre plus jaune que le dos.
Bandes dorsales plus ou moins apparentes.

μ Chlorina, *Moq.-Tand.*

Ventre et dos également jaunes.
Bandes dorsales presque nulles.

L'*Hirudo flava* (1) de Brossat (*Journ. de pharmacie*, 1822) paraît se rapporter à l'une des variétés de ce type (Moquin-Tandon).

D. SANGSUE NOIRATRE.

Ventre très foncé sans taches.
Dos noirâtre ou olivâtre noir.

ν Nigrescens, *Moq.-Tand.*

Bandes réduites à des mouchetures noires et brunes à peine visibles.

ξ Luctuosa, *Brandt* et *Ratzebourg*, *Moq.-Tand.*

Bandes noires avec quelques taches plus claires que le fond.

E. SANGSUE ROSÉE.

Ventre sans taches, un peu plus pâle que le dos.
Dos couleur de chair ou rose.

ο Pallida, *Moq.-Tand.*

Bandes réduites à quelques taches disposées en séries.

π Carnea, *Moq.-Tand.*

Syn. — Hirudo medicinalis, var. E, *de Blainv.*

Bandes nulles, taches nulles.

F. SANGSUE FAUVE.

Ventre un peu plus pâle que le dos, quelquefois légèrement verdâtre, sans taches.
Dos fauve.

(1) Il y a eu sans doute inversion de mots ou de pensée dans l'observation faite par Moquin-Tandon, page 334 de sa *Monographie* de 1846, à l'occasion des *Hirudo flava* et *grisea* de Brossat.

ρ Elegans, *Pellet* et *Huz.*, *Moq.-Tand.*

Bandes représentées par des lignes brunes, les intermédiaires sinueuses en dehors, les marginales sinueuses en dedans et une série longitudinale de taches oblongues entre elles.

ς Lineata, *Moq.-Tand.*

Bandes représentées par des lignes longitudinales d'un brun clair égales.

G. SANGSUE BRUNE.

Ventre généralement pointillé de noir.
Dos brun, plus ou moins foncé.

Syn. — Sanguisuga obscura, *Moq.-Tand.*, 1826, *Brandt* et *Ratzebourg*, 1833.

τ Obscura, *Moq.-Tand.*

Bandes composées de petites mouchetures noires peu apparentes, disposées en séries longitudinales.

υ Lentiginosa, *Moq.-Tand.*

Bandes composées de mouchetures noires, avec quelques points d'un brun-clair.

φ Vittata, *Moq.-Tand.*

Bandes médianes d'un fauve-clair, intermédiaires fauve-clair avec des taches noires de 5 en 5 anneaux.

L'*Hirudo pumila* de Trémolière (*Journ. de pharmacie*, 1828), est-elle une des trois variétés de ce type (Moquin-Tandon)?

La sangsue médicinale n'habite que les eaux douces (fossés, marais, étangs et petites rivières) de l'Europe, de l'Afrique septentrionale et de l'Asie mineure. La verge est blanchâtre, filiforme, et sort assez souvent pendant les derniers moments de leur vie, ou bien pendant la pression qu'on leur fait subir pendant leur dégorgement. Un grand nombre d'individus conservés dans l'alcool la présentent entièrement hors de son fourreau. Leurs embryophores ressemblent un peu aux cocons de vers à soie, bien qu'ils n'aient que 25 millimètres dans leur grand diamètre, et 15 dans le petit. Ils sont formés d'une capsule mince, élastique, cornée et comme aréolée, qui présente aux extrémités du grand axe deux petits épaississements operculaires, qui tombent lorsque les jeunes sangsues s'échappent, et à leur place restent deux trous arrondis et béants. Cette capsule est recouverte d'un tissu spongiforme à filaments serrés, fins, et d'un gris plus ou moins roussâtre. Chaque embryophore contient de six à dix-huit sangsues, qui, au moment de l'éclosion ou de leur sortie, ont environ de 7 à 8 millimètres de longueur.

D'après Vahlberg, on se sert en Suède, pour remplacer la *Sangsue médicinale*, d'une sangsue, dont le corps, d'un noir brun, porte six larges raies dorsales, qui sont d'un noir de charbon. Tous les cinq anneaux, elle présente des petits points blancs qui sont circulairement placés autour de son corps.

2° S. TRUITE. — *HIRUDO TROCTINA* (fig. 22).

(Johnson, 1816; Moq.-Tand., 1846.)

SYN. — Sanguisuga interrupta, *Moq.-Tand.*, 1826; *Aud.*, 1829; *Brandt* et *Ratz.*, 1833. — Jatrobdella medicinalis, var. tessellata, *de Blainv.*, 1827. — Trout-Leech (*Angleterre*). — Dragon, Sangsue d'Afrique (*France*).

CORPS allongé, un peu déprimé, graduellement rétréci en avant, d'une longueur de 8 à 10 centimètres sur une largeur de 12 à 18 millimètres.

ANNEAUX couverts de *mamelons grenus*, un *peu plus gros* que dans la sangsue médicinale. Dans la région dorsale, il y a *sept tubercules par anneau plus gros que les autres*, et *un encore plus gros à chaque extrémité*. Ces tubercules sont très apparents sur les individus plongés dans l'alcool.

VENTRE jaune-verdâtre ou gris-jaunâtre, très rarement roussâtre, tantôt immaculé, tantôt muni de larges taches noires. Ses bords sont ornés d'une bande longitudinale non pas en ligne droite, comme dans la sangsue médicinale, *mais disposée en zigzag*, de manière que chaque angle extérieur s'avance sur le bord orangé et correspond à une des taches qui se trouvent sur le dos. Lorsque l'animal est contracté, ces deux bandes représentent deux festons très jolis.

Dos d'un vert foncé, quelquefois sali par une teinte roussâtre, d'autres fois très clair et très brillant; bandes dorsales interrompues et représentées par des taches isolées, arrondies ou carrées, écartées de cinq anneaux; chaque tache occupe tout un anneau, elle paraît surtout carrée quand l'animal se contracte. Ces taches sont noires avec un bord orangé, plus ou moins roussâtre, ou orangées avec un bord noir; quelquefois les médianes paraissent entièrement d'un jaune-foncé et les intermédiaires tout à fait noires. D'autres fois, les taches sont unies longitudinalement et comme enchaînées par un petit trait noir ou orangé. Les points marginaux sont souvent dépourvus du bord roussâtre ou orangé, ils sont presque réduits à une tache noire plus ou mois foncée.

BORDS larges fortement crénelés et d'un jaune orangé, ou d'un roussâtre très brillant. Dans certaines variétés, de petits traits noirs interrompent régulièrement, à chaque cinq anneaux, les bandes marginales.

Les variétés suivantes sont établies dans la *Monographie* de Moquin-Tandon, 1846.

β GUTTATA, *Pellet* et *Huz.*, *Moq.-Tand.*

Taches isolées, les médianes orangées, les intermédiaires noires.

γ CONCATENATA, *Moq.-Tand.*

Taches unies longitudinalement par de petits traits noirs.

δ FLAMMULATA, *Moq.-Tand.*

Taches unies longitudinalement par de petits traits orangés.

ε SQUAMOSA.

Ventre couvert d'une multitude de taches couleur brique foncé ayant quelque ressemblance avec des écailles de poissons, réunies dans un seul endroit et simulant un plastron (1).

Cette espèce d'Hirudiné habite les sources et les ruisseaux de l'Algérie et de toute la Barbarie. Pelletier et Huzard qui l'ont décrite, et qui en ont donné une excellente figure (pl. III, fig. 18), la croyaient originaire d'Amérique. Elle est connue, dans le commerce, sous le nom de *sangsue dragon*. Il paraît qu'elle est depuis longtemps employée en Angleterre, et on la trouve mêlée parfois aux sangsues que l'on emploie dans les hôpitaux de Paris. Les Anglais la nomment *Trout-Leech*, parce qu'ils ont trouvé une certaine ressemblance entre ses taches et celles de la truite.

(1) Nous avons placé provisoirement cette variété, qui appartient évidemment au genre *Hirudo*, parmi les *Troctina*, parce que J. Martin dit qu'elle ressemble beaucoup au dragon d'Afrique. Ses caractères sont assez tranchés pour constituer tout au moins une variété, sinon une espèce particulière. Nous ne la connaissons que par les caractères qu'en a donnés J. Martin.

3° S. DU LAC MAJEUR. — *H. VERBANA.*

SYN. — Hirudo verbana, *Car.*, 1820 ; *Moq.-Tand.*, 1846. — Sanguisuga carena, *Risso*, 1826. — S. verbana, *Moq.-Tand.*, 1826. — Jatrobdella verbana, *de Blainv.*, 1827 ; *Aud.*, 1829 ; *Brandt* et *Ratz.*, 1833. — J. medicinalis, var. verbana, *de Blainv.*, 1827.

CORPS allongé, déprimé, étroit en avant, d'une longueur d'environ 7 centimètres sur une largeur de 8 à 9 millimètres.

VENTRE vert pistache uni, ou marqué de quelques points noirs, avec une raie noire près de chaque bord (*Carena*).

DOS d'un vert sombre, avec des bandes brunes transversales parallèles ; aux extrémités de ces bandes, on voit autant de taches ferrugineuses, chacune desquelles est formée par la réunion de trois petites lignes appartenant à trois segments contigus ; lorsque l'animal allonge le corps, la série de ces taches se change en une ligne ferrugineuse interrompue. Les bandes brunes du dos s'effacent alors plus ou moins. L'espace compris entre les taches ferrugineuses et les bords qui sont jaunes, est vert-sombre comme le dos, terminé de noir vers les bords, et garni de mouchetures vert-jaunâtre au milieu et vers le dos.

Cette espèce se trouve en Italie dans le lac Majeur (*Lacus verbanus*, *Carena*). On la rencontre encore aux environs de Nice, suivant Risso.

En raison des bandes interrompues qu'elle présente, Johnson croit qu'elle est la même que la sangsue truite. Moquin-Tandon, à cause de sa coloration assez distincte, pense qu'elle serait plutôt une variété de l'espèce *medicinalis*. Nous ne voyons véritablement aucun caractère qui puisse la faire considérer comme espèce particulière.

4° S. MARGINÉE. — *H. MARGINATA.*

(Moq.-Tand., 1846.)

SYN. — Sanguisuga marginata, *Risso*, 1826.

CARACTÈRES DISTINCTIFS.

CORPS d'un vert-olivâtre intense, d'une longueur de 16 centimètres.

VENTRE d'un olivâtre obscur pâle.

DOS avec des lignes de points noirs.

BORDS avec *une grande marge d'un rouge vif de safran.*

POINTS OCULIFORMES noirs, au nombre de 2 ?

VENTOUSE ANALE *fort large* (Risso).

β VARIEGATA, *Moq.-Tand.*, 1846.

SYN. — Sanguisuga marginata, var. 1, *Risso*, 1826.

Dos olivâtre, avec des lignes de points noirs et couleur de safran.

Cette espèce habite dans les ruisseaux et les fossés des environs de Nice.

5° S. MYSOMELAS. — *H. MYSOMELAS.*

(Henry, Sérullas et Virey, 1829 ; Brandt et Ratz., 1833 ; Moq.-Tand., 1846.)

CORPS plus aplati que celui de la *Sangsue médicinale* et à peu près de la même longueur.

VENTRE jaune avec des taches noires irrégulières.

DOS d'un vert-olivâtre ou d'un noir-jaunâtre, avec trois bandes longitudinales jaunes ou jaunâtres, bordées de noir.

BORDS jaunes.

BOUCHE ET VENTOUSE ANALE noires.

POINTS OCULIFORMES peu apparents.

Suivant Henry, Sérullas et Virey, cette sangsue est bien distincte de la médicinale : elle absorbe moitié moins de sang que la sangsue ordinaire.

6° S. GRANULEUSE. — *H. GRANULOSA.*

(Savigny, 1820, et Moq.-Tand., 1826.)

SYN. — Jatrobdella granulosa, *de Blainv.*, 1827 ; Hirudo granulosa, *Moq.-Tand.*, 1846.

CORPS formé d'anneaux munis sur leur contour d'un *rang de tubercules* assez serrés, au nombre de 38 ou 40, sur les anneaux intermédiaires. Couleur générale d'un *vert-brun*, avec *trois bandes plus obscures* sur le dos (Savigny).

Cette espèce habite dans l'Inde. Suivant Leschenault, elle est très employée à Pondichéry.

7° S. PARASITE. — *H. PARASITICA.*

(Say, 1824 ; Moq.-Tand., 1846.)

CORPS dilaté dans le repos, rétréci en avant.

VENTRE très plat, *avec 11 lignes environ longitudinales.*

DOS varié de jaune peu brillant et de brun-noirâtre. Une bande jaune plus ou moins allongée part de l'extrémité antérieure ; dans quelques individus, elle n'offre pas le quart de la longueur du corps ; dans d'autres, elle s'étend presque tout à fait jusqu'à la ventouse anale.

BORDS avec dix-huit ou vingt taches carrées jaunâtres, symétriques, de même grandeur et à égale distance.

POINTS OCULIFORMES au nombre de 2 (?), rapprochés, quelquefois paraissant réunis (Say).

VENTOUSE ANALE rayonnée de jaunâtre en dessus (Say).

La *Sangsue parasite* habite particulièrement dans les lacs du nord-ouest de l'Amérique septentrionale, où elle est assez abondante. On la trouve d'ordinaire fixée au sternum des tortues, surtout de l'*Emys geographica*. Les jeunes sont plutôt attachées à leur abdomen (Say).

Cette sangsue appartient-elle bien à l'espèce *medicinalis?*

8° S. LATÉRALE. — *H. LATERALIS.*

(Say, 1824 ; Moq.-Tand., 1846.)

CORPS plus allongé que l'espèce précédente et beaucoup moins déprimé.

VENTRE plus foncé que le dos.

DOS d'une couleur livide terne, uniforme, présentant quelques points noirs petits et écartés. Une ligne rousse s'étend de chaque côté dans toute la longueur du corps, elle est assez large et très distincte quoique terne.

POINTS OCULIFORMES disposés en ligne courbe régulière (Say).

Cette espèce se rencontre dans la région nord-ouest de l'Amérique septentrionale, dans les mêmes lieux que l'espèce précédente, surtout entre le lac Rainy et le lac Supérieur. (Say).

9° S. MARBRÉE. — *H. MARMORATA.*

(Say, 1824 ; Moq.-Tand., 1846).

CORPS un peu élargi dans le milieu, diminuant très légèrement et graduellement vers les extrémités, plus atténué en avant.

VENTRE pâle, généralement immaculé, mais quelquefois avec des taches noires confluentes.

DOS noir ou brun, avec des taches irrégulières, blanchâtres ou légèrement colorées.

POINTS OCULIFORMES placés sur une ligne courbe régulière (Say).

Cette espèce habite les mêmes lieux que la précédente. Elle adhère aux rochers (Say).

10° S. ORNÉE. — *H. DECORA.*

(Say, 1824, Moq.-Tand., 1846.)

CORPS.....

VENTRE roux avec un petit nombre de taches noires.

Dos livide avec une série dorsale de 22 petits points rouges et une série latérale d'un pareil nombre de points noirs de même grandeur.

POINTS OCULIFORMES très serrés, formant en avant une ligne transverse, les deux postérieurs un peu écartés (Say).

Cette espèce se trouve aussi dans la partie nord-ouest de l'Amérique septentrionale, mais plus particulièrement dans le lac Vermilion.

11° S. CHINOISE. — *H. SINICA.*

(Moq.-Tand., 1846.)

SYN. — Jatrobdella sinica, *de Blainv.*, 1 27.

CORPS de petite taille.

Dos et VENTRE *entièrement noirs, sans bandes ?*

BORDS de la *même couleur.*

Elle habite la Chine, où elle est employée pour faire les saignées locales. Elle se trouve assez grossièrement figurée dans l'*Encyclopédie chinoise* (de Blainv.).

12° S. JAPONAISE. — *H. JAPONICA.*

(Moquin-Tandon, 1826.)

SYN. — Sangsue du Japon, *Krusenst.*, 1810; *Bosc*, 1819; *Derh.*, 1825. — Jatrobdella japonica, *de Blainv.*, 1827.

CORPS *très volumineux,* de la grosseur d'un *œuf de poule* dans la contraction.

Dos *jaune, pointillé de brun, sans bandes?*

BORDS de la même couleur.

Elle habite dans le Japon.

13° S. CEYLANAISE. — *H. ZEYLANICA.*

(Moq.-Tand., 1826.)

SYN. — Sangsue de Ceylan, *Knox*, 1693; *Valm. de Bom.*, 1776. — Jatrobdella zeylanica, *de Blainv.*, 1827.

CORPS long de 5 à 8 centimètres pas *plus gros qu'un crin de cheval,* mais susceptible par l'accroissement d'arriver à la grosseur d'une plume d'oie.

Dos *noirâtre*.

Bords de la même couleur.

Cette sangsue habite l'île de Ceylan. On la trouve sous l'herbe et dans les bois humides, particulièrement dans la saison des pluies. C'est un des fléaux de l'île; il est dangereux d'y voyager pieds nus et surtout de s'y endormir, car elles s'attachent aux jambes des voyageurs, les piquent et sucent leur sang avec une très grande avidité; on dit qu'elles ont fait périr ainsi des soldats endormis.

Selon Knox, elles sont tellement abondantes, que l'on ne perd pas le temps à leur faire lâcher prise: aussi prend-on le parti de souffrir leur morsure d'autant qu'on les croit fort saines, on s'en débarrasse après le voyage en se frottant les jambes avec de la cendre, ce qui n'empêche pas les piqûres de continuer à couler. (Knox, *Relation de l'île Ceylan.*)

Thunberg dit qu'il a observé, dans l'île de Ceylan, une sangsue terrestre, rouge foncée, qui s'attache aux pieds des voyageurs. Est-ce une variété de l'espèce ou bien est-ce une espèce particulière? Bosc, dans le *Dictionnaire d'histoire naturelle*, les dit rouges et tachetées. Enfin Derheims, sans indiquer leur couleur, dit aussi qu'elles sont tachetées.

Enfin on trouve (Édimb., *New. phil. Journ.*, I, 375) la description récente d'une sangsue noire de Ceylan. Il est fort possible que ce soit la même que l'*Hirudo zeylanica*.

14° S. DU SÉNÉGAL. — *H. SENEGALENSIS.*

(Moq.-Tand., 1846.)

Syn. — Sangsue du Sénégal, *Dupuy*, 1830.

ORPS.....

Elle se trouve au Sénégal, comme la sangsue décrite sous le nom de sangsue *Mysomelas*, comme elle aussi elle est moins avide que la sangsue médicinale. De sorte qu'il se pourrait bien qu'elle ne fût autre que l'espèce Mysomelas.

Elle a été envoyée à la Guadeloupe afin que l'on pût tenter de l'y naturaliser.

15° S. DES ÉTANGS. — *H. STAGNORUM.*

(Derh., 1825; Moq.-Tand., 1846.)

SYN. — Jatrobdella stagnalis, *de Blainv.*, 1827.

CORPS assez semblable à celui de l'*Aulastoma vorax*, quoique d'une teinte un peu moins foncée.

VENTRE cendré, paraissant noir dans la contraction.

DOS noirâtre.

Suivant Derheims, les mouvements de cette sangsue dans l'eau sont extrêmement vifs et ce qui lui est particulier, c'est qu'elle se tord lorsqu'elle change de direction. Elle habite en France dans les eaux vives et stagnantes, particulièrement dans les marais de la Bretagne (Derheims).

16° S? BRUNE. — *H? FUSCA.*

(Moq.-Tand., 1846.)

SYN. — Sangsue.... *Derh.*, 1825. — Horse-Leech (en Écosse), *Derh.*

CORPS presque cylindrique, très muqueux.

VENTRE d'un brun très foncé.

DOS de même couleur.

On trouve cet Hirudiné qui est plutôt terrestre qu'aquatique dans le nord de l'Écosse. Ses mouvements sont extrêmement lents. Elle est excessivement grosse et elle attaque les chevaux. On peut se demander avec Moquin-Tandon si cette espèce ne serait pas une variété de la *sangsue de cheval*. Suivant Blainville, ce serait la *Trochète verdâtre*.

17° S.? DU CHILI. — *H.? CHILENSIS.*

CORPS.....

Habite les forêts du Chili et jamais dans l'eau. Ces Hirudinés rampent sur les plantes, les troncs d'arbres, montent sur les arbrisseaux et n'approchent jamais des marais et des rivières. Par leurs piqûres ils maltraitent les jambes des voyageurs (Gay, rapporté par Moquin-Tandon).

Nieremberg parle d'une espèce de sangsue qui vit parmi les herbes et les arbres des montagnes. Elle est longue d'un demi-doigt et fort menue. Elle attaque les passants, suce leur sang, et ne les abandonne que lorsqu'elle s'est complétement gorgée. Alors elle tombe d'elle-même et ne fait point de mal. Serait-ce la même espèce que celle désignée par Gay?

Nous avons très fidèlement reproduit les descriptions données par de Blainville (1) et Moquin-Tandon(2). Le plus souvent elles ont été complètes et vraies, quelquefois elles ont été très courtes, rarement nulles. La faute ne saurait en être attribuée aux auteurs que nous venons de nommer, mais bien à ceux qui ont eu entre leurs mains les espèces qu'ils ont fait connaître sans les décrire suffisamment.

Enfin, pour compléter l'histoire du genre *Hirudo*, il ne nous resterait plus qu'à donner les noms par lesquels toutes ces espèces ou variétés sont désignées dans le commerce. Mais comme à l'article *Commerce des sangsues* nous nous sommes suffisamment étendu sur les rapports de ces noms avec ceux de la science, autant du moins qu'il était possible de le faire, nous y renverrons nos lecteurs pour ne pas nous répéter.

D. H. SIPHONIENS. — *H. SIPHONEA.*

Syn. — Hirudinées siphoniennes, *Moq.-Tand.*, 1846.

CARACTÈRES GÉNÉRAUX.

Corps composé d'anneaux à *peine distincts*, *transparent*.

Ventouse orale séparée ou non séparée du corps par un étranglement, de plusieurs pièces, en bec de flûte et *bilabiée*.

Sang *incolore*.

Œufs *simples*.

La transparence des corps de ces annélides et la couleur de leur sang en font une petite section très naturelle, d'autant que leurs mœurs présentent quelques curieuses particularités. Ainsi elles portent sous leur ventre leurs œufs et leurs

(1) *Dictionnaire des sciences naturelles*, t. XLVII, p. 205.

(2) *Monographie des Hirudinées*, 1846.

petits, et toutes les espèces connues possèdent un suçoir plus ou moins exsertile, qui leur sert à pomper le sang des animaux sur lesquels elles se fixent. Ces Hirudinés ne comprennent qu'un seul genre.

GENRE UNIQUE.

GLOSSIPHONIE. — *GLOSSIPHONIA.*

(Johnson, 1816; Moq.-Tand., 1846.)

Syn. — Helluonis spec., *Oken*, 1815. — Glossopora, *Johnson*, 1817. — Clepsine, *Sav.*, 1817. — Glossobdella, *de Blainv.*, 1828. — Clepsina, *Filippi*, 1837.

Corps *peu allongé, ovale*, déprimé, un *peu convexe en dessus, extrêmement plat* ou *légèrement concave en dessous, acuminé* en avant, légèrement *crustacé.*

Anneaux *au nombre de* 57 *ou* 58, *ternés*, égaux, peu distincts.

Orifices sexuels placés : le mâle, *entre le dix-neuvième et le vingtième* ou *entre le vingtième et le vingt-unième anneau;* le femelle, *entre le vingt-deuxième et le vingt-troisième* ou *entre le vingt-troisième et le vingt-quatrième.*

Ventouse orale peu concave, à lèvre supérieure avancée en demi-ellipse et formée de 3 segments, le terminal grand et assez obtus.

Bouche grande, relativement à la ventouse orale, *trompe œsophagienne* tubuleuse, cylindrique, exsertile.

Machoires réduites à 3 plis à peine prononcés.

Points oculiformes au nombre de 2, 4, 6, 8, *très distincts*, placés ordinairement *sur deux lignes longitudinales.*

Ventouse anale petite ou moyenne *exactement inférieure.*

Anus moyen, arrondi, à peine visible.

Les espèces de ce genre se rencontrent dans les eaux limpides des ruisseaux, des lacs, des sources et même des rivières. On les trouve attachées aux pierres, aux plantes aquatiques ou autres corps solides plongés dans l'eau. Elles ne nagent point comme les sangsues, elles s'élèvent à la surface de l'eau et se laissent emporter par le courant. Elles sont lentes et paresseuses, ne peuvent vivre plus de quelques minutes hors de l'eau. Leur progression se fait tout à fait comme les *chenilles arpenteuses*, et leur ventouse anale se rapproche de la ventouse orale tellement, que leur corps forme le plus souvent *un anneau complet*. Les *Glossiphonies*, pendant le repos, sont souvent contractées en boule, à la manière des cloportes. Elles portent leurs œufs ou leurs petits attachés à leur abdomen.

Dans notre mémoire, nous avons confondu la *Glossiphonie binocle* avec une jeune sangsue. C'est une erreur que nous nous empressons de relever. C'est d'elle que nous avons dit, page 12 : « Très souvent, lorsque cette sangsue protectrice change de place, les plus jeunes, cramponnées à son ventre, sont emportées avec elles, et lorsqu'elles viennent à s'agiter, en se tenant par la ventouse anale, la première semble munie de plusieurs pattes qui font l'effet d'autant de rames mises en mouvement pour la faire avancer. »

Savigny a formé deux sections de ce genre : les *Illyrines* et les *Simples*. Les premières, caractérisées par un corps étroit et deux yeux un peu écartés sur le second segment (*G. bioculata*) ; les secondes, distinguées par un corps large et six yeux rapprochés sur les trois premiers segments (*G. sexoculata*). Moquin-Tandon fait observer avec raison que les deux groupes sont tout à fait artificiels et qu'il existe des espèces à corps larges, munies de deux yeux seulement ; tandis qu'il y en a d'autres qui ont quatre yeux, et dont le corps est tantôt large et tantôt étroit.

Moquin-Tandon en fait aussi deux sections, savoir :

1° *Clepsine*. Six lobes stomacaux, un peu sinueux ; animal plus ou moins engourdi (genre *Clepsine*, Sav.).

CINQ ESPÈCES :

G. SEXOCULATA. G. ALGIRA.
G. HETEROCLITA. G. BIOCULATA.
G. CARENÆ.

2° *Lobina*. Plus de six lobes stomacaux, plus ou moins pinnés ; animal assez vif (genre *Hæmocharis*, Filippi).

DOUZE ESPÈCES :

G. Sanguinea.	G. Swampina.
G. Paludosa.	G. Oniscus.
G. Catenigera.	G. Arcuata.
G. Marginata.	G. Circulans.
G. Tessellata.	G. Bicolor.
G. Lineata.	G. Succinea.

D. H. PLANÉRIENS. — *H. PLANERINA.*

Syn. — Hirudinées planériennes, *Moq.-Tand.*, 1846.

CARACTÈRES GÉNÉRAUX.

Corps *sans anneaux distincts*, transparent.

Ventouse orale non séparée du corps par un étranglement, *réduite à des mamelons* ou *des fossettes en forme de suçoir? non labiée.*

Sang *incolore.*

Œufs *simples?*

Ventouse orale.	bifide.			Malacobdelle.
	non bifide	avec 2 fossettes.	ventouse anale armée de crochets.	Phylline.
			ventouse anale lisse	Nitschie.
		avec 2 tubercules		Axine.
		avec 3 fossettes.		Capsale.

Les genres de cette tribu sont assez mal connus, et auraient besoin d'être soumis à un nouvel examen. De Blainville les considère comme des Hirudinés, et Moquin-Tandon les a compris aussi dans cette famille. Émile Blanchard, trouvant une grande ressemblance entre l'appareil de la sensibilité des malacobdelles et celui des *Planaires* et des *Trématodes*, les a placés parmi ses *Anévormes* constituant l'ordre des bdellomorphes. Selon lui, la malacobdelle est une sangsue à système nerveux bilatéral et à organes sexuels séparés ; ou bien, c'est un anévorme à sexes séparés et à intestins simples, et ouverts à ses deux extrémités. Peut-être un examen plus approfondi des autres genres amènera-t-il leur complète élimination de cette famille. Dans tous les cas, ils paraissent établir le passage des vrais Hirudinés aux Planaires et aux Vers intestinaux. Au reste, comme ils habitent pour la plupart dans la mer, et comme leurs caractères sont assez tranchés pour que personne ne puisse les confondre avec les *Sangsues médicinales*, nous nous bornons aux caractères de la tribu, renvoyant pour plus de détails à l'excellente *Monographie des Hirudinées de Moquin-Tandon*.

Nous pensons qu'à l'aide des caractères que nous avons tracés des Hirudinés, qui ont plus ou moins d'analogie avec les *Sangsues médicinales*, et dont les plus importants ont été indiqués par des lettres italiques, on arrivera facilement à la détermination des genres et des espèces, sinon des variétés. En agissant ainsi, nous le répétons, nous avons voulu qu'il n'arrivât aux autres rien de ce qui nous est arrivé, et qu'ainsi l'on pût toujours savoir au juste distinguer la *Sangsue médicinale* de toute autre espèce d'Hirudiné, quelle que soit la variété ou l'état de jeunesse de l'individu que l'on a sous les yeux.

DEUXIÈME PARTIE.

ANATOMIE ET PHYSIOLOGIE DES SANGSUES MÉDICINALES.

Maintenant que, par les descriptions que nous avons faites des diverses espèces d'Hirudinés, nous les connaissons aussi bien que possible extérieurement, nous allons nous occuper de faire connaître leur composition anatomique et le rôle que jouent la plupart des organes qui vont se présenter tour à tour à notre investigation. Il nous a semblé plus logique de commencer cette monographie par l'étude des caractères extérieurs, car c'est toujours ainsi que dans la nature on procède. Avant de connaître la composition d'un minéral, on s'attache à étudier sa forme et ses autres propriétés physiques ; avant de faire l'anatomie d'une plante, on commence par étudier ses caractères extérieurs pour saisir les rapports qui peuvent les rapprocher des genres ou des espèces qui lui ressemblent ; enfin combien existe-t-il d'animaux qui ont été connus avant qu'on ne se soit occupé de leur anatomie? et aujourd'hui même encore, ne commence-t-on pas toujours par la description des caractères extérieurs avant de chercher à faire celle des caractères anatomiques? C'est qu'en général, les premiers trahissent toujours plus ou moins les caractères plus cachés que l'anatomie seule peut faire découvrir, mais que l'habitude de l'observation peut conduire à deviner avec un assez grand degré de certitude : de cette façon, on se trouve bien plus sûrement guidé dans les recherches anatomiques qui restent à faire et très souvent, par analogie, on arrive à se former une juste idée de la nature de certains organes qui présentent certaines modifications et que sans cela on eût été conduit à prendre pour d'autres.

CHAPITRE PREMIER.

SYMÉTRIE DES ORGANES.

Une première observation à faire sur les Hirudinés et en particulier sur le genre *Hirudo*, c'est que toutes les espèces de cette famille présentent une symétrie parfaite (1) appartenant à cette classe de symétrie que nous avons dit être ordonnée par rapport à un plan (*Comptes rendus des séances de l'Académie des sciences*, t. XXXV, p. 853, 1852), tandis qu'il est quelques animaux chez lesquels il est assez difficile d'établir aucune symétrie.

En effet, si, à commencer par l'extérieur, nous examinons avec attention une *Sangsue médicinale*, celle que l'on se procure le plus facilement, nous remarquons que si l'on fait passer un plan qui coupe les deux ventouses par le milieu tout en passant par le centre longitudinal de la bande dorsale, on a deux moitiés exactement composées des mêmes parties quoique parfaitement contraires. De sorte que si l'on a deux ou trois lignes colorées et plus ou moins marquées de points d'un côté, on est assuré de retrouver en sens contraire, de l'autre côté, les mêmes lignes et les mêmes points, et si d'un côté les points se répètent de cinq en cinq anneaux, de l'autre côté et sur les mêmes anneaux, se trouvent répétés les points homologues.

Le plan que nous avons fait passer par le milieu du dos et des ventouses coupera nécessairement aussi le ventre en deux parties égales dans lesquelles se retrouvera encore la symétrie ; car si le ventre présente une ligne marginale d'un côté on est assuré de la retrouver de l'autre et chez certaines variè-

(1) Dans un mémoire présenté à l'Institut, nous avons démontré que l'on pouvait établir trois espèces de symétrie, aussi distinctes entre elles que le sont les trois règnes de la nature, savoir : la symétrie par rapport *à un point* (symétrie minérale) ; la symétrie par rapport *à une ligne* (symétrie végétale) et la symétrie par rapport *à un plan* (symétrie animale).

tés de sangsues (1) où les lignes sont représentées par des points, quelquefois sur quatre rangs, on est certain de trouver deux rangs d'un côté et deux rangs de l'autre dans un sens inverse : c'est-à-dire que si le rang le plus extérieur d'un côté est formé par des ponctuations plus grandes que le rang intérieur ou le plus près du plan, il en sera de même de l'autre côté.

La symétrie des organes intérieurs est aussi vraie que celles des bandes ou des lignes que nous venons de considérer, et il ne saurait en être autrement; car, soit qu'on admette le mode d'évolution centripète, soit qu'on admette le mode de formation centrifuge, il est évident que si les deux côtés extérieurs se ressemblent parfaitement, c'est qu'à l'intérieur il existe des organes symétriques qui ont commandé des mouvements homologues, dont l'action a été de faire naître les lignes, les bandes et les couleurs symétriques; voilà pour l'évolution centrifuge. Pareillement, de ce que les parties sont symétriques et homologues à l'extérieur, les mouvements que commandent ces parties iront symétriquement à l'intérieur constituer aussi des organes également symétriques. Voilà pour l'évolution centripète. C'est pourquoi la loi de dualité des organes établie par Serres nous paraît une des vérités les mieux établies de la zoologie.

L'anatomie des sangsues prouve que le raisonnement que nous venons de faire est fondé. On peut, en effet, observer que de cinq en cinq anneaux, il existe un ganglion médullaire donnant naissance, de chaque côté, à deux filets nerveux homologues l'un de l'autre; que l'estomac présente, de chaque côté du plan, deux séries de poches latérales qui sont homologues chacune à chacune; qu'il existe une double paire de branches latéro-abdominales, ainsi qu'une double série d'anses mucipares et de poches de la mucosité symétriquement placées de chaque côte du plan, etc., etc. (Fig. 30 et 31.)

Il ne nous semble pas que Moquin-Tandon se soit fait une idée exacte de la symétrie, car dans sa *Monographie* de 1846, page 196, il la fait consister dans la répétition des mêmes

(1) Les *Georgiennes*, plus particulièrement.

organes placés de cinq en cinq anneaux : il a ainsi confondu la régularité ou répétition d'organismes avec la symétrie et, en effet, tandis que la régularité dont il parle disparaît d'autant plus que l'on se rapproche davantage des deux extrémités d'une sangsue, parce que le nombre des parties perd de sa constance et que leur forme se dégrade; au contraire, la symétrie par rapport à un plan se poursuit avec la plus minutieuse exactitude jusqu'aux deux extrémités, car, de chaque côté du plan, en conduisant deux lignes perpendiculaires au plan et partant du même point, on est conduit à des parties homologues et complétement semblables. Ainsi la ventouse orale (fig. 25) qui, par sa conformation et la nature des parties qui la composent, échapperait à la régularité dont il vient d'être parlé, ne saurait échapper à la *loi de symétrie* dont nous avons essayé de donner ici une faible idée.

Dans les espèces de cette famille, de même au reste que dans celles des autres annélides, on reconnaît après un peu d'attention que l'animal est formé par une série de parties qui se ressemblent et se répètent avec une assez grande exactitude. Chez la Sangsue et la Néphélis chaque espace occupé par cinq anneaux possède des appareils pour la locomotion et pour la circulation, un système nerveux et un système digestif, de sorte que l'ensemble peut être considéré comme une *individualité*, un *organisme distinct* ou un *animal particulier*. Alors la Sangsue ou la Néphélis devient, dans cette manière de voir, un animal composé de plusieurs individus à chacun desquels on peut, avec Moquin-Tandon et Dugès, donner le nom de *Zoonite*.

La théorie des zoonites, adoptée par plusieurs savants et poussée plus loin par Dugès, puisque ce savant regardait, selon nous, avec raison, chaque moitié de la zoonite précédente comme un zoonite distincte, a la plus grande analogie avec la théorie de l'individualité des bourgeons de La Hire, de Dupetit-Thouars et mieux encore de Gaudichaud; dans laquelle les bourgeons seraient l'analogue des zoonites de Moquin-Tandon, et le phyton l'analogue de la zoonite de

Dugès. Cependant pour établir entre ces deux ordres d'idées une parité parfaite, nous ne pensons pas que le zoonite animal réduit à sa plus grande simplicité, soit exactement l'analogue du bourgeon ni du phyton, car l'un et l'autre ne sont pas le végétal réduit à sa plus grande simplicité. Pour nous l'analogue du zoonite est l'élément botanique, que l'on pourrait appeler *botanite* (Moquin-Tandon) ou *phytonite* et dont le moindre organe serait composé, représentant alors des modifications très diverses suivant l'espèce d'organe auquel on aurait affaire. Un exemple fera mieux comprendre notre pensée.

Lorsqu'une sangsue meurt on peut s'assurer qu'elle ne meurt jamais tout entière à la fois ; que certaines parties paraissent très vivantes quand les autres sont inertes. C'est que certaines individualités (zoonites) de la sangsue ont conservé l'existence ; tandis que les autres sont mortes et c'est ce dont on peut s'assurer en plongeant une des extrémités d'une sangsue dans l'acide sulfurique ou azotique, dans un alcali liquide ou dans l'alcool. La partie plongée perd alors sa vitalité, tandis que l'autre reste intacte et peut vivre ainsi pendant quelque temps encore.

De même une feuille, qui, au premier abord, paraît être le végétal réduit à sa plus grande simplicité dans la théorie de Gaudichaud, est cependant, d'après l'ordre d'idées qui nous occupe ici, un être composé, car si l'on touche une feuille en différents points par des acides puissants, des alcalis caustiques, de l'alcool, ou de l'eau bouillante, on détruit sa vitalité dans les points touchés; tandis que les autres points conservent leur vie et la propriété de s'accroître, propriété facile à constater en faisant l'expérience sur des feuilles jeunes encore. Dans ces expériences, on a tué les *phytonites* soumises à l'action des liqueurs corrosives, sans détruire le phyton tout entier composé primitivement des phytonites encore vivantes et des phytonites mortes. Selon nous, ce sont les phytonites qui forment la *fovilla*, et qui se développent, selon les circonstances, en pollen, en ovules, en spores, en bulbilles et en bourgeons ; ce sont elles qui se transforment parfois en bourgeons dans les anthères, en bulbilles sur les feuilles des *Asplenium bulbiferum*, *Woodwardia radicans*, *Bryophyllum calycinum*, *Malaxis paludosa*, *Ornithogalum*, et de certaines plantes dites *vivipares;* ce sont elles, enfin, qui forment les bourgeons adventifs des feuilles dans le *Rochea falcata*, le *Cardamine pratensis* (Cassini), l'*Eucomis regia* (Hedwig et Rafh), etc.

Nous ne devons pas nous étendre plus longuement sur ce parallèle entre les zoonites et les phytonites, mais comme il entre dans notre sujet de rapporter les expériences qui confirment l'idée des zoonites, nous nous étendrons un peu sur chacune d'elles.

1° Dans certaines maladies des sangsues, on remarque que c'est tantôt la partie antérieure du corps qui meurt la première, tantôt la partie moyenne, tantôt la partie postérieure.

2° On peut à volonté avec des acides ou des alcalis puissants faire mourir telle partie du corps que l'on voudra, tandis que les autres demeureront intactes et vivront encore plus ou moins longtemps.

3° « Si l'on arrache ou cautérise un des ganglions d'une sangsue, le zoonite auquel il appartient se gonfle, se dilate et perd bientôt sa sensibilité. Vitet a avancé qu'une sangsue médicinale, dont le *cerveau* est enlevé, peut exister pendant plusieurs jours, qu'elle se meut, qu'elle est sensible; mais Vitet ayant pris les épididymes pour deux hémisphères cérébraux, son prétendu anencéphale n'était qu'un animal châtré. D'autres auteurs ont été fort étonnés qu'une sangsue pût exister, après avoir été privée du collier placée à l'origine de la ventouse orale, ou dans la tête, pour me servir de l'expression vulgaire; mais ce collier n'est point chez l'annélide un organe nerveux central, comme l'encéphale dans les vertébrés ; il représente seulement le cerveau de la première zoonite. » (Moquin-Tandon, *Monog.*, 1846, p. 205.)

4° Si l'on coupe aux deux extrémités d'une sangsue les filets de communication d'un ganglion avec ses deux voisins, aussitôt le zoonite se contracte, se resserre, tout en conservant la sensibilité; mais on a donné naissance à un *animal isolé*, et les piqûres qu'on lui pratique ne sont plus senties que par l'intervalle des cinq anneaux compris entre les coupures, c'est-à-dire par le zoonite isolé (Moquin-Tandon). La ligature donne lieu aux mêmes phénomènes.

5° On doit à Vernière l'expérience très curieuse qui suit. Il a conservé, dit-il, plus de deux mois une sangsue dont le cordon médullaire avait été divisé dans sa partie moyenne, et rien ne lui parut plus singulier que le conflit de volonté qui s'établit entre les deux demi-sangsue, lorsque les deux ventouses se trouvaient fixées aux parois du vase. Il s'engagea une lutte, dans laquelle chaque moitié fut tour à tour ou tiraillée, ou contractée, suivant qu'elle était plus faible ou plus forte, jusqu'au moment où la partie moins solidement attachée vint à céder. Alors, la moitié victorieuse traîna l'autre à sa suite, et il fut aisé de reconnaître à son immobilité et à sa contraction, que c'était, pour ainsi dire, contre sa volonté qu'elle se laissait entraîner. Ainsi la division du cordon médullaire, dans sa partie moyenne, avait fait naître deux volontés distinctes, deux phénomènes locomotifs contraires, et des phénomènes de sensibilité qui n'avaient plus rien de commun entre les deux moitiés.

Une observation de Weber, qui rentre dans ce genre d'expérience, a eu un résultat à peu près analogue. Selon lui, lorsque l'on coupe de très jeunes sangsues par le milieu, les deux moitiés prennent des mouvements différents; car, tandis que la partie antérieure peut ramper à sec et nage très mal, la partie postérieure, au contraire, ne peut ramper hors de l'eau et nage parfaitement dans ce liquide.

En répétant et variant ses expériences, Vernière est arrivé à reconnaître et à établir une sorte d'échelle des puissances nerveuses chez la sangsue. Selon lui, les ganglions du collier sont les plus énergiques, puis vient le ganglion anal, et enfin les ganglions intermédiaires. Si l'on enlève les deux ganglions extrêmes, les intermédiaires, égaux en volume et en importance, ne reconnaissent plus d'autorité, et les zoonites se trouvent en proie à une sorte d'anarchie continuelle.

6° On sait généralement que, lorsqu'on vient à couper une sangsue par le milieu, pendant la succion, la partie antérieure continue à pomper du sang pendant quelque temps encore. Thomas a vu qu'un tronçon de sangsue, pourvu de sa ventouse orale, s'est fixé sur la tête d'un jeune poulet qu'il avait eu soin d'inciser en plusieurs endroits, pour faire couler le sang, qu'il y est resté appliqué un quart d'heure, et que les fibres de son corps opéraient les contractions propres à l'absorption du fluide. Enfin, une *Sangsue médicinale* peut être divisée en plusieurs morceaux, sans que la vie s'éteigne immédiatement chez eux, puisque Rayer a vu des sangsues, privées de leurs deux ventouses, vivre pendant quatre mois, et Vitet pendant huit mois. Dillenius a vu de ces tronçons vivre pendant cinq mois, et, selon Carena et Rossi, ils pourraient vivre même pendant près de deux ans.

Les Hirudinés à estomac tubuleux ou non lobé, comme on le remarque chez les *Néphélis* et les *Aulastomes*, présentent, pendant leur vie embryonnaire, des lobes semblables à ceux des *Sangsues* et des *Hæmopis*. Peu à peu, par les progrès de l'âge, ces lobes s'effacent de telle sorte, que l'on peut dire que l'estomac multiple de la *Sangsue* ou de l'*Hæmopis* doit être considéré comme le système digestif d'un *Aulastome* ou d'une *Néphélis* arrêté dans son évolution, tandis que l'estomac tubuleux de ces dernières annélides doit être regardé comme un estomac multiple devenu simple par fusion.

Il résulte de cette observation, que l'on peut très bien admettre que les zoonites de la *Néphélis* et de l'*Aulastome* sont plus distincts dans l'embryon que dans l'animal adulte; ce que confirme l'observation de Weber sur l'embryogénie du ganglion anal de la sangsue, qui est représenté d'abord par plusieurs ganglions séparés (Moquin-Tandon, *Monog.*, 1846, p. 207).

Cette faculté de conserver la vie plus ou moins longtemps, que possèdent les parties d'animaux, n'est pas une connaissance nouvelle dans la science, car Aristote, qui vivait dans le IIIe siècle qui précède celui de la naissance de Jésus-Christ, n'ignorait pas que les anneaux des insectes et des scolopendres peuvent, quoique séparés du corps, vivre encore quelque temps, et Rondelet savait que l'on peut couper le pied (partie postérieure) d'une sangsue sans tuer l'animal. Depuis, Carus, Latreille et Marcel de Serres, ont particulièrement parlé de la vie propre qui appartient à chaque anneau des invertébrés, et, selon Latreille, chaque ganglion semble être pour ces parties un cerveau spécial. Plus tard, cette idée des *zoonites*, comme diminutifs d'animaux, a été étendue aux organes, par Serres, dans un beau mémoire sur la *concordance de la zoogénie et de l'organogénie;* car, dit-il, il existe des *organites*, qui sont des diminutifs d'organes, comme il y a des zoonites qui sont des diminutifs d'animaux.

Mais nous avons dit que la symétrie des animaux était ordonnée par rapport à un plan ; il doit s'ensuivre que le zoonite est formé de deux moitiés symétriques contraires, de sorte que toutes ses parties sont doubles. C'est, en effet, ce qui a lieu, et ce qui a donné à Dugès l'idée très sage, que chaque moitié constitue un zoonite distinct : de façon que, suivant lui, les animaux supérieurs seraient eux-mêmes formés de deux zoonites accolés.

Bien que la ténacité de la vie soit très développée chez les sangsues, les expériences de toutes sortes, que l'on a tentées sur elles, prouvent qu'elles sont privées de la faculté de reproduction par fissiparité ou gemmiparité, qui appartient à beaucoup d'animaux formant les dernières classes de l'échelle des êtres animés : on sait, en effet, que, si l'on vient à diviser un *Polype* ou une *Naïde* en plusieurs morceaux, on obtient autant de nouveaux individus entiers : on désigne sous le nom de *fissiparité* ce mode de reproduction. A mesure que l'on s'élève dans l'échelle, cette propriété diminue, et se limite de plus en plus aux parties qui sont de moins en moins importantes. Ainsi, chez les *Écrevisses*, les *Sauterelles*, les *Araignées*, qui perdent leurs pattes, celles-ci ne tardent pas à repousser (*gemmiparité*), et l'animal se trouve de nouveau complet. Chez les *Lézards* et les *Salamandres*, la queue et les pattes se reforment aussi, dès qu'elles sont enlevées, et cela même plusieurs fois : on remarque seulement que les parties restent plus petites. Les *Astéries* reproduisent leurs rayons et les poissons mêmes possèdent aussi cette faculté de reproduction, puisqu'ils reproduisent les nageoires qu'ils ont perdues (Flourens, *Cours d'ovologie au Muséum d'histoire naturelle*). Les reptiles et les poissons paraissent être la limite la plus élevée de cette sorte de reproduction, car chez les oiseaux on ne remarque plus ce mode de formation. Toutefois, dans les vertébrés, les os sont les parties chez lesquelles on peut reconnaître jusqu'à un certain point cette reproduction gemmale, que les expériences de Duhamel et de Flourens ont mise hors de doute.

Audouin, Carena, Dillenius, Dugès, Du Rondeau, Johnson, Kuntzmann, Moquin-Tandon, Thomas et Vitet, ont fait tour à tour des expériences nombreuses, les uns sur des Hirudinés à sang rouge, les autres sur des Hirudinés à sang incolore, et jamais ils n'ont vu se reproduire aucune des parties enlevées, et nous-même, avant que nous nous fussions occupé spécialement de la question des Hirudinés, nous avions tenté quelques expériences sur les ventouses, les mâchoires et les anneaux des *Sangsues* et des *Néphélis*, qu'à cette époque nous prenions pour de jeunes sangsues, sans jamais avoir vu se reproduire la moindre partie enlevée, quoique ces animaux mutilés soient restés vivants bien longtemps encore. Il nous est difficile de croire, par ces expériences, que celles de Shaw sur la *Néphélis octoculée* soient bien exactes. Cet auteur a fait connaître dans les *Transactions linnéennes* des expériences sur la *Glossiphonie sexoculee*, la *Piscicole géomètre* et la *Néphélis octoculée*, qui l'ont conduit à conclure que ces animaux, divisés dans tous les sens, se sont régénérés, et que les parties amputées, subdivisées après leur reproduction, se sont aussi renouvelées, *sans manquer dans un seul cas;* mais, comme l'auteur a annoncé une fois une planaire comme hirudiné, on peut craindre que ses expériences sur la fissiparité n'aient été faites sur des animaux analogues aux planaires (Moquin-Tandon, 1846, p. 195).

Dillenius s'est assuré que dans une sangsue coupée par morceaux, les parties qui regardent la queue ne survivent pas aussi longtemps que celles du côté de la tête, et, tandis qu'il a pu garder les dernières plus de cinq mois, la partie postérieure était pourrie au bout de cinq semaines.

Suivant Thomas, si l'on coupe le corps d'une sangsue en deux, les bords de chaque plaie se resserrent, sans qu'ils se cicatrisent complétement, et sans que jamais on y aperçoive aucune trace de parties régénérées. Les diverses parties d'une sangsue conservent la vie plus ou moins longtemps, selon leur étendue, la position qu'elles occupaient, et suivant la saison. C'est ainsi que les plus petits meurent plus vite (Thomas), que, suivant plusieurs physiologistes, dans une sangsue coupée en deux, la moitié antérieure vit plus longtemps que la partie postérieure, et que l'hiver la vie se conserve plus longtemps que l'été (Thomas).

CHAPITRE II.

DESCRIPTION ANATOMIQUE ET PHYSIOLOGIQUE DES ORGANES.

Le corps des espèces de la tribu des Bdelliens, telle que nous l'avons circonscrite, est toujours nu, plus ou moins allongé, cylindrique ou déprimé ; le dos est ordinairement bombé et le ventre aplati ; la partie antérieure est graduellement rétrécie et chaque extrémité terminée par une expansion préhensile, dilatable, que l'on a coutume de désigner sous le nom de *ventouse*. L'extrémité antérieure est terminée par une pointe obtuse présentant en dessous, du côté de la face ventrale, un orifice ovale et oblique constituant la première expansion que quelques auteurs ont considéré comme la *tête* de l'animal, bien qu'elle ne soit pas renflée. Il est mieux de la nommer *extrémité antérieure*. On l'a désignée encore sous les noms de *ventouse orale ou buccale*, *pars antiqua*, *apex*, *capule* (*capula*, Sav.), (fig. 21, 22 et 23, v. o).

Quant à l'expansion postérieure, placée obliquement à l'autre extrémité du corps, elle a reçu les noms de *queue* (*cauda*), *pied*, *organe d'adhérence* (Haftorgan), *disque*, *discus radiatus*, *acetabulum*, *diverticulum*, *ventouse postérieure*, *ventouse anale*, *cotyle* (*cotyla*, Sav.), (fig. 21, 22 et 23, v. a).

Le corps de ces Hirudinés est constitué par un système d'*anneaux* extensibles, en général formés de tubercules plus ou moins visibles que la volonté de l'animal efface ou rend plus apparents. Ces anneaux, dont le nombre varie, sont plus étroits et plus rapprochés aux extrémités du corps et deviennent très distincts par la contraction. Ils sont généralement complets dans toutes les parties du corps, excepté ceux qui forment la ventouse antérieure.

Lorsqu'un de ces Hirudinés se contracte, il prend plus ou moins la forme d'une *amande* ou d'une *olive*, et alors son corps est plus ou moins dur, tandis que lorsqu'il est allongé ou dilaté, il est ordinairement mou et visqueux. Cette mollesse est surtout remarquable dans les genres *Aulastoma* et *Hæmopis*, dont le corps pressé entre les doigt reste flasque à la manière des *Sangsues* qui sont mortes ou malades.

Les Bdelliens, de même que toutes les autres espèces de la famille des Hirudinés, présentent quatre ouvertures bien visibles à l'extérieur du corps, savoir : la *bouche*, l'*anus* et les orifices de l'*organe mâle* et de l'*organe femelle*. La bouche est située à l'extrémité antérieure dans la ventouse orale ; ses bords portent le nom de *lèvres*, la seconde ou *l'anus* est placé en dessus à l'autre extrémité du corps, à l'origine de la ventouse orale. La troisième ouverture se rencontre sur la ligne médiane du ventre, entre le vingt-quatrième et le vingt-cinquième anneau. Elle est entourée d'un petit rebord et sert au passage de l'organe mâle. La quatrième ouverture, située aussi sur la ligne médiane du ventre, entre le vingt-neuvième et le trentième anneau, a la forme d'une fente transversale : c'est l'orifice de l'organe femelle.

Quoique plusieurs auteurs très recommandables aient indifféremment employé les mots *organes* et *système* comme les équivalents du mot *appareil*, nous avons cru devoir ne pas les imiter dans ces diverses dénominations. On donne le nom d'*organes* aux parties solides ou contenantes du corps, ce sont eux qui en déterminent la forme et qui impriment le mouvement : ce sont les instruments par lesquels la vie se manifeste dans le corps animal.

Ainsi l'homme, par exemple, ne peut exécuter de mouvements que par l'intermédiaire d'instruments ou d'*organes* qu'on nomme *muscles;* il ne peut avoir connaissance des objets qui l'entourent que par l'intermédiaire des organes des sens. On comprend sans peine que la conformation particulière de chacun de ces instruments doit varier suivant les fonctions qui lui sont dévolues.

Les *appareils* sont des ensembles d'organes quelquefois très distincts par leur conformation, leur situation, leur structure et même leur action particulière, mais qui concourent à un but commun, lequel est une des fonctions de la vie. C'est à tort que l'on a confondu cette réunion de parties avec celles qui constituent un *système* ou un *genre d'organes*. La classification des appareils repose entièrement sur la considération des fonctions, tandis que celle des systèmes ou genres d'organes repose sur la ressemblance des parties entre elles. Voici comment les organes sont réunis en appareils de fonctions.

Les os et leurs dépendances, savoir : le périoste, la moelle, la plupart des cartilages, les ligaments, les capsules synoviales, constituent un *premier appareil d'organes*, qui déterminent la forme du corps, qui servent de soutien à toutes les parties, et notamment d'enveloppe aux centres nerveux, et qui, par la mobilité des articulations, reçoivent et communiquent les mouvements déterminés par les muscles.

Les muscles, les tendons, les aponévroses, etc., forment l'*appareil des mouvements*.

Les cartilages et les muscles du larynx, et diverses autres parties, forment l'*appareil de la phonation* ou *de la voix*.

La peau, les autres sens, les muscles, qui les meuvent, etc., orment l'*appareil des sensations*. Les centres nerveux et les nerfs, *celui de l'innervation*. Le canal alimentaire, depuis la bouche jusqu'à l'anus, et toutes ses nombreuses dépendances, constituent *celui de la digestion*.

Le cœur et les vaisseaux, l'*appareil de la circulation*.

Les poumons, *celui de la respiration*.

Les glandes, les follicules et les surfaces respiratoires, forment l'*appareil des sécrétions*; mais la plupart de ces organes, servant à d'autres fonctions, sont compris dans leurs appareils. Il ne reste guère que la *sécrétion urinaire* dont les organes forment à eux seuls un appareil.

Les *organes génitaux* constituent un appareil différent dans chaque sexe. Enfin, l'*œuf* et le *fœtus* qu'il renferme forment un dernier groupe ou appareil d'organes.

Chez les sangsues, nous aurons à étudier, d'après l'ordre suivant, les *appareils des mouvements*, *de l'innervation*, *des ensations*, *de la digestion*, *de la circulation*, *de la respiration*, *de la sécrétion* et *de la reproduction*.

APPAREIL DES MOUVEMENTS OU DE LA LOCOMOTION.

I. — ORGANES LOCOMOTEURS.

Les organes qui servent à la locomotion des sangsues sont les *anneaux*, les *muscles* et les *ventouses*.

1° *Anneaux ou protovertèbres* (Moquin-Tandon).

Le moindre examen suffit pour faire reconnaître que le corps d'une sangsue est composé d'un système de bandes circulaires, étroites, parallèles, élastiques, qui, placées sous la peau, constituent les anneaux de ces hirudinés. On peut les appeler *protovertèbres*, et les intervalles qui les séparent en sont les *articulations* : c'est un véritable *squelette cutané* ou *dermato-squelette* (Carus).

Les anneaux commencent à la ventouse antérieure, et vont, en s'agrandissant graduellement, vers la partie postérieure, où ils diminuent tout à coup pour se terminer à l'origine de la ventouse anale. On reste étonné devant la différence des nombres des anneaux de la *Sangsue médicinale* produits par différents auteurs. C'est ainsi que Moquin-Tandon assigne aux *Sangsues*, aux *Hæmopis* et aux *Aulastomes*, un nombre de 95 à 97 anneaux ; et que les *Sangsues médicinales* sont indiquées, par divers auteurs, comme ayant 93 anneaux (*Carena*), 94 (*Braun*), de 93 à 95 (*Kuntzmann* et *Brandt*), 96 (*Bojanus* et *Charpentier*), 96 à 97 (*Knoltz*), 98 (*Savigny*), 97 à 100 (*Spix*), 100 (*Johnson*), 105 (*Du Rondeau*), 108 (*Clesius*), 115 et 175 (*Brossat*).

On comprend jusqu'à un certain point comment les divers auteurs que nous venons de citer peuvent différer sur le nombre des anneaux, en admettant que les uns, avec Savigny, y comprennent les trois segments et les deux anneaux qui forment la ventouse orale ; tandis que les autres, à l'exemple de de Blainville, ne comptent les anneaux qu'à partir du bord de la lèvre inférieure, que l'on sait être formée par le premier anneau complet. Mais comment admettre les chiffres 105, 108, 115 et 175, représentant le nombre des anneaux comptés par Du Rondeau, Clesius et Brossat ? On sait, d'ailleurs, que cette différence ne peut être attribuée à une différence d'âge, car il est généralement admis que le nombre des anneaux n'augmente pas avec l'âge de l'animal (1), et qu'ils ne font que grandir et devenir plus apparents (Thomas, Johnson, Kœlliker, Moquin-Tandon, etc.). Brossat aurait-il eu en sa possession une espèce particulière d'hirudiné, ou bien aurait-il pris une Trochète pour une sangsue? Dans cette

(1) Selon Lœwen et de Quatrefages, les jeunes annélides, au contraire, commencent par ne posséder qu'un très petit nombre d'anneaux.

dernière hypothèse, en comprenant les segments de la lèvre supérieure, et comptant, comme deux, les anneaux doubles de la ceinture, on n'arriverait guère qu'au chiffre 155 à 158, ou 160 pour le cas où quelques individus auraient quelques anneaux de plus. Le nombre de Brossat nous paraît donc impossible, à moins que d'admettre la première supposition.

Or, Brossat (*Journ. de pharm.*, t. VIII, janv. 1822, p. 33) dit que sa quatrième espèce de sangsue (*Hirudo officinalis vel grisea*) a 175 anneaux ; qu'elle est préférée et la plus usitée, qu'elle s'accouple avec l'espèce *carnivora*, et qu'elle est *vivipare*. Il est donc probable qu'il avait affaire à une espèce particulière. Il en est peut-être de même de son *Hirudo carnivora*, qui a 115 anneaux. Il est très regrettable que les auteurs ne cherchent pas à conserver un ou plusieurs individus des espèces qu'ils décrivent. S'ils avaient soin de le faire et de les déposer dans une collection publique où l'on pourrait aller les voir, il serait alors bien plus facile de leur assigner une place dans les classifications et un nom spécifique approprié à leur nature.

Les anneaux sont minces et mous dans les *Aulastomes* et les *Hæmopis ;* dans les *Sangsues*, ils offrent un peu plus de consistance, surtout pendant la contraction, et sont ordonnés cinq par cinq. Ils sont généralement égaux entre eux, excepté aux approches des deux extrémités. Les anneaux sont composés de l'*épiderme*, du *pigment* et du *derme.* Mais indépendamment de ces corps, ils présentent une organisation spéciale qu'il est bon d'indiquer. Dans la *Sangsue médicinale*, chaque anneau est formé de plusieurs pièces, qui avaient déjà été observées par Du Rondeau ; mais Kuntzmann a reconnu que ces pièces se touchaient comme dans la *chaîne d'une montre*, et que, par conséquent, elles ne sont pas placées les unes au-dessus des autres. On a observé encore que chaque anneau était partagé par un pli, et qu'ils étaient parcourus par de nombreuses fissures longitudinales parallèles. En effet, le microscope fait découvrir que le tissu des anneaux est formé par des petites plaques allongées, quadrilatères et égales, qui sont disposées sur deux rangs, l'un derrière l'autre. Ces plaques sont placées de manière que leur longueur se trouve dans le sens de la longueur du corps de l'annélide. Un des côtés constitue le bord de l'anneau, et l'autre s'unit avec le bord de la plaque du rang voisin. Pendant la contraction, les plaques d'un demi-anneau se pressent contre celles de l'autre, et alors la peau forme des saillies verruqueuses, qui disparaissent dans l'extension, et qui sont très différentes des cryptes mucipares dont nous parlerons plus tard. Ces plaques sont surtout visibles dans la région dorsale (Dillenius et Otto).

Indépendamment de ces plaques, nous avons pu aisément apercevoir sur la face abdominale d'une forte *Sangsue médicinale* bien gorgée de sang, et plongée dans l'eau bouillante, une série de lignes longitudinales brunes, au nombre de seize, régulièrement distantes de 1 millimètre, vers le milieu du corps; quelques unes de ces lignes sont plus prononcées que les autres. Une bonne loupe laisse apercevoir la trace d'autres *lignes secondaires*, brunes, très fines, qui se trouvent entre chacune des *lignes primitives*. Toutes ces lignes se rapprochent les unes des autres vers les extrémités, environ au quart antérieur et au quart postérieur, où il est alors très difficile de les voir. Nous avons regardé ces lignes comme des solutions de continuité qui existent entre chaque faisceau de fibres longitudinales. Ces solutions de continuité ne paraissent pas sur le dos, ni sur les côtés de la face abdominale, peut-être à cause de la couleur plus brune des téguments.

2° *Muscles.*

Quand on enlève la peau d'une *Sangsue médicinale*, on trouve trois couches musculaires placées l'une au-dessous de l'autre, et parfaitement étudiées par Thomas, Spix et Kuntzmann.

La première couche se compose de fibres circulaires réunies au nombre de cinq ou six par anneau, qui paraissent appartenir à la peau, et dont l'apparence floconneuse les distingue sensiblement des autres fibres musculaires placées plus profondément. On peut considérer cette couche comme une sorte de peaucier. On les nomme *muscles circulaires* ou *transverses* (*musculi circulares seu transversi*).

La seconde couche est formée par deux plans de faisceaux plats et fort étroits de fibres obliques et circulaires très minces, d'un blanc jaunâtre (*Sangsues* et *Aulastomes*), ou d'un gris plus ou moins foncé (*Hæmopis*). Ces deux plans musculaires se coupent réciproquement sous un angle de 45 degrés environ, et forment une sorte de *grillage*, en laissant entre les faisceaux fibreux des intervalles assez grands. Ces faisceaux fibreux sont assez intimement unis aux parties qui les recouvrent. On peut les nommer *muscles diagonaux* (*musculi diagonales*). Plusieurs fibres de ces deux plans ont une direction hélicoïdale (Moquin-Tandon).

Enfin, la troisième couche musculaire, qui se trouve au-dessous de la précédente, est constituée par des fibres longitudinales, parallèles, superposées et rassemblées en faisceaux épais (1), un peu inégaux et paraissant être des muscles isolés, quoique unis ensemble par un tissu cellulaire assez mince. Leur couleur, qui est d'un gris cendré, tranche assez avec la couleur jaunâtre de l'autre couche dans la *Sangsue médicinale*. Ces faisceaux, que l'on peut désigner sous le nom de *muscles longitudinaux* (*musculi longitudinales*), sont si fortement adhérents à la seconde couche musculaire, qu'il est fort difficile de les séparer. Ils s'étendent d'une extrémité à l'autre de l'animal, et se trouvent tellement rapprochés près des ventouses, surtout de l'antérieure, que la dissection de ces extrémités leur fait trouver une apparence plus charnue que les autres parties du corps.

Si l'on fait mourir dans l'eau bouillante une sangsue très grosse et bien gorgée, on peut observer sur la face abdomi-

(1) Dans la *Sangsue médicinale*, leur largeur est d'un quart ou d'un tiers de millimètre.

nale des lignes brunes, séparant des petites bandes, que nous avons regardées comme les muscles longitudinaux du ventre. Dans l'état de tension où ils se trouvent alors, ils ont un peu plus de 1 millimètre de largeur.

Arrivés à l'extrémité postérieure, les muscles longitudinaux, après s'être fortement rapprochés à l'origine de la ventouse anale, s'écartent brusquement du centre, en rayonnant, et vont se terminer à la circonférence de la ventouse. Cette couche, comme dans les anneaux, est recouverte par les faisceaux musculaires du plan supérieur, qui ont acquis une direction plus circulaire.

Arrivés à la ventouse antérieure, la lèvre supérieure étant la partie la plus avancée de la ventouse, les fibres musculaires se terminent plus brusquement en dessous (Moquin-Tandon).

L'intérieur du corps présente aussi plusieurs faisceaux de fibres transversales ou obliques assez épais, plus ou moins espacés entre eux, mais peu nombreux. Thomas en a trouvé, à la partie postérieure du tube digestif quelques uns, que Simon Bonnet considère comme serrés et disposés en couche. Selon Dugès et Brandt, plusieurs fibres profondes communiquent du ventre au dos chez les *Sangsues* et les *Néphélis*. D'après Brandt, dans la *Sangsue médicinale*, des faisceaux obliques, partant de la région dorsale au tiers postérieur du corps, se dirigent vers la ligne médiane du ventre, où ils se joignent pour constituer un faisceau épais qui se rend dans la ventouse anale, et paraît s'y épanouir en rayonnant. Enfin, Spix dit qu'il se trouve, seulement dans les ventouses, une autre couche musculaire très distincte. Il existe donc une quatrième série de fibres musculaires, dont quelques unes se dirigent vers les ouvertures extérieures du corps et concourent, avec les muscles longitudinaux, à la formation de leurs sphincters marginaux.

3° *Ventouses.*

Cuvier considère les ventouses comme des organes analogues

au disque charnu des poulpes. Elles sont les organes essentiels de la locomotion sur les corps solides. Elles concourent avec les muscles et les anneaux aux mouvements divers de l'animal. Nous venons de voir quelle était leur composition.

Ventouse orale (*capula*, Savigny). Cette ventouse (fig. 25) est formée chez les *Sangsues*, les *Hæmopis* et les *Aulastomes* de trois segments d'anneaux placés antérieurement et formant la lèvre supérieure, et de trois anneaux qui complètent la ventouse en formant la lèvre inférieure. La ventouse orale ne se sépare du corps par aucun étranglement; peu concave, elle est munie d'une ouverture transversale et bilabiée. La *lèvre supérieure*, dont le premier segment est le plus large, et paraît quelquefois double, et dont le dernier s'étend un peu sur les côtés (fig. 24), est plus ou moins lancéolée, surtout dans l'extension, et avancée sur l'inférieure en forme de tuile, de telle sorte que la ventouse ressemble à un bec de flûte. Lorsque l'animal se contracte, elle devient obtuse, et même semi-circulaire (fig. 25). Quand il se dispose à se fixer, soit pour opérer la succion, soit pour s'en servir comme organe d'adhérence, elle forme avec la lèvre inférieure une surface à peu près circulaire (fig. 26). Quand, au contraire, l'animal s'étend, la lèvre se courbe plus ou moins, s'aplatit et s'élargit, ou s'allonge et se termine en pointe. Lorsque, fixé par la ventouse postérieure, l'annélide veut se livrer au repos, la lèvre supérieure s'incline sur l'inférieure, de manière à fermer hermétiquement la bouche (Savigny). Cette lèvre est ordinairement lisse ou presque lisse dans sa partie intérieure; quelques rides longitudinales, un peu divergentes, se font seulement remarquer.

La *lèvre inférieure* est rétuse; son bord est formé par le premier anneau complet. C'est à tort que Bergmann a figuré deux petits crochets, l'un à droite, l'autre à gauche de la ventouse orale, de la *Sangsue médicinale* (*Encyclopédie méthodique*, copie faite par Bruguière).

Ventouse anale (*cotyla*, Savigny). La ventouse anale (fig. 27) des *Sangsues*, des *Hæmopis* et des *Aulastomes*, plus grande que la ventouse orale, termine toujours le corps obliquement, et s'en trouve séparée par un étranglement assez prononcé. Elle est d'une seule pièce orbiculée, peu charnue, que Du Rondeau a comparée à l'épanouissement d'une manchette. Savigny la considère comme une expansion du dernier anneau; mais nous aimons mieux voir dans cette ventouse un anneau particulier modifié pour remplir les fonctions qui lui sont dévolues. Brand a observé des ganglions nerveux dans son intérieur. Elle est concave, lisse, susceptible de contractions et de dilatations. Sa concavité peut disparaître et être remplacée par un plan ou même par un léger renflement, de manière à ressembler à une coupe, à un disque ou à un bourrelet. Cette partie, qui paraît correspondre au ventre, en a le plus ordinairement la couleur, quoique d'une nuance un peu plus foncée; tandis que la surface extérieure, qui paraît correspondre au dos, porte les traces des bandes dorsales, qui n'en sont peut-être que la terminaison.

4° *Appendices.*

Les *Sangsues médicinales* présentent sur les parties latérales des anneaux un petit tubercule peu saillant, rétractile, que de Blainville a regardé comme un rudiment d'appendice. Selon Moquin-Tandon, la *Sangsue truite* lui a présenté de semblables tubercules, très visibles surtout sur les individus plongés dans l'alcool. Nous avons vu aussi certaines variétés de sangsues médicinales, plongées dans l'alcool, les offrir plus saillants que d'autres, mais nous trouvons qu'il y a tellement de différences entre ces tubercules et les petits crochets cornés de la *Piscicole*, et surtout les lames membraneuses semi-lunaires ou arrondies du *Branchellion*, que nous ne partageons pas l'avis de de Blainville. Nous les considérons comme les analogues des tubercules qui occupent la ligne moyenne de chaque anneau; seulement, ils sont ici plus apparents, à cause de la dépression de la face ventrale sur la face dorsale, plus forte sur les côtés, dépression qui y forme une sorte d'angle aigu, et dont la formation a pour effet de rendre les tubercules plus apparents.

II. — LOCOMOTION DES SANGSUES.

La locomotion des sangsues présente assez de différences suivant le milieu où elle s'accomplit, pour que nous ayons dû distinguer les mouvements dans l'eau et les mouvements sur terre ou sur les corps solides.

1° *Mouvements dans l'eau.*

Les sangsues aiment à se tenir dans l'eau, et si l'on observe que leur progression se fait plus facilement dans ce liquide que sur terre, on pourrait en conclure que ce milieu est essentiel à leur existence et à leur conservation. Cependant, nous ne pensons pas que l'eau leur soit plus indispensable que la terre; car on sait que les sangsues s'enfoncent dans la terre humide pour y rester un temps souvent fort considérable, et nous verrons plus loin à l'article *conservation*, qu'elles se conservent bien mieux dans la terre humide que dans l'eau.

Pour nager, les sangsues commencent par étendre et aplatir horizontalement leur corps. Cet aplatissement est produit par la contraction des faisceaux musculaires indiqués par Dugès et Brandt, qui font communiquer la région abdominale avec la région dorsale. Alors elles produisent une suite de courbures en sens alternatif, qui, se transformant brusquement en d'autres courbures, frappent le liquide suffisamment pour les faire avancer peu à peu. Ces courbures ont lieu de la même manière que celles qui s'opèrent sur une surface solide; c'est-à-dire que la multiplication des centres d'action dépend de la quantité plus ou moins grande de points d'appui que l'animal prend sur ses anneaux, et la direction des courbures résulte de la partie du corps sur laquelle se transportent les divers points d'appui (Thomas et Moquin-Tandon).

On remarque, pendant le nager des sangsues, que le corps s'aplatit et s'incline; cette inclinaison, oblique d'un côté ou de l'autre, doit entrer pour quelque chose dans ce mode de progression. Suivant Thomas, l'animal ne frapperait le liquide que par un plan très étroit, s'il ne nageait que sur l'une de ses faces, la supérieure ou l'inférieure : c'est pourquoi il prend la position inclinée dont nous avons parlé, position qui lui permet de frapper le liquide à droite et à gauche avec une surface double.

Cette explication théorique de l'inclinaison du corps des sangsues, adoptée par Moquin-Tandon, ne nous paraît pas exactement conforme à la vérité; car nous ne voyons pas comment la position oblique offre au liquide plus de surface que l'horizontale, et nous n'avons, pour le prouver, qu'à faire observer que très souvent la sangsue nage horizontalement, et tout aussi bien. Mais, comme la sangsue ne paraît point avoir de poche à air, comme les poissons (1), qui lui permette de s'élever facilement et à volonté, les mouvements ondulatoires obliques leur permettent d'y suppléer, soit pour s'élever, soit pour descendre au fond de l'eau. En effet, cette position oblique présente aux couches horizontales de liquide une surface aussi étroite que possible, une sorte de lame très capable de fendre les couches de liquide pendant l'ascension ou la descension de l'annélide. Ajoutons que le jeu des muscles obliques et longitudinaux, en relevant ou en abaissant l'extrémité antérieure, vient favoriser le nager dans ces diverses directions.

La ventouse postérieure ne paraît pas nuire à la progression de l'animal dans l'eau. Au contraire, sa partie inférieure se rapproche de la face abdominale, et s'y colle de manière à

(1) Toutefois Guibourt, en soumettant des sangsues à l'action du vide, a vu se produire chez deux sangsues attachées par la ventouse anale, la tête en bas, à l'extrémité d'un des cœcums, une bosse considérable due à la dilatation d'un gaz intérieur, et qui a disparu par la rentrée de l'air dans la cloche. Cet air, que paraît renfermer le canal intestinal, remplirait-il parfois le rôle de *vessie natatoire* chez ces animaux ?

placer le disque dans une direction parallèle au sens du mouvement, et l'animal peut alors s'en servir comme d'une sorte de queue ou de gouvernail. Selon Thomas, elle ne serait nullement nécessaire au nager de la sangsue, car on peut l'enlever sans que cela nuise à la fréquence et à la régularité des mouvements.

2° *Mouvements sur les corps solides.*

Nous avons déjà dit que les ventouses étaient, chez les sangsues et les hirudinés, les organes essentiels de la locomotion sur les corps solides. En effet, ce sont les points d'appui de l'animal, sans lesquels la progression deviendrait pour ainsi dire impossible.

Nous avons enlevé les deux ventouses d'une *Sangsue médicinale*, et voici ce que nous avons observé : les bords externes de la plaie se sont relevés tout en se resserrant, de manière à faire une surface à peu près concave. Mise dans l'eau, la sangsue a nagé à peu près à la manière ordinaire, et en offrant un mouvement tantôt oblique, tantôt horizontal, mais ayant quelque chose de désordonné. Retirée de l'eau et mise sur une pierre humide, elle s'est contractée sans changer de place, et si l'on venait à faire couler un filet d'eau sur elle, elle étendait son extrémité antérieure comme pour avancer; mais bientôt, impuissante à se mouvoir, elle se contractait pour s'étendre de nouveau sous un filet d'eau. Nous n'avons pu être assez heureux pour voir, comme le dit Thomas, l'animal s'avancer, quoique avec beaucoup d'efforts; car il semble même que l'animal, comprenant son impuissance, ne veuille pas tenter d'avancer. Cependant, en la tourmentant un peu, le lendemain, elle s'est allongée, a cherché à se fixer par la partie antérieure, comme si elle était encore pourvue de sa ventouse, et après de grands efforts, elle a pu avancer de quelques millimètres seulement, de sorte que l'on peut dire que la progression est insignifiante.

L'ablation de la ventouse antérieure s'est faite au huitième anneau ; par conséquent, les ganglions œsophagiens étaient enlevés. Néanmoins la sangsue a continué à nager à peu près comme si elle en était pourvue, en avançant toujours la partie antérieure la première, et en faisant des efforts inouis pour s'attacher. Enfin, lasse de se mouvoir, elle s'est contractée et est tombée au fond du liquide pour se reposer, ou pour respirer plus tranquillement, à l'aide des mouvements ondulatoires dont nous parlerons à l'article *Respiration*, la partie postérieure prenant son point d'appui sur le fond du vase.

On a longtemps dit que la sangsue n'adhérait aux corps solides qu'en opérant le vide entre eux et sa ventouse : c'est ce qu'ont pensé plusieurs naturalistes, entre autres Poupart, Bergmann, Kuntzmann, etc. Mais on a pu croire aussi que l'adhérence n'avait véritablement lieu que par un simple contact de surface. En effet, lorsque l'animal veut fixer sa ventouse orale, il commence par en former une cavité qui n'est pas sans analogie avec une coupe ou avec sa ventouse postérieure; alors on voit saillir du centre comme une sorte de bourrelet qu'elle commence à appliquer contre le corps solide, et abaissant ensuite de dedans en dehors les bords de la ventouse, l'annélide parvient à en appliquer toute la surface, de manière qu'il ne reste point d'air interposé. On s'assure qu'il en est bien ainsi, lorsque l'on examine les ventouses appliquées sur un corps transparent, tel qu'une lame de verre; alors on voit aisément que tous les points de la ventouse sont également collés à la surface du verre. La ventouse postérieure se fixe par le même mécanisme. Mais quand il serait vrai que les sangsues ne font pas le vide, on ne pourrait nier que l'adhérence ne soit due à la pression extérieure de l'air, sans cela l'esprit concevrait difficilement qu'elle fût assez forte pour que l'on eût souvent les plus grandes peines à détacher la ventouse d'une sangsue; et, d'un autre côté, comme Thomas et Vitet ont avancé que l'adhérence se faisait aussi bien dans le vide que sous la pression atmosphérique ordinaire, la question nous a paru assez compliquée, pour que nous dussions discuter tous les points qui la concernent.

Si l'on place une sangsue dans le vide de la machine pneumatique, il se peut que l'animal fixe ses ventouses, et que par leur moyen il parvienne à s'attacher aux parois de la cloche. Cela tient à ce que le vide de la machine pneumatique n'est jamais parfait, d'autant, surtout, que les auteurs n'indiquent pas jusqu'à quel point il a été poussé.

Si maintenant nous observons qu'il y a des sangsues dont la ventouse postérieure a plus de 1 centimètre de diamètre, et si nous nous rappelons qu'une colonne d'air atmosphérique de 1 centimètre carré de base a un poids de $1^{\text{kil.}},033$, nous verrons, d'après ces principes de physique, que cette surface, parfaitement appliquée sur une surface polie, et soutenue par une colonne d'air atmosphérique ayant pour base toute l'étendue du disque, exigerait, dans les circonstances ordinaires, au moins un poids de 1 kilogramme pour la détacher, en supposant la traction centrale et perpendiculaire au plan d'adhérence.

Selon nous, l'adhérence des ventouses ne se fait pas par simple contact, à la manière de deux glaces polies parfaitement parallèles qui, une fois appliquées l'une sur l'autre, ne peuvent être séparées qu'en les faisant glisser. Mais si l'on veut un exemple plus saisissant de l'idée que l'on doit se faire de l'adhérence des sangsues, nous ne pouvons mieux choisir que le jeu suivant usité des enfants et que tout le monde connaît. Il consiste en un disque de cuir dont le centre est traversé par une ficelle qui y est fixée ; on mouille le disque de cuir, on le place sur un pavé humide, on le comprime avec le pied, et alors on éprouve souvent les plus grandes difficultés à le détacher en le tirant par la corde ; souvent même le pavé est arraché de son alvéole : d'où le nom d'*arrache-pavé* qu'on a donné à cet instrument.

Pour nous assurer qu'il en était bien ainsi, nous avons eu l'idée d'enfermer quelques sangsues dans un grand verre que nous avons couvert avec une baudruche humide parfaitement tendue, et nous nous sommes arrangé de manière à faire adhérer les sangsues à la baudruche. Il était alors facile de voir que les ventouses commençaient par former avec la surface de la baudruche, d'abord une saillie, puis une surface plane qui peu à peu se déprimait au centre en forme de cupule : de sorte que nous avons dû en conclure que dès que la ventouse était parfaitement appliquée, l'animal en retirait la partie centrale comme pour faire le vide ; mais tandis qu'une plaque de verre résiste d'un côté à la pesanteur de l'air pendant le vide qui tend à se produire de l'autre côté, la baudruche, par son élasticité, obéit à cette pesanteur et accuse parfaitement le phénomène.

D'ailleurs, lorsqu'une sangsue s'attache à la peau, alors même qu'elle ne prend pas, on éprouve un sentiment d'aspiration qui se manifeste surtout, au moment où elle va mordre, par la formation d'un mamelon de la peau qui pénètre dans sa bouche. Vanoerven parle même d'une sangsue qui se trouve communément dans les marais, qui suce par la partie antérieure et postérieure, et que le célèbre Frish appelle *Sangsue à tête et à queue ample* (1). Nous avons trouvé dans le commerce des sangsues à ventouse anale très large, et il ne nous est pas difficile de croire qu'une longue application de cette ventouse sur une peau mince pourrait appeler le sang et le faire suinter à travers ses pores, sans croire pour cela, comme Vanoerven, que la sangsue suce d'ordinaire par ses deux extrémités.

Nous avons mesuré le diamètre des ventouses orales et anales pendant l'adhérence, et nous avons trouvé que les premières ont de 4 à 5 et même 6 millimètres de diamètre, tandis que la ventouse postérieure a de 8, 10, 12 et jusqu'à 14 millimètres de diamètre ; d'où il résulte que l'adhérence de la ventouse anale doit être et est, en effet, plus grande que celle de la ventouse orale. Aussi les sangsues en profitent-elles souvent pour se tenir tranquilles, suspendues par

(1) C'est, selon toute vraisemblance, le *Piscicola piscium* de Lamarck et Moquin-Tandon.

cette extrémité. On voit donc qu'une sangsue fixée par la ventouse orale, d'après le principe de physique que nous avons exposé, pourrait supporter un poids de 500 à 600 grammes, tandis que, fixée par la ventouse anale, elle pourrait supporter un poids de 800 à 900 grammes ou même plus. Thomas a à peu près vérifié ce fait de la manière suivante : il a attaché un fil à la racine du disque d'une sangsue fixée par sa ventouse antérieure, et il y a suspendu des poids de 250 à 310 grammes (8 à 10 onces) sans que la lèvre se soit détachée.

En rapportant la grandeur des ventouses, nous n'avons pas voulu dire que la ventouse anale fût du double plus grande que l'orale, car cela n'a presque jamais lieu ; mais nous avons presque toujours trouvé entre la ventouse orale et la ventouse anale un rapport à peu près constant, la dernière ayant un diamètre d'un tiers plus grand environ.

Lorsqu'une sangsue marche en ligne droite sur un plan solide, elle commence par appliquer sa ventouse postérieure avec plus ou moins de force ; puis elle allonge les diverses parties de son corps, s'étend plus ou moins selon sa volonté et fixe sa ventouse orale. Alors elle détache sa ventouse postérieure, et, se contractant sur le nouveau point d'appui, elle la rapproche de la ventouse orale, et la fixe de nouveau pour recommencer sa marche par élongation et contraction, comme nous venons de le dire.

Si l'animal veut marcher à reculons, on comprend que l'action soit inverse : il commence à prendre son point d'appui sur la ventouse orale ; puis il s'étend d'avant en arrière, arrête sa ventouse anale, détache la première, la rapproche de la seconde, qu'il rend libre, et ainsi de suite (Moquin-Tandon).

Pendant la contraction, le corps prend d'ordinaire la forme d'une olive ou d'une amande, et par l'extension il devient très étroit. D'où il suit qu'une sangsue peut parcourir une assez grande distance en peu de temps. Selon Moquin-Tandon, une *Sangsue médicinale* qui marcherait en ligne droite parcourrait environ 80 centimètres en une minute.

Ce mode de progression par élongation et contraction en olive ne se produit pas toujours, et la volonté de l'animal y a une grande part. A cet égard, nous devons distinguer la progression sur les corps solides dans l'eau ou hors de l'eau.

Progression dans l'eau.—Lorsqu'une *Sangsue* ou un *Aulastome* veut marcher dans l'eau sur un corps solide, il arrive fréquemment que l'animal procède comme nous venons de le dire ; cependant, le plus souvent, après avoir fixé sa ventouse orale, elle contracte un peu son corps, mais seulement pour rapprocher la ventouse postérieure de la ventouse orale, de manière à faire de son corps une sorte d'anneau complet. On dit alors qu'elles marchent à la manière des *Chenilles arpenteuses* (1) (fig. 20 *bis*). Nous avons cru remarquer que c'est surtout lorsqu'ils sont bien vivaces que ces annélides marchent ainsi, car s'ils paraissent souffrants et flasques, ils traînent leur ventre en se contractant le long du corps solide et fixent leur ventouse anale à une assez grande distance de la ventouse antérieure. Cette forme de progression ne se produit que dans l'eau.

Progression hors de l'eau. — C'est surtout le mode de progression par élongation et contraction sans formation d'anneaux que les *Sangsues* et les *Aulastomes* affectent lorsqu'ils avancent sur les corps solides en dehors de l'eau. Nous avons mis des sangsues dans un grand vase à moitié plein d'eau, et le même animal qui formait des anneaux sous l'eau continuait, hors de l'eau, sa marche par élongation et contraction. Il en a été de même de quelques aulastomes. Voilà l'explication que nous proposons de ce phénomène : dans l'eau, la perte de poids que fait le corps de l'animal, en vertu du principe d'Archimède, permet à la ventouse orale de porter sans trop de fatigue tout le corps, qui pendant ce temps forme l'anneau et porte la ventouse anale près de la

(1) Les *Glossiphonies*, les *Piscicoles*, et quelques autres, présentent aussi ce mode de progression.

ventouse antérieure. Hors de l'eau, le poids du corps fatiguerait bientôt l'animal, surtout lorsqu'il marche sur des surfaces verticales. L'instinct leur apprend alors à faire glisser leur corps, qui, touchant constamment le corps solide, trouve dans le contact une résistance et peut-être une sorte d'adhérence favorables à une progression plus facile.

Quelques naturalistes ont comparé avec raison ce mode d'adhérence avec celui du pied, chez les Gastéropodes (Baër, Brandt et Moquin-Tandon), avec cette différence, toutefois, que la ventouse ne sert uniquement que d'organe d'adhérence, tandis que le pied des mollusques sert aussi à ramper.

Il résulte de tout ce que nous venons de dire que les sangsues se fixent avec moins de peine sur les corps polis, et lorsque par hasard le corps ne l'est pas suffisamment, elles se servent de leur viscosité pour suppléer à l'inégalité de la superficie (Poupart).

Quoique l'adhérence soit très forte chez les sangsues, elle est plus forte encore dans l'*Hæmopis* et la *Glossiphonie marginée*, au point qu'il est très difficile de détacher l'animal, surtout quand on agit perpendiculairement au plan auquel ces animaux sont fixés (Moquin-Tandon).

Thomas, à qui l'on doit une théorie complète des mouvements de la sangsue, n'ayant pas observé les faisceaux musculaires transversaux pour expliquer l'extension de l'animal, a dû avoir recours à la *force d'élongation* de Barthez; de même que pour se rendre compte de son mouvement partiel, puisque la sangsue ne possède *aucun membre articulé*, ni *aucune partie solide sur laquelle puissent agir les puissances musculaires*, il a été conduit à admettre la *force de situation fixe* du même auteur, laquelle peut maintenir une portion quelconque de ses fibres musculaires dans un état de contraction tel, qu'il offre au reste des fibres une sorte d'appui, d'où elles partent pour s'élever, s'étendre encore et se porter en avant (Thomas (1), pages 20 et 21).

(1) *Mémoires pour servir à l'histoire naturelle des sangsues*. Paris, 1806.

L'explication que Thomas a donnée de l'extension est aujourd'hui abandonnée. C'est en effet au moyen des faisceaux musculaires transversaux et longitudinaux alternativement relâchés et contractés que les sangsues pratiquent leurs mouvements progressifs ou rétrogrades. Il est très probable que les autres fibres agissent aussi d'une manière accessoire, ainsi que l'a observé Thomas.

Les sangsues peuvent facilement glisser entre deux obstacles, à cause de la grande quantité de mucosité qui lubrifie leur corps. Pour y arriver, elles emploient le même mécanisme que pour la progression ordinaire en ligne droite, mais ici cette progression est encore favorisée par la résistance qu'après la contraction l'obstacle présente derrière elle, résistance qui est encore augmentée par la grande quantité de tubercules qui hérissent leur peau. Lorsqu'elles veulent pénétrer dans la terre humide, le mécanisme est encore le même ; mais c'est surtout dans ce cas que la mucosité et la résistance postérieure après la contraction leur viennent en aide, alors que la partie antérieure s'amincit en pointe pour percer la terre.

Enfin la marche sur les surfaces courbes se fait de la même manière, car la mobilité des ventouses dans tous les sens leur permet de se mouler aisément sur les surfaces concaves comme sur les surfaces convexes ; il faut seulement que la surface ait assez d'étendue pour que la quantité dont adhère la ventouse équivaille au moins au poids de la sangsue, sans cela sa marche progressive devient à peu près impossible.

Nous avons cherché à faire marcher des sangsues dans un hémisphère de toile métallique, et nous avons observé qu'elles se traînaient assez bien sur le fond et sur les parties qui n'étaient pas trop déclives ; mais, dès qu'elles arrivaient à une partie plus verticale, la ventouse ne trouvant plus une surface assez large pour pratiquer l'adhérence, le poids du corps l'emportait et l'animal roulait au fond de l'hémisphère. Les fils qui formaient l'hémisphère étaient des fils très fins, mais nous ne mettons nullement en doute que sur des fils suffisamment gros, les sangsues ne parviennent bien à s'élever comme sur un plan solide. La toile à carder qui offre sur l'une de ses faces une foule d'aspérités présente aussi un obstacle insurmontable à la progression des sangsues.

Nous verrons plus loin le parti que nous avons cherché à tirer de cette observation pour conserver les sangsues dans des vases ouverts et pour construire de petits *marais portatifs* très propres à faire toutes sortes d'expériences sur la reproduction.

La sangsue ne marche pas toujours suivant une ligne droite, elle se dirige encore à gauche ou à droite : dans ce cas, elle contracte les fibres longitudinales situées du côté où le centre de courbure doit avoir lieu, ainsi que les faisceaux musculaires obliques qui ont l'extrémité fixée du même côté et qui se dirigent dans un sens opposé. Au contraire, elle relâche en même temps toutes les fibres antagonistes. Pendant la torsion de son corps, l'action est particulièrement due à l'une des séries parallèles des fibres obliques dont plusieurs, ainsi que nous l'avons vu, ont une direction hélicoïdale.

Tous les mouvements partiels, ainsi que ceux qui se produisent lorsque la sangsue n'est pas fixée par l'une de ses ventouses, s'expliquent de la même manière; seulement, on admet que les fibres musculaires, qui adhèrent fortement à la peau, prennent leur point d'appui sur les divers anneaux qu'elle présente.

Moquin-Tandon a fait une expérience pour démontrer le rôle des anneaux (protovertèbres) dans les mouvements partiels de ces animaux. Vers le milieu du corps d'une *Sangsue médicinale*, il a enlevé une portion de peau circulaire, en respectant les couches musculaires sous-jacentes, et l'animal n'a pas cessé de contracter son corps; il a marché tant qu'il a conservé ses deux ventouses; mais, après l'ablation de ces organes, les mouvements généraux, ainsi que ceux qui prenaient leur point d'appui sur les bandes enlevées, ont été nuls.

Il est remarquable que les sangsues, pour se livrer au repos, qui est sans doute leur sommeil, ont l'habitude d'affecter certaine position qu'il n'est pas hors de propos d'indiquer ici. En général, elles se placent de manière à avoir la moitié du corps hors de l'eau, en se tenant, soit par l'une ou l'autre seulement de ses ventouses, soit par les deux à la fois : aussi peut-on aisément remarquer que le plus grand nombre des sangsues que l'on conserve dans l'eau se trouvent presque toujours ainsi placées autour du vase qui les contient. Le plus ordinairement c'est la ventouse antérieure qui est hors de l'eau, tandis que la postérieure est submergée ; parfois, au contraire, c'est la ventouse anale qui est hors de l'eau et la partie antérieure qui est sous le liquide. Quelquefois les individus sont tout entiers hors de l'eau, se tenant par la ventouse anale seulement ou par les deux à la fois ; d'autres fois, ils sont complétement recouverts par le liquide ; mais nous pensons que le repos n'est alors ni complet ni durable. Lorsque la sangsue est fixée par la ventouse anale seulement, elle a souvent la lèvre supérieure repliée transversalement et comme rentrée sous l'inférieure (1), et parfois l'animal se roule en spirale ou en hélice. Enfin, on les trouve quelquefois dans un état d'extension très grand formant avec le fond et la paroi du vase une sorte de triangle dont le corps, tendu comme une corde, forme l'un des côtés : une des ventouses s'étant attachée au fond et l'autre à la paroi du vase. Toutes ces observations nous ont conduit à chercher la cause de cette habitude, et voici l'explication que nous avons cru être la plus rationnelle.

Pendant le repos complet ou le sommeil de ces annélides, le défaut de mouvement continué trop longtemps pourrait nuire à leur respiration cutanée, qui, au bout de peu de temps, s'arrêterait par suite de la disparition de l'air contenu dans les couches du liquide qui environne leur corps. Au

(1) Chez l'*Aulastome*, nous avons remarqué que toute l'extrémité antérieure était rentrée dans la bouche, à la manière d'un doigt de gant retourné.

contraire, hors de l'eau, elles sont constamment en contact avec l'air qui de lui-même se renouvelle suffisamment. Voilà pourquoi elles cherchent à se tenir hors de l'eau, et l'on a remarqué, en effet, que les sangsues se conservent mieux dans les vases qui ont au-dessus du liquide une grande quantité d'air. Maintenant, si elles ne sont généralement pas entièrement hors de l'eau, cela tient sans doute à ce que, plongées en partie dans le liquide, et perdant, en vertu du principe d'Archimède, un poids égal à celui du liquide déplacé, il en résulte une fatigue moins grande des fibres musculaires, et par conséquent le repos est assuré pour plus de temps.

APPAREIL DE L'INNERVATION.

Maintenant que nous avons fait connaître les organes de la locomotion, nous devons, avant de traiter des organes sensitifs, parler de l'appareil de l'innervation, dont la connaissance favorisera beaucoup l'étude des sensations.

ORGANES GÉNÉRAUX.

Dillenius et Vitet ont tous deux pris les épididymes de la *Sangsue médicinale* (*ep.*, fig. 30) pour des hémisphères cérébraux, ce qui les a conduits à admettre un organe sensitif central. Mais c'est une erreur, et les Bdelliens, comme les autres hirudinés, sont dépourvus de cerveau. Le système nerveux se compose d'un *collier médullaire* analogue à celui des Mollusques gastéropodes, d'une *chaîne ganglionnaire* très longue et de *nerfs* très déliés (*g*, *g*, *g*, *g*, fig. 30). Il est recouvert de deux tuniques destinées à le protéger et que quelques auteurs rapprochent de la *dure-mère* et de l'*arachnoïde* ou de la *pie-mère* (Otto).

1° *Collier médullaire.*

Le système nerveux des sangsues consiste en un cordon médullaire qui s'étend de la ventouse antérieure jusqu'à l'extrémité postérieure. Le collier médullaire qui entoure l'origine de l'œsophage en est la partie antérieure. Au-dessus de l'œsophage des *Sangsues* et des *Hœmopis*, on aperçoit d'abord le *ganglion sus-œsophagien* (*ganglion cerebrale seu anterius*, de Spix), assez gros, bilobé, qui s'unit par une anse nerveuse courte, assez épaisse, entourant l'œsophage, à un autre ganglion très gros, un peu échancré et dilaté transversalement : c'est le *premier ganglion sous-œsophagien* (*ganglion cervicale* de Spix) qui se trouve immédiatement placé au-dessous du canal digestif. Ce ganglion est postérieurement accolé à un troisième renflement arrondi auquel on donne le nom de *second ganglion sous-œsophagien*. Les anatomistes ont l'habitude de le considérer comme le second de la chaîne ganglionnaire, parce qu'ils prennent le côté inférieur du collier pour le premier ganglion sous-œsophagien.

Brandt a observé dans la *Sangsue médicinale* trois petits ganglions qui communiquent avec le collier, un supérieur et deux latéraux, derrière les mâchoires.

Le ganglion sus-œsophagien de l'*Aulastome* est très petit et un peu dilaté transversalement; les anses au moyen desquelles il communique avec le premier sous-œsophagien sont très grêles et assez longues, de sorte que l'ouverture du collier se trouve être beaucoup plus grande que chez les *Hœmopis* et les *Sangsues* : ce qui devait être, puisque l'œsophage des aulastomes est bien plus large que celui des espèces des deux autres genres. Le premier ganglion sous-œsophagien présente deux lobes oblongs, pointus, qui divergent fortement (Moquin-Tandon).

Le collier médullaire se distingue par sa couleur blanche qui, chez les sangsues surtout, tranche avec la couleur noirâtre de la membrane qui revêt son système nerveux.

2° *Chaîne ganglionnaire.*

Syn. — Medulla spinalis (*Mangili*). — Gastroneura, myeloneura (*Rudolphi*). — Ganglienkette (*Carus*). — Hauptnerv (*Kuntzmann*).

La chaîne ganglionnaire (*g*, *g*, *g*, *g*, fig. 30), comme dans tous les animaux articulés, se voit sur la ligne médiane du corps, immédiatement au-dessous du tube digestif et s'étend depuis la bouche jusqu'à la ventouse postérieure. Les ganglions *g*, *g*, *g*, qui la composent, sont équidistants, excepté vers les parties génitales et les extrémités. Ils sont au nombre de vingt-trois dans la *Sangsue* et l'*Aulastome*, et de vingt-deux dans l'*Hæmopis*, non compris le ganglion sus-œsophagien.

Les ganglions sont placés de cinq en cinq anneaux. Chez l'*Aulastome*, les plus écartés présentent une distance de 7 à 8 millimètres ; ils ne présentent qu'une distance de 4 millimètres et demi dans l'*Hæmopis*. La structure est la même pour tous les ganglions ; ils ont à peu près la même forme et le même volume, à l'exception des deux premiers et du dernier. Ce sont généralement des petits renflements ovalaires, rappelant un peu la forme du losange et légèrement déprimés. Ils sont composés d'une matière blanche plus ferme et plus compacte que celle du cerveau des mammifères. Ils résultent de l'union de deux moitiés symétriques collées ensemble et fondues en un seul ganglion.

Nous avons étudié le premier ganglion : c'est lui qui forme la partie inférieure du collier œsophagien.

Le second ganglion est ordinairement légèrement arrondi ou obové et un peu plus gros que les suivants. Chez l'*Aulastome*, le second, le troisième et le quatrième paraissent être un peu plus épais que les autres.

Le dernier ganglion, que quelques auteurs nomment *ganglion anal* (Spix), est toujours très rapproché de l'avant-dernier. Chez les *Sangsues* et les *Hæmopis*, ce dernier ganglion paraît oblong. Suivant Weber, il présenterait, dans les sangsues, une organisation particulière : il serait composé de sept petits ganglions, ou même de neuf (Brandt), fondus ensemble, et qui ne seraient distincts les uns des autres que lorsque l'animal n'est pas encore entièrement formé.

Le dernier ganglion est plus gros et plus court chez l'*Aulastome;* il n'est pas soudé avec l'avant-dernier, et ne paraît pas composé de plusieurs petits ganglions, comme chez les sangsues.

Selon Poupart, chez les *Sangsues médicinales*, les ganglions sont unis ensemble par un double cordon médullaire de la grosseur d'un crin de cheval. Ces deux cordons sont collés l'un avec l'autre au moyen d'une certaine quantité de tissu cellulaire, et forment environ le tiers ou le quart du diamètre transversal des ganglions. Leur apparence est légèrement tendineuse, et, selon Otto, si on les rompt en les tiraillant, ils produisent un léger bruit. Ces cordons sont un peu plus grêles chez l'*Aulastome.*

A l'extrémité postérieure de la chaîne ganglionnaire, un peu en avant du dernier ganglion de l'embryon de la *Sangsue médicinale*, Weber a reconnu les bouts des deux cordons nerveux qui unissent entre eux les ganglions élémentaires dont se compose le ganglion anal.

3° *Nerfs.*

Dans la *Sangsue médicinale*, le ganglion sus-œsophagien, ou cérébral, donne naissance à cinq nerfs très déliés. Celui du milieu, qui part de l'échancrure ganglionnaire, est le plus grand et se rend dans la bouche : c'est le *nerf gustateur* d'Otto (*nervus gustatorius*). De chaque côté de ce nerf partent deux autres nerfs qui lui sont à peu près parallèles et s'avancent sur les deux côtés de la lèvre supérieure; Otto suppose qu'ils se rendent dans les points oculiformes; voilà pourquoi il les nomme *nerfs optiques* (*nervi optici*). On remarque, un peu en arrière de ceux-ci, deux autres nerfs assez forts, qui vont se perdre à gauche et à droite du gosier, sous les mâchoires, et dans la partie antérieure de la bouche.

Le premier ganglion sous-œsophagien présente deux lobes de chacun desquels partent cinq nerfs très fins, suivant Otto; trois seulement, suivant Brandt, qui sont dirigés d'arrière en avant. Le premier, le plus fort, se rend au-dessous du passage de l'œsophage, dans le bord de la lèvre inférieure; le second, qui se divise latéralement en deux ou trois branches, se dirige dans le bord de la lèvre de dessus et dans les points oculiformes; enfin, les autres se rendent dans les points oculiformes, dans le système musculaire et dans la peau.

Chaque lobe du premier sous-œsophagien de l'*Aulastome* fournit, en avant, une branche qui se dirige antérieurement; et, à son extrémité, une autre branche divisée en trois rameaux.

Chez les *Sangsues*, le second ganglion sous-œsophagien offre, à droite et à gauche, deux nerfs qui se courbent et se dirigent en avant. Les autres ganglions, à l'exception du ganglion anal, donnent naissance, à droite et à gauche, à deux nerfs très déliés que Vitet a désignés sous le nom de *grands nerfs latéraux*. Thomas, qui les a bien étudiés, les compare à des rayons qui partent d'un point central, sous un angle de quatre-vingt-dix degrés. Chacun de ces filets nerveux se subdivise, s'étend et est bientôt tellement délié quand il arrive sur les côtés de l'animal, que l'œil armé d'une forte loupe ne peut plus les suivre.

Lorsque ces rayons ou ces rameaux passent dans le voisinage ou sur des organes importants, il leur fournit quelques filets nerveux : c'est ainsi que les épididymes, les testicules et les ovaires, aussi bien que les poches stomacales, reçoivent des filets du rameau postérieur du ganglion qui les précède. Le nerf latéral postérieur présente, à peu de distance de son origine, une branche qui se porte brusquement en avant, passe sur le nerf latéral antérieur et va se perdre dans le tissu hépatique et dans une poche de l'estomac. Brandt a observé que, près de cette branche, il part un petit rameau fort délié, dirigé d'avant en arrière, qui fait communiquer le nerf postérieur avec le nerf antérieur. Le même anatomiste a observé dans la *Sangsue médicinale* un nerf longitudinal, très délié, qui, placé à droite et à gauche du ventre, se divise en deux branches, vers l'origine des grandes poches de l'estomac.

Enfin le dernier ganglion fournit des nerfs plus ou moins nombreux à la ventouse anale.

4° *Enveloppes protectrices.*

Toutes les parties de l'appareil nerveux sont recouvertes d'une membrane mince, solide, élastique, blanchâtre, que quelques auteurs ont considérée comme une sorte de *dure-mère*. Cette enveloppe est noirâtre chez les *Sangsues*, surtout autour du cordon médullaire. Examinée au microscope, elle présente des stries noires sur une couleur brune jaunâtre : après la mort de l'animal, elle est grisâtre. Celle des *Aulastomes* est plus brune.

Cette première enveloppe, qui a été confondue par Thomas avec le cordon médullaire, constitue un vaisseau sanguin (vaisseau abdominal) entourant de toutes parts la chaîne médullaire qui, par cette circonstance, se trouve incessamment mouillée par le sang de l'annélide. C'est à Johnson et à J. Müller que l'on doit la connaissance de cette disposition.

Cette tunique est moins épaisse sur les cordons de communication que sur les ganglions ; mais comme ceux-ci, par leur largeur, la tendent un peu dans le sens transversal, elle s'amincit et paraît comme blanchâtre vers le milieu de chaque ganglion.

Enfin on trouve, immédiatement au-dessous de la première tunique, autour des ganglions, une seconde enveloppe blanche que quelques auteurs regardent comme l'analogue d'une *arachnoïde* ou d'une *pie-mère* (Otto).

APPAREIL DES SENSATIONS.

Maintenant que nous avons fait connaître ce que l'on sait de l'appareil nerveux des Bdelliens, nous allons étudier en détail les organes qui forment l'appareil si compliqué des sensations. Cet appareil se compose, chez ces animaux, de la peau, des muscles, des organes des sens, tels que ceux du tact et de l'odorat. Quant à ceux de la vue, ils sont tellement imparfaits, que beaucoup d'auteurs nient leur existence, ou tout au moins leur participation au phénomène de la vie. Enfin l'organe de l'ouïe n'existe pas pour ces animaux.

I. — PEAU OU ORGANE CUTANÉ.

Chez les sangsues, la peau est molle, élastique et extensible dans toutes ses parties et dans tous les sens, ce qui permet à ces animaux de présenter une forme très allongée dans l'extension ou ovoïde dans la contraction. Cette peau adhère aux couches musculaires sur lesquelles elle est appliquée. Elle est formée de trois parties bien distinctes : l'*épiderme*, le *pigmentum* et le *derme*.

1° *Épiderme.*

L'épiderme est mince, transparent, unicolore ou blanchâtre, lisse. Selon Thomas, il diffère tellement de celui des autres animaux, qu'il pourrait être comparé aux membranes séreuses, et de Blainville dit que celui de la *Sangsue médicinale* ressemble à une *sorte de vernis*. Il est extrêmement adhérent aux autres parties ; ce qui a fait croire à plusieurs anatomistes qu'il était impossible de l'en séparer. Selon Vitet, néanmoins, on l'obtient facilement quand on a soin de plonger l'animal dans un acide affaibli ou dans l'essence de térébenthine.

Cet épiderme se renouvelle assez fréquemment. Kuntzmann dit que ce renouvellement a lieu deux ou trois fois par an,

Otto dit qu'il a lieu deux ou quatre fois; mais Brandt, Carena et Johnson sont plus voisins de la vérité, quand ils disent que l'épiderme se renouvelle tous les quatre ou cinq jours. Nous avons vu des sangsues qui avaient commencé une autre mue avant que la précédente fût entièrement achevée; de sorte que l'animal avait comme une ceinture au dernier tiers postérieur et une ceinture au premier tiers antérieur, ce qui ne l'empêchait pas de se débarrasser complétement de son épiderme. C'est cet épiderme qui forme ces pellicules que l'on voit flotter dans l'eau et que la plupart des auteurs ont prises pour des mucosités exsudées par le corps des sangsues; mais Johnson, Carena et Guibourt ont démontré que ces prétendues mucosités n'étaient que l'épiderme même de l'animal.

Il paraît que ce changement d'épiderme commence de très bonne heure chez les sangsues médicinales, puisque Vayson dit avoir trouvé dans les embryophores, des germements (embryons) qui n'avaient pas vu la lumière affectés par les étranglements de l'épiderme.

Il arrive assez souvent que cet épiderme, qui se détache d'abord de l'extrémité antérieure et duquel la sangsue sort comme d'un fourreau à la manière des serpents; il arrive, disons-nous, que cet épiderme se ramasse et se resserre en un point du corps de la sangsue, et forme ainsi une sorte d'étranglement toujours fatal à l'animal quand il ne peut arriver à s'en débarrasser. Aussi voit-on l'annélide, que cet obstacle gêne, chercher à s'en dépouiller par des mouvements assez brusques ou bien en se frottant contre les corps solides. Voilà pourquoi nous avons conseillé de placer dans l'eau des vases ou des bassins à sangsues particulièrement le *Chara hispida*, qui, chargé d'aiguillons déliés, est très propre à favoriser la séparation de cet épiderme devenu inutile (1). Souvent détaché de tout le corps et retenu encore

(1) C'est dans un but semblable que plusieurs pharmaciens ont conseillé de mettre dans l'eau du sable de rivière, de la mousse ou autres corps durs qui, par la résistance qu'ils présentent à la sangsue lorsqu'elle s'y frotte ou les traverse, en facilite la séparation. Mais la sangsue pénètre

par sa ventouse anale, l'annélide, en nageant, le traîne avec lui, et paraît éprouver un sentiment de douleur assez vif quand on l'en détache brusquement (Guibourt). Selon Carena, si l'on regarde avec attention cette pellicule, on voit très distinctement, même à l'œil nu, les traces des anneaux : la partie qui correspondait aux bandes est large et transparente, tandis que celle qui couvrait les intervalles est étroite, nébuleuse, demi-opaque et parfois un peu blanchâtre. Carena et Johnson y ont signalé de nombreux petits trous, que Brandt et Moquin-Tandon n'ont point retrouvés.

Il nous paraît difficile de ne pas admettre l'existence de ces trous, puisque, indépendamment des orifices des organes sexuels et de l'anus et ceux du réservoir de la mucosité, nous avons reconnu que le dos de la sangsue est couvert, tous les cinq anneaux, de petits corps déprimés au milieu, quelquefois blanchâtres, et présentant à une forte loupe comme un pertuis microscopique (fig. 29). Il y a dix-sept paires de ces points sur le milieu du dos, et le même anneau en porte d'autres sur les côtés, mais qui sont moins faciles à apercevoir (voyez *Glandes dorsales*).

2° *Pigmentum.*

Le pigmentum, situé sous l'épiderme, si l'on en croit la sensibilité très vive qu'il possède, est vraisemblablement traversé par les extrémités nerveuses épanouies à sa surface. Quand on l'examine au microscope, il semble formé par un tissu spongieux ou granuleux, peu épais et diversement coloré. Il adhère fortement au derme qu'il recouvre, et sa couleur est généralement plus intense sur le dos de l'animal que sur le ventre. Le contraire a lieu pour l'*Hæmopis.*

En examinant une sangsue médicinale dans l'extension,

mal dans le sable de rivière, et la mousse a l'inconvénient de corrompre l'eau au bout d'un certain temps; tandis que le chara est très perméable, vit très bien dans l'eau, et la désinfecterait plutôt qu'il ne la corromprait.

Brandt s'est assuré que le pigmentum était presque nul dans les intervalles des anneaux.

Le dos présente d'ordinaire des bandes longitudinales, des traits, des taches et des points plus ou moins foncés que la teinte dominante. Ils sont généralement disposés en séries longitudinales et parallèles au nombre de six, qui, partant de la ventouse orale, s'étendent jusqu'à la ventouse anale. Les couleurs qui les forment varient extrêmement dans leurs teintes aussi bien que dans leur disposition, et c'est sans doute pour cette raison qu'il est si difficile de décrire et de classer les variétés de manière à les faire aisément reconnaître. Toutefois il est juste de dire qu'il existe certaines espèces, certains types, certaines variétés tellement caractérisées qu'il est impossible de les confondre avec d'autres.

Cette coloration si variée des sangsues a donné lieu à des hypothèses que tous les naturalistes sont bien loin d'admettre. Telles sont celles de Spix, de Derheims et de Johnson.

Suivant Spix, la coloration des diverses variétés de *Sangsues médicinales* a pour cause la lenteur du mouvement circulatoire.

De ce que les acides acétique, nitrique, chlorhydrique étendus d'eau ont déterminé un changement de couleur dans le pigmentum des sangsues, Derheims pense que la coloration peut être due à l'action chimique des humeurs acides que laissent échapper certains insectes de la petite famille des Myriéges.

Pour Johnson, les nuances dominantes des sangsues sont, comme celles des crapauds, principalement dépendantes du sol qu'elles habitent.

Afin de rendre la description des espèces et des variétés plus faciles, on pourrait appeler, *bande médiane* celle qui occupe le milieu du dos, et *bandes latérales* celles qui, de même couleur que la médiane, sont placées de chaque côté. Immédiatement de chaque côté de la bande médiane, et souvent entre les bandes latérales, on aperçoit des lignes plus pâles qui séparent les bandes, et qui, le plus souvent, sont d'une couleur rougeâtre ou jaunâtre plus ou moins foncée : comme elles sont moins larges, en général, que les bandes, on pourrait les désigner sous le nom de *lignes : médianes*, celles du milieu ; *latérales*, celles qui se trouvent plus sur les côtés.

Les bandes sont le plus souvent uniformément colorées ; cependant quelquefois elles sont plus tachetées et comme chagrinées ou crénelées sur leurs bords. Quant aux lignes, simples, droites et unicolores dans quelques variétés, elles présentent, dans d'autres, des ponctuations ou des taches plus ou moins étendues et souvent très caractéristiques. Très souvent ces lignes sont réduites à des taches plus ou moins allongées qui se touchent ou qui ne se touchent pas, ou à des points qui n'occupent qu'un ou deux anneaux.

On pourrait appeler *bords* ou *bordures*, les espèces d'arêtes qui semblent délimiter la face supérieure ou dos de la face inférieure ou ventre. Elles sont d'ordinaire de la même couleur que le ventre, bien que quelquefois elles échappent à cette règle.

Le pigmentum du ventre présente une autre coloration, et, en général, il est moins foncé et moins varié que sur le dos : uniformément coloré ou présentant simplement des lignes marginales plus ou moins droites et foncées, il est quelquefois bicolore et plus ou moins maculé dans les variétés. D'autres fois ces taches nombreuses, qui paraissent sans ordre et sans symétrie, se régularisent et se rangent symétriquement sur un ou deux rangs. Mais ces taches ne sont point les analogues des lignes marginales dont nous venons de parler, car elles sont ordinairement plus claires que la teinte générale du ventre ; ce qui est le contraire pour les lignes.

3° *Derme* (*tunique mamelonnée*, de Vitet).

Le derme est la partie la plus épaisse du système cutané. Le microscope y fait remarquer du pigmentum mêlé et confondu avec une multitude de cellules unies ensemble. Il est formé, suivant Thomas, par un grand nombre de fibres circulaires assez rapprochées entre elles, plus ou moins blanchâtres, et ayant une apparence floconneuse. Les ramifications nerveuses et les petits vaisseaux sanguins viennent s'y épanouir, et, le plus souvent, le traverser pour aller former une sorte de réseau à sa surface.

Ces fibres circulaires se contractent et se froncent, et ces mouvements sont indépendants de l'action des couches musculaires qui sont placées sous la peau ; car lorsque l'organe cutané est séparé, il suffit d'irriter légèrement l'épiderme pour obtenir des contractions bien évidentes (Thomas).

Le derme n'a pas la même épaisseur dans toute son étendue ; il présente des amincissements au point de devenir peu apparent, et de paraître former des interruptions circulaires très étroites. Ces solutions de continuité, qui, plus rapprochées vers les deux extrémités de l'animal, se répètent à des intervalles égaux, sont recouvertes seulement par l'épiderme, circonstance qui favorise beaucoup le mouvement de l'annélide et en fait de véritables *articulations*. L'espace, compris entre ces interruptions, forme l'*anneau* ou le *segment* de ces animaux, dont l'ensemble constitue les *annuli dentationes* de Spix.

Moquin-Tandon fait, avec raison, remarquer que le nom de *segment* est tout à fait impropre, puisque la géométrie nous apprend que ce nom ne s'applique qu'à une portion de cercle ; mais par cela même il peut être réservé pour les anneaux incomplets qui forment la lèvre supérieure des *Hirudinés néphéliens*, *bdelliens* et *siphoniens*. Le mot *anneau* est non seulement plus généralement employé, mais encore il exprime plus exactement la forme de l'objet, et il est plus en harmonie avec l'expression générale, *annélide*, donnée aux animaux qui en sont formés.

Selon Charpentier, entre chaque anneau, et dans une direction *opposée*, on remarque un certain nombre de segments réguliers que l'animal peut à volonté faire paraître et disparaître. Ces segments ne sont très probablement que les rides ou les froncements de la peau dont parle Thomas, lesquels affectent une direction longitudinale, et pourraient, si l'observation n'était que superficielle, tromper l'observateur, au point de lui faire prendre, pour des fibres différentes, les fibres circulaires dont nous avons parlé plus haut. Un examen attentif, fait à l'aide d'une loupe, ne tarde pas à en faire connaître la véritable nature.

4° *Cryptes mucipares.*

Les bandes circulaires, constituées par le derme, présentent des petits mamelons grenus, en quantité assez considérable, et disposés par petites rangées plus ou moins régulières : ce sont les *cryptes mucipares* ou *glandes* qui sécrètent une humeur gluante destinée à lubrifier la surface de la peau des sangsues. Ces mamelons sont plus ou moins apparents, selon la volonté de l'animal, qui peut même les faire disparaître complétement. Selon Charpentier, il y en a cinquante environ à la face dorsale d'une *Sangsue médicinale*. Tantôt ils apparaissent très saillants sur le milieu de chaque anneau ; tantôt ils sont peu prononcés, et paraissent répandus sans ordre comme des points brillants qui semblent appartenir à la surface de la peau. Dans le premier cas, il est probable qu'ils éprouvent, comme tous les organes sécrétoires, une sorte de turgescence ou d'érection, pendant laquelle doit avoir lieu l'issue de la liqueur, et qu'ensuite ils diminuent ou s'effacent jusqu'à ce qu'un nouveau besoin se fasse sentir (Thomas).

Ces cryptes sont moins faciles à observer et à compter sur la face abdominale; cependant Moquin-Tandon a observé, dans certaines contractions, sur le milieu du ventre de la *sangsue médicinale* une ligne longitudinale de petits cryptes mucipares très serrés. Dans certaines espèces, ils sont plus développés à des distances régulières prises sur tous les anneaux ou sur un seul anneau (Moquin-Tandon). Selon Thomas, ils sont implantés dans le tissu même de la peau; car en la détachant dans un certain espace, on les voit se manifester comme dans les autres parties de la peau qui sont restées adhérentes.

Ces mamelons sont plus développés et plus sensibles au toucher, selon Charpentier, quand l'animal est depuis quelque temps en repos et hors de l'eau. Savigny a avancé que dans la *sangsue médicinale* ils disparaissaient complétement après la mort ; mais ils sont toujours visibles, sûrtout chez les sangsues que l'on a conservées dans l'alcool (Leuckart et Otto). Ces cryptes s'ouvrent à l'extérieur par un pore microscopique par où s'échappe l'humeur. Dans quelques variétés de sangsues médicinales ils sont très prononcés, tandis que d'autres les présentent à peine. Enfin, chez les individus conservés dans l'alcool, ces mamelons présentent quelquefois une petite dépression en leur milieu.

Vitet s'est assuré que la quantité d'humeur visqueuse que rend une sangsue augmente quand on irrite sa peau. Elle sert sans doute à l'animal pour le faire échapper à l'action des irritants extérieurs, ou du moins pour affaiblir cette action (Thomas). C'est surtout pour courir hors de l'eau, que l'animal fait usage de cette humeur, car si l'on observe une sangsue se promenant sur une surface poudreuse ou sur un corps poreux, on remarque qu'elle émet une abondante quantité de cette humeur. Enfin, ce fluide lui est utile, pour pénétrer facilement dans la terre légèrement humide, dont elle fait son habitation, surtout à l'époque de la reproduction.

Lorsque l'on essuie une sangsue dès que la liqueur visqueuse se forme, en peu de temps l'animal paraît souffrir, et très certainement il finirait par tomber malade et mourir si l'on continuait l'opération. La sécrétion de cette humeur est surtout plus abondante chez les sangsues gorgées de sang ; mais il ne faudrait pas croire que cela tînt à ce que le sang est plus ou moins vite transformé en cette liqueur par suite d'une accélération dans les mouvements vitaux, car il suffirait d'observer que si l'on injecte dans le tube digestif d'une sangsue un liquide quelconque ou de l'air, les estomacs se distendent et la sécrétion ne tarde pas à se produire plus abondamment. Cette sécrétion surabondante, dans tous les cas, doit être considérée comme le résultat de la pression du tube digestif contre la peau. C'est par un effet analogue que les *sangsues médicinales* placées dans le vide de la machine pneumatique émettent une grande quantité de cette humeur sous forme d'écume gluante très épaisse. Vitet s'est assuré que l'humeur que produisent les cryptes des deux ventouses paraît d'ordinaire plus visqueuse que celle des autres parties du corps.

L'*humeur gluante* qui s'échappe de l'ouverture des cryptes est légèrement visqueuse, comme onctueuse et transparente. Elle a la plus grande analogie avec celle des Hélices ; toutefois, elle est plus grise et ne forme pas derrière l'animal une traînée de *fil d'argent* (Otto) quand il rampe dans l'air sur un corps solide.

Insoluble dans l'eau à froid ou à chaud, elle s'épaissit un peu par la cuisson ; elle n'est précipitée ni par l'alcool ni par l'infusion de noix de galle, mais seulement par quelque solution métallique. L'acide *nitreux?* la dissout entièrement (John, Rumpf., cité par Moquin-Tandon).

Indépendamment de ces organes mucipares, on trouve sur les deux côtés du ventre des glandes plus compliquées et surtout plus volumineuses, que certains auteurs ont regardées, les uns comme un appareil respiratoire, les autres comme des dépendances des organes spermatiques, mais qui, en réalité, ne sont qu'un appareil de sécrétion qui fournit un liquide plus aqueux et plus clair que celui des cryptes mucipares : on leur a donné le nom de *glandes* ou *poches de la mucosité.* Nous y reviendrons plus tard, et alors nous aurons soin d'en donner une description plus détaillée.

II. — ORGANES DES SENS.

Les Bdelliens sont doués bien manifestement des sens du tact et du goût : il n'en est pas ainsi de ceux de l'odorat et de la vue ; on n'a pas la preuve bien certaine qu'ils existent réellement. Quant à celui de l'ouïe, on est assuré que ces animaux ne le possèdent pas.

1° *Organes du tact.*

Les organes essentiels du tact sont, sans contredit, les ventouses. Cependant il est facile de s'assurer que la peau de ces animaux jouit d'une vive sensibilité ; car, dès le moindre attouchement, l'animal se contracte aussitôt. La mollesse et la souplesse, ainsi que le peu d'épaisseur de l'épiderme, joints à la grande quantité de fibres nerveuses répandues dans les couches sous-jacentes, justifient jusqu'à un certain point la grande sensibilité qu'on leur reconnaît.

Le toucher de ces animaux, nié par Audouin, paraît suppléer, selon Vernière, à l'imperfection ou même à l'absence des autres sens. C'est particulièrement la lèvre supérieure de la ventouse orale qui semble douée de la plus grande sensibilité tactile. Elle avance sur la lèvre inférieure par la raison qu'elle est formée, en plus, de trois segments ou anneaux incomplets. Le premier segment est plus étroit que les deux autres, plus large d'avant en arrière ; il montre les traces d'un segment antérieur et d'un segment postérieur. Le second segment est un peu plus large, mais il est moitié moins épais que le premier. Le troisième segment est à peu près de l'épaisseur du second ; il est plus large, et s'étend à gauche et à droite de la bouche. Les deux premiers segments peuvent exécuter des mouvements particuliers dont sont incapables le dernier segment et les anneaux du corps : ainsi, on les voit s'allonger en pointe ou s'élargir, et ramenant les deux côtés un peu en dessous, ils figurent assez bien une voûte ou une tuile. On a pu remarquer que lorsqu'une *sangsue médicinale* veut entamer la peau, elle commence par allonger sa lèvre supérieure, la promener quelque temps comme pour faire choix de la partie qu'elle doit mordre. Selon Vitet, si l'on réunit dans un vase plusieurs sangsues tirées de différents marais, elles ne tardent pas à se *toucher*, *à se caresser* et *à chercher à se connaître*, ce qu'elles font toujours au moyen de leur ventouse orale.

2° *Organe du goût.*

Comme l'organe décrit par Morand, pour la langue des sangsues, n'est autre chose que le premier ganglion sous-œsophagien, il en résulte que l'organe du goût se réduit à une membrane qui se trouve à l'orifice de la cavité buccale, sur la partie interne de la ventouse orale, ou dans l'intérieur de cette même cavité (Thomas, Vitet, Johnson, Dugès, etc.). Néanmoins cette faculté gustative y est peu développée, selon de Blainville; et Derheims prétend avoir fait avaler à des sangsues une quantité très notable de lait, d'huile, d'eau gommeuse épaisse (1), préparée avec une forte décoction de coloquinte, en se servant d'un fragment d'éponge fine trempé dans l'un de ces liquides et renfermé dans une peau de baudruche humectée; le tout ainsi préparé, ayant été ensuite exposé à la succion de quelques sangsues. Ces expériences ne prouvent pas que ces animaux soient nécessairement dépourvus de la sensation gustative.

Dans un premier mémoire, Derheims admet que chez la sangsue il y a absence de la membrane gustative, et plus tard, dans son *Histoire naturelle des sangsues*, publiée en 1825, il dit qu'on ne voit point d'organes auxquels on puisse attribuer la gustation. Cela ne l'empêche pas de dire que la sangsue paraît sentir la sapidité des corps, puisqu'elle semble rechercher le sang plus que toute autre substance. Cependant il rapporte une expérience en contradiction avec ce qu'il vient d'avancer, et bien en désaccord avec ce qui se pratique aujourd'hui malheureusement trop souvent, au dire

(1) Nous avons placé un grand nombre de sangsues dans de l'eau gommée, du lait, de l'albumine liquide, et jamais nous n'avons pu constater la moindre augmentation de poids après vingt-quatre heures de contact.

de quelques auteurs, dans un but coupable de cupidité. Derheims a pesé ensemble vingt-cinq sangsues bien vigoureuses ; il les a mises dans un vase contenant une quantité connue de sang nouvellement écoulé de plaies faites par des sangsues. Le vase couvert a été abandonné jusqu'au lendemain, et les sangsues, pesées alors de nouveau, ont donné exactement le même poids. La même expérience, répétée avec du sang dont la température a été maintenue pendant douze heures, lui a donné les mêmes résultats. Il conclut de là que ce n'est pas le goût qui porte les sangsues à s'alimenter de sang. Cependant, une observation de tous les jours combat cette manière de voir, puisque, si l'on veut faciliter l'application des sangsues, on a reconnu qu'une légère couche de sang est souvent d'un grand secours, et Derheims en convient lui-même quand il parle de l'application des sangsues.

Bertrand, pharmacien major et professeur à l'hôpital d'instruction de Strasbourg, dit positivement que la sangsue *a le sens du toucher délicat*, *l'odorat et le goût très fins*, *la vue nulle*; et Charpentier, de Valenciennes, à qui l'on doit une bonne *Monographie des sangsues*, dit que lorsque l'on met des sangsues dans de l'eau sucrée ou gommée ou dans du lait, elles ne se gorgent pas; mais qu'au contraire, si on les met dans du sang, surtout s'il est frais et tiède, au lieu de chercher à en sortir, la plupart paraissent y rester avec plaisir et même le savourer. Comment donc expliquer l'expérience de Derheims?

Une autre expérience, recommandée par Bourgeois, et que l'on pratique quelquefois lorsque l'on veut faire mordre promptement les sangsues, nous paraît très propre à éclairer cette question. Elle consiste à creuser une pomme, à y mettre les sangsues et à les appliquer en tenant la pomme sur l'endroit où elles doivent prendre. On a admis que l'acidité du fruit les stimulait et les irritait au point qu'elles prennent immédiatement. Nous ne pensons pas que cette explication soit vraie; s'il en était ainsi, il nous semble que la sangsue, tourmentée par le contact de la chair acide du fruit, se débattrait et se tordrait plutôt qu'elle ne chercherait à prendre. En admettant, au contraire, que la ventouse antérieure, pour échapper à l'acidité qu'elle trouve dans son contact avec la pomme, et rencontrant une peau non acide qu'elle peut facilement entamer, sous laquelle il y a une nourriture meilleure pour elle, s'empresse de la mordre et d'aspirer le sang qui en sort, on s'expliquerait ainsi pourquoi l'acidité du fruit ne l'empêche pas de prendre et même pourquoi elle attaque plus promptement la peau sur laquelle l'animal se trouve placé.

Des considérations générales vont encore tendre à prouver que les sangsues sont douées du sens du goût, et montrer leur préférence marquée pour tel ou tel aliment (Vernière). Ainsi, on sait que chaque genre d'Hirudinés a véritablement sa nourriture spéciale ; que les *Ponbdelles* recherchent le sang des poissons marins ; que la *Piscicole* recherche celui des poissons d'eau douce ; que les *Glossiphonies* attaquent de préférence les mollusques fluviatiles, etc. Il est généralement reconnu aussi que les *Sangsues médicinales* ne percent pas la peau d'un homme qui vient de mourir, ou bien si elles la percent et commencent à sucer, elles se détachent bientôt, repoussent la blessure, jugeant sans doute que cette qualité de sang ne peut leur convenir (Vitet).

Concluons donc, de tous ces faits, que la sangsue est douée, ainsi que le dit Bertrand, du sens du *goût très fin*, mais que l'organe qui préside à cette sensation n'a peut-être pas été suffisamment étudié sous le point de vue anatomique.

3° *Organe de l'odorat.*

Bien des essais ont été faits pour savoir si les sangsues possédaient le sens de l'odorat. On a reconnu que ce sens existait, bien que d'une manière moins manifeste que celui du goût. On a aussi cherché s'il existait une membrane olfactive particulière, et jusqu'à présent on n'est point parvenu à prouver son existence.

Suivant quelques physiologistes, l'enveloppe des Hirudinés ayant plusieurs rapports avec les membranes pituitaires, il est possible qu'elle puisse percevoir les odeurs par tous ses points. Selon d'autres, les cryptes cutanés, ou les poches mucipares (Johnson), ou la lèvre supérieure, devraient être considérés comme de véritables organes olfactifs.

Quelques auteurs ont avancé que le sens de l'olfaction était très prononcé, très subtil, chez les sangsues, au point que les odeurs un peu fortes les faisaient périr.

D'autres avec Spix ont, au contraire, nié son existence, parce que l'on ne trouve nulle trace de papilles où il puisse résider. Brandt et Dugès paraissent admettre un sens de l'odorat, mais peu subtil. Voyons si les expériences pourront nous conduire à quelque solution certaine concernant l'olfaction des sangsues.

Bibiena a fait plusieurs expériences pour connaître l'effet que produisent certaines liqueurs sur les sangsues qui y sont plongées. Il a vu qu'elles ne vivaient que quelques heures dans certaines eaux aromatiques, celle de roses, par exemple, tandis qu'elles vivent très bien dans l'eau de menthe et l'eau contenant du camphre et du musc. Les liquides opiacés exercent sur les sangsues leur action narcotique, mais d'une manière assez lente. On ne peut conclure de ces expériences rien qui soit favorable à l'olfaction, car l'effet observé peut être dû à l'impression ressentie par l'organe cutané.

Lorsque la substance irritante est solide ou liquide et ne peut former d'atmosphère gazeuse, l'animal ne s'en éloigne que par un contact immédiat; c'est ce qui a lieu pour le vinaigre et les acides. Mais lorsque la substance est gazeuse, comme l'acide sulfhydrique, le gaz nitreux, ces gaz tendant à se répandre, la sangsue est avertie de leur présence et semble les fuir avant d'être dans leur atmosphère (Thomas).

Derheims a fait aussi plusieurs expériences dans le but de reconnaître si les sangsues possèdent un organe olfactif. Il a choisi soixante sangsues bien saines et bien vivantes, il les a mises par dizaines dans six bocaux différents bien secs, et il a suspendu dans chacun d'eux un sachet de matières différentes très odorantes, tels que : musc, castoréum, asa fœtida, valériane, aulx pilés et chair musculaire commençant à se putréfier. Au bout de trois jours, il a reconnu que les sangsues étaient encore vivantes et dans un état qui prouvait que leurs fonctions n'avaient point été altérées. Il en conclut l'absence de la membrane olfactive. Dans une autre expérience, dix sangsues ont été placées dans les mêmes circonstances, mais avec de la chair musculaire en putréfaction complète, et le résultat a été la mort des dix sangsues en moins d'un jour. Cette expérience ne prouve pas plus l'existence d'un organe olfactif, que les précédentes ne prouvent son absence. La mort a pu arriver par suite de l'action délétère des gaz résultant de la décomposition de la chair.

Virey, Henry et Heller ont soumis des sangsues à l'action de vapeurs odorantes délétères, telles que l'acide cyanhydrique, l'acide chlorhydrique, l'acide azotique, l'ammoniaque et l'alcool à 36 degrés, distillé sur de l'opium. Les résultats ont été que l'acide cyanhydrique ne les a pas tuées ; que l'acide chlorhydrique en a tué cinq sur six ; que la vapeur d'acide azotique ne leur a fait subir aucune altération ; que l'ammoniaque les a tuées en une demi-heure, et que l'alcool les a fait mourir en quelques heures. Ces expériences ont conduit ces savants pharmaciens à admettre comme non douteuse l'existence de la sensation de l'odorat ; car, disent-ils, il n'est point probable que par le tact seul, qui lui-même n'est pas très délicat chez ces animaux, ils aient pu être aussi rapidement impressionnés (Virey, Henry et Heller). Nous ne pensons pas que le résultat de ces expériences implique nécessairement l'idée de l'existence d'un organe olfactif, et l'on peut tout aussi bien attribuer la mort à l'action irritante et délétère des vapeurs sur le corps de l'animal.

Les *Sangsues médicinales* témoignent une grande répugnance à piquer, chez l'homme, les parties qui ont été couvertes d'emplâtres ou d'onguents odorants; ce qui, suivant Carus, ne peut s'expliquer autrement qu'en admettant chez les annélides le sens de l'odorat. On a remarqué aussi que les sangsues d'un étang se dirigent avec rapidité et de tous côtés vers les jambes d'une personne qui vient d'entrer dans l'eau. Mais ce fait peut être expliqué par le mouvement de l'eau qui, impressionnant la peau des sangsues, les avertit du corps étranger qui se trouve dans l'eau, tout aussi bien que par l'existence d'un organe olfactif. On sait, en effet, que pour faire arriver les sangsues vers un point, il ne s'agit que d'agiter l'eau en ce point avec plus ou moins de force.

Une expérience plus décisive en faveur de l'existence de ce sens chez les Hirudinés, est celle que Moquin-Tandon rapporte dans son excellente *Monographie* : « Ayant jeté, dit-il, un petit poisson dans un bocal où se trouvaient une vingtaine de *Glossiphonies marginées* à jeun depuis un mois, celles-ci s'élancèrent au même instant, de tous les coins du vase, sur le pauvre animal, qui dut les attirer bien certainement par son odeur. »

Une observation tout aussi concluante en faveur de l'olfaction de ces animaux, c'est celle que tant de monde connaît, et qu'il n'est pas permis de mettre en doute, à savoir : que les *Sangsues médicinales* refusent, en général, de mordre la peau des personnes qui font usage intérieurement de préparations sulfureuses.

Enfin, d'après Ébrard, si l'on traîne un caillot de sang au fond de l'eau d'un étang où se trouvent des sangsues, avant de le laisser en place, des molécules sanguines s'en détachent et marquent son passage. La sangsue, qui rencontre cette trace sanguine, la suit jusqu'à ce qu'elle arrive au caillot. On dirait qu'elle la suit à l'aide de l'odorat (Ébrard).

On peut donc, en résumé, sans trop s'éloigner de la vérité, admettre le sens de l'olfaction chez les sangsues ; seulement, au lieu de le supposer répandu sur toute la surface de la peau, nous aimons mieux croire, jusqu'à ce que le contraire nous soit démontré, qu'il se trouve placé sur la lèvre supérieure, dans le voisinage de la membrane gustative, ou peut-être même confondu avec elle. Le défaut de division du travail expliquerait assez comment ces deux sens sont assez peu développés; mais les sangsues se trouvant à peu près dépourvues du sens de la vue et complétement du sens de l'ouïe, il était au moins utile que l'olfaction leur vînt en aide.

4° *Organes de la vue.*

A. ORGANES. — Pour les naturalistes, la question de savoir si les sangsues voient ou ne voient pas est encore un sujet de contestation. Selon les uns, les sangsues jouiraient du sens de la vue; selon les autres, elles en seraient privées. Voyons les faits.

Lorsque l'on examine, à l'aide d'une bonne loupe, la partie supérieure de la ventouse orale, surtout chez les jeunes sujets (Charpentier), on aperçoit de petits tubercules plus ou moins saillants, d'une couleur brune ou noirâtre, dont le nombre et la position sont les mêmes chez les *Aulastomes*, les *Hæmopis* et les *Sangsues*. Quelques naturalistes ont vu dans ces tubercules des yeux rudimentaires (fig. 24, *p. o*) qu'ils ont nommés, en conséquence, *points oculiformes*, ou *oculaires* (*puncta ocularia*, Fischer). D'autres les considèrent comme de véritables *yeux simples*, plus ou moins analogues à ceux de certains insectes, et qui prennent alors le nom de *stemmates*, d'*ocelles*, ou *yeux lisses*.

Chez les *Sangsues médicinales*, ces points oculiformes, examinés au microscope, se présentent, selon de Blainville et Weber, sous forme de cônes tronqués assez longs, ou même de cylindroïdes qui sont enclavés dans le parenchyme de la lèvre, transparents seulement à leur extrémité saillante (Weber). Le grand diamètre de ces cylindroïdes varie assez sur le même individu; ceux de devant offrent le plus grand diamètre, qui décroît jusqu'à ceux de derrière, où il est le plus petit, sans cependant que la décroissance soit régulière. La partie saillante de ces points oculiformes est recouverte d'une membrane convexe, diaphane, plus luisante que le reste de la lèvre, et qui n'est pas sans analogie avec une *cornée transparente.* Au-dessous d'elle, on aperçoit une lame horizontale d'un noir intense, que l'on a regardée comme un *iris.* L'intérieur de ces organes n'offre ni cristallin, ni humeur transparente, ni pupille.

Enfin quelques filets nerveux fournis par les nerfs (excepté le premier) de chaque lobe du premier ganglion sous-œsophagien, se dirigent dans les yeux et complètent ainsi l'organe de la vue chez les sangsues. Otto croit même que deux des nerfs du ganglion cérébral se rendent dans les yeux (*nervi optici*, Otto) ; mais de Blainville n'a pu y découvrir au microscope, ni vaisseaux, ni nerfs; ce qui lui a fait penser qu'ils n'étaient point propres à la vision. Comme on le voit, cet organe est très imparfait et bien loin de remplir le rôle qu'il joue si évidemment chez les insectes à yeux simples. Selon de Quatrefages, un cristallin et une rétine suffisent pour constituer un œil véritable; et ici nous ne trouvons ni l'un ni l'autre.

Comme il importe de bien distinguer les organes analogues, mais qui ont des facultés si différentes, nous préférons employer la dénomination de Fischer, qui exprime mieux que les autres l'état d'imperfection de cet organe. Il ne faut donc pas être étonné si cet état d'imperfection a porté quelques auteurs à ne considérer ces organes que comme des organes perfectionnés du tact (Braun, Kuntzmann et J. Müller). Spix les regarde comme de simples *glandes de la peau.*

Les points oculiformes sont toujours au nombre de dix chez les *Bdelliens*, et disposés par paires affectant la forme d'un fer à cheval dont la convexité est dirigée en avant. Ils occupent l'espace compris entre le bord antérieur de la lèvre supérieure et le septième ou le huitième anneau, qui répond rigoureusement au quatrième anneau complet, les trois ou quatre premiers anneaux étant incomplets. Ces points oculiformes sont placés ainsi qu'il suit : six sur le premier segment, également espacés et disposés en arc; deux sur le troisième segment, un de chaque côté, et les deux derniers de chaque côté, aussi sur le troisième anneau. Les quatre premiers sont toujours un peu plus gros que les six autres. Parmi tous les Hirudinés, il n'y a que les Bdelliens qui présentent ce nombre et cette disposition de points oculiformes.

Ces points présentent des saillies plus ou moins grandes, selon certaines circonstances. Ainsi Savigny dit qu'ils cessent d'être saillants lorsque, pour se livrer au sommeil, les Hirudinés inclinent la lèvre supérieure sur l'inférieure, afin de fermer hermétiquement leur bouche. Suivant Weber, quand l'animal contracte sa ventouse, ils sont assez difficiles à apercevoir; il semble que ces organes soient alors retirés dans la peau. Enfin on peut rendre très visibles les points oculiformes des *Sangsues médicinales*, en comprimant la lèvre supérieure entre deux lames de verre (Johnson).

Il n'est peut-être pas sans intérêt d'entrer dans les considérations suivantes, afin de se faire une idée exacte sur la question. Si nous jetons un coup d'œil sur l'ensemble des individus qui composent la famille des Hirudinés, nous trouvons que les *Bdelliens*, tels que nous les avons limités, sont ceux qui offrent le plus de ces points oculiformes, qu'il est des espèces qui n'en ont que huit (*Néphélis*, *Trochète*, etc.); d'autres qui n'en ont que six (*Ponbdelles* et quelques *Glossiphonies*); quelques espèces n'en ont que quatre (*Glossiphonies des marais*, et *Marginée*); il en est aussi qui n'en ont que deux (*Glossiphonie binocle*, *algérienne*, *sanguine*, etc.); enfin, il est des genres tout entiers qui en sont complétement dépourvus (*Branchiobdelle*, *Malacobdelle*, *Phylline*, etc.).

De ces observations, on peut conclure que ces points oculiformes sont peu importants comme caractères génériques et comme organes de la vue, puisque le nombre est très variable et que même il est un assez grand nombre d'espèces chez lesquelles ces organes manquent complétement. Cherchons maintenant si les diverses expériences que l'on a tentées dans le but de prouver que ces animaux sont bien doués du sens de la vue, ont véritablement conduit à une conclusion favorable à l'existence de ce sens.

B. Vision. — D'après Carena, une *Sangsue médicinale* dont on a enlevé toute la partie de la ventouse qui porte les points oculiformes, exécute ses mouvements absolument de la même manière que si elle les avait encore, et dans les deux cas elle ne retire la lèvre que lorsqu'elle a touché un corps. Selon ce savant, il se pourrait que les yeux ne servissent à ces Annélides que pendant l'obscurité.

Charpentier a, en effet, observé que les sangsues fuient la lumière, surtout quand elle est vive. Elles ont soin, pendant le soleil, de s'abriter derrière les objets qu'elles rencontrent ou de s'enfoncer en terre. Pendant la nuit, ou le matin, à la fraîcheur, elles sortent de leur trou, et si l'on s'approche du bassin, elles y rentrent précipitamment. Si elles ne voient pas, comment pourrait-on expliquer ces faits? Quelle est donc la cause qui, dans toutes circonstances, les fait toujours fuir la lumière, quelle que soit la température? Comme on ne peut pas supposer que ce phénomène soit dû à une irritation de la surface du corps, nous sommes donc porté à croire, jusqu'à preuve contraire, que ces points proéminents en question sont des yeux (Charpentier).

Thomas a observé que si l'on approche une vive lumière d'un vase où se trouvent la nuit des sangsues en repos, on voit en quelques instants les sangsues sortir comme d'une espèce d'engourdissement, se détacher du vase et s'agiter dans l'eau. Comme Thomas ne peut croire à la vue chez ces annélides, il admet que le phénomène est dû à la sensibilité vive de l'organe cutané de ces animaux. Nous avons rapporté, plus loin, des observations qui sont bien conformes à celles de Thomas.

Desaux, de Poitiers, partage l'opinion des naturalistes qui pensent que la sangsue voit. Il a mis cinquante sangsues dans un vase de verre semblable à ceux qui portent, chez les faïenciers de Paris, le nom de *vases à sangsues*, après l'avoir entouré de papier noir, excepté sur un point par où la lumière pouvait passer. Les sangsues vinrent toutes se fixer à ce point et y retournèrent après qu'on les en eût détournées.

Moquin-Tandon, en 1826, a fait, en présence de MM. Dunal

et Lallemand, plusieurs expériences sur la *Néphélis octoculée*, et il a cru reconnaître que cet hirudiné jouissait jusqu'à un certain point de la faculté de voir. L'animal semblait se retourner pour éviter un petit morceau de bois de couleur rouge que l'on cherchait à placer à quelques millimètres de la ventouse antérieure.

Vernière, en répétant les expériences de Moquin-Tandon sur les sangsues médicinales, n'a pas obtenu le même résultat. De plus, il a entouré le haut d'un bocal de bandes de papier rouges, jaunes et bleues placées alternativement, et il a vu que les parties du vase correspondant aux pièces rouges étaient tout aussi fréquentées par les animaux que les autres, en y comprenant même celles dont rien n'obscurcissait la transparence. Cet observateur dit aussi avoir cautérisé la lèvre supérieure d'une sangsue, et avoir constaté que, privée de ses points oculiformes, elle semblait plus sensible à la lumière que celles qui en étaient pourvues.

Dans la Sologne comme, au reste, dans beaucoup d'autres localités, quand les pêcheurs de sangsues entrent dans les marais et qu'ils sont dans un endroit qu'ils croient favorable, ils ont soin d'agiter l'eau avec leurs pieds jusqu'à une certaine distance circulaire. Bientôt les sangsues sortent de leur demeure, montent à la surface du liquide pour n'y rester qu'un instant. Elles font précisément, alors, ce qu'elles auraient dû faire s'il s'était agi de voir et de reconnaître la cause qui agite l'eau, pour ensuite se conduire en conséquence (de Tristan). Moquin-Tandon fait observer avec raison que, pour que cette remarque ait quelque importance, il faudrait que les points oculiformes des sangsues ne ressemblassent pas aux stemmates ou ocelles des insectes et par conséquent à des yeux myopes. Nous ajouterons encore que nous n'avons pas besoin d'admettre le sens de la vue pour qu'elles puissent accomplir cette action, et que le mouvement de l'eau qu'elles sentent très bien par leur périphérie suffit pour les avertir que ce mouvement peut être occasionné par un animal duquel elles peuvent tirer quelque nourriture.

Si nous cherchons à discuter ces expériences et à les opposer autant que possible, nous voyons que les observations de Charpentier sont contraires à celles de Desaux en ce que le premier a vu les sangsues fuir la lumière, tandis que le second avance tout le contraire. L'expérience de Thomas peut rester expliquée comme il l'a fait, sans qu'il soit besoin de recourir à la supposition de l'existence de l'organe de la vue.

Reste l'expérience de Moquin-Tandon à laquelle nous pourrions opposer celle de Vernière; mais comme ce dernier observateur a expérimenté sur la sangsue et que Moquin-Tandon s'est servi de la néphélis, il n'y a pas parité d'expérimentation, et par conséquent pas d'opposition possible. Mais si nous remarquons qu'un corps étranger peut réfléchir les ondulations du liquide de manière à avertir l'animal de la présence voisine d'un obstacle, peut-être se contentera-t-on de cette explication sans qu'il soit nécessaire de faire intervenir l'acte de la vision chez un animal qui serait, en définitive, le seul dans la famille des Hirudinés qui posséderait le sens de la vue.

Braun et Kuntzmann ont fait, sur la Sangsue médicinale, diverses expériences qui les ont conduits à nier l'existence du sens de la vue, et de Blainville, Bertrand, Derheims, Henry, Heller et Virey ont conservé une semblable opinion.

Selon Brandt, la vue n'existe pas chez les sangsues, parce qu'elle n'est pas nécessaire et que l'organisation s'y oppose, ainsi que nous l'avons vu plus haut. Si la sangsue voyait, lorsque dans la succion et dans la marche elle contracte sa lèvre supérieure et que ses points oculiformes sont couverts, comment pourrait-elle s'en servir?

Malgré l'expérience de Vernière, nous pensons, avec Dugès, que les points oculaires peuvent permettre la perception de la lumière d'une manière diffuse et peut-être même, comme le pense Brandt, la perception vague de certains objets peu éloignés, sans distinction de formes ni de couleurs. La vision peut bien être obtuse et imparfaite, comme les organes de qui elle dépend, sans pour cela être complétement nulle.

5° *Organe de l'ouïe.*

On sait que l'organe de l'ouïe se simplifie tellement, chez les animaux inférieurs, que chez ceux qui le possèdent encore il se trouve réduit à un petit sac membraneux rempli de liquide, dans lequel vient se terminer le nerf acoustique : c'est l'analogue du vestibule chez les animaux plus élevés dans la série animale ; vestibule qui ne manque jamais partout où il existe un appareil auditif, et qui, par conséquent, est indispensable pour l'exercice du sens de l'ouïe (Milne Edwards). Dans son ouvrage sur la structure de l'oreille des animaux, Comparetti donne la description d'un organe qui paraît être, selon lui, l'organe de l'ouïe chez les coléoptères, les hémiptères, les névroptères et les orthoptères. Il est composé d'un petit sac oblong et de canaux pellucides, curvilignes, flexueux, auxquels sont mêlés des filaments nerveux blancs. Peut-être les descriptions de Comparetti manquent-elles d'observations suffisantes. Cependant de Blainville a vu, sur les cigales, deux petits trous en forme de stigmates à la partie postérieure de la tête, et le savant zoologiste ne paraît pas éloigné de croire que ce sont des organes d'audition. Chez la plupart des mollusques et des insectes, on ne trouve plus aucune trace d'organe de l'ouïe, et pourtant ces animaux ne paraissent pas être insensibles aux sons (Milne Edwards). Les sangsues, comme tous les autres hirudinés, paraissent moins bien partagées sous ce rapport que ces derniers animaux ; car non seulement elles ne montrent aucun organe qui paraisse destiné à l'audition, mais encore presque tous les auteurs sont d'accord pour reconnaître qu'elles sont privées de la faculté de percevoir les sons.

Toutefois hâtons-nous de faire observer qu'il est quelques auteurs qui admettent jusqu'à un certain point cette faculté chez les sangsues. Henry, Heller et Virey s'expriment ainsi, à propos de la faculté auditive des sangsues : « Cette faculté, il est vrai, paraît nulle chez elles; cependant on ne peut se refuser de reconnaître dans leurs mouvements et dans leur genre de vie, lorsqu'elles ne sont point privées, une espèce de direction qui paraît guidée par un instinct qui les avertit de la différence des lieux paisibles aux espaces agités. »

Du Rondeau, Johnson et Knoltz ont observé que les sangsues prennent la fuite au moindre bruit, et, par conséquent, ils admettent qu'elles jouissent de la faculté auditive.

On admet généralement que l'organe de l'ouïe est très souvent en rapport avec la production de la voix ou d'un son. Aussi est-ce surtout chez les insectes chantants que l'on a cherché l'organe de l'audition. Il résulte de cette observation que c'est toujours non une certitude négative, mais une conjecture peu favorable à l'admission de l'ouïe que ce mutisme chez les animaux (Dugès). Or, les sangsues sont bien évidemment muettes, et, sous ce point de vue, nous sommes conduit à ne pas leur accorder le sens de l'ouïe. A la vérité, on pourrait croire que l'apparence d'audition que l'on observe chez les arachnides pourrait infirmer la règle que nous venons de donner, puisqu'elles sont tout aussi muettes que les sangsues.

Nous avons, il y a longtemps déjà, fait quelques expériences sur l'Épeire diadème (*Epeira diadema*), les Cousins (*Culex pipiens*) et la Mouche domestique (*Musca domestica*), dont les résultats sont assez curieux pour être rapportés ici.

Nous avons voulu les répéter sur les Sangsues, et voici ce que nous avons observé :

Nous avons pris un tube de verre, long de 37 à 38 centimètres, sur un diamètre de 20 à 22 millimètres, et nous l'avons fait résonner en l'embouchant à la manière d'un cornet à bouquin. Le son obtenu se rapprochait du beuglement du taureau, et en avait la hauteur et le volume. En produisant ce son près d'une araignée, elle a éprouvé une violente secousse pendant laquelle elle a relevé au-dessus de sa tête ses deux premières pattes, à peu près à angle droit avec le plan de son corps. Cette expérience, répétée en tous les temps, a toujours réussi, bien que nous ayons pris toutes sortes de précautions pour que le mouvement ne puisse pas être attribué à la direction du vent : d'ailleurs, en soufflant dessus, l'animal ne bougeait pas. Si le son se continuait avec une certaine intensité, l'animal faisait le mort pour se laisser tomber. Les sons plus aigus produits par des tubes beaucoup plus courts ou plus étroits, ne produisaient pas le même effet.

Si l'on émet le même son près d'un cousin, un phénomène analogue se produit avec cette différence que, cette fois, ce sont les pattes de derrière qui se relèvent au-dessus de l'abdomen, et l'animal les relève à chaque son produit et aussi souvent et aussi promptement que l'on veut, en interrompant le son pour le reproduire aussitôt.

Ici, c'est bien évidemment le mouvement de l'air qui fait que le cousin relève ses deux pattes de derrière, car nous avons souvent observé le même phénomène chez un cousin au repos, lorsqu'un autre cousin, en volant, venait à passer près de lui.

Les mouches ne nous ont pas paru éprouver la moindre impression de la part de ce mouvement vibratoire. Nous avons essayé de chercher l'action d'un pareil son sur des sangsues au repos, et il ne nous a pas semblé qu'elles sentissent mieux le mouvement vibratoire que les mouches. Nous avons varié la hauteur des sons sans plus de succès : de sorte que nous pouvons dire que les animaux inférieurs se rangent en deux groupes, selon que leurs téguments sont ou ne sont pas impressionnés par les mouvements vibratoires d'un son assez grave et assez intense.

Vitet, cependant, dit que lorsqu'un bruit éclatant vient agiter l'air et l'eau qui environnent la sangsue, elle se meut aussitôt avec plus ou moins de célérité.

On a raconté souvent que les araignées avaient un goût marqué pour la musique et qu'elles éprouvaient quelque plaisir à écouter le son d'une harpe, comme le cas rapporté par Walckenaër, ou d'un piano, comme on l'a dit de l'araignée de Grétry. D'après les expériences que nous venons de rapporter, et qui auraient certainement besoin d'être multipliées, nous croyons être en droit de penser que ce n'est pas par un organe particulier de l'ouïe que les araignées perçoivent les sons, mais que c'est bien plutôt à la manière des membranes tendues qu'elles les sentent et que c'est par leur périphérie abdominale surtout qu'elles éprouvent un trémoussement général qui peut être pour elles un chatouillement ou bien un ébranlement douloureux ou au moins désagréable.

Nous pensons que les Bdelliens ne sont pas même doués de la faculté de sentir le son à la manière des araignées ou des cousins, et que ce que l'on a pris pour du bruit dans les exemples choisis par les auteurs qui croient à leur faculté auditive, n'est autre chose qu'un ébranlement produit par la marche des observateurs, ébranlement qui se communique de proche en proche jusqu'à des distances assez grandes. En un mot, elles sentent l'ébranlement du sol à la manière des lombrics, que l'on voit rentrer vivement en terre dès que l'on s'approche de l'endroit où ils sont à moitié sortis, pendant l'accouplement surtout. Mais si l'on s'en approche avec précaution, et si l'on cherche à produire le son dont j'ai parlé, ils restent immobiles jusqu'à ce que le moindre frôlement de la terre les fasse se retirer avec une rapidité vraiment surprenante.

Évidemment il y a là deux sortes de phénomènes qu'il ne faut pas confondre.

III. — DE LA SENSIBILITÉ.

Tout ce que nous venons de dire du toucher, de la vue et de l'ouïe des *Sangsues*, prouve que les Bdelliens sont doués d'une grande sensibilité. Selon Kuntz, la plupart des Hirudinés sont aussi très sensibles. Aussi remarque-t-on que les acides, les alcalis, même très affaiblis, l'eau salée, l'alcool très étendu suffisent pour les impressionner très vivement et déterminer chez elles des mouvements brusques et énergiques. Beaucoup d'auteurs, parmi lesquels nous citerons Bibiena, Chatelain, du Rondeau, Johnson, Vitel, Villius, etc., ont étudié l'action d'une foule de corps organiques et inorganiques sur les *Sangsues médicinales*. Les acides sulfurique, chlorhydrique, azotique, carbonique; l'oxygène, l'hydrogène, l'azote, l'alcool, l'huile, l'eau sucrée, le lait, le sang, l'urine, le fiel, l'infusion d'absinthe, etc., ont servi pour ce genre d'expérimentation et ont prouvé que tous ces corps agissaient sur les sangsues, à peu de chose près, comme ils agissent sur les mollusques, les lombrics ou autres animaux à peau molle, humide et très impressionnable.

L'acide sulfhydrique gazeux paraît avoir, sur la sangsue, une action vénéneuse, irritante, qui se manifeste par les convulsions dont l'animal est agité dans ce gaz, par le vomissement qu'il y éprouve, etc. Il peut y rester cinq à six minutes avant d'expirer (Thomas).

Selon Vernière, les sangsues reçoivent des impressions dont notre sensibilité ne peut nous donner l'idée. Une dissolution de nitrate d'argent, tellement étendue que sa présence puisse à peine être soupçonnée par le bout de notre langue, suffit pour déterminer, chez les sangsues, la plus violente agitation.

L'expérience de Thomas que nous avons rapportée déjà sur l'action qu'exerce une lumière vive sur les sangsues livrées au repos, est encore une preuve de leur grande sensibilité.

Nous avons fait les expériences suivantes qui donnent la preuve de leur sensibilité. Si l'on découvre vivement un pot de sangsues avec assez de précautions pour ne pas le remuer, on remarque les phénomènes suivants : à la lumière diffuse la plupart des sangsues ne bougent pas ; à la lumière ordinaire elles se remuent peu à peu et finissent par se mouvoir tout à fait ; à la lumière solaire, on voit que quelques unes de celles qui sont à moitié hors de l'eau, retirent vivement leur extrémité antérieure comme si elles éprouvaient une vive douleur. La lumière éclatante d'une lampe produit un effet pareil.

Lorsque l'on promène légèrement la barbe d'une plume sur une sangsue, à l'instant même les cryptes de l'enveloppe se contractent, se roidissent et l'animal qui paraît couvert de tubercules, se trouve bientôt enveloppé de mucosités.

Les sangsues sont très sensibles aussi à l'action du froid; elles se contractent et sont beaucoup moins vives. Quand vient l'hiver, celles que l'on garde en bocaux semblent se rapprocher, s'enlacer et se presser les unes contre les autres; quoique pourtant elles résistent très bien au froid, tant qu'il n'est pas trop rigoureux. Des sangsues médicinales ont été placées, par Bibiena, dans une capsule de fer-blanc entourée de neige, et au bout de quelques heures, il les a trouvées contractées mais nullement gelées. Nous avons vu, bien souvent, des sangsues gelées, enclavées dans la glace d'un vase sphérique, et que nous croyions mortes, revenir parfaitement à la vie dès que l'eau était complétement dégelée. On sait, en effet, que les sangsues, ainsi que quelques autres animaux inférieurs, peuvent être gelées au point de devenir cassantes, sans que pour cela la vie soit détruite chez elles, car aussitôt que revient le dégel, elles reprennent peu à peu le mouvement qui leur est propre, et bientôt rien ne laisse soupçonner qu'elles viennent de subir cet état de mort apparente qu'elles avaient pendant leur congélation.

Dubuc et Joseph Konig ont pareillement vu des sangsues gelées revenir à la vie. Le premier observateur dit même avoir vu des individus rester gelés pendant un mois et reprendre leurs mouvements quand on avait soin de fondre la glace avec précaution.

Cependant Bibiena a exposé des sangsues à un froid produit par un mélange de neige et de sel marin, et deux heures après il les a trouvées comme durcies, et quelque soin qu'il ait pris pour les dégeler il n'a pu leur faire donner aucun signe de vie.

Derheims a écrit que les grosses sangsues résistaient mieux au froid que les petites. Les premières ne sont tuées que par un froid de 9, 10 et 11° — 0; tandis que les autres sont frappées de mort par un froid seulement de 5, 6 et 7 degrés au-dessous de zéro.

Enfin, la sangsue donne les signes de la plus vive souffrance quand on exerce sur sa peau la plus légère piqûre, et cette douleur est attestée par des mouvements brusques et violents, et par d'autres signes dont on ne peut méconnaître la cause (Thomas).

Malgré cette sensibilité rendue exquise chez ces animaux, peut-être pour suppléer aux organes sensoriaux qui leur manquent, on remarque pourtant que si l'on agit directement sur le cordon nerveux ou sur les ganglions d'une sangsue, après avoir enlevé ses membranes, ou avant de les avoir détachées, on ne voit pas que l'animal témoigne, par des convulsions ou par l'agitation de son corps, qu'il éprouve une vive irritation, à laquelle la volonté ou l'instinct l'engage à se dérober. On peut piquer le nerf ou le ganglion, le toucher avec un acide, un alcali ou toute autre substance caustique, et même couper le nerf, sans que l'animal en paraisse affecté (Thomas).

DU SOMMEIL CHEZ LES SANGSUES.

Après avoir parlé du mouvement des sangsues et de leur sensibilité, il nous paraît indispensable de dire un mot de leur repos ou de leur sommeil.

Le sommeil existe-t-il réellement chez les sangsues ?

Quoique cette question n'ait pas été résolue bien explicitement par les auteurs qui se sont occupés de leur histoire, nous pensons que l'observation des faits peut nous conduire à sa solution. Mais avant, il nous paraît utile de bien nous rendre compte de ce que l'on doit entendre par sommeil, et à cet égard nous nous permettrons de ne pas nous en rapporter complétement aux définitions des auteurs ainsi qu'aux idées qui s'y rapportent. D'ailleurs il n'est pas de questions sur lesquelles on soit moins d'accord, puisque, suivant Cullen, Cuvier, Dugès, Sanctorius, Thomassin, le sommeil n'est autre chose qu'un état de repos ou de relâche, un état passif pendant lequel le ralentissement du pouls et le refroidissement des pieds se font remarquer ; tandis qu'au contraire Barthez, Cabanis et Dumas y verraient un état actif pendant lequel on observerait une chaleur générale et une force de pouls plus grandes ainsi que de la rougeur à la face, les rêves, etc.

Il est aisé de voir que ces définitions, ou plutôt ces manières de considérer le sommeil n'ont rien de général, puisqu'elles ne sauraient se rapporter qu'à un petit nombre d'animaux, alors que, bien évidemment, tous les animaux, même les plus bas placés dans l'échelle des êtres animés (1), sont pourvus d'un état de repos que beaucoup d'auteurs considèrent comme leur sommeil.

Par *sommeil* on entend généralement parler du repos des sens, et c'est dans cette acception exclusive que le vulgaire l'emploie toujours.

La physiologie comparée animale doit lui donner un sens plus étendu, puisqu'il faut que la définition se rapporte à tout ce qui a vie animale. Comme, selon nous, le sommeil n'appartient pas seulement aux organes des sens, et que les organes de la vie végétative (2), ainsi que ceux qui servent aux mouvements, ont aussi leur sommeil; nous définirons le sommeil un *état de repos ou de relâche*, *souvent périodique*,

(1) Le prétendu sommeil des plantes ne nous semble être qu'une expression plus poétique que vraie du phénomène si connu sous ce nom. Il nous a toujours semblé que les feuilles de légumineuses suivaient le mouvement du soleil, comme si cet astre agissait sur elles par attraction. En effet, quand il est à peu près perpendiculaire à notre horizon, les feuilles sont relevées le plus possible, à minuit, elles sont le plus penchées possible entre ces deux extrêmes, elles varient avec l'inclinaison du soleil.

(2) L'engourdissement soporeux se propage de l'encéphale non seulement à la moelle épinière et à la moelle allongée, mais encore aux nerfs pneumo-gastrique, trisplanchnique, etc., et bien souvent une partie des organes internes s'engourdit également : alors les sécrétions sont diminuées, et chez quelques personnes la digestion est interrompue pendant le sommeil, pour être reprise le lendemain matin au point où elle en était restée la veille (Dugès).

des organes, soit de la vie animale, soit de la vie végétative. Il résulte de cette définition que l'on pourrait admettre qu'il existât deux espèces de sommeil, celui de l'organe des sens, etc., par conséquent, de l'intelligence, que l'on pourrait appeler *sommeil intellectuel*, et celui des membres et des organes de la nutrition, que l'on pourrait nommer *sommeil matériel* (1). Il n'est pas de nécessité rigoureuse que les deux sommeils coïncident pour produire le sommeil ordinaire. Le plus souvent, chez l'homme et les animaux qui s'en rapprochent le plus, dans le premier sommeil, il y a coïncidence, et alors le sommeil est *complet*. Mais on peut observer que le sommeil d'un sens précède celui d'un autre sens, comme il arrive que le sommeil matériel des membres précède très souvent celui de l'intelligence; on a alors un sommeil *partiel*. Quand l'intelligence veille, pendant le sommeil matériel, alors les *rêves* et les *cauchemars* prennent naissance. Si le sommeil intellectuel n'est lui-même que partiel, il peut arriver aussi que le sommeil des membres disparaisse, et alors, dans quelques circonstances, le *somnambulisme* peut avoir lieu. Enfin, il n'est pas rare de voir le sommeil intellectuel arriver avant le sommeil matériel, et les animaux peuvent alors, comme on dit, *dormir en marchant* (2), ce qui est très rare, puisqu'une partie de l'in-

(1) Il est quelques organes tels que le cœur et le poumon qui semblent échapper au sommeil matériel; il arrive bien, parfois, qu'ils tombent dans une sorte de torpeur, dans certaines maladies comme l'hystérie, la léthargie (Dugès). Mais ces cas ne constituent pas, selon nous, un sommeil; car ils n'ont rien de périodique. Mais comme la durée du sommeil n'a rien de bien absolu et peut varier pour chaque organe, nous aimerions mieux dire que les momens de repos du cœur et des poumons sont pour eux un sommeil, très court à la vérité, mais qui, par cela même qu'ils reviennent à chaque instant, n'ont pas besoin d'avoir une longue durée.

(2) C'est ce qui est arrivé à Galien lui-même, et Dugès rapporte le fait de quelqu'un qui fit environ deux lieues en dormant. On sait aussi que le cheval dort debout, conservant encore pendant le sommeil assez d'énergie musculaire pour prévenir la flexion des membres. Un éléphant du Muséum a présenté la même particularité, seulement il se soutenait à l'aide de ses défenses enfoncées dans le mur de son écurie.

telligence préside toujours plus ou moins à la locomotion.

Cet aperçu général nous suffira pour arriver au but que nous nous sommes proposé.

Le sommeil intellectuel est l'apanage des animaux supérieurs, chez lesquels l'intelligence, quelle qu'elle soit, ne peut être mise en doute, et il est toujours plus ou moins associé au sommeil matériel; mais dans les animaux des classes inférieures, chez lesquels on ne découvre aucun signe d'intelligence, il est clair qu'il ne peut y avoir qu'un seul sommeil : le *sommeil matériel*.

On reconnaît aisément qu'envisagé sous ce point de vue, tous les animaux doivent jouir du sommeil; mais les animaux inférieurs, tels que les Polypes, qui nous offrent des alternatives évidentes d'activité et d'engourdissement (Dugès), ne possèdent que le sommeil matériel. Il en est de même des sangsues dont le repos, surtout le repos prolongé, doit être considéré comme leur sommeil. On sait, en effet, que les sangsues fuient la lumière en s'enfonçant dans la terre ou en se nichant sous les objets qui peuvent leur offrir une certaine obscurité (Charpentier), très certainement pour se livrer à un repos plus ou moins prolongé qui doit être leur sommeil. Cette observation semble confirmée par ce fait, qu'une lampe à lumière un peu éclatante placée près d'un vase rempli de *Sangsues médicinales*, tout d'abord immobiles, suffit pour les faire sortir d'une espèce d'engourdissement ayant les caractères du sommeil, et pour les faire se détacher du vase et s'agiter dans l'eau (Thomas).

Le sommeil des sangsues nous semble surtout accusé par les dispositions particulières qu'elles ont soin de prendre avant de se livrer au repos. Il est, en effet, remarquable que, pendant la nuit, ou même pendant le jour, lorsqu'elles sont dans l'obscurité, elles se placent toutes de manière à être à moitié hors de l'eau, formant, lorsqu'elles sont en assez grand nombre, une sorte de cercle brun autour du vase. Alors on voit qu'elles ont fixé leur ventouse antérieure à une distance plus ou moins grande de la surface du liquide, tandis que la partie postérieure du corps plonge dans l'eau, fixée par la ventouse anale, en formant le plus souvent un anneau incomplet. Quelques aulastomes que nous avons tenues en domesticité affectaient la même position pendant leur sommeil. Nous avons donné, page 101, les raisons qui nous ont paru le mieux expliquer cette habitude.

Le temps que les sangsues peuvent rester ainsi en repos est quelquefois très considérable. C'est pourquoi lorsque viennent des sécheresses fort longtemps continuées, elles s'enfoncent dans la vase de leurs marécages et y restent blotties au milieu de la terre solidifiée (Dugès). Nous en avons trouvé à une trentaine de mètres d'un fossé où l'on en avait mis une grande quantité, alors qu'il y avait plus d'un mois qu'il n'avait plu. Dans ce cas, elles se trouvaient enclavées dans une terre sèche qui, en se séparant, les laissait voir plus ou moins contractées dans un trou d'où on les tirait facilement à cause de la mucosité qui les enveloppait; elles ressemblaient assez à une amande dans sa coque. Il est très probable, néanmoins, que si la sécheresse était trop longtemps continuée, elles finiraient par mourir.

Il paraît aussi que leur sommeil n'est pas très profond, ou du moins qu'il ne détruit pas leur sensibilité, car non seulement l'expérience de Thomas, citée plus haut, en est la preuve; mais on en trouve encore une dans le mouvement des sangsues immobiles conservées en pot, qui, dès qu'on enlève le couvercle, se mettent immédiatement à se mouvoir, à se détacher et à marcher ou à nager. Le seul effet de la lumière a suffi pour les déterminer à ce mouvement.

APPAREIL DE LA DIGESTION.

L'appareil de la digestion, assez compliqué chez les *Sangsues*, se compose d'organes que nous devons successivement passer en revue. Il présente à l'étude une *bouche* avec ses mâchoires, un *œsophage*, une série de poches constituant leur *estomac*, un *intestin*, des *cœcums*, un *anus*, des *glandes salivaires* et un *tissu hépatique*. Après l'étude de ces organes, nous parlerons de suite de la nourriture des Bdelliens.

I. — ORGANES DIGESTIFS.

L'appareil digestif des Bdelliens s'étend directement, sans aucune circonvolution, depuis la ventouse orale jusqu'à la ventouse postérieure. Nous les séparerons en organes essentiels, tels que la *bouche*, l'*œsophage*, l'*estomac*, l'*intestin*, les *cæcums* et l'*anus*, et en organes accessoires, tels que les *glandes salivaires* et le *tissu hépatique*, les seuls qui aient été suffisamment observés; car il ne paraît pas que l'on ait trouvé chez les sangsues le moindre organe que l'on puisse assimiler au *pancréas*.

1° *Bouche.*

Chez les sangsues, la bouche (fig. 25 et 26) est située dans la ventouse antérieure; elle est à peu près terminale et formée par deux parties (lèvres), l'une supérieure, constituée par des anneaux incomplets ou segments, et l'autre inférieure, produite par le premier ou les premiers anneaux complets (Moquin-Tandon).

Ou nous nous trompons fort, ou bien on distingue sous les noms de *ventouse orale* et *bouche* deux choses qui nous paraissent identiquement les mêmes. Dans ce que nous venons de dire, il est évident que la bouche est distincte de la ventouse, puisqu'il est dit qu'elle *est située au fond de la ventouse antérieure;* mais le même auteur dit, dans sa *Monographie* de 1846, page 52 : « Dans la plupart des Hirudinés, la ventouse orale est continue avec le corps, sans étranglement; elle est peu concave, munie d'une ouverture transversale et bilabiée. La lèvre supérieure paraît ordinairement plus lancéolée, etc. », et plus loin, page 53, il continue : « La lèvre inférieure est rétuse, etc. » Or, si la bouche est constituée par deux lèvres, comme il est dit en tête de cet article, et si la ventouse est aussi formée de deux lèvres, il faudrait donc trouver quatre lèvres ou trouver quelque chose de distinct, au delà ou antérieurement, de la lèvre. Mais les lèvres sont terminales, mais on ne trouve que deux lèvres, et la description des lèvres de la bouche est la même que celle des lèvres de la ventouse ; il y a donc identité de parties, et par conséquent bouche et ventouse antérieure sont un, avec cette distinction, que la bouche fait l'office de ventouse à la manière du disque.

Beaucoup plus grande et plus avancée que la lèvre de dessous, la lèvre supérieure protége la cavité buccale, qui jouit d'une sensibilité très vive et la met à l'abri de l'action des corps extérieurs (Thomas); elle peut même, en s'abaissant, la clore parfaitement (Savigny). Elle est formée de trois ou quatre segments que Savigny considère comme des pièces qui se sont formées aux dépens des anneaux du corps.

L'intérieur de la bouche des Bdelliens offre des parois lisses, légèrement sillonnées, ou un peu verruqueuses; une couleur d'un gris blanchâtre et toujours moins foncée que celle de la surface extérieure des lèvres. Une humeur onctueuse, transparente, peu visqueuse, sorte de salive qui paraît sécrétée par les glandes salivaires, en découle continuellement.

La bouche est moyenne dans les *Sangsues* et les *Hæmopis*, et grande chez les *Aulastomes;* elle présente une forme subtriangulaire ; elle jouit d'une mobilité tellement grande, surtout la lèvre supérieure, qu'il lui est facile de prendre les formes les plus variées, de s'allonger en pointe, de s'arrondir et de se mouler, pour ainsi dire, sur toutes sortes de surfaces. Cette mobilité tient à ce qu'elle est composée de fibres musculaires, de tissu cellulaire et de la continuation de la peau (Thomas). Dans les *Sangsues médicinales*, on remarque des muscles croisés qui concourent, pendant l'élongation, à donner à la lèvre supérieure la forme d'une tuile (Moquin-Tandon). On observe aussi des muscles longitudinaux qui vont en partie vers les gaînes maxillaires et dont Brandt a fait connaître le mécanisme : pendant l'allongement de la lèvre supérieure, les muscles tirent les gaînes sur les mâchoires, tandis qu'au contraire elles les en éloignent pendant le raccourcissement.

Enfin quelques fibres annulaires que l'on a observées aux extrémités de chaque lèvre servent, dans quelques circonstances, à resserrer l'orifice buccal.

Machoires. — (*Dents* de Gesner, Thomas, Bosc et Vitet; *perçoirs* de Johnson; *tubercules buccaux* ou *mamelons dentifères* de de Blainville, fig. 8 et 32). La bouche des Bdelliens est armée de trois papilles dures que l'on appelle *mâchoires*. Elles sont parfaitement égales entre elles, longitudinales, disposées en étoile, d'une couleur blanche un peu nacrée, assez brillante ou d'un blanc jaunâtre, presque lisses, semi-lenticulaires (1) et hérissées de denticules sur le sommet. L'une de ces mâchoires est supérieure et médiane, les deux autres sont inférieures et latérales.

Placées de champ, la partie libre et convexe de leur tranchant regarde l'axe longitudinal du corps chez les *Sangsues médicinales*, elles ont 2 ou 3 millimètres de grand diamètre; chez les *Hæmopis*, elles n'ont que la moitié, et chez les *Aulastomes*, elles sont quatre ou cinq fois plus petites que celles des sangsues (Moquin-Tandon). Les mâchoires des sangsues paraissent fortement comprimées, rapprochées par leur extrémité postérieure et très divergentes. Leurs bords tranchants présentent une rangée de denticules (*d*, fig. 8) qui ne s'étend pas jusqu'aux deux extrémités et dont le nombre varie beaucoup. Brandt n'en a figuré que 35; Moquin-Tandon en a compté 46, 70, 79 et 83; nous en avons presque toujours trouvé de 55 à 60; mais le nombre le plus fréquent est environ de 60. Si les auteurs divergent tant sur le nombre de ces denticules, c'est qu'il est très difficile de les compter tant ils finissent, antérieurement, sous le microscope, par se confondre avec les bords de la mâchoire. On a cru que ces

(1) Du Rondeau compare celles des sangsues au couteau qui sert aux cordonniers pour couper leurs empeignes.

denticules étaient disposés sur deux rangs, ce qui en doublerait le nombre, mais des observations plus précises ont fait reconnaître qu'il n'y en avait qu'une seule rangée. De Quatrefages s'est assuré que chacun des denticules qui hérissent les mâchoires des *Sangsues médicinales* est une petite dent sécrétée par sa capsule spéciale (*Annales des sciences naturelles*, t. VIII, 1847).

Ces denticules (fig. 10, 11 et 12) sont formés de deux parties ou branches unies à angle droit à peu près, et qui affectent la forme de petites équerres. Ils sont placés parallèlement sur le bord tranchant de la mâchoire, comme à cheval, et ayant leur angle dirigé vers l'axe de la bouche. Vus de côté, ces denticules ressemblent à des mamelons allongés, pointus au sommet, émoussés ou un peu renflés à la base et rangés régulièrement comme les dents d'un peigne, quoiqu'en rayonnant un peu. Ils pourraient être comparés aux *dents incisives* des vertébrés (Moquin-Tandon). Ces organes n'ont pas tous la même grosseur : les plus grands sont placés sur le bord postérieur ou intérieur et vont en décroissant graduellement vers le bord antérieur ou extérieur (fig. 8, *d*).

Les mâchoires sont logées dans des cavités ou *gaînes* (*g*, *g*, *g*, fig. 32), dont les bords s'élèvent peu au-dessus de leur niveau; elles portent chacune un faisceau musculaire (*f*, *m*, fig. 8) dont les fibres vont en divergeant se confondre postérieurement avec les muscles longitudinaux du pharynx. Ces fibres se divisent, en avant, pour fournir des fibrilles très déliées qui pénètrent dans le tissu de la mâchoire et vont obliquement communiquer avec chaque denticule. En avant, près des mâchoires, on remarque une sorte d'anneau musculaire tendineux, qui, par sa disposition, forme la circonférence de la bouche.

C'est à Brandt, à Braun et à Kuntzmann que l'on doit la connaissance exacte de ces organes. Dom Allou avait assez bien décrit les mâchoires des sangsues; il avait bien compté leurs denticules, mais il les croyait doubles.

C'est à tort que Derheims et Fée ont reproduit cette erreur

que les mâchoires n'étaient que des vésicules creuses capables de prendre, par l'insufflation de l'air, une forme conique pointue et une force de tension assez considérable pour leur permettre de percer la peau des animaux.

Chez les *Hæmopis*, les mâchoires, quoique ressemblant beaucoup à celles des sangsues, sont plus petites et moins comprimées. Leurs denticules (fig. 11) paraissent plus obtus et sont aussi moins nombreux. Moquin-Tandon en a compté 36, 38 et même 51, dans un gros individu.

Chez les *Aulastomes*, les mâchoires sont écartées et presque parallèles; elles ne sont pas enfoncées dans des plis de la membrane buccale : on dirait qu'elles soient portées par l'extrémité antérieure des trois plus grands plis de l'œsophage. Ces mâchoires, moins comprimées encore que celles des *Hæmopis*, présentent aussi sur leur bord libre une rangée de denticules moins serrés, moins nombreux, plus gros et plus obtus que ceux des *Hæmopis* et des *Sangsues* (fig. 10). Le nombre de ces denticules varie aussi beaucoup; ordinairement il est de 14 environ. Cependant Carena le limite à 6 ou 7; de Blainville, à 9; Pelletier et Huzard, à 9 ou 10; mais Moquin-Tandon l'a trouvé être de 11, 14 ou 16; nous en avons compté 14 et 15. Ces denticules sont, jusqu'à un certain point, comparables aux *dents molaires* des animaux vertébrés (Moquin-Tandon).

En outre des trois mâchoires, Savigny a signalé un petit *crochet mobile* que Moquin-Tandon n'a pas retrouvé, et qui, selon Pelletier et Huzard fils, ne serait probablement qu'un denticule qui se serait détaché par la macération, comme cela arrive quelquefois.

2° *OEsophage.*

Immédiatement après les mâchoires, l'œsophage prend naissance (fig. 32, *œs*). Il est constitué par un canal dont la longueur varie ainsi que la largeur; il s'étend jusqu'au quatrième ou cinquième ganglion, et se termine par un sphincter plus ou moins épais. Il est d'ordinaire large vers le milieu et se rétrécit plus ou moins en avant et en arrière.

Chez les *Sangsues* et les *Hæmopis*, il est petit, resserré, membraneux, et présente quelques rides longitudinales très fines et peu marquées.

L'œsophage de l'*Aulastome* est, au contraire, large et charnu, comme tendineux, d'un blanc grisâtre un peu nacré; sa longueur égale environ 3 centimètres, et il présente une grande ouverture et douze plis ou sillons longitudinaux très saillants, dont trois plus larges (*gp*, fig. 9), un supérieur médian et deux inférieurs placés latéralement. Chacun de ces plis est séparé de l'autre par trois autres plis à peu près égaux (*p*, *p*, fig. 9). Pelletier et Huzard en ont donné une description et une figure exactes.

3° *Estomacs.*

SYN. — Sacs ou cellules, *Morand.* — Estomacs partiels, *quelques auteurs.* — Cœcums, *Audouin.*

L'œsophage se trouve continué par un canal longitudinal qui se prolonge jusqu'aux deux tiers postérieurs de l'animal. Il est plus ou moins large et présente des divisions formées par des cloisons transversales ou des brides. Il en résulte une série de chambres ou de loges dont le nombre varie et qui communiquent toutes par une ouverture centrale plus ou moins grande (fig. 30 et 31, *c*, *st*, empruntées à l'atlas de Moquin-Tandon).

Ordinairement, chez les Hirudinés, ces chambres s'ouvrent latéralement dans des poches symétriquement opposées avec lesquelles elles communiquent par un orifice très étroit (*Glossiphonies*). Ces poches, qui ressemblent tout à fait à des cœcums, ont été prises comme tels par Audouin. Mais chez les *Hæmopis* et surtout les *Sangsues*, les ouvertures sont tellement grandes, que les poches latérales ne semblent plus être que les appendices ou la continuation de la cavité centrale.

Les poches n'ont pas toutes la même grandeur, et l'on observe, chez les *Sangsues médicinales*, qu'elles commencent près de l'œsophage, par deux paires de poches plus petites et plus unies entre elles que toutes les autres. Elles paraissent augmenter de volume à mesure que l'on s'approche des deux dernières, qui diffèrent des précédentes par leur excessive longueur, par leur forme et leur direction (fig. 14 et 15, *g*, *p*, *st*). Cuvier, Savigny et quelques autres les ont considérées comme deux cœcums. Selon Brandt, de Tristan et Duvernoy, le rétrécissement et la valvule pylorique qui séparent l'intestin des poches digestives se trouvent en dessous et non en dessus de la dernière paire de sacs, de sorte que toutes les poches doivent être rationnellement considérées comme des estomacs partiels et non comme des cœcums; ce qui se vérifie parfaitement dans l'*Aulastome*. Nous verrons, en effet, qu'il existe de vrais cœcums chez quelques Hirudinés, et ce qui le prouve encore, c'est que lorsqu'une Glossiphonie suce un Mollusque, sa transparence permet d'observer parfaitement que les prétendus cœcums dont il s'agit se remplissent les premiers (Moquin-Tandon).

A. Estomacs lobés. — Les compartiments ou poches dont nous venons de parler constituent les lobes de l'estomac des *Sangsues* et des *Hæmopis*. Leur nombre paraît varier assez pour que les auteurs diffèrent sur le chiffre qui les représente : ainsi Huzard en a compté 7 à 8 paires ; Knolz, 8 ; Johnson, 9 ; Brandt et Dutrochet, 11 ; Du Rondeau, Cuvier, Bosc et Jacquemin, 12; et Vitet, 13. A la vérité, ce dernier observateur a regardé la dernière comme formée de 3 ou 4 paires.

Les poches latérales des *Hæmopis* (fig. 14) sont larges, oblongues, un peu pointues, inégalement bilobées (le lobe antérieur plus petit), sinueuses, arquées et dirigées obliquement d'avant en arrière. Les paires de poches présentent un intervalle qui les sépare et auquel correspond un ganglion nerveux; d'où il suit que chaque paire occupe un espace de cinq anneaux. Elles paraissent s'emboîter les unes dans les autres, surtout si l'animal est pleinement nourri.

Les deux dernières poches ont à peu près quatre fois la longueur de celles qui les précèdent. Elles sont très rapprochées l'une de l'autre et vont parallèlement en se rétrécissant presque jusqu'à la ventouse anale. Elles présentent sur les côtés des sinuosités et de profondes échancrures placées de cinq en cinq anneaux, et sont ainsi divisées en six ou sept lobes.

C'est sur le quatrième ganglion que se trouve placée la première paire de poches, et c'est vers le quatorzième que commence la dernière, qui s'étend jusqu'au vingtième.

Les poches latérales des *Sangsues* (fig. 15) ressemblent beaucoup à celles des *Hæmopis*, mais elles sont plus grandes et moins sinueuses. Le premier compartiment de l'estomac est sans poches, le second a des poches à peu près rudimentaires ; ceux qui suivent en ont de légèrement sinueuses qui augmentent de volume jusqu'au sixième. Enfin, les quatrième, cinquième, sixième, septième, huitième et neuvième compartiments sont pourvus, en avant, à droite et à gauche, comme d'un rudiment de poche antérieure (Moquin-Tandon).

Chaque compartiment des *Sangsues médicinales* a la *forme d'un panier de pigeon* (Vitet), ou d'un cœur renversé, qui aurait été tronqué plus ou moins à sa pointe.

Les deux dernières poches des sangsues présentent de légères sinuosités qui, bien que fort peu marquées, semblent être les analogues des échancrures que nous avons indiquées chez les *Hæmopis*.

Entre les deux derniers compartiments des *Sangsues* et des *Hæmopis* (fig. 14 et 15, *c*) se trouve un appendice en forme d'entonnoir, qui communique avec l'origine de l'intestin dans lequel il fait une saillie munie d'un sphincter assez fort (Brandt).

B. Estomacs non lobés. — Une des particularités qui distinguent l'*Aulastome* des *Sangsues* et des *Hæmopis*, c'est surtout la forme de l'estomac. Ce canal (*st*, fig. 13), en effet, n'offre que deux poches latérales, *a*, *e*, qui sont les analogues des deux dernières chez les *Sangsues* et les *Hæmopis*.

A partir de l'œsophage jusqu'à ces deux poches, le tube est presque droit, assez étroit, et s'élargit un peu en arrivant à l'intestin. Commençant après le cinquième ganglion, il finit un peu avant le quinzième, et présente ordinairement une longueur de 6 centimètres et demi chez les individus adultes. Il offre de légers renflements qui semblent indiquer la division du canal en neuf compartiments placés les uns au bout des autres et à peu près égaux. Ces renflements peuvent être considérés comme les analogues des poches latérales des *Sangsues* et des *Hæmopis*, car dans les jeunes embryons ce canal est véritablement lobé.

Quant aux poches latérales de l'*Aulastome*, elles sont très grêles, longues de 4 centimètres, à peu près sinueuses, non lobées, parallèles, quoique écartées l'une de l'autre. Elles commencent vers le quatorzième ganglion et se terminent vers le dix-neuvième. Examinées dans les embryons, ces poches, plus larges que l'intestin, ressemblent assez à celles des *Sangsues*.

4° *Intestin.*

L'intestin (*i*, *i*, fig. 13, 14 et 15) prend naissance, chez les *Sangsues* et les *Hæmopis*, après et entre les deux dernières poches, ou chez les *Aulastomes*, entre les deux seules poches qui les représentent immédiatement après l'appendice en entonnoir dont nous avons parlé. Il est la continuation du canal formé par les compartiments stomacaux.

C'est un tube ou canal ordinairement relativement très grêle qui va jusqu'au cloaque en se rétrécissant un peu. Chez les *Sangsues*, son diamètre transversal n'est pas le quart de celui des grandes poches digestives. Celui de l'*Hæmopis*, figuré par Moquin-Tandon, est à peu près dans les mêmes rapports. Il présente plusieurs courbures ondulatoires, qui se continuent jusqu'à l'extrémité postérieure; au contraire, l'intestin de l'*Aulastome* est relativement très volumineux, puisqu'il présente un diamètre qui est au moins quatre fois plus grand que celui des poches vermiformes qui lui sont latérales. Il présente quelques étranglements assez prononcés, pour qu'il paraisse composé de plusieurs compartiments divisés en deux parties: l'une, antérieure, à parois épaisses ; l'autre, postérieure, plus grêle et divisée en trois petites chambres (Moquin-Tandon).

Cloaque (*cl*, fig. 13, 14 et 15). L'intestin est toujours terminé par une poche oblongue, plus ou moins développée, que l'on nomme *cloaque*. C'est, selon Otto, le *rectum* des Hirudinés.

Chez les *Sangsues*, le cloaque est de moyenne grandeur et ovoïde (fig. 15) ; il prend son origine un peu avant le dix-neuvième ganglion et finit près du vingtième. Celui des *Hæmopis*, figuré par Moquin-Tandon, est plus grand et paraît commencer un peu au-dessus de la dernière segmentation des grandes poches qui sont à côté de l'intestin (fig. 14).

Chez les *Aulastomes*, il est assez grand, oblong, et commence près du dix-neuvième ganglion, pour se terminer vers le vingt-deuxième.

5° *Cœcums.*

Les cœcums des Bdelliens sont bien loin d'offrir les proportions de ceux des *Glossiphonies*. Cependant, suivant Otto, l'*Aulastome* présenterait quatre paires de cœcums très courts et qui communiqueraient avec la première moitié de l'intestin. Moquin-Tandon n'a jamais pu retrouver dans aucun individu les quatre paires de prolongements indiqués par Otto. Mais comme, suivant Johnson, ce canal est plus gros que le tube stomacal qui le précède, et que Brandt a fait observer qu'il y avait même, à droite et à gauche, un renflement qui fait saillie des deux côtés de la valvule pylorique, on pourrait considérer chaque renflement comme un cœcum imparfait (Moquin-Tandon).

Dans la *Sangsue médicinale*, on a remarqué, à droite et à gauche de l'origine de l'intestin, deux petites dilatations en forme de bouton, que quelques auteurs regardent comme les rudiments de deux cœcums.

6° *Anus.*

L'anus des Bdelliens est toujours situé dans la région dorsale, entre le dernier anneau et l'origine de la ventouse postérieure. Il est constitué par une ouverture que tient fermée un sphincter doué d'une assez grande force. L'Aulastome est, de tous les Bdelliens, celui chez lequel l'anus est le plus apparent; il l'est moins chez l'*Hæmopis*, et, chez la *Sangsue*, on ne peut plus le voir qu'à l'aide d'une bonne loupe. N'étant pas visible à l'œil nu, on comprend qu'il y ait quelques auteurs qui aient nié son existence. Il est large et en forme de croissant chez l'*Aulastome*, et très petit et arrondi chez les *Sangsues* et les *Hæmopis*.

7° *Structure du tube digestif.*

Vitet a trouvé le tube digestif des Hirudinés formé par trois tuniques très minces et comme transparentes. L'externe, qui est celluleuse, se continue sans interruption depuis la ventouse orale jusqu'à l'extrémité des poches digestives et de l'intestin; celle du milieu est formée de fibres musculaires, longitudinales et circulaires; l'interne, un peu veloutée en apparence, et plus ou moins plissée, se replie d'espace en espace, et forme les divers étranglements ou brides que l'on voit dans le tube digestif.

Chez les *Sangsues* et les *Hæmopis*, la membrane qui sépare les compartiments des poches digestives est mince, membraneuse, plissée irrégulièrement, et portant, sur le bord de son orifice, un sphincter (*sp*, fig. 15) formé par une douzaine de fibres déliées. Chez les *Aulastomes*, l'orifice des deux appendices stomacaux paraît très petit.

Les sphincters qui se trouvent à la terminaison de l'œsophage, de l'orifice cardiaque et celui de l'ouverture pylorique paraissent beaucoup plus forts.

La membrane muqueuse du tube digestif présente ordinairement des plis très fins, comme frisés et crêpus, qui sont longitudinaux, veloutés et grisâtres, dans les estomacs et les poches digestives. Virey y a vu, à la loupe, de petits vaisseaux blancs qui paraissaient être de véritables veines mésaraïques.

On trouve dans l'intestin quelques rides transverses, un peu obliques, très prononcées, occupant toute l'étendue ou seulement la partie antérieure de ce canal. Chez l'*Aulastome*, elles sont vermiformes, épaisses d'un demi-millimètre, et blanchâtres, un peu rosées.

La structure du tube digestif peut être bien étudiée sur la *Sangsue médicinale*. Pour rendre l'observation plus facile, Johnson recommande de plonger l'animal gorgé de sang dans une solution de sublimé corrosif. On peut se servir avec avantage de l'alcool ou de l'eau bouillante. Moquin-Tandon a réussi en injectant, dans une *Sangsue* à jeun, une certaine quantité d'alcool, de cire ou de mercure.

II. — ORGANES ACCESSOIRES.

On nomme ainsi les *glandes salivaires* et le *tissu hépatique*. On n'a pas encore découvert de *pancréas* dans les sangsues; mais quelques auteurs pensent que les deux dernières poches digestives peuvent en tenir lieu (Carus). Duvernoy admet que les appendices stomacaux de l'*Aulastome* sont destinés à la sécrétion d'un suc gastrique. Enfin, on peut regarder comme des pancréas les organes qui sécrètent la mucosité.

1° *Glandes salivaires.*

La *Sangsue médicinale* possède autour de son œsophage une masse grenue blanchâtre qui, examinée au microscope, se présente sous la forme de petits sacs ovales ou *glandules* très nombreux, remplis par une matière granuleuse. Ces sacs sont pourvus d'un conduit excréteur délié qui paraît articulé et qui s'anastomose avec d'autres avant de se rendre dans l'œsophage. Carus et Brandt ont considéré ces organes comme des *glandes salivaires.*

Chez les *Hæmopis*, les glandes salivaires sont blanchâtres et forment deux masses distinctes dont l'aspect est grenu, et qui s'étendent un peu au delà du quatrième ganglion. Les corpuscules sont nombreux, d'une couleur blanc jaunâtre et d'une forme globuleuse ou obovale. Chez les *Aulastomes*, les glandes salivaires paraissent accumulées à l'extrémité postérieure de l'œsophage. On ne peut arriver à découvrir ces organes qu'à l'aide de l'anatomie la plus délicate.

2° *Tissu hépatique.*

Les Bdelliens sont privés de foie. Cependant, chez les *Sangsues médicinales*, on trouve sur leur canal digestif, surtout vers le centre, une couche mince d'une matière noirâtre ou brunâtre, en forme de réseau, ayant quelque ressemblance avec du crêpe mouillé; Kuntzmann l'a nommée *tunique villeuse* (*tunica villosa*), et Knolz *tunique celluleuse*, ou *pannicule adipeux* (*tunica cellulosa seu panniculus adiposus*).

Cette tunique, qui a été assez bien décrite par Thomas, paraît plus épaisse dans la région supérieure; elle a été regardée comme de nature hépatique, et par conséquent on lui a attribué les fonctions du foie (Bojanus, de Blainville, Brandt, Carus). Elle est formée par un nombre incalculable de petits conduits intestiniformes irréguliers, entrecroisés, contenant une matière grenue dans leur intérieur. Plusieurs de ces conduits se réunissent ensemble en un canal commun, et les derniers s'anastomosent, s'entrecroisent et vont communiquer avec le tube digestif. La jonction de ces canaux hépatiques avec les testicules est un fait très remarquable (Brandt). Dans les *Hæmopis*, le tissu hépatique est d'un jaune brun et ressemble beaucoup à celui des sangsues.

Gratiolet est tenté de croire que ce réseau ne doit pas être regardé comme l'analogue du foie. Voyez plus loin ce que nous en disons à l'article *Appareil de la circulation*.

III. — FONCTIONS DE NUTRITION.

Dans les fonctions de nutrition des Bdelliens il faut considérer la *nourriture*, la *morsure*, la *succion*, la *déglutition*, la *digestion* et la *défécation* que nous aurons à étudier successivement.

1° *Nourriture*.

L'étude que nous venons de faire de la bouche, de l'œsophage, de l'estomac et de l'intestin des Bdelliens, font *à priori* penser qu'ils doivent avoir une nourriture variée. Et, en effet, elle est liquide pour les *Sangsues* et les *Hæmopis*, tandis qu'elle est solide pour l'*Aulastome*.

Les *Sangsues* et les *Hæmopis* ne se nourrissent qu'avec le sang des animaux : aussi leurs denticules sont-ils assez aigus pour pouvoir percer leurs téguments ; mais tandis que la *Sangsue* peut percer la peau et les muqueuses, il paraît que l'*Hæmopis* ne peut avoir d'action que sur ces dernières. Cependant il est probable qu'elle attaque aussi la peau de certains animaux aquatiques ; sans cela il nous semble qu'il lui serait difficile de se procurer une suffisante nourriture. Quoi qu'il en soit, ce sont les salamandres, les grenouilles, les raines, quelques poissons et quelques autres vertébrés, surtout les bœufs et les chevaux qui paissent dans les eaux où vivent ces annélides, qui sont destinés à fournir le sang dont ils se nourrissent. Ces animaux le sucent avec une très grande avidité. Les sangsues le pompent même quand on le leur présente hors de la veine (Charpentier), et l'on sait aujourd'hui le parti qu'en ont tiré quelques commerçants peu consciencieux pour en augmenter le poids ou le volume. Quelques auteurs assurent qu'ils sucent aussi le sang des insectes, des mollusques et des vers (Kuntzmann, Vitet). Thomas dit avoir présenté à plusieurs sangsues des lombrics dont il avait percé le vaisseau dorsal afin de faire couler le sang, mais qu'elles n'ont pas voulu s'y attacher pour les sucer. Selon Regnard, toutes les fois que les sangsues en trouvent l'occasion, elles se jettent avec avidité sur les vers, les escargots, les épinoches, les lézards, les salamandres et les grenouilles. Quatre canards privés ont aussi été victimes des sangsues, qui, s'étant attachées à l'anus, les ont fait périr (*Répert. de pharm.*, septembre 1850).

Quelques observateurs ont prétendu que ces animaux sucent aussi les cadavres (Du Rondeau, Thomas), tandis que d'autres assurent qu'ils ne recherchent que le sang des animaux vivants (Brandt). Il est certain que lorsqu'une sangsue parvient à mordre la peau d'un cadavre, elle ne tarde pas à lâcher prise et à s'éloigner de la plaie.

On a dit encore que les sangsues s'attaquaient entre elles et que les plus faibles étaient victimes des plus robustes. Vauquelin a avancé que les sangsues gorgées de sang étaient piquées par celles qui étaient à jeun et se trouvaient ainsi allégées par leurs compagnes. Vitet prétend avoir conservé des sangsues médicinales pendant quarante années dans des bocaux de verre sans que jamais, quelque affamées qu'elles fussent, aucune n'ait blessé l'autre. Il dit même avoir fait une blessure à l'un de ces animaux gorgé de sang et que les autres sangsues placées dans le même vase ont montré une grande répugnance pour le sang qui s'échappait de la plaie, quoique ce sang présentât encore une couleur vermeille.

Nous avons voulu nous assurer des faits allégués par Vauquelin et par Vitet; pour cela, nous avons mis dans un même bocal dix sangsues bien gorgées et dix sangsues à jeun et pesées, et elles y sont restées un grand nombre de jours, sans que les sangsues vides aient attaqué les sangsues pleines, ce dont on s'est assuré en les pesant de nouveau. Il faut donc que Vauquelin ait fait ses observations sur des espèces d'un autre genre que les *Sangsues médicinales*, et c'est à tort que, dans notre mémoire, nous avons dit que dans un espace resserré elles se nuisaient en se piquant.

De son côté Ebrard a placé dans de la terre et dans l'eau des sangsues de différentes variétés, les unes gorgées de sang et les autres à jeun : après plusieurs jours, il les a pesées et il ne s'est pas aperçu que les premières aient diminué et que les autres aient augmenté de volume.

Quant à l'assertion de Vitet, qui dit que les sangsues ont une grande répugnance pour le sang qui s'échappait de la plaie d'une sangsue gorgée, nous ne la croyons pas fondée, car nous avons mis cinq sangsues à jeun dans du sang provenant du dégorgement de cinq sangsues bien pleines, et nous avons pu nous assurer que les sangsues à jeun absorbaient le sang presque aussi bien que si c'eût été du sang de bœuf frais. Le sang qui a servi à cette expérience provenait de cinq sangsues gorgées depuis une trentaine d'heures et qui avaient été mises, depuis vingt-quatre heures, dans le charbon. Il était un peu visqueux et noirâtre. Nous avons eu soin de faire pêcher cinq sangsues moyennes tout exprès pour cette expérience : après avoir reconnu qu'elles pesaient ensemble 8 grammes, nous les avons mises dans le sang. D'abord elles ont cherché à sortir du pot, mais forcées d'y rester, parce que nous l'avions couvert, nous avons pu constater, quelques heures après, que trois d'entre elles s'étaient complétement gorgées, tandis que les deux autres n'avaient absorbé que peu de sang ; elles pesaient alors ensemble 20 grammes et demi, ce qui fait un peu plus de 12 grammes de sang absorbé ou 4 grammes par sangsue, puisque deux d'entre elles en avaient absorbé une quantité insignifiante. Ces trois sangsues ont donné par le dégorgement un sang plus noir et plus épais qui avait quelque peine à sortir par la bouche de la sangsue. Mis en contact pour la troisième fois avec deux sangsues, nous avons pu constater qu'il était de nouveau absorbé, mais cette fois en fort petite quantité, ce que nous attribuons surtout à sa viscosité et à son odeur plus fétide.

Ainsi il nous semble prouvé que les sangsues ne se mordent pas entre elles ; mais nous croyons, contrairement à ce qu'a avancé Vitet, qu'elles n'éprouvent aucune répugnance pour le sang, même pour celui qui provient du dégorgement, et qui, certes, n'a pas toujours la couleur vermeille dont parle Vitet; couleur qui, pour le dire en passant, est très rare à rencontrer dans les sangsues, le sang étant d'ordinaire plutôt noir et visqueux. Nous ne comprenons pas plus comment Derheims a pu avancer que vingt-cinq sangsues bien vigoureuses, mises dans un vase avec une quantité notée de sang nouvellement écoulé de plaies faites par des sangsues, et abandonnées jusqu'au lendemain, n'avaient nullement pris de sang; et encore pouvons-nous noter que le sang provenant du dégorgement possédait une odeur un peu fétide qui aurait dû répugner à la sangsue et l'empêcher de se gorger.

Il est extrêmement probable que le sang des animaux vertébrés n'est pas le seul aliment qui puisse convenir à ces animaux. Toutefois le lait, qui est une des substances qui, par sa composition chimique, se rapproche un peu de celle du sang et devrait être pour elles une nourriture à peu près convenable, ne paraît pas leur convenir. En effet, nous avons placé quinze sangsues dégorgées très vives dans une certaine quantité de lait, et nous avons pu nous assurer qu'elles en avaient absorbé une quantité véritablement insignifiante, si tant est qu'elles en aient absorbé.

Il en a été de même d'une dissolution de gomme dans l'eau. Dix sangsues pesant ensemble 20gr,50, mises dans une dissolution gommeuse, n'ont, au bout de vingt-quatre heures, rien absorbé, et présentaient le même poids après l'expérience. Nous avons seulement remarqué qu'elles se sont tenues sous le liquide sans chercher à monter au-dessus.

Une dissolution d'albumine a donné lieu aux mêmes résultats, car dix sangsues mises pendant vingt-quatre heures dans ce liquide en ont été retirées sans aucune augmentation de poids.

Enfin, et ceci nous paraît curieux à constater, c'est que le lait, mêlé par parties égales avec du sang, a suffi pour empêcher les sangsues d'en absorber les moindres traces.

Mais les sangsues vivent naturellement dans des lieux où

le sang des vertébrés est assez rare, et pourtant elles viennent parfaitement. Faut-il croire que les matières végétales fournissent à la nourriture des sangsues? Quoi qu'il soit bien difficile de l'assurer, cependant, si l'on observe que la sangsue, fort jeune encore et dans son embryophore, a dû absorber, pour se nourrir, une matière muqueuse plus ou moins analogue à la gomme et à l'albumine; si, d'un autre côté, on remarque que les jeunes sangsues se plaisent surtout sur les feuilles qui sont en voie de décomposition et sur lesquelles se trouve une couche de matière muqueuse, peut-être sera-t-on porté à penser que les jeunes sangsues trouvent là des éléments de nourriture, non en attaquant le tissu des feuilles, comme on l'a dit, mais en suçant la matière muqueuse qui les recouvre et que l'on retrouve encore enveloppant les filaments de certaines conferves si abondantes dans les eaux stagnantes.

Rayer a écrit (*Journ. de pharm.*, 1824) que les petites sangsues vivent dans l'eau de Seine filtrée et s'y développent. J. Martin dit que les sangsues se plaisent dans les cressonnières, et que les pêcheurs croient les avoir vues exercer une espèce de succion sur de jeunes racines. C'est aussi l'opinion de Derheims.

Vayson pense aussi que la nature offre, dans la terre, une première nourriture qui leur sert de transition pour supporter impunément celle beaucoup plus substantielle du sang chaud des vertébrés. Enfin Borne a reconnu que les jeunes sangsues nourries de la même manière ne profitaient pas dans son jardin comme dans son marais de Clairefontaine (Soubeiran).

D'ailleurs il serait impossible aux jeunes sangsues, dans cet état d'extrême jeunesse, de percer la peau des animaux dont les liquides feront plus tard leur nourriture : il faut donc qu'elles trouvent ailleurs des matières toutes préparées, et c'est, selon nous, dans ces matières muqueuses qu'elles trouvent au moins une partie des matières qui doivent les nourrir. Plus tard, lorsque leurs dents commencent à prendre de la force, elles trouvent certaines larves aquatiques d'insectes, et peut-être des mollusques et des vers, dont elles peuvent alors percer la peau et sucer les liquides; peut-être même ingèrent-elles des animaux infusoires tout entiers (Monas, Proteus, Volvox, Enchelis, etc.).

Nous avons cherché dans le dégorgement des sangsues de nos bassins à reconnaître la nature des aliments qu'elles absorbent, et le plus souvent nous avons trouvé qu'elles rendaient une matière brune verdâtre qui ne nous a pas paru être un résidu de sang antérieurement avalé. J. Martin a remarqué que lorsqu'elles arrivent des marais, les premières eaux dans lesquelles on les lave sont chargées de matières d'un noir verdâtre, qui proviennent, *non de l'excrétion ordinaire de l'anus*, mais de *véritables vomissements de l'animal.* Ces produits n'ont nullement les caractères des résidus du sang, même après une longue ingestion (J. Martin).

D'un autre côté, Ébrard a fait une expérience comparative sur six sangsues de diverses grosseurs, placées dans un bocal de verre rempli aux trois quarts de terre argilo-siliceuse et de mousse, et sur un égal nombre de pareils annélides placés dans un bocal de même contenance, rempli à moitié d'eau de source. Il a constaté que, dans les deux cas, les grosses sangsues avaient perdu de leur poids, tandis que les jeunes avaient, au contraire, augmenté. Les résultats de cette expérience, dit-il, sont d'accord avec cette observation des marchands, que les jeunes sangsues augmentent de volume dans les mêmes réservoirs où les grosses diminuent.

A l'état naturel, il est extrêmement rare, pour ne pas dire impossible, de trouver des sangsues dont les poches latérales soient pleines de liquides nutritifs, comme cela a lieu après l'application des sangsues sur un animal vertébré. Comment se fait-il que l'on ne trouve pas de sangsues gorgées naturellement? et, dans ce cas, pourquoi possèdent-elles des poches digestives aussi vastes? Un principe d'histoire naturelle qui souffre peu d'exceptions admet que le tube intestinal des animaux est d'autant plus court et étroit, qu'ils se nourrissent de substances plus animalisées, et, réciproquement, d'autant plus long et plus large que les aliments le sont moins. Comment se fait-il que la sangsue fasse ainsi une exception aussi remarquable, puisque son aliment de prédilection, le sang, est une substance éminemment azotée et que ses poches digestives sont si vastes? Peut-être est-ce dans cette exception à la loi commune que la sangsue doit ses conditions d'existence. Peut-être que forcée d'attendre, quelquefois fort longtemps, une nourriture convenable, la nature, par compensation, lui a donné un estomac capable de contenir beaucoup, et par cela même d'attendre plus longtemps l'occasion favorable de prendre de nouveaux aliments; et si nous ne rencontrons presque jamais de sangsues complétement gorgées, c'est qu'alors ces animaux s'enfoncent dans la terre pour y digérer complétement en repos, et viennent rarement dans l'eau, même lorsqu'elle est agitée. La faculté qu'ils possèdent de conserver le sang, de sa nature si altérable, pendant des mois entiers, sans coagulation et presque sans putréfaction, nous semble de nature à fortifier dans cette manière de voir.

Toutefois, en observant que les *Aulastomes*, les *Néphélis* et les *Trochètes* n'ont qu'un tube digestif étroit, et que leur nourriture consiste en substances solides, peut-être pourrait-on ramener la *Sangsue*, l'*Hæmopis*, etc., à la loi commune que nous avons énoncée plus haut, en disant que les aliments solides ayant, toutes choses égales d'ailleurs, sous un plus petit volume une plus grande quantité de principes nutritifs que les aliments liquides, il fallait que les Hirudinés suceurs eussent un estomac plus ample pour compenser par la quantité d'aliments liquides la qualité éminemment nutritive des aliments solides. Aussi est-ce cette dernière supposition qui nous paraît expliquer le mieux la cause de ces larges chambres que l'on remarque chez les *Sangsues*, les *Hæmopis* et autres Hirudinés suceurs.

Les *Aulastomes* se nourrissent de lombrics, de larves de petits insectes aquatiques et de chenilles. Carena a rapporté que lorsqu'une *Aulastome* veut avaler un lombric, elle le saisit avec sa ventouse postérieure, et elle attend parfois avec patience le moment d'introduire une de ses extrémités dans sa bouche. Le plus souvent l'aulastome fait glisser sa ventouse orale le long du corps du lombric jusqu'à ce qu'elle soit arrivée à son extrémité, qu'elle engage immédiatement dans son œsophage. Moquin-Tandon dit avoir observé un de ces animaux pendant qu'il était occupé à engloutir tout entier un gros lombric. Ce naturaliste lui en a présenté un second, et l'annélide a saisi le ver avec sa ventouse anale, et l'a gardé captif tout le temps qu'il a employé à dévorer le premier. Johnson, Pelletier et Huzard fils, ont vu les aulastomes captives avaler des lombrics tout entiers, des néphélis et des sangsues médicinales, et même attaquer leur propre espèce. Selon Johnson, deux aulastomes ont consommé, l'une quinze et l'autre vingt néphélis dans l'espace d'un mois, et Moquin-Tandon a vu un de ces animaux, placé sur une assiette, avaler dans une seconde trois néphélis d'une assez forte taille. D'après ce savant, une autre aulastome a dévoré cinq vers de terre, dont un était presque aussi gros qu'elle.

Nous avons aussi observé bien souvent la voracité des *Aulastomes* sur les lombrics et les néphélis. Ce qui nous a paru remarquable surtout, c'est qu'une de ces aulastomes avait avalé à moitié un lombric plié en deux, et ne pouvant pas l'avaler tout entier, elle s'est placée au fond du vase et est restée immobile pendant plusieurs heures, sans doute pour le digérer par portions. Au bout de quatre ou cinq heures, nous avons remué l'eau du vase, et aulastome et lombric se sont mis à tourner avec le liquide, mais sans se séparer. Enfin, en retirant le ver de l'œsophage de l'aulastome, nous avons trouvé que la partie engloutie avait subi comme un commencement de digestion, du moins à en croire sa couleur plus pâle, sa flaccidité et les rides que présentait sa peau.

Johnson assure que soixante-cinq *Aulastomes*, placées dans un vase fermé, se sont trouvées réduites au bout de trois jours à cinquante-deux; treize aulastomes avaient donc été dévorées. Leur voracité est tellement grande, que, selon

Forthergill, un tanche que l'on mit dans un réservoir où se trouvaient plusieurs aulastomes fut déchirée en une quantité innombrable de petits morceaux qu'elles engloutirent aussitôt; et cela si rapidement, que quelques jours suffirent pour qu'il ne restât plus que le squelette du poisson. Quatre aulastomes suffirent, selon Braun, pour tuer une grenouille. Bergmann avait aussi remarqué la voracité de cet annélide, car il raconte le fait suivant, qui, s'il est vrai, ne laisse pas d'être très curieux. Un vase contenait deux aulastomes; on leur jeta un ver de terre, *elles s'élancèrent aussitôt sur lui;* aucune ne voulut lâcher la proie; et Bergmann ajoute que ces annélides moururent au bout de deux jours, sans avoir abandonné le ver de terre. Malheureusement pour ce fait, qui est la contre-partie de l'histoire de l'âne de Buridan, nous y trouvons une exagération qu'il nous semble bon de signaler. Pour que les deux aulastomes pussent *s'élancer aussitôt sur lui*, il fallait qu'elles y vissent ou bien que leur organe de l'olfaction fût très développé. Or, nous savons que les Hirudinés sentent plutôt la lumière qu'ils ne la voient, et que l'organe de l'odorat se trouve chez eux assez peu développé; nous sommes donc forcé de réduire le fait observé par Bergmann à un fait produit par hasard, qui a voulu que les deux aulastomes saisissent chacune un bout du ver et en avalassent chacune une partie.

Ainsi, les *Aulastomes* peuvent engloutir des parties d'aliments qui sont plus grosses que le volume de leur extrémité antérieure. Elles sont, sous ce rapport, comme les poissons et les reptiles, dont l'œsophage, large et plissé selon sa longueur, peut admettre des corps durs et volumineux. En effet, les aulastomes, les néphélis, les trochètes, etc., peuvent, à l'aide des plis longitudinaux que présente aussi leur œsophage (fig. 9), se dilater extraordinairement quand les aliments qu'ils avalent offrent un volume relativement considérable.

Nous avons essayé, à plusieurs reprises, de gorger des *Aulastomes* avec du sang, en les plongeant dans ce fluide, et nous n'avons jamais vu qu'elles en eussent absorbé la moindre trace. Ce liquide paraît si peu leur convenir, qu'elles y deviennent malades et font de violentes contractions pour n'en pas absorber. L'un de ces animaux, qui était resté dix-huit heures dans du sang humain, était tombé immobile et comme asphyxié. Il avait dévoré la veille deux petits lombrics, et pesait 7 décigrammes quand nous l'avons plongé dans le sang; en le retirant, il avait le corps dur au toucher, et paraissait comme mort. Après l'avoir lavé, nous l'avons pesé de nouveau, et nous avons trouvé qu'il avait perdu 15 centigrammes de son poids. En cherchant dans le sang la cause de cette déperdition, nous avons vu que l'animal avait vomi tout le contenu de son estomac, consistant en fragments de lombrics, et probablement en une matière particulière qui a eu la propriété de déterminer la coagulation du sang sous une forme granuleuse, que l'on aurait dit être produite par l'action de l'alcool; tandis que le pareil sang qui provenait du dégorgement de quelques sangsues médicinales était de nouveau absorbé par des sangsues vides, et ne présentait en aucune façon cet aspect granuleux. Cette aulastome, lavée et placée dans l'eau fraîche, a promptement repris toute sa vivacité première.

Les Bdelliens peuvent vivre assez longtemps sans prendre de nourriture, surtout s'ils viennent de se gorger; car, suivant Rayer, une *Sangsue médicinale* qui vient de se gorger exige six mois pour compléter sa digestion. Selon de Blainville et Knolz, il lui faudrait un an; suivant Kuntzmann, un an et demi, et même deux ou trois ans au dire de quelques auteurs. Quoiqu'il y ait quelque exagération dans ces assertions, nous reconnaissons qu'une sangsue gorgée peut bien, comme le pense Rayer, exiger cinq ou six mois pour arriver à la complète digestion du sang qu'elle a absorbé. Mais, alors même qu'elles ne seraient pas gorgées, il est certain qu'elles peuvent vivre fort longtemps encore sans nourriture. Salomon a conservé plusieurs *Sangsues médicinales* dans de l'eau pure pendant deux ans, et Vitet les a vues se conserver deux ou trois ans dans de semblables circonstances. Alors, bien qu'il soit probable que l'eau fournit quelques principes nutritifs à ces animaux, on observe qu'ils finissent par diminuer de volume. Johnson a vu, en effet, qu'une sangsue conservée dans l'eau pure s'est trouvée, au bout d'un an, réduite au tiers de son volume.

Les aulastomes mêmes, qui digèrent si vite, peuvent rester plusieurs mois sans prendre de nourriture. Nous en avons tenu en captivité, séparées dans des vases, et nous sommes resté plus de deux mois sans leur donner de nourriture, et elles ont néanmoins continué à vivre.

2° *Morsure.*

Il n'y a que les *Sangsues* et les *Hæmopis* qui soient douées de la faculté de percer la peau de l'homme; mais tandis que les *Sangsues* peuvent mordre presque partout la peau humaine, et à plus forte raison les muqueuses, les *Hæmopis* paraissent ne pouvoir entamer que ces dernières.

Longtemps on a cru que l'application des sangsues n'avait lieu que par le vide qu'il leur était donné de produire, ce qui déterminait l'afflux du sang dans l'œsophage, et nous avons dit déjà que Du Rondeau avait supposé que le corps de la sangsue faisait l'office d'une pompe et d'un piston. Dès que, par l'anatomie, on a pu découvrir les denticules que possède cet annélide, et que l'on a reconnu que la forme de la plaie était en rapport avec la disposition des mâchoires qui portent ces denticules, on a dû abandonner l'idée d'aspiration par le vide pour ne voir qu'une morsure là où l'on admettait une déchirure.

Aujourd'hui, il est donc parfaitement établi que la succion d'une sangsue est toujours précédée d'une morsure qui a été assez bien décrite par Aldrovande dans ce passage : *Sugendo trifidum vulnusculum imprimunt, ità ut radii ab uno centro terni æque distantes procedant;* et Morand a fort bien décrit et figuré ces incisions. Thomas dit que « c'est en implantant à la fois ses trois dents *lenticulaires*, que la sangsue perce le corps des animaux; car si l'on examine la plaie qu'elle a faite, on lui trouve une *figure triangulaire.* » Thomas fait deux erreurs que nous devons signaler. La première est dans la forme des dents qu'il dit être lenticulaires, qui ne sont réellement que les mâchoires armées de denticules, et qui, au lieu d'être lenticulaires, ne sont que *semi-lenticulaires*. La seconde est dans la forme de la morsure qu'il dit être triangulaire, tandis qu'elle est étoilée; elle résulte bien évidemment de trois coupures linéaires qui, partant d'un centre commun, s'éloignent en laissant entre elles des espaces à peu près égaux, ou, si l'on aime mieux, en formant des angles au centre d'une égale valeur.

Quand une *Sangsue médicinale* se dispose à faire une morsure, elle allonge sa ventouse orale, contracte ses deux lèvres, qui se replient un peu en dehors et avance les mâchoires; alors, par aspiration ou succion, elle détermine la formation d'un petit mamelon dû à une portion de la peau de l'animal, mamelon qui pénètre dans sa bouche et qui est pressé par les trois mâchoires. Elle n'a plus qu'à faire jouer les mâchoires en contractant et resserrant alternativement l'anneau musculaire ou tendineux (Moquin-Tandon) pour percer le mamelon et faire trois incisions linéaires convergeant en un centre commun, ainsi que nous l'avons déjà dit. L'incision est commencée par les denticules du bord antérieur, qui sont les plus forts et les plus aigus, et est continué par les mâchoires, qui agissent à la manière de trois scies semi-circulaires et en présentant successivement les denticules de plus en plus gros. Le point d'appui a lieu sur les anneaux de la ventouse, qui sont très rapprochés et fixés d'une manière très solide à la peau de l'animal (Moquin-Tandon).

En effet, quand une personne est mordue par une sangsue, elle éprouve d'abord un sentiment d'aspiration au point où l'annélide est appliqué ; peu après elle sent le tiraillement devenir plus fort et être presque aussitôt suivi d'une douleur vive et pénétrante, dans laquelle elle peut reconnaître celle que produisent à la fois des piqûres et des déchirures.

Nous verrons plus loin, par la théorie que nous donnons de la succion, qu'il en doit être ainsi. On prétend que les piqûres faites dans l'eau sont moins douloureuses que hors de l'eau, et qu'elles font souvent moins de mal que la piqûre d'une puce.

On n'a pas encore suffisamment expliqué comment il se fait qu'une sangsue peut faire des incisions dans la peau humaine, car les denticules qu'elle porte ne possèdent pas, à beaucoup près, la dureté des dents qui se rencontrent chez la plupart des animaux.

Thomas a admis une puissance d'érection qui s'éteint avec la vie, au moyen de laquelle la sangsue peut roidir et aiguiser les stries (denticules), de manière à les rendre propres à opérer l'incision.

Derheims a cru reconnaître que les mâchoires étaient creuses, et qu'en y insufflant de l'air, elles prenaient une forme conique vésiculeuse ; d'où il a conclu que c'était par ce moyen que les sangsues arrivaient à donner à leurs dents une force de tension assez considérable pour leur permettre de percer la peau des animaux, bien, cependant, qu'il n'ait trouvé aucun conduit pour l'air, aboutissant aux dents. Cette manière de voir n'a été admise que par un petit nombre d'auteurs.

Selon de Blainville, le tissu fibro-cartilagineux des mâchoires est capable d'une sorte d'érection, par suite de la contraction du système musculaire qui vient s'y implanter. Pour Moquin-Tandon, le principal rôle dans le roidissement dont il s'agit paraît être rempli par les fibrilles croisées qui se trouvent dans les mâchoires, et particulièrement par celles qui se rendent à chaque denticule.

L'état de tension dans lequel se trouve la peau formant le mamelon qui doit être percé entre pour beaucoup dans la faculté que les sangsues possèdent de percer la peau avec leurs denticules : une membrane étant d'autant plus facile à percer qu'elle est plus tendue.

Quant à l'*Aulastome*, il a été parfaitement reconnu, par les expériences de Johnson, Carena, Pelletier et Huzard fils, que ses mâchoires étant trop faibles, trop petites et ses denticules très obtus, elle est tout à fait incapable d'entamer la peau de l'homme et celle des vertébrés; qu'au contraire elle coupe très bien par fragments les lombrics et autres animaux à parenchyme mou, qu'elle en avale les morceaux ou même des individus tout entiers. Ebrard a cherché à les appliquer sur des morsures de sangsues saignant encore, sans être jamais parvenu à leur faire absorber la moindre quantité de sang. Nous avons rapporté, page 162, des expériences qui confirment celle de cet observateur.

Aldrovande a avancé que neuf hæmopis suffisaient pour mettre à mort un cheval; l'abbé Ray, Gisler, Weser et plusieurs autres auteurs, ont répété la même assertion, qui certainement est exagérée.

On doit à Guyon, chirurgien en chef de l'armée d'Afrique, des expériences et des observations nouvelles et intéressantes sur les *Hæmopis*. Selon cet observateur, cet annélide a une grande part dans les maladies qui se déclarent à Alger sur les bestiaux pendant les grandes chaleurs. Il a vu que plusieurs animaux abattus pour le service des troupes et de la population civile présentaient dans leur larynx et dans leur trachée-artère des *Hæmopis* qui s'y étaient fixées. Les bœufs lui ont souvent offert ces hirudinés fixés, soit dans le pharynx et le larynx, soit dans la bouche et les narines. Un de ces bœufs a présenté une douzaine de ces animaux fixés sur différents points de la bouche et de l'arrière-bouche, cinq sur le bord antérieur de l'épiglotte, quatre dans les ventricules du larynx et six dans la trachée-artère, du quatrième au cinquième anneau.

Il a constaté aussi la présence de ces annélides dans la trachée-artère et le larynx de l'homme. C'est par ces animaux que nos soldats ont été si cruellement tourmentés en Égypte, en Afrique, en Portugal et en Espagne.

Larrey, chirurgien en chef de l'armée d'Afrique, avait déjà constaté le même fait sur les soldats qui, pour se désaltérer en pleine campagne, avaient été obligés de boire de l'eau stagnante.

Guyon a introduit quelques *Hæmopis* dans les cavités naturelles des poules et des lapins. Chez les poules, il les a placées dans l'œsophage et l'oviducte. Chez les lapins, il les a introduites dans les fosses nasales et le rectum. Dans tous les cas, il a vu que, treize jours après, les poules et les lapins avaient maigri, paraissaient tristes et mangeaient peu ; enfin ils arrivèrent à un état d'émaciation complète. Les poules périrent au bout de trente jours, et les lapins au bout de quarante. Les *Hæmopis* avaient beaucoup augmenté de volume. Quand elles sont gorgées, elles se séparent des bestiaux lorsqu'ils vont à l'abreuvoir.

La science a enregistré plusieurs observations d'accidents arrivés à la suite de la succion opérée par les *Sangsues médicinales*. Pline rapporte que Messalinus, chevalier romain, qui avait été consul, mourut pour s'être appliqué des sangsues au genou. Zacutus Lusitanus cite le fait d'une personne qui mourut au bout de deux jours de la piqûre d'une sangsue qui s'était introduite dans les fosses nasales. On cite aussi l'exemple de personnes qui, s'étant mises pieds et jambes nus dans des marais où il y avait des *Sangsues médicinales*, se trouvèrent tout à coup assaillies par ces annélides, au point que de graves accidents s'ensuivirent, accidents qui ont été parfois jusqu'à la mort (Samuel Sedelius). Nous reviendrons sur ce sujet en parlant de l'application des sangsues.

Bien que l'on ait prétendu que les blessures faites par les *Hæmopis* étaient plus douloureuses que celles des *Sangsues*, et cela pouvait être supposable d'après l'état de leurs mâchoires, que l'on sait être moins comprimées, leurs denticules moins aigus, et leur application sur les muqueuses toujours plus sensibles (Moquin-Tandon) ; cependant Guyon assure que les blessures des *Hæmopis* ne sont pas fort douloureuses : elles gênent seulement par leur présence les voies aériennes.

3° *Succion.*

La succion, chez les *Sangsues*, est une opération dont le

mécanisme n'est peut-être pas suffisamment bien expliqué. Carus dit que cette fonction est exclusivement remplie par le pharynx, qui est charnu et doué d'une force musculaire assez puissante. Mais cela n'explique pas le mécanisme en vertu duquel la succion s'opère. A la vérité, Kneight a pensé que l'irruption impétueuse du sang de la partie mordue pouvait suffire pour expliquer le phénomène. Mais personne, que nous sachions, ne s'est contenté de cette explication, d'autant que ce phénomène de succion est bien évident, avant même la sortie du liquide, dans la formation du mamelon de peau qui doit porter les morsures. Que penser aussi de ce prétendu venin dont l'introduction dans la plaie déterminerait, suivant cet auteur, l'irruption dont nous venons de parler ?

Du Rondeau a émis l'idée que le corps de la sangsue agissait à la manière d'une pompe et de son piston, en faisant partir le mouvement de la pompe d'un point fixe situé à la queue de l'animal, et Thomas croit avoir complétement renversé l'idée de Du Rondeau en coupant près de la tête une sangsue, pendant la succion, et en observant que cette opération se continuait. Pour nous, nous croyons que cette expérience prouve que le point fixe d'où part le mouvement de la pompe non seulement n'est pas la queue, comme Du Rondeau l'a dit, mais même qu'une grande partie du corps est étrangère à ce mécanisme, et elle ne prouve pas que la partie antérieure n'opère pas la succion à la manière d'un piston, comme l'a avancé cet observateur.

Morand père avait admis chez la sangsue une langue qui ferait l'office de piston en pompant le sang de la plaie; mais l'anatomie la plus minutieuse n'a fait découvrir rien qui pût être appelé de ce nom, et l'on sait que cet auteur avait pris pour telle le premier ganglion sous-œsophagien.

Avant de chercher à expliquer mécaniquement ce phénomène, il nous semble qu'une petite discussion sur ce que l'on entend par aspiration et par succion ne sera pas déplacée dans cet article.

On a cherché à établir une différence entre l'*aspiration* et la *succion*. Par exemple, une *bouche ordinaire* dont les lèvres s'appliquent sur la surface d'où doit sortir le liquide, et dans laquelle la langue joue le rôle de piston en se retirant en arrière, peut opérer la succion qu'il ne faut pas confondre avec l'aspiration, l'action de humer par la bouche ou par le nez au moyen du vide opéré dans le thorax (Dugès). Pour nous, c'est toujours par le vide, plus ou moins parfait, que s'accomplissent ces deux fonctions, et nous ne voyons pas où est essentiellement la différence physique à établir entre elles. En effet, lorsque la langue, en se séparant de la voûte palatine pour se retirer en arrière, opère la succion, nous ne voyons qu'un vide produit dans une petite enceinte, ou plutôt une grande raréfaction de l'air compris dans la cavité formée par la partie du palais couverte par la langue et la langue elle-même, d'où résulte l'afflux des liquides libres dans cette petite cavité. Dans l'aspiration, le phénomène est produit par la dilatation du thorax ; alors l'air qui y est contenu se raréfie et les liquides libres peuvent alors tendre à remplir le vide qui s'est produit : l'aspiration s'est faite, à la vérité, dans une enceinte plus grande, mais nous ne pensons pas que cela doive suffire pour motiver une distinction. Dans la succion, le phénomène a une durée moins grande que dans l'aspiration, et c'est là tout ce que l'on peut réellement distinguer. Pour ces raisons, ces mots *aspiration* et *succion* seront, pour nous, synonymes et s'appliqueront indifféremment au même phénomène.

Nous pensons, avec Dugès, que la succion s'exécute par un vide opéré sous le disque ou cupule que présente la ventouse, le milieu étant soulevé seul, tandis que la circonférence s'applique davantage sur la surface où la maintient la pression atmosphérique (Dugès).

Nous avons, page 94, en parlant des mouvements des sangsues, indiqué pourquoi nous croyions au vide, et l'expérience qui porte tout naturellement à cette manière de voir.

Comme la succion et la déglutition se confondent à peu

près dans ces animaux, nous renvoyons, pour le mécanisme, à l'article suivant.

Vitet et plusieurs autres auteurs ont pensé que les sangsues retiraient leurs mâchoires de la plaie qu'elles avaient formée ; mais W. Swayne et Johnson ont fait voir que les mâchoires restaient dans la plaie tout le temps que dure la succion.

4° *Déglutition.*

Dès que la sangsue a fait sa morsure et que la succion a lieu, on peut voir des mouvements ondulatoires, réguliers, alternatifs, qui, partant de sa ventouse orale, s'étendent de proche en proche jusqu'à la ventouse postérieure, et qui refoulent le sang de l'œsophage dans les différentes poches stomacales. Il résulte de ce mouvement même que les deux grandes poches situées à l'extrémité postérieure de l'animal s'emplissent les premières, et ce n'est que successivement et à mesure qu'elles se rapprochent de l'œsophage, que les autres s'emplissent à leur tour.

Pendant cette opération, la *Sangsue médicinale* se dilate peu à peu ; ses anneaux deviennent lisses, aplatis; son corps s'allonge et s'alourdit, en même temps qu'il laisse s'échapper une assez grande quantité de mucosité.

Comme la théorie mécanique de la succion n'a pas été donnée d'une manière complète, nous allons essayer d'en donner une qui nous a paru être assez rationnelle.

Commençons par rappeler les diverses parties qui composent le tube digestif : 1° Une bouche au fond de la ventouse antérieure. 2° Trois mâchoires membraneuses situées assez profondément, mais pouvant, par la volonté de l'animal, avancer ou reculer. Ces mâchoires s'appliquent les unes contre les autres, à la manière de trois valvules, de façon à fermer hermétiquement l'entrée de l'œsophage. Elles sont mises en jeu par un faisceau de fibres musculaires. 3° Immédiatement après, se trouve l'œsophage ayant une certaine longueur et qui se termine par un sphincter assez puissant. 4° Enfin, l'œsophage est suivi de l'estomac multilobé dont nous connaissons les dispositions par compartiments, chacun desquels étant séparé des autres par un sphincter plus ou moins puissant.

Voici maintenant comment nous concevons le mécanisme de la succion, qui, malgré tout ce que l'on a avancé, ne peut être bien compris qu'au moyen d'un vide plus ou moins parfait, ainsi que nous l'avons dit page 94.

Lorsqu'une sangsue veut faire une piqûre, elle allonge la partie antérieure du canal alimentaire, le roidit, et les lèvres de la ventouse s'étalent sur la partie qui doit être mordue. Dans ce moment, les mâchoires sont écartées et le sphincter de l'œsophage est ouvert. Alors, le sphincter se ferme et les mâchoires se rapprochent; immédiatement après, l'extrémité du tube alimentaire se retire avec force, et le vide qui s'opère donne lieu à la formation du mamelon de la peau qui pénètre dans la bouche de l'animal. Les mâchoires s'ouvrent de nouveau, mais non le sphincter de l'œsophage; elles s'avancent de nouveau pour entourer le mamelon, tandis que l'œsophage, par le vide qui s'est fait et se continue, maintient en place le mamelon. Celui-ci est alors percé par les denticules, qui le pénètrent profondément. Mais tandis que les mâchoires agissent et restent dans les plaies, l'œsophage se dilate, s'emplit de liquide, lequel, comprimé ensuite par la contraction de cet organe et en même temps que le sphincter s'ouvre, se rend dans le premier compartiment où un jeu analogue le pousse dans le second, et ainsi de suite jusqu'au dernier. Peut-être doit-on admettre une sorte de mouvement péristaltique dans le tube digestif qui pourrait aussi plus ou moins aider à refouler le sang de la ventouse orale à l'extrémité postérieure (Thomas); mais cela n'est pas nécessaire pour l'intelligence du mécanisme de la succion et de la déglutition. Les prétendus mouvements ondulatoires que l'on croit voir dans une sangsue en train de sucer ne nous ont jamais paru être autre chose que des dilatations successives partant des premiers anneaux pour se continuer jusqu'à ceux de l'extrémité postérieure.

Le mécanisme de la succion, tel que nous venons de le décrire, explique assez bien tout ce qu'éprouve une personne qui subit l'application des sangsues et qui en analyse les différentes phases, ainsi que nous l'avons dit page 165.

Nous avons souvent assisté au repas des *Aulastomes*, et jamais il ne nous est arrivé de reconnaître de mouvements de déglutition : il semble que cet hirudiné ne fasse que se prêter à la rentrée dans son estomac du lombric qui, saisi à son autre extrémité par le disque de l'aulastome, cherche à lui échapper en se retirant dans cette cavité, absolument comme il le ferait dans la terre.

L'expérience de Thomas, qui consiste en ce qu'une sangsue dont on coupe le corps près de la tête pendant la succion continue de sucer, ne nous paraît d'aucune valeur, et voici pourquoi : 1° D'abord qu'appelle-t-il *tête* chez la sangsue? Il n'est pas dit que la section n'ait pas été faite au delà du sphincter de l'œsophage, et dans ce cas la succion pouvait se continuer, puisque les premiers zoonites pouvaient fonctionner individuellement, comme s'ils n'avaient pas été séparés des autres. 2° Que penser d'ailleurs d'une tête coupée, et d'une succion qui *ne laisse pas d'avoir lieu et le sang de s'avancer toujours dans le canal alimentaire, quoique l'air qui frappe cette nouvelle ouverture dût s'opposer à l'effet du vide* (1)? Ou la tête est coupée, et le sang ne peut plus s'avancer dans le canal alimentaire; ou bien, le sang continue réellement à s'avancer dans le canal, et alors la tête n'est pas coupée. Dans ce cas, comment l'air peut-il s'opposer à l'effet du vide?

Mais supposons encore que Thomas ait, en effet, séparé la ventouse orale de la sangsue en état de succion, tout près des mâchoires, ou aussi près qu'on voudra de la plaie. Si le sang a continué de couler, il nous semble que ce n'est plus alors par succion, mais bien par irruption du sang, comme

(1) Thomas, *Mémoire pour servir à l'histoire naturelle des sangsues*, p. 38.

cela a lieu lorsqu'une sangsue est tombée ou lorsqu'une veine est ouverte.

D'ailleurs Thomas, trop prévenu contre le vide opéré par la sangsue, commet quelques inconséquences que nous croyons utile de relever, car elles compléteront ce que nous avons à ajouter. Il dit plus loin, pages 39 et 40 :

« On explique aisément, d'après cela, comment l'action des lèvres est indispensable pour la succion ; et comment, sans leur secours, la sangsue ne peut faire agir ses dents. »

Dans l'hypothèse du vide, cette phrase se conçoit ; mais nous avouons que nous ne la comprenons plus dans le cas où il y aurait succion sans vide. Au surplus, en continuant, il devient plus explicite, car il dit :

« Il faut sans doute qu'elle se tienne appliquée au moyen des lèvres, afin que les mouvements que les dents exercent, soit pour produire la piqûre, soit pour faire avancer le fluide sanguin, puissent s'opérer avec succès. Si la formation du vide avait lieu, l'utilité des lèvres ne serait pas si grande ; tandis qu'il suffit de les relever avec la lame très mince d'un instrument pour engager l'animal à lâcher prise. »

En vérité, nous ne choisirions pas d'autres mots, d'autres idées, une autre expérience, pour soutenir la théorie du vide, et il fallait être bien prévenu contre elle pour ne pas voir que les lèvres servent essentiellement à empêcher l'air de venir combler le vide fait par la ventouse, et que lorsqu'on soulève la lèvre avec une lame, l'air s'introduit aussitôt dans le vide formé, et la sangsue ne tient plus.

Enfin nous avouons qu'il nous est impossible de comprendre la formation préalable du mamelon de peau dans la bouche d'une sangsue, sans vide, pas plus que nous ne saurions expliquer sans lui comment une sangsue, en se fixant à une baudruche tendue, y détermine une dépression si manifeste.

5° *Digestion.*

Les Bdelliens, comme les autres Hirudinés, prennent des

quantités d'aliments tellement considérables, que l'on peut véritablement dire qu'ils se gorgent. Mais c'est surtout la *Sangsue médicinale* qui exagère ce gorgement, car elle peut absorber jusqu'à cinq ou six fois son poids de sang. Dans cet état, l'animal tombe dans une sorte de torpeur qui le rend immobile; aussi, lorsqu'il le peut, s'enfonce-t-il dans la terre pour y digérer tranquillement. Il arrive très souvent qu'une sangsue qui a absorbé une trop forte proportion de sang meurt de réplétion; mais souvent aussi elle en vomit une grande partie et garde le reste pour le digérer (Vitet).

Nous nous rangeons de l'avis des auteurs qui prétendent que ces animaux, après s'être gorgés, se trouvent toujours dans un état pathologique qui peut les conduire à la mort; mais nous pensons que la nature leur a donné la faculté de se débarrasser facilement d'une partie du sang qu'elles ont pris, contrairement à l'opinion de Simon Bonnet, qui pensait que le liquide s'épaississait et devenait visqueux, au point de s'opposer à son rejet.

L'*Aulastome* est une des espèces qui rend avec le plus de facilité une partie de ses aliments : aussi n'est-il pas rare, quand on conserve plusieurs de ces animaux, de les voir vomir des morceaux de vers et de lombrics contenus dans leur estomac (Moquin-Tandon). Johnson a même rapporté qu'une aulastome a rejeté une néphélis vivante et entière, trois jours après l'avoir avalée. Nous avons vu aussi un petit lombric avalé, plié en deux, depuis quelques heures, être rendu et présenter ses deux extrémités vivantes, tandis que la moitié du corps paraissait sans mouvement; à la vérité, les parties vivantes n'avaient pas été totalement avalées.

Les *Sangsues médicinales* emploient pour digérer leurs aliments un temps considérable. Morand est un des premiers qui ait fait observer que le sang peut demeurer plusieurs mois dans le tube digestif de cet annélide sans se corrompre. Spix, Oken, et plusieurs autres observateurs, ont avancé que le sang ne subissait aucune modification, même au bout de deux ou trois mois; c'est une erreur qu'il importe de détruire. La seule particularité que l'on constate, c'est qu'il ne se coagule pas tant que l'animal vit, et qu'il se condense entièrement d'une manière solide, et forme comme une masse résineuse après la mort, ou *lorsqu'on l'a retiré du corps* (Thomas).

L'assertion de Thomas n'est vraie que pour la première partie, et ne l'est pas pour la dernière. Il est, en effet, remarquable que le sang, quel qu'il soit, se conserve à l'état fluide dans le corps de la sangsue, et qu'il conserve encore cet état de fluidité, même lorsqu'il en a été retiré par le dégorgement. Il semble que par un *effet de contact particulier*, contraire à celui que la membrane de l'estomac des jeunes veaux (Berzelius) exerce sur le lait (1), les poches digestives aient pu agir sur le sang de manière à le rendre *incoagulable*.

Nous avons cherché à reconnaître le temps qui était nécessaire à cette modification, et nous pouvons dire qu'il est inappréciable. Nous avons fait dégorger des sangsues dès qu'elles sont tombées de la plaie, et le sang ne s'est nullement coagulé, même après vingt-quatre ou quarante-huit heures.

Pensant que tout le temps qui s'écoulait entre l'application et la chute des sangsues pouvait être trop long pour permettre au sang d'échapper à l'influence catalytique des poches digestives, nous avons, pendant l'application de sangsues, fait faire des incisions sur le dos de plusieurs de ces annélides, et le sang obtenu ne s'est pas coagulé plus que celui obtenu par le dégorgement. Il était seulement plus liquide et plus vermeil. Au contraire, celui qui s'échappait de la blessure ne tardait pas à former un caillot assez dense.

S'il était prouvé que la muqueuse des estomacs de la sangsue possède la propriété de rendre le sang incoagulable, ce serait un fait physiologique fort curieux à mettre en opposition avec la propriété que possède l'estomac des veaux, quelque lavé qu'il soit, de faire cailler le lait.

(1) Berzelius a reconnu que cette membrane, après avoir été débarrassée de tout acide par des lavages réitérés, jouit encore à un haut degré de la propriété de coaguler le lait sans rien perdre de son poids.

Lorsque l'on fait dégorger une sangsue, aussitôt qu'elle vient de se séparer de la plaie, le sang que l'on obtient est à peu de chose près semblable, quant à sa couleur et à sa fluidité, à celui qui sort de la piqûre. Quand le dégorgement se fait un peu plus tard, on remarque que le sang est déjà plus foncé et plus visqueux; si le dégorgement se fait vingt-quatre ou quarante-huit heures après, on trouve qu'il est encore plus épais et plus foncé. En général, il est d'autant plus foncé et visqueux, que l'on s'éloigne plus du moment du gorgement. Toutefois, au bout d'un certain temps, le changement que le sang subit dans l'estomac de l'annélide est pour ainsi dire inappréciable, même quand on fait l'observation de jour en jour. Nous avons fait dégorger des sangsues un mois après le gorgement, et nous avons trouvé le sang encore fluide, quoique assez épais, et ayant une couleur brune noirâtre. Enfin, il nous est arrivé, dans quelques cas très rares, de trouver le sang presque solidifié; il avait beaucoup de peine à être expulsé, et il sortait de la bouche de l'animal à peu près sous forme de vermicelle. D'autres fois, nous en avons rencontré qui était grumeleux, les grumeaux étant plus ou moins gros et ressemblant quelquefois à de la sciure de bois. Dans tous les cas, le sang qui provenait du dégorgement n'avait qu'une bien faible odeur fétide; mais il nous a paru plus apte à la putréfaction que le sang ordinaire.

Au lieu de faire dégorger les sangsues, on peut les ouvrir en les choisissant gorgées à des époques différentes, et l'on pourra faire alors les mêmes remarques, c'est-à-dire que, en général, le sang que l'on observera sera toujours d'autant plus foncé et épais qu'on l'examinera dans des sangsues gorgées depuis plus longtemps. Le sang diminuant toujours de quantité, il paraîtrait, d'après ces observations, que, pendant la digestion, l'animal absorberait une quantité de liquide du sang plus grande que de solide; de sorte qu'à mesure que son volume diminue, à mesure aussi la matière solide augmente, et très probablement aussi sa qualité nutritive, ce qui expliquerait peut-être comment il se fait que ces animaux peuvent rester fort longtemps sans prendre de nourriture.

Selon Vitet, le sang des dernières poches digestives aurait quelquefois une odeur un peu fétide.

On n'est pas encore parfaitement d'accord sur la durée de la digestion des *Sangsues médicinales*. Selon Rayer et quelques auteurs, elle est de six mois ; d'après Knolz et de Blainville, elle serait d'un an ; suivant Kuntzman, d'un an et demi, et quelques auteurs pensent qu'elle peut être de deux et même trois ans. Moquin-Tandon la fait varier entre six mois et un an. Il est fort difficile d'asseoir son jugement sur cette question, qui est extrêmement complexe, et il est très possible que les auteurs que nous avons cités aient tous raison chacun au point de vue de leurs observations. On aura une idée de la difficulté que présente cette question, en remarquant que la durée de la digestion doit varier, toutes choses égales d'ailleurs, avec l'âge, la santé, l'état du gorgement des sangsues, la saison, le lieu où elles reposent, etc.

Si l'on fait bouillir dans l'eau une sangsue gorgée, le sang se solidifie et affecte la forme des poches digestives qui, alors, peuvent être facilement étudiées. On obtient les mêmes résultats en les plongeant dans l'alcool.

L'*Aulastome* possède une force digestive beaucoup plus grande que les sangsues. Selon Johnson, trois aulastomes ayant avalé chacune trois néphélis, ont été ouvertes cinq jours après : dans l'une d'elles seulement, on a trouvé une néphélis à moitié digérée ; les deux autres n'en ont plus présenté la moindre trace. Malgré cette force digestive, nous avons pu conserver plusieurs mois des aulastomes sans leur donner aucune nourriture.

6° *Défécation.*

Les *Sangsues* et les *Hæmopis* qui se nourrissent d'aliments liquides rendent peu de matières excrémentitielles ; aussi ont-elles un intestin grêle et court, ainsi qu'un pylore et un anus très petits. Au contraire, l'*Aulastome*, qui se nourrit de substances solides, émet plus de matières fécales, et, pour cette raison, possède un intestin large et long, ainsi qu'un pylore et un anus dilatés.

Comme l'anus de la sangsue est à peine visible, on a cru longtemps qu'elle n'en avait pas, et que le résidu de la digestion était expulsé par la transpiration (Morand).

Chez les *Sangsues médicinales*, les excréments sortent par jets grêles, un peu contournés ; ils ont une couleur grisâtre, verdâtre, brunâtre ou vert-noir foncé ; ils ne paraissent avoir ni odeur ni saveur. Liquides d'ordinaire, ils ont quelquefois une consistance telle, qu'on les prendrait pour du fil noir (Charpentier) ; ils ne semblent doués d'aucune réaction alcaline ou acide. Tant que le canal digestif de ces annélides contient du sang, les matières excrémentitielles sont liquides, verdâtres et solubles dans l'eau qu'elles colorent en vert sale. Elles ont alors une telle ressemblance avec la bile des animaux à sang chaud, qu'il serait facile de s'y méprendre (Thomas).

Quand les sangsues sont nouvellement pêchées, et qu'elles sont réunies en masse, pendant les premiers jours elles rendent beaucoup de ces matières. La couleur verte que l'eau prend alors, loin d'être d'un mauvais augure pour les sangsues, est, au contraire, un indice de bonne santé, et les marchands ont grand soin de faire observer aux acheteurs que la *marchandise fait bien son eau verte* (Charpentier).

Les matières fécales des *Aulastomes* sont d'une couleur ochracée, ou plus souvent d'un brun plus ou moins foncé (Moquin-Tandon).

On peut facilement les faire sortir en pressant un peu l'extrémité postérieure de leur corps, et ce moyen est même excellent pour faire découvrir l'orifice de l'anus chez les individus qui ont cette ouverture peu apparente.

APPAREIL DE LA CIRCULATION.

Parmi les Hirudinés, on trouve des animaux à sang rouge

et des animaux à sang blanc. Les Bdelliens appartiennent au groupe de ces annélides qui ont le sang rouge. Ce fluide est contenu dans des vaisseaux qui vont en se ramifiant et dans lesquels on peut reconnaître un mouvement de systole et de diastole.

I. — ORGANES DE LA CIRCULATION.

Les organes de la circulation, ou pour mieux dire le système vasculaire des Bdelliens, se compose de quatre troncs principaux disposés longitudinalement et allant de la ventouse orale à la ventouse postérieure : deux sont *latéraux*, un est *dorsal* et l'autre *ventral*; ces deux derniers sont séparés par le tube digestif. Il se compose en outre de vaisseaux *courts* et de branches spéciales fournies par les quatre troncs, lesquelles produisent des rameaux, des ramuscules et des anastomoses.

1° *Vaisseau ventral ou abdominal* (Johnson).

Ce vaisseau occupe, chez les Bdelliens, la partie moyenne de l'abdomen autour du cordon nerveux, immédiatement après les couches musculaires.

Cuvier avait reconnu son existence ; Vitet en parle sans le distinguer suffisamment, et Thomas n'en dit rien, ou plutôt il le prend pour un simple névrilème et le confond avec le cordon médullaire (Moquin-Tandon). Dugès parle bien du vaisseau ventral, mais séparé du cordon nerveux, et simplement appliqué contre lui. C'est à Johnson et à J. Müller que l'on doit la connaissance de la véritable position de ce vaisseau. Ils ont décrit celui de la *Néphélis*, et ils ont très bien reconnu que ce vaisseau était un canal sanguin renfermant dans son intérieur le cordon principal des nerfs de l'animal.

Ce vaisseau présente, d'espace en espace, de légers renflements qui correspondent aux ganglions nerveux. Chacune des dilatations de ce vaisseau fournit de chaque côté une branche sinueuse qui s'en sépare à peu près à angle droit. Selon Dugès, ces branches remontent verticalement de chaque côté, embrassent le canal alimentaire, et viennent aboutir au vaisseau dorsal, d'où le nom de *branches abdomino-dorsales*, qu'il leur a donné. Chez les *Sangsues*, ces branches passent en avant entre les poches digestives, et en arrière entre les grandes poches de l'intestin (Dugès).

Chez les *Sangsues* et les *Aulastomes*, selon Gratiolet, les dilatations donnent naissance à de courtes branches qui vont se capillariser dans les téguments de la face cutanée abdominale, et à de plus longues branches qui, en s'élevant, vont jusqu'aux téguments de la face dorsale où elles se capillarisent aussi (Gratiolet, rapport de Duvernoy, *Comptes rendus de l'Institut*, 16 mai 1853).

Moquin-Tandon avait déjà observé qu'en injectant du mercure dans un des grands vaisseaux latéraux on remplissait le vaisseau ventral, et qu'alors on pouvait remarquer de chaque côté de ce canal un nombre de petits filets vasculaires tellement considérable et tellement déliés, qu'il était difficile de les suivre, même avec une bonne loupe. On les voyait se répandre en forme de réseau dans la peau de l'animal et se perdre dans les principaux organes (Moquin-Tandon).

De plus, entre le huitième et le dix-neuvième ganglion, à côté et un peu en arrière, Brandt a découvert une dilatation vasculaire un peu sinueuse, presque parallèle au vaisseau ventral, qui fournit en dehors deux branches parallèles aux branches abdomino-dorsales, et dont les ramifications s'anastomosent avec elles. Vers leur partie moyenne, en dedans, les dilatations des deux côtés s'unissent ensemble par un petit vaisseau transversal qui passe en dessus du cordon médullaire.

Ces dilatations, que Moquin-Tandon nomme *dilatations abdominales*, sont surtout très développées chez les Néphélis, où l'on peut très bien distinguer les mouvements de systole et de diastole. Lorsqu'elles sont remplies de sang et que l'on regarde l'animal par transparence, elles paraissent comme deux rangées de taches rouges (Kuntzmann, J. Müller, Wagner).

Le vaisseau abdominal est assez étroit, surtout à ses deux extrémités. L'antérieure est divisée en deux branches qui se rendent dans les lèvres; la postérieure fournit un grand nombre de petits filets qui se répandent dans la ventouse anale (Moquin-Tandon).

2° *Vaisseau dorsal.*

Le vaisseau dorsal a été assez bien décrit par Dillénius et Bibiena (1). Il s'étend dans la ligne médiane dorsale d'une ventouse à l'autre; il paraît intimement attaché à la membrane externe du canal alimentaire, et plus ou moins enveloppé par le tissu hépatique.

Plus large et plus sinueux que le vaisseau ventral, le vaisseau dorsal est un peu dilaté d'espace en espace et fournit à droite et à gauche des branches flexueuses à peu près parallèles qui en naissent à angle droit et qui sont extrêmement ramifiées. Ce sont les *branches dorsales* (Moquin-Tandon).

L'extrémité antérieure du vaisseau dorsal se divise en deux branches principales qui fournissent de petits rameaux sur les côtés, dont un intérieur, plus apparent, a pu faire croire à Bibiena, qui a décrit ce vaisseau, qu'il était, antérieurement, divisé en quatre branches.

A partir du tiers postérieur de l'animal, le vaisseau dorsal se sépare en deux parties dont l'une, plus volumineuse, n'est que la continuation de la partie antérieure et s'étend jusqu'à la ventouse anale. Cette partie fournit à droite et à gauche des rameaux ayant à peu près la forme et la direction de ceux de la partie antérieure. L'autre division postérieure du vaisseau dorsal est parallèle à la première, aussi longue, ne présente que de faibles ramuscules sur les côtés et se trouve

(1) Bibiena a cru que ce vaisseau constituait seul le système vasculaire des sangsues et qu'il était analogue à celui des vers.

placée sous le rectum. Dans le voisinage du cloaque, ces deux vaisseaux font une courbure assez prononcée et se terminent enfin en une multitude de branches capillaires. C'est à tort que Bibiena a dit que la partie postérieure du vaisseau dorsal était divisée en trois parties.

Entre la quatrième et la cinquième paire de branches dorsales, Moquin-Tandon a figuré, chez la *Sangsue médicinale*, l'espèce de boucle ovalaire signalée par Brandt.

Ce vaisseau dorsal, dans sa partie la plus reculée, communique avec des branches qui partent du dernier renflement du vaisseau ventral; mais ses principales racines viennent du réseau intestinal. En avant de l'intestin, les branches qui en naissent à angle droit traversent le réseau variqueux dorsal sous-cutané, et vont former le réseau sous-épidermique dans lequel elles se capillarisent pour la respiration (Gratiolet, rapporté par Duvernoy, *loc. cit.*).

Selon Thomas, s'il y a communication entre ce vaisseau et les vaisseaux latéraux, ce ne peut être que par de très fines ramifications, car en injectant du mercure dans ces derniers, il n'a pu le faire pénétrer dans le vaisseau dorsal. D'ailleurs, lorsqu'après la dissection des parties musculaires, de la peau et des organes internes autres que le tube alimentaire, les vaisseaux latéraux se trouvent vides de sang, le vaisseau dorsal en est encore plein : ce qui semblerait indiquer, pour Thomas, que le vaisseau dorsal serait plus particulièrement destiné à distribuer le fluide sanguin aux diverses parties du tube alimentaire.

Selon Gratiolet, on ne découvre aucune fibre musculaire dans les parois des vaisseaux ventral et dorsal.

3° *Vaisseaux latéraux.*

Sur les deux côtés de l'annélide et à la partie inférieure, on trouve les vaisseaux *latéraux* que Dugès, avec raison, a nommés *latéro-inférieurs*. Plus volumineux que les vaisseaux ventral et dorsal, ces canaux sont parfaitement égaux, membraneux, transparents, et s'étendent en serpentant tout le long de l'animal. Ils sont plus contractiles que les vaisseaux dorsal et abdominal (Cuvier et Dugès). C'est que, suivant Gratiolet, ces deux troncs ont leurs parois composées de fibres circulaires plates, contractiles, formant une couche musculaire continue, revêtue intérieurement d'une membrane déliée sans apparence de structure, et extérieurement d'une membrane encore plus déliée dont cet auteur a vu quelques traces qui, pourtant, n'ont pas suffi pour lui en démontrer complétement l'existence, bien qu'*à priori* l'on puisse la supposer (Gratiolet, rapport de Duvernoy, *loc. cit.*). Enfin Brandt a constaté, dans ces mêmes parois, la présence de fibres longitudinales.

Chez les Bdelliens, ces troncs décrivent, de cinq en cinq anneaux, des angles rentrants qui correspondent aux intervalles situés entre les ganglions. Il s'ensuit que chaque courbure contraire se trouve être vis-à-vis des ganglions eux-mêmes, en même temps qu'elle se trouve répondre également à chaque division stomacale et à chaque poche de la mucosité.

Ces vaisseaux forment un cercle complet. En s'approchant des deux extrémités, ils diminuent de diamètre, mais ils restent plus gros à la partie postérieure. Près de la ventouse orale, ces deux vaisseaux se joignent en formant une courbure flexueuse qui fournit six petites branches dirigées en avant : selon Gratiolet, ils s'unissent par deux anastomoses transverses qui entourent l'orifice buccal, au moins chez les *Sangsues médicinales* et les *Aulastomes*.

En arrière, ils se continuent l'un dans l'autre par une forte anastomose que l'on voit en dessus vers la racine de la ventouse anale (Gratiolet). Cinq ou six branches semblables à celles de la partie antérieure s'en détachent pour se rendre dans la ventouse anale. Il suit de cette description que les vaisseaux latéraux entourent longitudinalement tout le corps de l'animal.

Intérieurement, les angles rentrants des vaisseaux latéraux

émettent des rameaux sinueux au nombre de dix-huit à vingt. Assez gros à leur origine, ces petits canaux se divisent en deux rameaux qui s'avancent, en divergeant vers la ligne moyenne abdominale. Ils glissent en serpentant sous le cordon nerveux sans s'y attacher et viennent communiquer avec celui de vis-à-vis, de sorte qu'en injectant le tronc d'un des côtés de l'animal, l'autre tronc, ainsi que ses ramifications, se remplissent aussi de liquide injecté.

Ces branches, par leur réunion, forment des deux côtés une sorte de losange transversal assez grand qui entoure chaque ganglion. Ces vaisseaux transverses ont été désignés par Dugès sous le nom *branches latéro-abdominales*.

Entre les troncs principaux de ces vaisseaux et le cordon médullaire, on voit deux ou trois petits filets placés à égale distance, qui se détachent à angle droit, en avant et en arrière, se ramifient brusquement en se capillarisant.

Vers la partie antérieure de chaque poche de la mucosité, en dessus ou en dehors des vaisseaux latéraux, presque vis-à-vis des ganglions, et dans les intervalles des points où les branches abdominales prennent naissance, on voit se détacher un gros vaisseau transverse qui se courbe et se dirige vers le dos : ce sont les *branches latéro-dorsales* de Dugès. On compte dix-sept de ces branches de chaque côté : les onze premières se séparent en deux rameaux, l'un antérieur, l'autre postérieur, et à peu près de la même manière que les branches latéro-abdominales, avec cette différence que ces deux branches ne communiquent ni avec celles de vis-à-vis, ni avec le vaisseau dorsal, ainsi que l'ont supposé Spix et Dugès. Beaucoup plus grosses, les six branches postérieures ont leur rameau postérieur qui va s'unir avec celui qui lui est opposé de l'autre côté. Non loin du vaisseau dorsal, cette branche émet en arrière un rameau qui, s'en détachant à angle droit, marche à peu près parallèlement aux troncs principaux pour venir s'unir à la branche antérieure qui se trouve immédiatement après. Ce rameau longitudinal et celui du côté opposé forment, avec les deux portions des branches soudées, quatre petits quadrilatères placés bout à bout (Moquin-Tandon).

D'après Gratiolet, « les deux troncs latéraux fournissent, d'avant en arrière, jusqu'au niveau du pylore, des branches externes et supérieures, qui vont se perdre, en totalité, dans le réseau variqueux dorsal de leur côté, sans envoyer des branches ou des rameaux de communication à celles du côté opposé.

» Elles naissent de chaque tronc à des intervalles réguliers et se terminent alternativement sur les côtés du réseau (les latéro-latérales), ou s'élèvent jusque vers la face dorsale (les latéro-dorsales). La terminaison brusque des premières rappelle une disposition semblable dans les artères qui aboutissent au réseau pulmonaire des oiseaux (Duvernoy).

» En arrière du pylore, les branches externes et supérieures des deux vaisseaux latéraux forment entre elles des monticules ou arcades, dont les ramuscules composent le *réseau intestinal*. Les branches inférieures ou internes des deux vaisseaux latéraux ont, de même, entre elles des communications multipliées. Elles fournissent des rameaux nombreux aux vésicules et aux tubes en forme d'anse qui leur sont annexés et autour desquels elles s'étalent en vaisseaux admirables. M. Gratiolet regarde, avec MM. Cuvier, de Blainville, Brandt et plusieurs autres anatomistes, comme des organes mucipares, ces vésicules que Dugès et d'autres anatomistes ont considérés comme les organes de respiration de ces animaux.

» Ces mêmes branches latéro-abdominales fournissent les vaisseaux de tout l'appareil génital, qui est très compliqué chez les *Sangsues*.

» Le sang des organes dits mucipares, est ramené par des vaisseaux nombreux qui vont directement se jeter dans les réseaux cutanés. L'un d'eux, plus considérable, se renfle en plusieurs *cœurs sphériques*, dans son trajet vers la ligne médiane, lorsqu'il est arrivé au niveau de chaque testicule, et plus en arrière, à la même hauteur, lorsqu'il n'en rencontre plus. Ces cœurs, vus incomplétement par Brandt, forment de courts chapelets qui rappellent une organisation analogue chez les *Lombrics*.

» La courte branche qui sort du dernier de ces renflements, ne tarde pas à se terminer dans le vaisseau abdominal.

» Les rameaux de ces branches inférieures qui vont à la peau, y forment le *réseau variqueux abdominal* que nous avons indiqué plus haut, avant d'envoyer au réseau superficiel leurs ramifications ultimes (Gratiolet, rapport de Duvernoy, *loc. cit.*). »

Les quatre vaisseaux principaux dont nous venons de parler, savoir : le ventral, l'abdominal et les deux latéraux, constituent la partie centrale de l'appareil vasculaire des Hirudinés. Selon Gratiolet, la partie terminale de cet appareil se compose de trois réseaux que l'on peut regarder comme dépendants des téguments.

1° « Le plus profond est sous-cutané, il est désigné par l'auteur sous le nom de *réseau variqueux*. Il se sépare à la face dorsale en deux parties latérales qui ne communiquent pas entre elles et qui reçoivent chacune le sang du vaisseau latéral qui leur correspond.

» La face abdominale est pourvue de deux réseaux variqueux semblables, mais beaucoup moins riches et moins étendus que les réseaux variqueux dorsaux.

» Ces réseaux variqueux, à mailles inégales, très serrées, dont le cordon replié, comme pelotonné, rappelle les ramuscules artériels que présentent, dans les reins des vertébrés, les corpuscules de Malpighi, ont leur surface comme veloutée par des corpuscules graisseux, ce qui les a fait prendre pour le foie par plusieurs anatomistes.

» Le défaut de communication de chaque moitié dorsale de ce réseau avec l'autre, bien constaté par M. Gratiolet, le porte à considérer ces deux parties principales du réseau variqueux comme servant de réservoir ou de diverticulum au sang du vaisseau latéral correspondant.

2° » Le second réseau est formé de rameaux disposés en arcades, qui partent du réseau sous-cutané et vont dans le réseau sous-épidermique. Ils traversent toute l'épaisseur des téguments et leur fournissent tous les ramuscules nécessaires à leur nutrition.

» On comprendra que ce réseau a beaucoup d'importance, si l'on réfléchit que l'appareil tégumentaire des Hirudinés est à la fois un moyen de protection, de sécrétion, de sensation et de mouvement.

3° » Enfin, le troisième réseau, dont les mailles et le cordon sont d'une finesse extrême, est tout à fait à la surface de la peau sous l'épiderme, mais il est beaucoup plus riche à la face dorsale qu'à la face ventrale. On ne peut en apercevoir bien distinctement les détails qu'à un grossissement de 40 à 50 diamètres.

» Il est produit principalement par les branches du vaisseau dorsal, qui traversent directement la peau pour y porter le sang qu'il a reçu de l'intestin.

» M. Gratiolet regarde ce dernier réseau comme respirateur, et la peau comme le seul organe, des Hirudinés, dans lequel la respiration ait été localisée (1).

» Outre ces trois réseaux principaux aboutissant des derniers ramuscules des branches qui sortent des quatre vaisseaux longitudinaux, ou servant d'origine à leurs premières radicules, il y a des réseaux secondaires plus ou moins importants, parmi lesquels l'art de M. Gratiolet a mis en évidence, par les plus heureuses injections, celui du canal alimentaire et de ses valvules spirales, duquel naissent les radicules du vaisseau dorsal, faisant les fonctions d'artère pulmonaire (Gratiolet, rapport de Duvernoy, *loc. cit.*).

» Enfin, selon Gratiolet, chez les *Sangsues* et les *Aulastomes*, il n'existe de différences, sous ce rapport, que du plus au moins. Par exemple, le réseau variqueux est bien plus développé chez les Aulastomes que chez les Sangsues, ce qui serait assez en faveur de l'opinion des naturalistes

(1) Nous verrons plus loin que cette idée de respiration cutanée avait été émise par Cuvier et d'autres naturalistes.

qui considèrent ce singulier *plexus* comme le foie de ces animaux (Duvernoy). »

II. — SANG.

Les *Sangsues*, les *Hæmopis* et les *Aulastomes* sont des animaux à sang rouge. C'est à Ray que l'on doit la première observation de ce fait chez la *Sangsue médicinale*. Selon Virey, la teinte du sang de cette dernière espèce serait gris-rougeâtre ; elle serait cendrée-rougeâtre d'après de Blainville, et rouge un peu vineux suivant Moquin-Tandon, de même que chez les *Hæmopis* et les *Aulastomes*. La couleur du sang ne paraît pas, au reste, avoir une grande importance caractéristique chez les Annélides, puisque chez les *Piscicoles*, les *Glossiphonies*, etc., il est incolore; chez le *Sigalion* il est à peu près incolore ; chez l'*Aphrodite hérissée* il est un peu jaunâtre et dans une espèce de *Sabelle* il est vert (Milne Edwards).

Le sang des Hirudinés ne contient pas de globules, au dire de Carus ; cependant, selon Valentin, celui de la *Sangsue médicinale* en possède qui présentent un diamètre de 0,0004 de millimètre ; ils sont légèrement colorés en rouge-jaune. Moquin-Tandon les a trouvés à peu près arrondis et très irréguliers sur les bords.

Selon de Blainville et Dugès, ce fluide serait de la même couleur dans tous les vaisseaux, et par conséquent il n'existerait presque aucune différence entre le sang veineux et le sang artériel, si tant est que l'on doive reconnaître, chez les sangsues, ces deux espèces de sang. D'après Thomas, les divers vaisseaux des sangsues, dont les mouvements sont plus ou moins sensibles, contiennent tous un fluide de même nature et également rouge, et l'on ne voit pas qu'il y ait chez elles des traces de système veineux. Pourtant Derheims affirme que si l'on étend, sur une lame polie d'acier, du sang provenant du vaisseau dorsal et du sang provenant des vaisseaux latéraux et en égale quantité, et si alors on les place l'un à côté de l'autre, il sera facile de les différencier ; on trouvera que le sang du vaisseau dorsal est d'une couleur bien plus intense que celui des vaisseaux latéraux, et que s'il n'est pas noir, c'est qu'il ne peut être observé qu'en petite proportion.

Derheims a vu aussi que le sang de la *Sangsue médicinale* possède, comme celui des mammifères, la propriété de se séparer en deux parties, mais sans former de *cruor*. Les deux parties restent liquides : l'une d'elles, plus pesante, est d'un rouge-violet, sans odeur particulière et sans goût ; un repos prolongé n'en laisse séparer ni fibrine ni matière colorante. L'autre partie, plus légère, a une couleur fauve et paraît parfaitement neutre. Chauffée à +40 degrés centigrades, elle se prend en une masse blanche opaque, en tout analogue à de l'albumine coagulée.

D'où il résulte, selon Derheims, que dans le sang de la *Sangsue médicinale* :

1° Le caillot ne contient qu'une quantité à peine appréciable de fibrine qui s'y trouve dans un état d'extrême division ;

2° La matière colorante est en quantité proportionnellement plus grande que dans le sang des mammifères ;

3° Le sérum est aussi, par rapport à ce liquide, en quantité proportionnellement plus grande, relativement au cruor, qu'il ne l'est dans le sang des mammifères ;

4° Qu'il contient beaucoup d'albumine et peu d'eau.

III. — CIRCULATION.

Il n'y a pas, chez les Bdelliens, d'organe central de l'appareil vasculaire qui corresponde au *cœur* des autres animaux. Ce que Du Rondeau a pris pour tel dans la sangsue médicinale, n'est autre chose que la matrice. Knolz avait aussi considéré la bourse de la verge comme un cœur, mais il reconnaît lui-même son erreur dans une autre partie de son ouvrage.

Chez ces animaux le mécanisme de la circulation est assez difficile à expliquer.

D'après Thomas, le sang a bien, surtout dans les vaisseaux latéraux, un mouvement d'impulsion dirigé d'avant en arrière, mais d'autres fois aussi ce mouvement lui a paru être en sens contraire, et bien qu'il ne puisse assurer que cette oscillation ait lieu d'une manière régulière et constante, cependant cela lui paraît très vraisemblable. Virey croyait que le mouvement du sang se faisait toujours d'avant en arrière, ce qui est impossible (Moquin-Tandon). Quelques uns, avec Delle Chiaje, ont regardé le vaisseau ventral comme veineux, d'autres l'ont considéré comme une artère ou même comme un cœur abdominal.

Dillénius, Thomas, Knolz et Spix ont considéré le vaisseau dorsal comme une veine, Knolz l'appelle même *veine porte*, et selon Spix les vaisseaux latéraux seraient des artères. C'est aussi l'opinion de Virey. Pour Cuvier, de Blainville et Brandt, le vaisseau dorsal remplirait les fonctions d'artère, tandis que les deux vaisseaux latéraux tiendraient lieu de veines.

Dans l'opinion de J. Müller et de Wagner, les quatre grands vaisseaux longitudinaux doivent être considérés comme des cœurs vasculiformes. Le dorsal, pour eux, serait un cœur aortique; les latéraux, deux cœurs branchiaux et l'abdominal le tronc commun des veines.

Voici textuellement l'opinion de Dugès à ce sujet :

« Les choses se passent un peu différemment dans les *Annélides à corps plat*, les Hirudinés, par exemple. Ici deux gros vaisseaux latéraux, principalement destinés à la respiration, effacent, pour ainsi dire, le vaisseau dorsal et le ventral qui, par moment, se confondent dans un réseau d'anastomoses transversales, entre les deux vaisseaux latéraux, qui rappellent très bien ceux des planaires et des douves. Le sang passe, en effet, d'un de ces vaisseaux à l'autre, et chez la Néphélis vulgaire (*H. vulgaris*, L.), dont la demi-transparence permet d'observer, au soleil, la circulation, on peut se convaincre que ce liquide décrit un cercle horizontal, marchant d'arrière en avant dans le vaisseau gauche, d'avant en arrière dans le vaisseau droit. Müller avait cru qu'il n'y avait que des oscillations d'avant en arrière, mais des observations réitérées nous ont confirmé dans notre opinion, que Wagner a adoptée. Il y a, de plus, de petits tourbillons particuliers vers chaque organe de respiration. (Dugès, *Physiol. comp.*, t. II, p. 436). »

Ch. Desmoulins, contrairement à ce que Dugès a avancé, prétend que le sang marche d'avant en arrière, dans le vaisseau latéral gauche et d'arrière en avant dans le droit.

Moquin-Tandon fait observer que Dugès indique les anses mucipares comme autant de cœurs pulmonaires ; mais qu'il a pris, dans la Néphélis, pour ces anses, les dilatations vasculaires abdominales dont il a été question plus haut.

Dans sa première monographie, Moquin-Tandon a supposé « que les vaisseaux ventral et dorsal étaient chargés de porter le sang artériel dans les diverses parties du corps de l'*Annélide* ; que le fluide sanguin revenait dans les vaisseaux latéraux qui le mettent en rapport avec les organes de la respiration, et le poussent ensuite, en se contractant, dans les deux premiers vaisseaux. »

On peut observer, même à l'œil nu, que les quatre vaisseaux longitudinaux, et leurs branches principales, particulièrement les dilatations abdominales, sont doués d'un mouvement de systole et de diastole. Pendant le jeune âge, dans beaucoup d'espèces, on peut même reconnaître, à travers les téguments, les mouvements d'oscillation et de circulation. Ces mouvements sont bien plus appréciables dans le vaisseau dorsal.

Le nombre des pulsations produites par minute est assez variable, suivant quelques auteurs. Il est de sept à huit pour les vaisseaux latéraux de la *Sangsue médicinale* (Thomas). Ces pulsations sont au nombre de cinq (Mérat) ; de six à huit (Spix) ; de sept à neuf (Knolz); de six à dix (Otto) ; de huit à neuf (Johnson) ; de dix à douze (Kuntzmann) ; de quinze à seize (Meckel et Brandt). Ces différences tiennent, sans aucun doute, soit à l'état de santé de l'animal, soit à la température ambiante, soit au vaisseau sur lequel l'observation a été faite.

On peut très bien voir les mouvements dont il s'agit, suivant Moquin-Tandon, en examinant le corps d'une jeune *Néphélis* en repos à travers une lame de verre. Les vaisseaux latéraux paraissent comme des lignes flexueuses, tantôt d'un rouge vif, tantôt d'un rose pâle; les dilatations représentent des taches d'un beau rouge, courbées en croissant ou arrondies.

Pendant que l'un des vaisseaux latéraux avec ses branches transversales et ses dilatations abdominales se remplissent à la fois de fluide sanguin ensemble et en même temps que le vaisseau ventral; au même instant l'autre vaisseau latéral du côté opposé, ses branches transversales et ses dilatations abdominales, se vident et deviennent incolores. L'instant d'après, le contraire a lieu, c'est-à-dire que ce second vaisseau latéral, ses branches et ses dilatations, paraissent pleins de sang; tandis que celui du côté opposé, ainsi que le ventral, se vident à leur tour.

Ce qu'il y a de remarquable, c'est que la communication entre l'un des vaisseaux latéraux et le vaisseau ventral dure environ 20 à 25 pulsations, au bout desquelles le rapport change; car le vaisseau latéral, qui d'abord fonctionnait seul, se remplit et se vide maintenant, simultanément avec le ventral. Il en résulte que l'un des vaisseaux latéraux et le médian se trouvent ensemble en antagonisme avec l'autre vaisseau latéral seul, et, peu après, ce dernier latéral avec le ventral entrent ensemble en antagonisme avec le premier, et cette alternance dans l'antagonisme se fait régulièrement (J. Müller).

Au reste, ce mouvement est tout à fait analogue à celui que nous montrent les *Tuniciers*, qui comprennent les *Biphores*, les *Pyrosomes* et les *Ascidies*. Ces animaux, en effet, ont un cœur et des vaisseaux sanguins dans lesquels le liquide nourricier circule d'une manière très singulière; car le courant change périodiquement de direction, de façon que, dans l'espace de quelques minutes, le même canal remplit alternativement les fonctions d'une artère et d'une veine (Milne Edwards).

Selon Dugès, il paraîtrait que le vaisseau latéral, que l'on croyait agir seul, entre en communication avec le vaisseau dorsal et s'emplit et se désemplit avec lui. Le remplissage et le désemplissage de chaque vaisseau se font avec une extrême rapidité et ne sont nullement d'accord avec le nombre des pulsations qui, lentes et régulières, ne sont que de 8 par minute (Johnson).

De tout ce qui précède on peut conclure qu'il se fait un double mouvement dans le fluide sanguin. En effet, il décrit un cercle général dans les deux vaisseaux latéraux, et des cercles partiels et verticaux d'un vaisseau latéral à l'autre et de ces deux canaux aux vaisseaux ventral et abdominal. L'expérience d'une sangsue coupée en deux, et dans chaque portion de laquelle le mouvement se continue, prouve certainement l'existence de cette circulation partielle (Rudolphi). D'ailleurs, deux ligatures faites, l'une au-dessus, l'autre au-dessous d'une branche abdomino-dorsale et d'une branche dorso-abdominale, n'arrêtent pas immédiatement le mouvement de ce fluide (Moquin-Tandon).

Selon Dugès, « les *Néphélis* en liberté passent souvent des heures, des journées entières, fixées par leur ventouse postérieure, agitant d'une continuelle ondulation leur corps légèrement aplati ; elles semblent respirer alors, à la manière des Naïdes, c'est-à-dire par la peau mise en contact perpétuellement renouvelé avec le liquide ambiant. Durant ce renouvellement, les dilatations abdominales paraissent presque inertes, et les vaisseaux transverses s'aperçoivent à peine, tandis que le réseau cutané, à larges mailles, dépendant des branches latéro-abdominales et dorsales, se prononce d'une manière très marquée. C'est alors que le sang circule avec régularité et à grandes ondes dans les deux canaux latéraux. »

Enfin Dugès a remarqué que, dans chaque côté, les dilatations abdominales exécutent leur mouvement avant ceux du vaisseau latéral, et celui-ci (mais moins sensiblement) avant ceux des troncs médians; d'où l'on peut conclure : 1° que ces troncs médians reçoivent des latéraux médians le sang qu'ils distribuent aux organes, et notamment à l'appareil digestif; 2° que les vaisseaux latéraux le reçoivent des dilatations abdominales (Moquin-Tandon).

APPAREIL DE LA RESPIRATION.

I. — ORGANES.

Les sangsues n'ont, à proprement parler, aucun organe spécial de la respiration qui soit plus ou moins analogue aux branchies. La respiration s'effectue dans toutes les parties qui sont en contact avec l'élément dans lequel ces êtres vivent et puisent l'oxygène nécessaire à leur existence.

Quelques auteurs, parmi lesquels nous citerons Dillenius, Morand, Du Rondeau, Bibiena, Vitet et Carradori, ont cru que les Bdelliens et tous les Hirudinés respiraient par la bouche, et Carradori avait cru confirmer cette opinion en faisant observer que les *Sangsues médicinales* plongées dans l'huile ou dans l'eau mouraient au bout d'un certain temps, la bouche ouverte (Moquin-Tandon). Mais Johnson a démontré que la bouche n'entre pour rien dans le phénomène de la respiration, puisqu'une ligature faite autour de cet orifice n'empêche pas la respiration de continuer.

En observant qu'une sangsue recouverte d'une couche d'huile ne tardait pas à mourir, Redi avait admis que ces annélides respiraient par des trachées.

Quelques auteurs ont supposé que l'orifice de l'organe mâle était un trou par lequel se faisait la respiration.

Plusieurs observateurs : Thomas, Dugès, Derheims, Mérat, Charpentier, etc., ont prétendu que les vésicules membraneuses placées le long des vaisseaux latéraux devaient être considérées comme les organes respiratoires de l'annélide. Dugès a même admis qu'ils tenaient le milieu entre les branchies et les trachées. Mais d'autres observateurs (Spix, Johnson, de Blainville, Brandt, Filippi et Gratiolet) regardent avec raison ces organes comme des réservoirs particuliers de mucosité. Voici les raisons qui font admettre cette manière de voir plutôt que celle qui consiste à les considérer comme des organes de respiration :

1° Ces vésicules sont constamment pleines d'un liquide légèrement muqueux, et, par conséquent, elles doivent difficilement laisser passer l'oxygène ou l'eau qui en est chargée.

2° La position de leurs orifices occupant les deux côtés de la face ventrale serait très défavorable à la respiration, puisque les Hirudinés sont le plus souvent appuyés sur leur ventre.

3° Ces organes ne sont pas nécessaires pour expliquer le phénomène de la respiration, puisque parmi tous les Hirudinés il n'y a que les *Sangsues*, les *Hæmopis*, les *Aulastomes* et les *Trochètes* qui en soient pourvues (Moquin-Tandon).

4° Une sangsue placée pendant un mois dans de l'eau carminée où elle a parfaitement vécu, n'a montré aucune coloration dans les prétendus organes respiratoires de Thomas, Dugès, etc. (de Quatrefages).

A ces raisons, Gratiolet ajoute les trois suivantes :

5° « Les injections ne pénètrent jamais de la vésicule dans le boyau ; ce qui aurait lieu si ces organes devaient recevoir le fluide respirable ambiant (1). Au contraire, M. Gratiolet les a fait passer facilement du boyau dans la vésicule.

6° » Les parois du boyau ne sont nullement musculeuses ; elles ont toutes les apparences glanduleuses.

(1) Thomas avait aussi essayé d'injecter du mercure par ces vésicules, pour voir s'il ne découvrirait aucune ramification intérieure ou quelque canal qui allât s'y rendre ou qui en partît, et, malgré de fortes pressions, il ne put jamais faire glisser le mercure nulle part. Ce qui ne l'empêcha pas, néanmoins, de les considérer comme des organes de respiration.

7° » Ces organes sont d'autant moins développés que l'animal est plus exclusivement aquatique ; les *Néphélis*, qui ne sortent jamais de l'eau, en manquent.

» Ils sont médiocrement développés dans la *Sangsue noire* (*Hæmopis vorax*), qui ne sort de l'eau que le soir, lorsque le soleil est couché. C'est la *Sangsue médicinale* qui les a le plus développés. » (Gratiolet, rapport de Duvernoy, *loc. cit.*)

Jusqu'à preuve du contraire, nous pensons avec Gratiolet, qui a eu l'obligeance de nous montrer ses admirables préparations, que le troisième réseau *sous-épidermique* dont nous avons parlé (page 188) est véritablement le seul organe de la respiration chez ces animaux. En effet, ce réseau dont les détails ne peuvent être bien aperçus que par un grossissement de 40 à 50 diamètres, est formée de vaisseaux d'une finesse extrême. De plus, il se trouve placé tout à fait à la surface de la peau, sous l'épiderme, et la face dorsale en est beaucoup plus riche que la face ventrale. Ce sont donc autant de circonstances qui militent en faveur de l'opinion de Gratiolet, puisque le sang se trouve dans les meilleures conditions possibles pour son oxygénation. Au reste, Cuvier avait reconnu aussi deux vaisseaux latéraux, placés longitudinalement, formant sur chaque face (ventrale et dorsale), au moyen de vaisseaux transverses, deux réseaux à mailles rhomboïdales qu'il était parvenu plusieurs fois à injecter de mercure. Il faut, dit-il, que les rameaux de ce réseau, qui s'épanouissent à la surface de la peau, servent à la respiration de l'animal, car il n'a point d'autre organe pour cette fonction.

Ainsi, comme on le voit, ces idées sont à peu près conformes avec celles des physiologistes qui admettent que les Hirudinés n'ont pas d'organe spécial pour la respiration, mais que cette fonction doit être attribuée à toute l'enveloppe cutanée de ces animaux.

II. — RESPIRATION.

Puisque la respiration de ces annélides se fait par toute la surface du corps, on comprend que la consommation de l'air doive être assez considérable. On conçoit pareillement que la respiration se fasse mieux par le dos que par la face abdominale, puisque, presque toujours, l'animal se trouve appuyé sur le ventre. Enfin voilà pourquoi, sans doute, la nature a gratifié la face dorsale de ces animaux d'un réseau sous-épidermique plus abondant.

Thomas s'est assuré que les *Sangsues médicinales* absorbaient l'air et que ce fluide finissait par être altéré par elles. Il a placé plusieurs sangsues sous un bocal, où l'eau montait jusqu'à une hauteur déterminée, et il l'a renversé sur un vase dans lequel il a ensuite versé de l'eau. Vingt-quatre ou trente heures après, il s'est aperçu que l'eau était montée de plusieurs millimètres. La hauteur du liquide s'est encore accrue davantage vers la fin du second jour. Ainsi, évidemment, les sangsues ont absorbé une certaine quantité d'air.

Après avoir recueilli diverses portions de cet air dans de petits bocaux, le même auteur put s'apercevoir que les bougies s'y éteignaient et que l'eau de chaux s'y troublait, d'où il dut conclure que la respiration avait lieu chez les sangsues comme chez les autres animaux à sang rouge.

Bien que les sangsues puissent vivre quelque temps sans respirer, on peut affirmer que l'air ou l'eau chargée d'oxygène sont très nécessaires à leur existence, et c'est sur ce principe que repose en partie le secret de la conservation de ces annélides. Nous extrayons de notre Mémoire les passages suivants qui se rapportent à cette question (*Répertoire de pharmacie*, t. VII, 1851, page 295) :

« Les expériences suivantes m'ont conduit à employer une méthode qui pourra, au premier abord, paraître contradictoire avec les soins que l'on recommande de prendre pour la conservation des sangsues. Mais en y réfléchissant un peu, on verra qu'elle est rationnelle, et d'ailleurs l'expérience va nous prouver que la méthode est bonne.

» Deux dorades de Chine (*Cyprinus auratus*, L.) placées dans un vase d'une assez vaste capacité, et changées d'eau tous les jours, sont mortes au bout de sept à huit mois, bien qu'on ait eu le soin de leur donner du biscuit, du pain ou des parcelles de pain à chanter.

» Deux autres dorades placées dans un second vase, et mises en expérience en même temps, n'ont jamais été changées d'eau, et il est remarquable que l'eau, dans laquelle *il se développa cette végétation simple que l'on observe si fréquemment dans l'eau stagnante* (conferves), ne se corrompit point, et que les dorades, moins friandes ou plutôt moins affamées, quoique paraissant plus vives, ne se jetaient point sur les aliments pareils qu'on leur donnait. Elles ont vécu parfaitement plus de deux ans.

» Dans d'autres expériences, faites dans le même sens, sur des salamandres aquatiques, des ablettes et des sangsues, j'ai obtenu des résultats tout à fait semblables.

» Ces résultats, faciles à prévoir, mais qui néanmoins avaient besoin d'être sanctionnés par l'expérience, s'expliquent de la manière la plus simple. On sait, en effet, que les animaux, même ceux qui occupent la partie inférieure de l'échelle des êtres animés, ne peuvent vivre longtemps au milieu d'un air ou d'une eau saturés d'acide carbonique. Or, l'eau à la température et sous la pression ordinaires dissout un volume égal au sien d'acide carbonique. Donc, cette eau sera, pour les poissons et les autres animaux aquatiques, une eau asphyxiante dans laquelle ces animaux trouveront la mort. D'un autre côté, nous savons très bien que les végétaux, même les plus simples, ont au contraire, sous l'influence de la lumière, la propriété de décomposer l'acide carbonique, de s'en approprier le carbone et d'en éliminer l'oxygène qu'ils restituent à l'eau (1). Voilà pourquoi les végétaux vivant au

(1) Les expériences de Priestley, d'Aimé et de Th. de Saussure, ont en

milieu d'une eau habitée par des animaux rendront à l'eau une partie de l'oxygène sans lequel ces animaux ne sauraient vivre. Pareillement l'eau dissout très bien le gaz sulfhydrique, lequel aussi est délétère pour les animaux; mais des expériences positives prouvent que les végétaux contiennent le soufre au nombre de leurs éléments; la végétation agit très certainement sur l'acide sulfhydrique comme sur l'acide carbonique, en fixant le soufre et l'hydrogène de ce composé: d'où il résulte que les végétaux seront encore, sous ce rapport, une cause de salubrité pour l'habitation des êtres aquatiques. Enfin, c'est encore pourquoi l'eau ne se putréfie point, lors même qu'elle ne contient que les végétaux les plus simples (1) ».

Les végétaux aquatiques sont donc nécessaires à la purification de l'air dissous, qui sans eux serait bientôt remplacé par de l'acide carbonique, ce qui, par conséquent, rendrait l'eau asphyxiante.

Ainsi s'explique le besoin dans lequel sont les Hirudinés aquatiques de mettre incessamment leur peau en contact avec de nouvelles couches d'eau dont l'air n'est pas encore vicié, ce qu'ils font en effectuant le balancement ondu-

effet prouvé que les parties vertes des végétaux possèdent la propriété de décomposer l'acide carbonique sous l'influence de la lumière solaire, en s'appropriant le carbone et en restituant à l'air l'oxygène qui était combiné avec lui. Il en est de même de celles de Morren sur la végétation verdâtre des flaques d'eau et sur les monadaires vertes, lesquelles agissent à la manière des parties vertes végétales.

(1) La présence de l'acide sulfhydrique dans les eaux stagnantes s'explique de la manière suivante. Les eaux contiennent toujours des sulfates alcalins qui, sous l'influence d'une matière organique, se transforment en monosulfures, lesquels, dissous dans l'eau, peuvent être considérés comme une combinaison d'acide sulfhydrique et de base alcaline. Or, l'acide sulfhydrique est un acide faible que l'acide carbonique peut déplacer de sa combinaison. Mais nous savons que l'eau dissout l'acide carbonique en assez forte proportion : par conséquent, dès que le sulfate se trouve transformé en monosulfure ou sulfhydrate par la matière organique, l'acide carbonique réagit sur le nouveau composé, en chasse l'acide sulfhydrique pour former avec la base un carbonate neutre.

latoire dont nous avons parlé précédemment. Les *Sangsues médicinales*, moins essentiellement aquatiques que les *Néphélis*, ne présentent pas ce mouvement d'ondulation à un point aussi prononcé que ces dernières. Les *Hæmopis* sont à peu près dans le cas des sangsues. Quant aux *Aulastomes*, qui sont peut-être plus souvent encore hors de l'eau, nous leur avons vu opérer aussi le mouvement ondulatoire en question.

Suivant Boyle, les sangsues médicinales peuvent rester cinq ou six jours, et quelquefois plus, sans mourir sous la cloche d'une machine pneumatique. Vitet pense qu'elles peuvent demeurer de dix à vingt jours sans respirer. Selon Moquin-Tandon, elles restent vivantes, au moins une semaine, dans un bocal plein d'eau et hermétiquement bouché.

Ces expériences ne nous paraissent pas conduire à la conclusion que ces animaux ne respirent pas. Le vide de Boyle n'était certes pas parfait; la cloche pouvait être assez grande et le nombre des sangsues assez petit pour qu'elles pussent encore respirer, quoique plus difficilement. Dans l'expérience rapportée par Moquin-Tandon, on comprend que la capacité du bocal, la nature de l'eau et le nombre des sangsues auraient dû être indiqués. En effet, les expériences de Humboldt et Gay-Lussac prouvent que l'air dissous dans l'eau est plus riche en oxygène que l'air libre, dans le rapport de 0,32 à 0,21, et l'on conçoit que cette quantité d'oxygène peut être assez grande, si, par exemple, le bocal en question était de deux, trois ou quatre litres. Alors une sangsue pouvait y respirer longtemps, deux fois plus longtemps que deux, quatre fois plus longtemps que quatre, et ainsi de suite. Quant aux sangsues qui vivent dans la glace, on serait dans l'erreur si l'on croyait qu'elles ne respirent pas. A la vérité, elles respirent peu, car toutes leurs fonctions sont à peu près suspendues, mais la glace renferme une assez forte proportion d'oxygène plus ou moins divisé qui satisfait évidemment à leur besoin dans cet état d'engourdissement où elles se trouvent, puisqu'elles peuvent y rester un grand nombre de jours sans mourir.

Nous avons fait l'expérience suivante, dont les résultats nous ont paru présenter quelque intérêt. Le 20 novembre 1853, le matin, nous avons rempli d'eau bouillante un flacon de 125 grammes, et après l'avoir bien bouché, nous l'avons fait refroidir. Alors nous y avons mis deux sangsues médicinales bien vives, et nous avons de nouveau hermétiquement fermé le flacon. Tout d'abord les sangsues se sont mises en mouvement comme pour chercher un milieu plus aéré; mais bientôt elles se sont fixées par la ventouse anale et se sont mises à exécuter le mouvement ondulatoire dont nous avons déjà parlé. Peu de temps après, elles sont tombées au repos en se contractant, mais se tenant par la ventouse anale. Le lendemain, elles n'avaient même pas la force de se fixer par leur ventouse, et elles semblaient mortes; mais dès qu'on les agitait, elles se mouvaient lentement et alors elles se fixaient de nouveau, mais plus particulièrement par la ventouse anale. Nous avons plusieurs fois répété ces observations, et bien des fois nous les avons crues mortes, alors qu'elles n'étaient qu'engourdies. Enfin, le 22, à neuf heures du soir, elles ne donnaient plus aucun signe de vie; nous les laissâmes néanmoins jusqu'au 23 au matin, où, examinées encore et agitées, elles nous parurent complétement mortes. Alors nous débouchâmes le flacon et nous les jetâmes dans un vase avec l'eau; mais, mises à sec et dès qu'elles eurent le contact de l'air, elles commencèrent à se remuer, et nous nous aperçûmes qu'elles n'étaient véritablement qu'asphyxiées. Cet état de mort apparente avait certainement duré douze heures. Combien aurait-il pu durer? il serait assez curieux de le constater.

On peut dire qu'elles ont vécu soixante-douze heures dans l'eau complétement privée d'air, mais que là, probablement, se serait trouvée la limite de leur vie sans le secours de l'air, qui leur a donné une force telle qu'elles ont pu être appliquées.

Le même jour, 20 novembre, deux autres sangsues de même force et en apparence de la même énergie vitale ont été mises dans un pareil flacon de 125 grammes, bien bouché, mais plein d'eau ordinaire, par conséquent contenant de l'air. Elles ont commencé par demeurer quelque temps au fond du liquide sans presque aucun mouvement. Bientôt elles se sont mises à se mouvoir, puis à exécuter leur mouvement ondulatoire, l'une quelque temps avant l'autre. Cet état de choses a duré quelque temps. Dix, douze, quatorze jours après, elles étaient évidemment très faibles; elles s'attachaient par leur ventouse anale seulement, puis tombaient sans mouvement, mais toujours attachées par cette ventouse. Quand on agitait le vase, elles présentaient un mouvement extrêmement lent, et elles vécurent ainsi quelque temps encore. Enfin, vers le 4, le 5 et le 6 décembre, le matin, nous les trouvâmes immobiles au fond du vase; un mouvement suffisait pour leur faire exécuter un très faible mouvement et pour les faire s'attacher cette fois par la ventouse orale. L'une d'elles mourut le 7 ou probablement se trouva asphyxiée, et comme nous ne voulions ouvrir le flacon que lorsque la seconde serait sans mouvement, cette sangsue mourut complétement. En effet, la sangsue encore vivante ne donna plus aucun signe de vie que le 14, vers midi, et quelque agitation que nous ayons imprimé au flacon, nous ne pûmes parvenir à la faire se remuer. Six heures après, voyant que tout mouvement avait cessé, nous ouvrîmes le flacon et nous retirâmes les sangsues que nous remîmes dans de l'eau fraîche et aérée. D'abord nous avons pensé qu'il était trop tard pour la dernière sangsue morte, elle ne donnait alors aucun signe de vie; mais trois heures après, nous avons pu nous assurer qu'elle était revenue, et, chose remarquable, de même qu'elle avait perdu la force de la ventouse orale la dernière, de même ce fut elle qui revint la première, et ce n'est que beaucoup plus tard que revint la force de la ventouse anale perdue la première.

On voit que ces sangsues ont vécu l'une dix-sept jours, l'autre vingt-quatre jours dans l'air contenu dans 125 grammes d'eau. Il en résulte que ces animaux, dans certaines circonstances, dépensent peu d'oxygène.

Johnson a aussi fait quelques expériences qui méritent d'être mentionnées. Il a mis une *dorade*, une *mulette*, une *grenouille* et deux *sangsues* dans de l'eau distillée, et il a observé que la mulette a vécu 13 jours ; les sangsues, 8 ; la dorade, 5, et la grenouille 3 jours seulement.

Redi a cru que l'huile était très nuisible aux sangsues; mais elle n'agit qu'en formant autour de ces animaux une sorte de vernis impénétrable à l'air. Quoi qu'il en soit, il paraît certain que les sangsues peuvent vivre dans l'acide carbonique pendant vingt-quatre heures au moins, et dans un flacon d'huile hermétiquement fermé plus de quarante heures (Moquin-Tandon).

APPAREIL DE LA SÉCRÉTION.

Dans ce chapitre nous ne parlerons que de la sécrétion produite par des corps particuliers placés de chaque côté du corps de la sangsue, et dont nous allons étudier la structure; ayant dit tout ce que nous avions à dire sur les *cryptes mucipares*, en parlant de la peau, et sur les *glandes salivaires* et le *tissu hépatique*, en étudiant l'appareil de la digestion.

1° *Anses mucipares.*

On trouve chez les *Sangsues médicinales*, sur les côtés de la face abdominale, entre les poches digestives et au-dessous des couches musculaires, des canaux allongés, intestiniformes, plus larges à une extrémité qu'à l'autre, d'une couleur gris jaunâtre, quelquefois un peu rosée, à parois épaisses, très sinueuses, inégales et contractiles : ce sont les *anses mucipares*. Repliés sur eux-mêmes, ces canaux forment une anse qui s'élève au-dessus du vaisseau latéral ; l'une des branches descend jusqu'au testicule correspondant, ou jusque près du vaisseau ventral, plus en arrière que le dernier des testicules, tandis que l'autre va s'ouvrir dans la vésicule qui lui correspond (Gratiolet, rapport de Duvernoy, *loc. cit.*).

Brandt et Gratiolet, qui les ont examinés au microscope,

ont trouvé que ces canaux présentaient une structure glanduleuse.

Quelques anatomistes ont pensé que ces canaux étaient des prostates ou des glandes de Cowper, et qu'ils communiquaient avec les testicules (Spix, Home); quelques autres les ont considérés comme des vaisseaux sanguins. Partageant cette manière de voir, Moquin-Tandon, dans sa première édition, les avait appelés *artères pulmonaires*, et Dugès leur a donné le nom d'*anses pulmonaires*, ces deux auteurs supposant que ces organes communiquaient avec les vaisseaux latéraux.

Aujourd'hui on s'accorde généralement, avec Thomas, de Blainville, Filippi et Brandt, à regarder ces canaux comme des organes sécrétoires, et ils ont été, en conséquence, désignés encore sous les noms de *canaux muqueux* et de *glandes muqueuses*. Ils sécrètent avec assez d'abondance un liquide incolore, doux au toucher et un peu moins visqueux que la liqueur produite par les cryptes de la peau. Il y en a douze à quinze paires, suivant Bening, et quinze selon Kuntzmann; Moquin-Tandon en décrit et en figure dix-sept; elles sont de seize à vingt, d'après Gratiolet et Duvernoy (Rapport de Duvernoy, *loc. cit.*).

Ces organes sont assez difficiles à examiner; ils exigent une dissection délicate : pour les bien voir, on les enlève avec précaution et on les presse légèrement entre deux lames de verre, ou bien on les examine par un beau jour et par réfraction (Dugès). On y découvre alors une grande quantité de granules extrêmement petits.

Selon Moquin-Tandon, ces organes ne se trouvent que chez les *Sangsues*, les *Hæmopis*, les *Aulastomes* et les *Trochètes*. Ceux des *Sangsues* et des *Hæmopis* sont deux fois repliés sur eux-mêmes; ceux de l'aulastome paraissent très sinueux, et pour ainsi dire tortillés.

Poches de la mucosité. — C'est à Bibiena et à Thomas que l'on doit la connaissance de ces organes, que Cuvier ne paraît pas avoir connus, et dont Vitet nie l'existence.

Cependant, non loin des anses mucipares et un peu en dessous, on peut s'assurer qu'il existe des petites vésicules membraneuses (fig. 31, *p*, *m*), blanchâtres, transparentes et de forme ovalaire. Beaucoup d'auteurs ont cru que ces poches étaient des organes de la respiration, et pour cette raison ou les a nommés *trachées* et *poches pulmonaires*. Bening les a désignés sous le nom de *capsules*. Aujourd'hui on paraît être assuré qu'ils doivent être regardés comme les réservoirs de la mucosité sécrétée par les anses mucipares.

On en compte autant que d'anses mucipares; mais les auteurs varient beaucoup sur le nombre qu'ils attribuent à la *Sangsue médicinale*. Spix, Bojanus, Oken, Brandt et Moquin-Tandon, en comptent dix-sept de chaque côté de l'animal. Thomas et Kuntzmann en admettent onze, Bening douze à quinze, Johnson quinze, Home seize, Dutrochet et de Blainville dix-huit, Virey de quinze à vingt, et Latreille vingt-deux. On en trouve le même nombre dans l'*Hæmopis* et l'*Aulastome*. Dans ce dernier genre ils ont un demi-millimètre de grand diamètre (Moquin-Tandon).

Dans la *Sangsue médicinale*, on les trouve à 1 millimètre de distance des bandes noires qui se trouvent sur les côtés de la face abdominale. Elles sont régulièrement placées à une distance qui comprend cinq anneaux. Les trois premières paires paraissent un peu plus rapprochées que les autres.

Il avait semblé à Thomas qu'il s'échappait des bulles d'air de ces poches; cependant cet observateur a reconnu que les organes mucipares sont remplies par un liquide. Il paraît que ces poches restent pleines seulement pendant la vie; car, après la mort, ce liquide s'échappe de la vésicule qui, peu à peu s'affaisse et s'aplatit, de sorte qu'il est très difficile d'apercevoir alors cet organe, à moins qu'il ne contienne encore une certaine quantité de mucosité. Thomas a cru que cette sécrétion était analogue à celle qui constitue la transpiration pulmonaire.

Les bords des orifices qui conduisent à ces poches jouissent d'une sensibilité très vive; ils se contractent fortement pour peu qu'on les irrite, et cela, à ce point que l'on ne peut plus y introduire aucun corps quelconque (Thomas). Ces bords, manifestement valvulaires (Kuntzmann, Newport), sont placés latéralement sous le ventre au bord postérieur des anneaux. Ces ouvertures sont tellement petites, que ce n'est qu'avec la plus grande peine que l'on parvient à reconnaître leur position. On y arrive pourtant facilement à l'aide de certains moyens que nous allons indiquer : 1° En essuyant avec quelques soins le corps d'une sangsue, on ne tarde pas à voir une série de gouttelettes se former de chaque côté de la face abdominale (Moquin-Tandon).

2° En faisant rouler l'animal dans de la farine ou dans une fécule quelconque, on voit ces substances adhérer à la surface de l'animal, excepté aux orifices qui conduisent aux poches de la mucosité. A chacun de ces orifices, on voit que la pâte est soulevée et détachée par les globules de liqueur que la sangsue fait sortir, sans doute par un effet de son instinct (Thomas).

3° En choisissant une grosse sangsue bien gorgée, et la plongeant vivante dans l'eau bouillante, les orifices des poches de la mucosité se laissent alors facilement voir à l'œil nu de chaque côté de la face abdominale (fig. 28, *o*, *m*).

Les poches mucipares sont formées de deux membranes très minces que l'on rend évidentes de la manière suivante. On remplit l'une d'elles de mercure, de manière à le faire devenir très saillant; alors, en grattant légèrement la membrane qui la forme avec la pointe d'une lancette, on voit se détacher quelques minces lambeaux membraneux, sans que le mercure s'en échappe (Thomas). La première membrane est celluleuse, l'autre paraît musculaire.

Les relations de ces poches avec les *anses mucipares* ont été reconnues par Bojanus, Oken, Dugès, Brandt et Gratiolet. Ces anses paraissent s'épanouir dans leurs parois sous la forme de réseaux très déliés. Selon Dugès, les parois de ces vésicules sont très riches en petits vaisseaux anastomosés, ce qui est contesté par Brandt.

Thomas a fait au-dessus d'un de ces organes une ligature au grand vaisseau latéral dans lequel il injecta du mercure. Il exerça ensuite de douces pressions sur ce fluide pour le faire avancer, et il reconnut qu'il pénétrait dans une branche qui se rendait à ce corps ; il dirigea vers cet endroit le mercure, et bientôt il s'aperçut qu'une quantité innombrable de vaisseaux capillaires s'injectèrent ; ils étaient en si grand nombre, que la vessie étant affaissée, on n'apercevait plus que de petites parties de ses membranes (Thomas). Moquin-Tandon a répété plusieurs fois cette expérience, et il est parvenu deux ou trois fois à injecter ces capillaires. La petite branche vasculaire qui part du vaisseau latéral, et va s'épanouir dans la poche (Dugès), paraît être un vaisseau nourricier (Moquin-Tandon).

2° *Glandes dorsales.*

Chez plusieurs Hirudinés (Glossiphonies), on trouve dans la région dorsale des espèces de glandes arrondies qui s'ouvrent à l'extérieur au moyen de pores percés dans la peau.

Vitet a indiqué une ouverture dorsale chez la *Sangsue médicinale*, qui ne serait visible que lorsque l'animal est plongé dans l'essence de térébenthine. Moquin-Tandon suppose que cet observateur a pris quelque blessure ou une cicatrice pour un orifice naturel. Cependant Ébrard a, dernièrement encore, parlé de deux orifices placés sur le dos de la *Sangsue médicinale*, desquels sortirait un liquide clair et visqueux à l'époque de la formation de l'embryophore. Ces orifices, placés sur la ligne médiane du dos, immédiatement en arrière de la matrice, communiqueraient avec deux petites poches pleines du liquide dont nous avons parlé. Il est donc très probable que ce sont les mêmes organes que Vitet et Ébrard ont indiqués, lesquels seraient de nature glanduleuse, comme les anses mucipares.

Il y a déjà longtemps que nous avons observé sur le dos des sangsues médicinales, immédiatement de chaque côté de la ligne médiane, et tous les cinq anneaux, deux petits points blanchâtres peu apparents d'ordinaire, et présentant une petite dépression centrale où se trouve un pertuis microscopique (fig. 29). Ces corps, que, jusqu'à nouvel ordre, nous considérerons comme les analogues des glandes trouvées chez quelques Glossiphonies, et auxquels sans doute appartiennent les deux orifices observés par Ebrard, sont surtout rendus bien évidents en plongeant dans l'eau bouillante une forte sangsue parfaitement gorgée de sang. Nous en avons compté dix-sept paires. Chez les sangsues gorgées, les glandes de chaque paire présentent un intervalle de 2 millimètres environ. Celles des deux extrémités sont moins marquées que celles du milieu, mais à l'aide d'une bonne loupe, on reconnaît aisément leur existence par les deux petites dépressions qui en tiennent la place, dépressions qui sont si peu évidentes, que l'on ne pourrait même pas les apercevoir, si l'on n'avait le soin de passer le doigt dessus pour enlever le liquide dont le miroitement s'oppose à l'observation.

Indépendamment de ces deux glandes médianes, on reconnaît, en essuyant bien la sangsue en question, et sur le même anneau, d'autres dépressions analogues qui sont placées sur les côtés du dos. Ces dépressions, beaucoup moins apparentes, pourraient être mises en doute. Cependant, nous avons tellement pu les voir sur l'individu que nous avons entre les mains, que nous pouvons affirmer qu'il existe deux ou trois autres de ces pertuis de chaque côté des glandes médianes, ce qui ferait six ou huit ouvertures microscopiques pour chaque anneau, se répétant de cinq en cinq. Il est vrai que tous ne sont pas aussi visibles, ce n'est que par induction que nous les indiquons tous les cinq anneaux.

L'anneau qui les offre suit immédiatement, en allant de la ventouse antérieure à la postérieure, celui qui porte les orifices des poches de la mucosité, lesquels sont très apparents dans la sangsue gorgée et morte dans l'eau bouillante.

APPAREIL DE LA REPRODUCTION.

Quelques observateurs, avec Clesius et Trémolière, ont prétendu que les *Sangsues médicinales* avaient les sexes séparés ; mais il est certain que les Bdelliens sont, comme tous les Hirudinés, hermaphrodites, ou plutôt androgynes, c'est-à-dire que chaque individu porte les deux sexes ; mais il ne peut se féconder lui-même. Il est donc forcé de s'accoupler avec un et quelquefois avec deux de ses semblables, donnant et recevant à la fois, fécondant son partner et étant fécondé par lui (Dugès).

I. — ORGANES DE LA REPRODUCTION.

C'est particulièrement la *Sangsue médicinale* qui a fourni le plus aux observations des anatomistes, du moins quant aux organes de la génération. Ces organes sont très étendus, très compliqués, et présentent d'un genre à l'autre, chez les Hirudinés, des modifications très marquées. Plusieurs auteurs en ont donné de bonnes descriptions, parmi lesquels nous citerons Thomas, Spix, Bojanus, Home, Kuntzmann et Brandt.

Les organes sexuels des Bdelliens s'annoncent à l'extérieur par deux orifices qui sont placés à la face ventrale, sur la ligne médiane de l'annélide et à peu près vers le quart de son extrémité antérieure. Ces ouvertures sont éloignées l'une de l'autre de cinq anneaux, l'orifice mâle étant toujours en avant (fig. 18 et 30).

Vers l'époque de la reproduction, on observe qu'il se produit un renflement particulier, plus pâle que le reste du corps, et à peu près semblable à celui qui se fait si manifestement remarquer chez les lombrics, vers le tiers antérieur du corps. C'est cette dilatation qui constitue le *clitellum* de Villis, le *bardella* de Redi et la *ceinture* de Savigny (fig. 1 et 4, *c*). C'est dans ce renflement que se trouvent comprises les deux ouvertures sexuelles. Les usages de cette ceinture ont donné lieu à bien des suppositions fausses : c'est ainsi que l'on a cru que l'état de gestation était la cause de ce gonflement ; mais comme la ceinture est très apparente avant l'accouplement, on a dû abandonner cette supposition.

Dugès a émis l'idée qu'elle pourrait bien être un organe d'adhésion copulative ; mais cette manière de voir n'est plus soutenable depuis que l'on sait le rôle qu'elle joue dans la production des *embryophores* ou *cocons*.

Chez les *Hæmopis*, la ceinture embrasse quinze anneaux. Moquin-Tandon, qui en a examiné le tissu, y a remarqué une quantité innombrable de petits corps obovés, granuleux, pédiculés, communiquant entre eux, et fort semblables à ceux qui entrent dans la composition des glandes salivaires.

Chez les *Sangsues médicinales*, la ceinture ne se prononce guère avant l'époque de la conception ; mais dans les trente ou quarante jours qui s'écoulent pendant la gestation, la ceinture se manifeste par un renflement *ovoïde, jaunâtre* (Vayson) qui va toujours croissant, jusqu'au moment où le cocon est formé (Charpentier). Selon Ebrard « aucun gonflement n'existe autour des organes génitaux de la sangsue, ni immédiatement après la fécondation, ni dans les jours qui la suivent, ni même pendant ceux qui précèdent le moment de la pose (1). »

1° *Organe mâle.*

Chez les Bdelliens, l'orifice de l'organe mâle (*o*, *m*, fig. 18 et 30) est toujours fixé entre le vingt-quatrième et le vingt-cinquième anneau. Chez les autres Hirudinés, cette position varie beaucoup.

A. Verge. — La verge des *Sangsues* (*v*, fig. 18 et 30), que Poupart a comparée à un fil à coudre, est, en effet, filiforme, blanchâtre, lisse et très extensible. Sa longueur est quelque-

(1) *Des sangsues considérées au point de vue de l'économie médicale*, page 101.

fois de 2 centimètres, mais jamais elle n'atteint la longueur de deux pouces, ainsi que l'ont dit Poupart et Thomas. On la voit fort souvent sortir vers l'époque de la reproduction. Elle est toujours visible à l'extérieur quand on a fait mourir une sangsue dans l'eau chaude. Nous avons observé que souvent elle sortait pendant le dégorgement, et il n'est pas rare de voir des sangsues mortes chez lesquelles on la trouve complétement hors du corps.

Cet organe, qui est creux, ainsi que l'a fort bien observé Poupart, renferme un muscle blanchâtre, de la grosseur d'un cheveu, très résistant, et qui sert à rentrer la verge dans son fourreau. Cette verge porte à son extrémité libre un léger renflement un peu allongé, que Knolz a désigné sous le nom de *gland*.

Chez les *Aulastomes*, la verge a toujours plus de 2 centimètres de longueur; elle est marquée, excepté dans son tiers inférieur, d'un grand nombre de rides transversales, qui bientôt sont remplacées chacune par dix ou douze petites papilles saillantes disposées en quinconce avec celles de dessus et de dessous. Morren a signalé l'existence d'un sillon longitudinal, que Moquin-Tandon n'a pas retrouvé. La verge porte à son sommet de petits plis longitudinaux, entre lesquels on voit l'orifice que Morren dit être formé de trois lèvres. Cet organe porte un muscle rétracteur capillaire, long, assez fort et un peu transparent. En tirant ce muscle, Moquin-Tandon a pu lui faire acquérir une longueur de 6 centimètres.

B. Bourse de la verge. — En enlevant la peau et le tissu musculaire sous-jacent, on trouve, immédiatement au-dessous de l'orifice mâle, sous le cordon nerveux et en travers, un corps épais, dilaté comme une bourse, blanchâtre, comme nacré, et qui paraît être de nature presque tendineuse. Cet organe a été nommé *bourse de la verge*, par Moquin-Tandon (*b*, fig. 16 et 30); il a été regardé comme une *matrice* par Du Rondeau, et Vitet lui a donné le nom de *grande vessie génératrice*. Thomas l'a considéré comme un réservoir qui paraît faire l'office de vésicules séminales, parce que, selon lui, il reçoit à sa base les canaux qui, venant des deux testicules, y portent la semence, et correspondent ainsi aux canaux déférents. Ce corps renferme à l'intérieur une masse grenue, de nature glanduleuse, communiquant avec la verge, et qui, selon Brandt, pourrait être considérée comme une sorte de *prostate*.

La forme de cet organe est celle d'une poire allongée dans les *Hæmopis*, et celle d'une poire renversée dans la *Sangsue* et l'*Aulastome*. Il est plus grand chez les sangsues que chez les hæmopis.

Selon Vitet, après avoir mis à nu la bourse de la verge, si l'on vient à l'irriter dans une sangsue vivante, elle se contracte et se relâche irrégulièrement pendant quelques instants. Elle est, en général, placée au-dessus du sixième ganglion, ou bien un peu en arrière.

C. Fourreau de la verge. — On trouve chez les Bdelliens un conduit qui fait communiquer l'orifice extérieur avec la bourse de la verge (*f*, fig. 16 et 30). C'est le *fourreau de la verge* (Moquin-Tandon) ou le *conduit génératif* de Vitet. Il se présente sous la forme d'un canal cylindrique, effilé, d'une couleur brune un peu grisâtre. Il est assez court chez les *Hæmopis*, très développé chez les *Sangsues*, mais chez les *Aulastomes* il l'est bien plus encore, car lorsqu'il est déroulé il présente près de 4 centimètres de longueur, ce qui est plus du tiers de la longueur de l'animal (Moquin-Tandon).

Chez les *Sangsues* et les *Aulastomes*, ce fourreau se courbe sur lui-même, à une distance à peu près égale à la longueur de la bourse, puis il revient en ligne droite ou flexueuse, à peu près parallèlement à la première direction ; enfin, arrivé près du col de la bourse, il se courbe une seconde fois pour venir aboutir à la peau, à laquelle il est fixé, et où se trouve l'ouverture qui donne passage à la verge (Moquin-Tandon).

D. Épididymes. — Chez les *Sangsues* on trouve, à droite et à gauche de la bourse de la verge, deux corps ovoïdes (*ép*, fig. 16 et 30), d'une couleur blanche assez mate, portant diverses dépressions analogues aux anfractuosités que l'on remarque dans le cerveau des mammifères (Thomas), quoiqu'un peu moins marquées (Vitet). Ces corps, que divers auteurs ont considérés comme des *vésicules séminales* (Du Rondeau, Brandt), ont été regardés par Thomas, Johnson, Treviranus et quelques autres naturalistes, comme des *testicules*. Vitet les a pris pour deux hémisphères cérébraux. Bibiena, qui a présenté ceux des Ponbdelles, ne paraît pas certain de leur nature et des fonctions qu'ils remplissent, puisqu'il les désigne comme des *intestinula*, *seu canaliculi ad partes generationis pertinentes*. Aujourd'hui on admet, avec Bojanus, Delle Chiaje, de Blainville et Moquin-Tandon, que ce sont des *épididymes*.

Ces épididymes sont composés d'un canal entortillé sur lui-même, de manière à former deux lacis ou paquets qui n'offrent rien de compacte. Ce canal est rempli par une liqueur blanchâtre assez épaisse, qui en sort avec abondance lorsque ses parois sont percées ou comprimées.

Chez les jeunes *Sangsues médicinales*, ces corps sont plus petits que la bourse de la verge. Chez les individus adultes, ils paraissent un peu plus grands. En général, ils offrent 5 à 6 millimètres de grand diamètre.

Les épididymes sont plus gros, plus irréguliers et plus rapprochés dans les *Hæmopis;* chez les *Aulastomes*, au contraire, ils sont plus petits, plus allongés; leur lacis est moins serré, et leur couleur moins blanche que dans la *Sangsue médicinale*. Selon Morren et Otto, le droit paraît plus gros et plus long que le gauche, le premier ayant 1 centimètre de grand diamètre et le gauche 6 à 7 millimètres seulement. Suivant Moquin-Tandon, ce serait, au contraire, le gauche qui, chez l'hæmopis, serait le plus développé, et Kuntzmann prétend qu'il en est ainsi chez la sangsue médicinale. Moquin-Tandon les a trouvés à peu près égaux.

Chez les jeunes *Sangsues médicinales*, le canal de l'épididyme ne forme pas un paquet aussi serré que chez les individus adultes. C'est un lacis qui ressemble plutôt à celui des *Aulastomes*, et même chez les très jeunes sangsues, ce n'est plus qu'un conduit qui est à demi déroulé. Poupart l'a comparé à des *intestins entortillés*.

La liqueur que renferment les épididymes est très épaisse, blanche, ou plutôt lactée, et ressemble à une sorte de bouillie. Chez l'*Aulastome*, elle contient, selon Morren, deux sortes de corps : les uns globuleux, très petits et immobiles, les autres vermiformes, à peu près huit fois plus longs que larges, et offrant quelques mouvements ; ce sont, suivant ce naturaliste, de véritables zoospermes. Moquin-Tandon, qui a observé les deux corps, n'a pas reconnu de mouvement aux derniers corps.

E. Canaux déférents (*vasa ejaculatoria*, Brandt). — Chez les Bdelliens, les canaux déférents s'attachent à la partie antérieure des épididymes (*cd*, fig. 16), où ils présentent une courbure un peu renflée, adhérente à ces organes, et d'où ils se dirigent, soit en ligne droite, soit d'une manière sinueuse, vers la partie la plus étroite de la bourse de la verge ou vers son col. Dans tous les genres, ils sont assez courts, excepté dans l'*Aulastome*, blanchâtres et un peu nacrés (Moquin-Tandon).

Dans l'appareil mâle de la *Sangsue médicinale*, figuré par Redi, les testicules ne communiquent pas avec la bourse de la verge ; cela tient sans doute à ce que cet auteur n'avait pas vu les canaux déférents.

F. Cordons spermatiques. — A la partie postérieure des épididymes, on trouve deux canaux filiformes, sinueux, très déliés à leur naissance, qui descendent en zigzag jusqu'aux deux tiers du corps de l'animal, de chaque côté du cordon médullaire (*c sp*, fig. 16). Ces canaux, que Vitet a nommés *grands nerfs latéraux*, sont les *cordons spermatiques*, nommés par Brandt *vas deferens*.

Ils sont formés par une membrane mince, presque transparente, molle et très facile à déchirer ; leur couleur est blanche ou blanchâtre, et ils sont remplis de molécules opaques, d'un blanc de lait, qui nagent dans un fluide aqueux (Thomas).

Les cordons spermatiques sont assez gros et très sinueux chez les *Hæmopis*, tandis que chez les *Sangsues* et les *Aulastomes*, ils sont grêles et difficiles à trouver.

G. Testicules. — Chez les Bdelliens, de cinq en cinq anneaux, les cordons spermatiques donnent intérieurement naissance à de petits conduits ou pédicules de même nature, très courts, qui se terminent par des renflements vésiculeux ou poches, d'une couleur blanche, un peu grisâtre, et que l'on peut regarder comme une dilatation de l'extrémité de ces pédicules (*t*, fig. 16 et 30). Poupart a écrit que ces poches étaient *attachées avec leur queue* comme les grains de raisin à leur grappe. Mais cet auteur les a prises pour des *ovaires*, ainsi que quelques autres physiologistes. Redi, qui a bien observé ces organes dans la sangsue, en donne une figure assez exacte.

Vitet et Bonnet les ont considérés comme des *ganglions nerveux*, Johnson les nomme *vésicules abdominales* (*abdominal vesicles*), et pour Spix, ce sont des *vésicules séminales*. Mais aujourd'hui on s'accorde généralement à les regarder comme de vrais *testicules* (Meckel, Delle Chiaje, Carus, Weber, Brandt et Moquin-Tandon).

Chez les *Sangsues*, ces organes sont petits et piriformes; Bibiena les a représentés obovés et virguliformes; ils sont moyens et ovales dans les *Aulastomes*, gros et sphériques dans les *Hæmopis*.

Moquin-Tandon, de qui nous tirons ces descriptions, dit cependant que chez l'*Aulastome* le diamètre de ces organes est environ de 2 à 3 millimètres; chez la *Sangsue*, il est de 3 ou 4, et chez l'*Hæmopis* de 4 ou 5, ce qui est contraire à ce qui précède. Pour être conséquent dans ce complément de description, il eût fallu que le diamètre du testicule de l'aulastome fût assigné à la sangsue, et réciproquement, que celui de la sangsue le fût à l'aulastome.

Quoi qu'il en soit, nous ajouterons que chez la *Sangsue* le diamètre longitudinal de cet organe a environ trois fois le diamètre transversal; que chez l'*Aulastome*, le diamètre longitudinal est à peu près deux fois le transversal, et que chez l'*Hæmopis*, le diamètre transversal est sensiblement le même que le diamètre longitudinal.

Longs de 2 ou 3 millimètres chez les *Sangsues* et les *Aulastomes*, les pédicules sont tellement courts chez les *Hæmopis*, que les testicules peuvent être regardés comme sessiles.

Ces testicules sont immédiatement appliqués contre le tube intestinal, et leur extrémité va presque toucher le cordon médullaire. Les plus antérieurs et les plus postérieurs sont assez rapprochés de ceux qui se trouvent vis-à-vis (Moquin-Tandon).

Dans la *Sangsue médicinale*, on trouve neuf paires de testicules suivant Redi, Spix, Kuntzmann, Brandt et Moquin-Tandon; dix selon Bojanus; dix d'un côté et neuf de l'autre, suivant Home; quant à Otto, il en figure dix paires et n'en compte que neuf. Dans le premier cas, la première paire paraît placée un peu en arrière du huitième ganglion, et la dernière correspond au seizième. Dans l'*Hæmopis*, on en compte huit paires, la première commençant dans le voisinage du huitième ganglion, et la dernière finissant au quinzième. Enfin, dans l'*Aulastome* il y en a neuf paires, d'après Blainville; douze ou treize selon Braun, et dix suivant Otto et Moquin-Tandon. Dans ce cas, la première se trouve située entre le huitième et le neuvième ganglion, et le dernier est placé entre le dix-septième et le dix-huitième (Moq.-Tand.).

L'imparité des testicules paraît être un fait assez fréquent, puisque Home en a trouvé neuf d'un côté et dix de l'autre dans la *Sangsue médicinale*, et puisque Moquin-Tandon dit qu'il a observé une *Hæmopis* qui présentait un testicule de plus sur le côté gauche, et qu'il a fait la même remarque sur une *Sangsue truite* et du même côté, de telle sorte que dans le premier annélide il existait dix-sept testicules, et dans le second dix-neuf.

Chacun de ces testicules contient à l'intérieur une humeur

abondante, blanchâtre, assez fluide, qui, dans la *Sangsue médicinale*, présente au microscope, selon Dugès, des corpuscules arrondis, remplis d'une multitude de globules très petits, agglomérés, portant quelquefois une petite saillie ou queue, et que l'on peut considérer comme des animalcules spermatiques (Dugès, Moquin-Tandon).

Dans l'*Hæmopis* et l'*Aulastome*, on trouve de semblables corpuscules, dont quelques-uns sont pourvus de trois ou quatre appendices divergents (Moquin-Tandon).

Moquin-Tandon dit être plus disposé à regarder ces corpuscules avec Dugès comme les zoospermes de l'annélide, qu'à considérer comme tels ceux que Morren a vus dans les épididymes de l'*Aulastome*.

Nous ne voyons nullement la cause de cette préférence du savant auteur de la monographie des Hirudinés. Car d'abord il ne l'indique pas; ensuite il ne dit pas que lui ou Dugès aient observé le mouvement de ces corpuscules, tandis que Morren dit positivement qu'il les a vus se mouvoir. Enfin, pourquoi, forcés de passer par les épididymes, seraient-ils zoospermes dans les testicules, et cesseraient-ils de l'être en passant par les épididymes, où il semblerait qu'ils devraient, au contraire, être plus développés et plus actifs dans leurs mouvements?

2° *Organe femelle.*

Non loin de l'organe mâle, et vers le septième ganglion, chez les Bdelliens, entre les cordons spermatiques et un peu au-dessous des épididymes, se trouve placé l'organe femelle, dont l'orifice (*of*, fig. 17, 18 et 30) est difficile à reconnaître, excepté au moment de la reproduction. Dans les *Sangsues*, les *Hæmopis* et les *Aulastomes*, cet organe est construit d'après le même type.

A. Vagin. — Lorsque l'on dissèque avec précaution un Bdellien, on reconnaît que l'orifice femelle communique avec un canal grisâtre, très court, qui se termine par un renflement, et auquel on a donné le nom de *vagin* (*v*, fig. 17).

B. MATRICE. — Le renflement dont nous venons de parler (*m*, fig. 17) est ce qu'on appelle la *matrice*. C'est un organe qui se trouve dans le voisinage du septième ganglion. Il est d'une couleur blanchâtre, ou blanc jaunâtre, légèrement nacré; il est ovale, ou en forme de cornemuse, selon Johnson, et un peu mamelonné à sa base; il est assez gros, surtout après la fécondation.

La matrice a été prise pour un *testicule* par Poupart, et pour un *cœur* par Du Rondeau, sans doute à cause du mouvement péristaltique de cet organe, pendant la vivisection (Moquin-Tandon). Audouin l'a considéré comme l'analogue de la *poche copulatrice* des insectes.

C. OVIDUCTE. — L'extrémité antérieure de la matrice présente un conduit étroit et sinueux qui se dirige en avant, et qui, chez quelques individus, présente une couleur noirâtre, que la macération aqueuse peut facilement enlever. Ce conduit est regardé par Spix comme une sorte de *trompe de Fallope* (*tuba Fallopii*). C'est l'*oviducte* (OV, fig. 17).

Au point de jonction avec la matrice, dans le rétrécissement, il existe une sorte de valvule molle ou sphincter qui s'oppose à l'introduction de toute espèce d'instrument (Thomas).

L'autre extrémité de ce canal se divise en deux rameaux très courts qui se rendent aux ovaires.

D. OVAIRES. — Ces ovaires (OO, fig. 17), au nombre de deux, sont ovales, blancs ou blanc grisâtre, et très rapprochés l'un de l'autre. Dans l'*Aulastome*, son grand diamètre est d'environ 1 millimètre et demi (Moquin-Tandon). Du Rondeau n'en a observé qu'un seul, et il l'a pris pour une *oreillette*.

Ces ovaires contiennent une liqueur qui, examinée au microscope, paraît pleine d'une innombrable quantité de molécules arrondies, les unes très petites, souvent agglomérées, les autres assez grosses et isolées. Ces corpuscules sont, d'après Brandt, de véritables germes.

II. — FONCTIONS DE REPRODUCTION.

1° *Accouplement.*

Nous avons déjà dit que les Bdelliens étaient androgynes, et que, conséquemment, ils avaient besoin de se féconder réciproquement. Cependant un grand nombre d'auteurs, parmi lesquels nous devons citer Bibiena, Thomas, Vitet, Mérat, Derheims et Fée, ont prétendu que ces animaux ne s'accouplaient pas. Au contraire, Weser, Cuvier, Carena, Virey et de Blainville, ont démontré que la structure des organes sexuels devait s'opposer à ce que chaque individu fût capable de reproduction sans accouplement préalable avec un autre. Des observations nombreuses sont venues confirmer cette manière de voir, et Johnson cite celles de Hebb et de Evans de Worcester, d'après lesquelles on est assuré que l'acte du coït se passe, chez ces animaux, comme chez les *Arions* et les *Hélices*. Plus tard, Kuntzmann, Bojanus, Odier et beaucoup d'autres naturalistes, qui ont observé l'accouplement des Hirudinés, sont venus confirmer les observations des deux naturalistes anglais, et il est parfaitement établi aujourd'hui que l'accouplement est toujours nécessaire à la fécondation, et qu'il a lieu comme chez les escargots (1).

Malgré les autorités que nous venons de citer, un auteur moderne a dernièrement écrit qu'un accouplement réciproque n'était pas nécessaire. Le docteur Gaspard a avancé que, pendant chaque accouplement, il n'y avait qu'un seul indi-

(1) Nous avons dit, dans notre Mémoire sur la *Conservation et la reproduction des sangsues* (*Répertoire de pharmacie*, t. VII, 1851, page 293), que l'accouplement avait lieu à la manière des lombrics ; cela est vrai, quant à la position que prennent les sangsues. Chez les lombrics, il n'y a pas d'intromission, mais seulement absorption de la liqueur spermatique ; car il paraît que le prétendu pénis que Müller et quelques autres ont cru voir n'était qu'un lambeau de l'épiderme décollé par l'adhésion du *clitellum* de l'autre individu (Dugès).

vidu qui fécondât l'autre, et que ce n'était que vingt-cinq ou trente jours après que l'individu fécondant se trouvait à son tour fécondé par le premier dans un autre accouplement. Il est parfaitement admis que la fécondation est réciproque comme elle l'est chez les escargots, etc.

L'accouplement de la *Sangsue médicinale* se fait de la manière suivante. Deux individus se rapprochent ventre contre ventre et en sens contraire, ou *tête-bêche*, comme on dit vulgairement, de sorte que la ventouse antérieure de l'un est tournée vers la ventouse postérieure de l'autre. Il résulte de cette position que les organes génitaux sont placés de façon à être le mâle vis-à-vis de l'orifice femelle, en sorte que chaque verge doit facilement pénétrer dans chaque vulve. Les deux individus s'enlacent, et l'accouplement a lieu (Bojanus).

Les sangsues accouplées n'ont pas toujours cette position. Ébrard dit les avoir trouvées plus souvent placées en croix.

Burdach a vu les *Sangsues médicinales* s'attacher ensemble par leur ventouse anale, et laisser pendre librement leur partie antérieure. Enfin, Kuntzmann croit avoir reconnu pendant l'accouplement que les deux verges sont tortillées en spirale comme chez les Hélices; mais cette disposition n'est qu'accidentelle, selon Bojanus.

Il est très probable qu'au moyen du muscle capilliforme qui est renfermé dans la verge, celle-ci exécute des mouvements ondulatoires, qui en facilitent l'intromission par une sorte de reptation vermiculaire (Dugès).

Le but unique de l'accouplement chez les *Sangsues* est, selon Treviranus, de stimuler les testicules, afin de leur faire envoyer le sperme jusque dans les ovaires.

Ce physiologiste pense que les œufs sont fécondés pendant leur passage à travers les testicules, et ils se rendent, au moyen de la verge, dans le vagin de l'autre individu. Mais comme cet auteur a pris les testicules pour les ovaires, et les épididymes pour des testicules, il en résulte que son hypothèse ne saurait être admise.

L'époque de la reproduction des sangsues médicinales paraît être généralement le printemps, et surtout l'été ; mais il est extrêmement probable qu'elle peut se prolonger selon l'état de l'atmosphère, et avoir lieu même jusqu'à la fin de l'automne, et même plus tard, puisque Barny, de Limoges, a recueilli, au mois de janvier 1826, des cocons sur le point d'éclore. Vayson dit avoir souvent remarqué des sangsues occupées à former leurs cocons en septembre, en octobre et même en novembre.

Chez les *Sangsues*, la copulation dure plus de trois heures, pendant lesquelles ces animaux demeurent dans la même position (Valenciennes, Charpentier) ; mais la durée de l'accouplement peut être de quinze à dix-huit heures (Trémolière).

Après l'acte de la fécondation, chacune des deux sangsues présente à l'orifice de l'organe générateur mâle un peu de mucus blanc, qui ne saurait être autre chose que du sperme (Ébrard).

On a dit qu'immédiatement après l'accouplement, on observait un renflement pareil à celui que portent les vers de terre au tiers antérieur de leur corps ; mais, selon Ébrard, il n'en est rien : aucun gonflement n'existe jusqu'au moment où elle va poser. La matrice des sangsues, à la dilatation de laquelle on rapporte le gonflement supposé, ne se remplit que pendant la pose, et cela par une sorte d'endosmose aux dépens des liquides contenus dans le canal digestif. Ainsi, la sangsue fécondée ressemble donc aux autres, et rien n'indique cette fécondation. Si l'on ouvre une sangsue que l'on sait avoir été fécondée quinze, vingt-cinq, trente-cinq jours auparavant, on ne trouve pas la matrice dilatée. Les ovaires seulement sont devenus jaunes et un peu plus gros (Ébrard).

Quant à la durée de la gestation, on s'accorde généralement à reconnaître qu'elle est de trente à quarante jours (Charpentier, Martin, Ébrard). Mais il est probable qu'elle varie dans des limites assez étendues, selon que la température est plus ou moins élevée et la saison plus ou moins avancée.

Relativement à l'âge auquel les sangsues sont propres à la reproduction, on a encore assez peu de données. Cependant Reich dit que la faculté de reproduction apparaît sûrement dans la troisième année et peut-être plus tôt, et Bouniceau affirme que des sangsues élevées en domesticité ont été propres à la reproduction à l'âge de vingt-deux mois environ. Faber pense qu'elles ne sont capables de reproduction qu'à l'âge de cinq ou six ans.

Enfin, récemment, Élie Masson a écrit que, lorsqu'elle est bien traitée, la jeune sangsue est apte à la reproduction dès la première ponte qui suit son éclosion. Nous craignons bien que cet auteur n'ait avancé un fait qui n'est pas encore prouvé, et qui changerait considérablement les idées que l'on a sur ce sujet.

2° *Cocons ou embryophores.*

Un assez grand nombre de naturalistes, parmi lesquels nous citerons Dillenius, Redi, Du Rondeau, Thomas, Bosc, Mérat, etc., ont admis que les *Sangsues médicinales* étaient vivipares. Mais Bergmann d'abord, et après lui Swammerdam, Frisch, Clésius, Noble, Achard, Rayer, Chatelain et beaucoup d'autres, ont prouvé par des observations précises que ces annélides sont bien réellement ovipares. Toutefois ce n'était pas sans des observations que nous croyons exactes, que les premiers naturalistes avaient avancé que les sangsues étaient vivipares, car aujourd'hui même encore, avec Johnson, Bonnet et quelques autres observateurs, on admet que, selon les climats, les lieux, ou les circonstances, elles sont vivipares ou ovipares.

Thomas, à qui l'on doit un excellent *Mémoire pour servir à l'histoire naturelle des sangsues*, s'exprime de façon à ne laisser aucun doute sur la viviparité des sangsues dans les circonstances où elles se trouvaient placées.

« Dans les vases où l'on renferme des sangsues, dit-il, on découvre assez souvent, vers la fin de l'été, des individus très petits, et pour ainsi dire filiformes. On est bien sûr qu'ils n'ont pas été placés dans les vases avec les autres sangsues, puisque, s'ils y eussent été mis en même temps, ils n'auraient pu se dérober à l'œil à cause de l'obligation où l'on est de renouveler très souvent l'eau des vases, surtout dès que la saison des chaleurs s'approche.

» Comme pour faire cette opération on verse ordinairement l'eau sur un crible, il est clair que le fluide doit entraîner toutes les parties qui pourraient surnager ou s'être précipitées au fond du vase.

» Si les œufs qui doivent contenir le germe étaient déposés dans l'eau, le renouvellement journalier du fluide devrait les entraîner au dehors ; car il n'est pas probable qu'ils puissent éclore en un jour ou deux, intervalle ordinaire d'un lavage à l'autre.

» J'ai bien gardé plusieurs fois l'eau qui sortait du vase pour m'assurer si elle ne contiendrait pas des œufs qui pussent se développer. Cependant il ne m'a jamais paru qu'il s'y développât aucun germe de l'espèce des sangsues.

» Mais si la sangsue était ovipare, comment les petites sangsues filiformes pouraient-elles se trouver dans des vases dont on renouvelle l'eau tous les jours? et comment n'en trouverait-on pas dans de l'eau qu'on aurait conservée pendant un temps assez long?

» Quoique plusieurs observateurs, tels que Redi, Du Rondeau, etc., aient prétendu que la sangsue est vivipare, cette exception aux lois ordinaires de la génération des animaux à sang-froid paraît si singulière, que les observations que je viens d'indiquer m'ont semblé nécessaires pour ôter à cet égard toute espèce de doute. » (Thomas, pages 107 à 109.)

Selon Brossat, l'*Hirudo carnivora* s'accouple chaque mois, porte seize à dix-sept jours treize à quinze petits, qui tombent au fond d'un bocal, semblables à des grains d'avoine, qui se déroulent et nagent subitement. Il dit encore que la sangsue *Hirudo officinalis vel grisea*, qui est la préférée et la plus usitée, s'accouple avec l'*H. carnivora*, et qu'elle est vivipare. En admettant même que l'*H. carnivora* dût se rapporter à une *Hæmopis*, cette viviparité observée par Brossat serait évidemment en faveur de l'opinion des auteurs qui ont admis ce mode de reproduction chez les sangsues, puisque tous les genres des Bdelliens ont entre eux la plus grande analogie de structure.

D'un autre côté, Reich a publié dans les *Archives de pharmacie* de MM. Wackenroder et L. Bley, un mémoire important sur l'art d'élever les sangsues, et où se lit le passage suivant : « J'ai d'abord observé que si la sangsue fécondée se trouve convenablement placée dans un vase avec de l'eau molle (celle qui ne contient pas de sels calcaires), et si elle ne trouve pas dans le vase les matériaux nécessaires pour déposer ses cocons, elle produit des petits vivants, et qui sont ordinairement au nombre de quatre ou cinq. Ils se fixent à la sangsue mère, et, selon toute probabilité, ils en tirent leur première nourriture. »

Dans notre Mémoire, nous avons dit :

1° Que nos bassins étaient construits de manière que l'argile fût entièrement submergée ;

2° Que, malgré le peu d'étendue de nos bassins, la production des sangsues, constatée surtout par la balance établie entre les sangsues mises dans le bassin et les sangsues sorties mortes ou vivantes, a été, pour les deux seules années 1849 et 1850, de 6,000 sangsues au moins arrivées à l'âge adulte, et qui ont pu être employées dans le service médical des hôpitaux.

Mais comme nous ne pouvons rapporter aux œufs de Néphélis, que nous prenions alors pour des œufs de *Sangsues médicinales*, cette production évidente de sangsues, nous sommes forcé de nous ranger de l'avis des auteurs qui pensent que, selon les circonstances, la sangsue médicinale est ovipare ou vivipare, ou, pour parler plus exactement, *ovo-vivipare*, ainsi que nous le verrons plus tard.

D'ailleurs le raisonnement indique qu'il en doit être ainsi. En effet, que deviendrait le produit de la conception? car on sait parfaitement que les sangsues ne s'accouplent jamais hors de l'eau (Charpentier). Or, dans nos bassins, nous les avons vues fort souvent s'accoupler, et comme aucune couche de glaise ne s'est trouvée même à fleur d'eau, nous devons en conclure que la production des jeunes sangsues s'est faite par ovo-viviparité. D'un autre côté, est-il supposable que l'accouplement soit essentiellement aquatique pour que la ponte ne soit plus qu'essentiellement terrestre? Nous aimons mieux croire qu'il en est autrement, et que les sangsues peuvent, selon les circonstances, produire dans l'eau comme dans la terre, avec la différence que nous avons indiquée plus haut.

Cette manière de voir semble encore être confirmée par ce passage du mémoire de L. Soubeiran (1), qui s'occupe particulièrement d'histoire naturelle : « Avec quelque soin que l'on ait procédé à la recherche des cocons, dit-il, on n'en a trouvé aucun ni dans la terre environnante du bassin, ni dans la glaise, ni dans la terre et le gazon de l'île.

» Fallait-il en conclure que les sangsues n'avaient pas été dans des conditions favorables pour se reproduire? Non, certes; car en examinant les feuilles des typha et des iris qui peuplaient le bassin, on y a trouvé environ une centaine de jeunes sangsues longues d'environ un centimètre. »

Trémolière a émis la singulière idée que les *Sangsues médicinales* n'étaient ni ovipares ni vivipares. Selon lui, comme la cochenille, l'animal fécondé se contracterait en olive. Alors, sa peau se recouvrirait d'une sorte de duvet qui, peu à peu, deviendrait coriace comme du parchemin. En un mot, l'animal se transformerait en cocon, et la jeune progéniture se nourrirait de ses sucs pour sortir au bout de trois mois par une ouverture qui aurait été la bouche de la mère. Cette fausse interprétation repose sur un fait exact, mais qui avait été généralement mal observé, ainsi que nous le verrons en

(1) *Un ennemi des sangsues* (*Répertoire de pharmacie*, décembre 1850, page 174).

parlant de la manière dont la sangsue forme son embryophore.

Chez les Bdelliens, les germes en quantité variable sont réunis au moment de la ponte, dans une enveloppe commune formant, suivant l'expression de Moquin-Tandon, une sorte de *péricarpe polysperme.* C'est à cet ensemble de germes enveloppés que l'on a donné le nom d'*œuf*, de *capsule* ou de *cocon*.

Le mot *œuf* ne nous paraît pas convenir exactement à ce corps, dont l'intérieur seul a été littéralement pondu ; tandis que l'enveloppe a une origine bien différente, ainsi que nous le verrons plus tard.

La seconde appellation serait plus convenable peut-être si elle n'avait l'inconvénient d'être vague, en ce qu'elle s'applique à une foule d'objets très différents, et particulièrement en botanique à certains fruits secs déhiscents.

Enfin la dénomination de *cocon* donnée aux œufs composés des Hirudinés qui sont enveloppés d'un tissu spongieux n'a l'avantage que de rappeler la forme du cocon de ver à soie dont la nature et le rôle sont bien différents. Pour les raisons que nous venons de donner, il nous paraît utile de désigner l'œuf multiple des Hirudinés, des Planaires, etc., sous le nom d'*embryophore* ou *porte-embryon* (de ἐν, dans, βρύω, croître, et de φέρω, porter) ; nom qui nous paraît avoir l'avantage de ne pas prêter à l'équivoque, tout en étant suffisamment significatif.

Dans le principe, alors que l'on ne connaissait pas le mode d'opérer de la sangsue, on admettait que chez les animaux à œufs composés (Planaires, Sangsues, Naïdes, Pyrosomes, Biphores, etc.), une dilatation des oviductes voisins du dehors (matrice) fournissait à plusieurs ovules qui s'y amassent ensemble une enveloppe commune, d'abord molle, qui se durcit au dehors, et parfois (*Sangsue médicinale*) se recouvre d'une écume qui ne tarde pas elle-même à se solidifier en forme d'éponge (Dugès). Voilà pourquoi, sans doute, le nom d'*œuf composé* a été donné au corps qui nous occupe ; mais aujourd'hui que l'on sait comment ces prétendus œufs sont formés par les Bdelliens, les Néphélis, les Trochètes, etc., il nous semble que nous sommes autorisé à lui donner le nom d'*embryophore* par lequel nous désignerons ces corps.

Les embryophores des Hirudinés ne doivent pas être confondus avec les œufs agrégés des Mollusques, qui sont réunis par une viscosité qui prend quelquefois la forme de membrane (Buccins). Ici ce sont autant d'œufs distincts, dans chacun desquels on reconnaît un albumen abondant et un vitellus très petit (Planorbes, Limnées); tandis que les embryophores ne renferment qu'un albumen commun, dense, gélatineux, dans lequel sont des germes souvent assez nombreux (Dugès). Chaque germe peut être appelé *vitellus* ou *jaune*. Enfin les embryophores des Bdelliens se distinguent de ceux des *Néphélis* et des *Trochètes*, en ce que les premiers sont recouverts d'une enveloppe spongieuse (fig. 7) que n'ont pas les autres (fig. 3 et 6).

C'est toujours hors de l'eau que la *Sangsue médicinale* dépose ses embryophores : tantôt c'est sur le rivage, à la surface de l'argile ou de la vase ; tantôt à une certaine profondeur, où Chatelain dit qu'on les rencontre le plus souvent au nombre de un ou deux, plus rarement de trois ou quatre. Selon Charpentier, on trouve quelquefois les sangsues réunies au nombre de plus de trente pour faire leurs embryophores dans les anciennes galeries de taupes ou de rats. On les trouve encore dans les anfractuosités des murailles qui bordent les ruisseaux ou les petites rivières, dans le limon déposé par les eaux et à quelques centimètres au-dessus du niveau du liquide (de Gonzalez).

Les *Hæmopis* et les *Aulastomes* placent aussi leurs embryophores dans des galeries humides, mais hors de l'eau (Moquin-Tandon).

A. Embryophores ou Cocons (fig. 7). — Les embryophores des *Sangsues médicinales* sont ovoïdes, ressemblant plus ou moins aux cocons des vers à soie. Leur poids ou leur volume varie avec le nombre d'ovules qu'ils renferment. Leur grand diamètre est, le plus ordinairement, de 20 à 30 millimètres, et leur petit diamètre de 12 à 18. D'après Rayer, ils pèsent de 24 à 48 grains (130 à 260 centigrammes) quand ils sont pleins, et environ 5 centigrammes quand ils sont vides. Cinquante cocons ont pesé, pleins, 6570 centigrammes, et vides, 245 (Moquin-Tandon). Ébrard dit en avoir possédé qui pesaient au delà de 4 grammes. Ils sont spécifiquement plus légers que l'eau.

On reconnaît aisément que l'enveloppe des embryophores des sangsues est formée de deux couches distinctes. La plus extérieure est d'une épaisseur de 2 ou 3 millimètres environ, et même un peu plus vers les extrémités, d'une contexture qui rappelle un peu celle de l'éponge fine (Noble); elle est roussâtre, très élastique et formée par des fibres solides entrecroisés inégalement, de manière à produire comme des mailles hexagonales irrégulières (Weber), qui sont facilement perméables à l'eau. Le microscope y fait découvrir des filaments cornés, semi-transparents, plus ou moins déliés, dont l'épaisseur paraît être de 12 à 15 millièmes de millimètre (de 0,0086 à 0,0013 de ligne, d'après Weber). Ces filaments partent d'un même point au nombre de trois ou quatre pour former les mailles ou cellules dont nous avons parlé, et qui offrent de 2 à 3 cinquièmes de millimètre de profondeur sur 1 ou 2 cinquièmes de millimètre de diamètre (de 0,209 à 0,366 de ligne de profondeur, sur 0,165 à 0,209 de ligne de diamètre, selon Weber).

Ce tissu est insoluble dans l'eau. Rayer a seulement remarqué que l'action de ce liquide finissait par le détacher sous forme de poudre noirâtre qui se dépose au fond du vase, tandis que la capsule, mise à nu, surnage l'eau. Placé sur des charbons incandescents, il répand une odeur de corne brûlée et se charbonne sans se fondre ni se boursoufler. Selon Boullay, ce tissu est comparable à l'épiderme de la peau et se comporte, à l'analyse, comme les substances cornées. D'après Filhol, il est insoluble dans l'alcool et l'éther. Ce dernier véhicule ne fait que lui enlever une faible proportion de matière grasse. L'acide chlorhydrique le dissout, pourvu qu'il soit concentré et bouillant; la liqueur a une couleur brune. L'acide azotique concentré ne l'attaque que lentement à froid ; ce n'est qu'au bout de quelques jours que la dissolution est complète. Saturées par la potasse, ces dissolutions laissent précipiter sous forme de flocons une partie de la matière dissoute; le précipité se redissout dans un excès d'alcali. Traitée par l'infusion de noix de galle, la dissolution laisse déposer des flocons grisâtres très abondants.

Une solution concentrée de potasse et bouillante ne dissout que très lentement ce tissu. Soumis à la distillation sèche, il fournit des gaz dans lesquels on constate la présence du carbonate et du sulfhydrate d'ammoniaque, ce qui prouve que ce tissu contient du soufre et de l'azote.

Cent parties de cette enveloppe spongieuse séchée à 120 degrés et incinérées ont donné pour résidu 3,5 de cendres d'un blanc légèrement jaunâtre, composées de silice, de phosphate, de carbonate, de sulfate de chaux et d'une trace d'oxyde de fer.

L'analyse élémentaire a donné les résultats suivants :

Carbone	48,85
Hydrogène	6,37
Azote	17,32
Oxygène / Soufre	27,46
	100,00

Évidemment cette substance doit être classée, par sa composition, à côté des tissus cornés, comme Boullay l'a indiqué. On peut remarquer que cette composition, sauf la présence de l'iode, est presque la même que celle du tissu des éponges (Filhol, rapporté par Moquin-Tandon).

Lorsque la sangsue veut former son embryophore, elle commence par préparer la substance qui doit constituer l'enveloppe extérieure de ce corps (Charpentier, Ébrard). Cette substance, à l'état frais, a tous les caractères et la ressemblanche de la glaire d'œuf battue (Wedecke et Charpentier). Elle est formée par une sérosité que sécrète peu à peu la matrice (1), et qui se transforme en écume par une série de mouvements d'avant en arrière que l'animal fait éprouver à son extrémité antérieure, mouvements semblables à ceux que les maçons opèrent avec le *brasse-mortier* (Ébrard).

L'enveloppe intérieure des embryophores a la plus grande analogie avec l'enveloppe unique des capsules des *Néphélis* et des *Trochètes*. C'est une membrane mince, coriace, cornée, jaunâtre ou roussâtre et demi-transparente. Elle est fortement adhérente à la couche spongiforme. Dès que la couche extérieure est enlevée, cette tunique ne tarde pas à brunir par le contact de l'eau (Rayer). Cette membrane intérieure présente, aux deux extrémités de son grand axe, deux petits mamelons (*op*, fig. 7), ou épaississement formant deux petites saillies angulaires d'un tissu plus ferme et d'une couleur brun jaunâtre (Moquin-Tandon). Ces mamelons sont des opercules qui, tombant avec facilité, laissent à leur place de petites ouvertures d'un millimètre environ de diamètre. Ces ouvertures sont rarement béantes toutes les deux.

Cette membrane présente à l'extérieur un grand nombre d'impressions analogues à celle que l'on remarque sur un dé à coudre, elles sont seulement un peu anguleuses. Elles paraissent être le résultat de la pose du réseau spongieux sur la membrane; car celle qui, accidentellement, n'a pas été recouverte de ce tissu, ne porte aucune trace de ces impressions. A l'intérieur, cette membrane est douce et polie, très luisante : on dirait qu'elle est recouverte par une couche de vernis (Noble). On y observe, toutefois, une multitude de

(1) Wedecke a écrit que la sangsue laissait couler de sa bouche une bave écumeuse ayant les caractères de la glaire d'œuf battue; mais déjà Charpentier avait avancé que cette mousse s'échappait des parties génitales, et Ébrard s'est assuré qu'elle est réellement sécrétée par la matrice, qui contient, à ce moment, un liquide *blanc*, *clair*, transparent, et qui devient écumeux par le battage.

saillies qui correspondent aux impressions de la surface externe.

Suivant Boullay, cette enveloppe, de nature albumineuse, est formée d'albumine et de mucus; elle se comporte avec les réactifs comme l'albumine coagulée. Selon Filhol, cette membrane présente les plus grands rapports de composition chimique avec le tissu spongiforme. Elle se dissout seulement avec un peu plus de facilité dans les acides et la solution de potasse concentrée. A la distillation sèche, elle donne aussi du carbonate et du sulfhydrate d'ammoniaque.

Cent parties de cette substance desséchée à 120 degrés ont donné par l'incinération 4,5 de cendres dont la composition était semblable à celle des cendres du tissu spongieux.

La moyenne de deux analyses élémentaires de cette enveloppe a été :

Carbone.	50,72
Hydrogène.	7,00
Azote	17,48
Oxygène. . . . . } Soufre. . . . . }	24,80
	100,00

Cette analyse démontre que cette substance appartient à la classe des tissus cornés; sa composition est sensiblement la même que celle de l'épiderme, des cheveux et de la laine (Filhol, rapporté par Moquin-Tandon).

Lorsque cette enveloppe est toute fraîche et qu'elle n'est pas recouverte de la mousse qui doit former le tissu spongieux, elle est très glutineuse au toucher; elle est insipide et inodore; elle est d'abord irisée, puis elle prend une couleur opale qui passe peu à peu au jaune clair, vue par transparence, et au brun, vue par réflexion (Charpentier).

D'après le docteur Ébrard, cette membrane serait le résultat d'une sécrétion particulière produite par deux orifices placés sur le dos des sangsues. La sécrétion, d'abord sous forme de liquide clair et visqueux, se répandrait et se coagulerait autour de la partie de la sangsue où se trouvent les organes génitaux, et produirait une espèce de tuyau membraneux enveloppant l'animal comme dans un corselet, tuyau qui doit plus tard former l'enveloppe interne de l'embryophore.

La manière dont la sangsue forme son embryophore est extrêmement intéressante, et a été le sujet de bien des versions avant que Charpentier et Ébrard aient fait connaître le travail auquel se livre l'animal pour le produire. C'est aux mémoires de ces deux observateurs que nous emprunterons ce que nous avons à dire de la formation de ce singulier corps.

Quoique depuis Bergmann on ait eu bien des fois l'occasion de voir des embryophores de sangsues, cependant c'est à Noble (de Versailles) que l'on doit quelques idées premières sur la manière dont ces annélides les posent dans la terre. Vers la même époque, de Plancy annonçait qu'en Bretagne les paysans repeuplent leurs réservoirs en y déposant des cocons qu'ils vont récolter, en avril et mai, dans la vase des marais fangeux.

Lorsqu'une *Sangsue médicinale* se dispose à faire son embryophore, elle commence par sortir de l'eau et par chercher dans la terre humide une cavité ou un emplacement convenable qui ne soit pas très distant de l'eau. Lorsqu'elle n'en trouve pas, elle creuse elle-même une galerie terminée par un emplacement plus grand qui a la forme et le diamètre d'un œuf de poule.

On peut, jusqu'à un certain point, reconnaître quand une sangsue va *poser* (1); car elle a le corps gonflé et luisant, semblable à celui des sangsues dans lesquelles on a insufflé de l'air (Ébrard).

Alors elle prépare une substance qui a tous les caractères

(1) Nous adoptons ce mot d'Ébrard, qui vaut mieux que pondre, parce qu'en effet ce n'est pas une ponte que fait alors la sangsue.

de la glaire d'œuf battue (Wedecke, Charpentier), laquelle est formée par une sérosité qui est sécrétée peu à peu par la matrice et qui n'est jusqu'alors que *liquide*, *blanc*, *clair*, *transparent*, *visqueux;* mais par une série de mouvements de va-et-vient d'avant en arrière produits par l'extrémité antérieure de l'annélide, cette sérosité se convertit en une écume qui s'élève sur ses côtés, la dépasse et l'enveloppe ensuite dans sa partie antérieure (Ébrard). Pendant tout ce travail, l'animal tient constamment sous son ventre son extrémité antérieure, ce qu'avait pareillement observé Charpentier (1). Cette opération terminée, l'animal reste quelque temps en repos.

Bientôt après, selon Ébrard, les deux orifices placés sur le dos de la sangsue émettent un liquide clair et visqueux qui se répand en se coagulant autour de la partie de l'annélide qui porte les organes génitaux, et y produit une sorte de tuyau membraneux qui enveloppe l'animal dans une longueur d'un peu plus de 2 centimètres et à la manière d'un corselet. Ce tuyau, resserré à ses deux extrémités, détermine vers la matrice un gonflement semblable à celui que l'on remarque chez les vers de terre (ceinture). La partie renfermée se dilate et se resserre alternativement : on dirait une manière de mouvement de systole et de diastole. Pendant la diastole, l'ouverture postérieure du tuyau s'élargit. Tout à coup un liquide brun rougeâtre s'infiltre dans ce tuyau ; la sangsue retire sa tête en dedans de l'orifice antérieur, puis en dehors de l'orifice postérieur ; les orifices se resserrent et il reste un embryophore.

Noble avait soupçonné que l'enveloppe spongieuse pourrait bien n'être faite qu'après la capsule, et il pensait que l'animal l'appliquait encore liquide.

Achard, pharmacien du roi à la Martinique, est le premier

(1) C'est sans doute pour cette raison qu'un auteur moderne a écrit, à tort, que le tissu spongieux était d'abord sécrété par la ventouse buccale, et que la capsule était formée par un mucus particulier, sécrété par les parties génitales.

qui ait annoncé que l'annélide pond d'abord une capsule qui est aussitôt entourée d'une bave d'un blanc de neige, et qui, en se desséchant, prend de la consistance et le caractère de l'éponge.

Chatelaïn, pharmacien en chef de la marine de Toulon, a surpris une *Sangsue médicinale* excrétant cette humeur. Mais, gêné par l'observateur ou par la lumière, l'annélide se retira dans l'argile, abandonnant son travail; dès que le bocal où il était fut remis dans un endroit peu éclairé, il revint vers sa capsule, et il fut alors aisé d'en examiner tous les mouvements. Weber pense que la matière qui doit former l'enveloppe spongieuse n'est produite que quelques jours après la ponte de la capsule. Moquin-Tandon dit avoir reconnu qu'elle est produite immédiatement après cette dernière.

Selon Charpentier, ce n'est que lorsque la matière spumeuse est formée et que la sangsue en est entourée de toutes parts, depuis la tête jusqu'aux parties inférieures du corps (1), que la capsule membraneuse se forme. « La matière qui la constitue, dit-il, et qui paraît formée de mucus et d'albumine, est sans doute aussi sécrétée par les organes générateurs, à l'état liquide. Les premières portions s'infiltrent et se répandent tout autour dans la mousse, sur une épaisseur de deux lignes environ, et la convertissent en tissu spongieux, tel que nous le voyons autour de la capsule.

» Une fois le tissu formé par les premières portions de la liqueur mucoso-albumineuse, le reste sert à former la capsule. Celle-ci prend la forme qu'on lui connaît et occupe toute la partie qui était devenue jaune et grosse après l'accouplement, et la sangsue en est enveloppée comme d'un corselet.»

Cette observation est tout à fait conforme à celle qu'a faite Ébrard.

« Lorsque j'ai découvert le dos de sangsues entourées

(1) Nous avons dit, page 226, que la Trémolière avait avancé que la sangsue mourait sur ses œufs, comme la cochenille, et se transformait en cocon, lequel serait recouvert d'une sorte de duvet (tissu spongieux) formé par l'enveloppe de l'animal.

d'écume, dit cet auteur, au moment où leur tête cessait son mouvement de va-et-vient, j'ai vu sortir de l'eau par les orifices désignés ; ou bien, en ouvrant les sangsues, j'ai observé dans leur partie dorsale, sur la ligne médiane, immédiatement en arrière de la matrice, deux petites poches pleines d'un liquide clair et transparent. »

Pendant la formation de la capsule, l'annélide fait quelquefois entendre très distinctement un petit claquement (Boudard).

Ainsi, il paraît démontré que la capsule a une formation postérieure à la matière écumeuse. Lorsque l'embryophore est terminé, que la liqueur qui contient les germes est déposée dans son intérieur, la sangsue, au moyen de contractions qu'elle opère en se raccourcissant et s'allongeant alternativement, s'en débarrasse en le faisant glisser par l'extrémité antérieure, et à mesure que chaque extrémité de l'embryophore se sépare de la sangsue, on la voit aussitôt se fermer à la manière d'une bourse à cordon (Charpentier). Probablement qu'alors les bords ne se rapprochant pas exactement, une goutte du liquide interne en sort, fait saillie, et en se desséchant, forme ainsi l'opercule dont nous avons parlé.

Cette matière écumeuse se dessèche bientôt, prend une couleur sale, puis rousse, puis brune, et finit par produire le tissu spongieux. Cependant la dessiccation de cette mucosité écumeuse ne doit pas suffire pour produire un pareil tissu. Il est probable qu'un certain liquide est excrété par la capsule et mêlé avec la mucosité, ou bien que la bave fournie par la bouche exerce une action sur lui, car le tissu spongieux commence toujours à se former de dedans en dehors ; en sorte qu'on rencontre souvent la partie la plus profonde convertie en éponge, tandis que la plus superficielle est encore à l'état d'écume (Moquin-Tandon). Selon Weber, si la transformation en éponge tenait uniquement à la dessiccation, évidemment cette transformation se ferait de dehors en dedans.

On trouve parfois des embryophores dont une partie de la

capsule n'est pas recouverte de tissu spongieux. Sur une centaine de ces corps, Moquin-Tandon en a trouvé quatre incomplets. Rayer et Châtelain prétendent que lorsque le réseau manque dans un endroit quelconque, les embryophores ne renferment pas de germes. Cependant Moquin-Tandon cite le fait d'un pareil embryophore très incomplet sous le rapport du tissu spongieux, et qui n'en contenait pas moins dix-huit germes, qui donnèrent plus tard dix-huit *Sangsues*. Il arrive aussi quelquefois que la matière du tissu est tellement abondante, que les embryophores trop rapprochés adhèrent ensemble.

Charpentier a observé que lorsqu'une sangsue fait son embryophore, elle le commence et le finit sans désemparer; toutefois le même observateur en a vu quelquefois qui préparaient la mousse albumineuse, l'abandonnaient, puis qui recommençaient de nouveau à disposer de cette mousse, et continuaient le travail jusqu'à l'achèvement de l'embryophore. Lorsque la sangsue commence et finit son embryophore, sans interruption, elle met de cinq à six heures à cette opération, et quelques minutes seulement pour s'en débarrasser (Charpentier).

On n'est pas encore fixé sur le nombre d'embryophores que chaque année une même sangsue peut donner. Charpentier et plusieurs observateurs admettent qu'elle n'en peut produire qu'un seul. Cependant le premier observateur dit qu'on ne voit guère les sangsues s'accoupler avant la fin de mai ou le commencement de juin et après la mi-août. Il reconnaît donc deux accouplements. Comment se fait-il qu'il n'a pas admis une seconde pose d'embryophores, qui paraît indubitable? Ébrard dit que les pêcheurs de son pays, de la Dombes, sont unanimes pour affirmer que les sangsues agissent en cela comme les poissons, et posent deux fois par an. Ils assurent, ajoute-t-il, qu'au printemps on observe dans les étangs une génération de filets autre que celle du mois d'août.

Nous avons dit que Barny avait recueilli en janvier 1846

des embryophores sur le point d'éclore, et que Vayson avait souvent remarqué des sangsues occupées à produire leur embryophore en septembre, octobre et même en novembre. Ebrard dit avoir trouvé dans ses bocaux des cocons pleins de filets au mois d'octobre, et il en a trouvé encore au mois d'avril. Cet auteur rapporte que M. Demarquette, possesseur d'un réservoir à sangsues (à Douai), avait observé l'éclosion de jeunes sangsues à la fin d'octobre 1844.

Enfin, Ébrard (le 20 juillet 1846) a mis deux grosses sangsues dans un bocal de verre de deux litres, rempli à moitié de mousse et de terre argilo-siliceuse, laquelle avait été prise dans un étang, au-dessous de la terre végétale. Le 21 juillet, il vit sous la mousse, à la surface de la terre, deux amas d'écume, gros comme une noix, enveloppés de boue; il en trouva également deux le 25, deux le 31, un le 6, le 7 et le 13 août; en tout, neuf embryophores pour deux sangsues.

Dans d'autres expériences sur des sangsues vaches, le même observateur a trouvé dans les verres où elles étaient isolées jusqu'à cinq de ces embryophores.

Ainsi, ces expériences décisives prouvent que les sangsues peuvent produire dans l'année au moins cinq embryophores, et la quantité doit dépendre très vraisemblablement de l'espèce et de l'âge des sangsues, ainsi que de la température du lieu où elles habitent.

L'enveloppe spongieuse de ces embryophores devient souvent, au mois d'août, la demeure d'une ou de plusieurs larves d'un insecte diptère, longues de 3 à 5 millimètres environ, ayant la tête d'une couleur brune foncée et le corps blanc (Rayer, Chatelain), et qui appartiennent à une espèce d'Elophore (Duméril).

Les embryophores des *Hæmopis* et des *Aulastomes* sont semblables à ceux des sangsues pour la forme et la couleur; il est extrêmement probable qu'ils ont une semblable origine.

Ceux des *Hæmopis* sont plus petits et plus courts que ceux des *Sangsues médicinales*, et le tissu spongieux qui les recouvre est plus lâche et moins régulier. Ébrard dit avoir eu des embryophores d'*Hæmopis*, et qu'ils avaient le volume d'un pois chiche.

Quant à ceux des *Aulastomes*, ils sont aussi plus petits que ceux des *Sangsues:* leur grand diamètre est environ de 15, et leur petit de 12 millimètres. Le tissu spongieux qui les recouvre est plus lâche et moins abondant que chez les autres Bdelliens. Lorsqu'ils sont pleins, ils pèsent de 30 à 40 centigrammes, et un peu moins de 5 centigrammes quand ils sont vides (Moquin-Tandon).

B. Albumen, Vitellus, Germes. — L'intérieur des embryophores est rempli par une matière transparente, de consistance de gelée, analogue au mucus hyalin qui réunit en petites masses les œufs de Limnés et des Physes (Moquin-Tandon). Elle est de couleur gris sale, selon Charpentier, et brun rougeâtre, d'après Ébrard, dans les *Sangsues médicinales*. Elle est légèrement roussâtre dans les embryophores des *Sangsues*, des *Hæmopis* et des *Aulastomes*, suivant Moquin-Tandon.

Chez les *Sangsues médicinales*, on a remarqué que cette matière s'épaissit au bout de quelque temps, qu'elle devient plus rousse, et qu'elle prend l'aspect et la consistance tremblante d'une gelée. Elle se sépare en deux parties, l'une fluide, qui occupe le centre de l'embryon, et l'autre gélatineuse, qui adhère à ses parois. Elle est insipide et ne donne aucune trace d'alcalinité. Boullay, qui l'a examinée, l'a trouvée formée de 1/12e environ d'albumine et d'une matière ayant tous les caractères du mucus. Selon Filhol, elle renferme de l'azote et du soufre (Moquin-Tandon). D'après Rayer, cette matière peut se conserver plusieurs jours sans éprouver d'altération ; elle se dessèche seulement si l'air est chaud. Par la dessiccation, elle se transforme en un corps friable et transparent, qui ressemble à de la colle de Flandre, ou mieux à de l'albumine desséchée. Pendant sa dessiccation, elle perd les 7/8es de son poids.

Cette matière n'est autre chose qu'un albumen abondant,

commun à plusieurs jaunes (Dugès, Moquin-Tandon).

Les germes des *Sangsues médicinales* sont autant de globules opaques, fort petits, mais qui grossissent peu à peu et se montrent plus tard être de vrais *vitellus* ou *jaunes* (Dugès). Alors ils se présentent sous la forme de corps lenticulaires très petits, jaunâtres, composés d'une multitude de grains microscopiques agrégés. Chacun de ces vitellus présente un germe et une vésicule proligère (Weber, Wagner). Le nombre de ces vitellus est très variable, non seulement d'un genre à l'autre, mais encore dans la même espèce. Il est le plus ordinairement de six à dix-huit dans la *Sangsue médicinale*. Cependant Chatelain en a trouvé jusqu'à vingt et un, et Charpentier jusqu'à vingt-quatre. Moquin-Tandon en a trouvé huit dans l'embryophore d'une *Hæmopis* et de neuf à vingt dans celui des *Aulastomes*.

Tous les embryophores des Bdelliens ne sont pas féconds; il en est dont les germes n'ont pas été fécondés. Ces embryophores sont en tout semblables aux autres, si ce n'est qu'au lieu de surnager l'eau, ils descendent au fond du liquide, au dire de Chatelain. On trouve dans leur intérieur une matière épaisse et roussâtre, inodore, insipide, parfois liquide, d'autres fois ayant la consistance d'une gelée tremblante.

D'après ce que nous venons de voir, l'œuf des Bdelliens, comme celui de tous les Hirudinés, consiste dans un albumen, un vitellus, un germe et une vésicule proligère, parties essentielles de tout œuf. Quand la sangsue se trouve placée dans certaines circonstances, elle ajoute à ses œufs, ainsi que nous venons de le voir, une enveloppe protectrice; mais si elle se trouve dans des circonstances probablement moins favorables, très vraisemblablement il se produit alors un phénomène analogue à celui que l'on observe chez les animaux *ovo-vivipares* (quelques punaises, diverses mouches: *M. carnaria*, etc.), c'est-à-dire que les œufs subissent dans l'ovaire ou dans la matrice une sorte d'*incubation intérieure*, au bout de laquelle les petits sortent vivants: il y a donc alors véritablement ovo-viviparité.

3° *Embryogénie des sangsues.*

Les embryophores des Bdelliens ont besoin seulement d'une certaine humidité pour se développer; c'est pour cela que ces animaux ont soin de les placer dans la terre à une faible distance de l'eau. Il ne faut pas qu'ils subissent trop longtemps l'action de ce liquide, sans cela ils pourrissent, et c'est une des raisons pour lesquelles ces animaux ne se multiplient bien que dans les eaux stagnantes non sujettes à une inondation persistante.

Dès la pose de l'embryophore, chez les *Sangsues médicinales*, le vitellus se gonfle et paraît, à la surface, s'agiter d'un mouvement ondulatoire (Weber). Bientôt on voit se former, sur un des points du bord du disque, une petite élévation, dans laquelle se creuse une cavité en forme d'entonnoir, qui se rétrécit en allant vers le centre du disque, mais qui, pourtant, traverse seulement la membrane proligère et s'étend jusqu'au jaune. Cette cavité paraît absorber l'albumine, et l'on reconnaît que la membrane proligère et le vitellus augmentent progressivement de volume. Peu à peu la paroi du tube digestif se dessine, et on la voit exécuter comme des mouvements de déglutition. On remarque aussi un autre mouvement ondulatoire qui parcourt le bord entier du disque. Selon Weber, tous ces mouvements paraissent appartenir à la membrane proligère.

Pendant ces phénomènes, le disque s'épaissit graduellement aux dépens de l'albumine, et il prend la forme d'un rein allongé. En même temps, l'entonnoir, qui se trouve être alors à l'une des extrémités de ce corps, se transforme d'abord en cavité buccale; plus tard il formera la ventouse antérieure : cette ventouse présente des parois épaisses et une couleur plus ou moins blanchâtre. On la voit se dilater et se resserrer alternativement, comme si elle exécutait des mouvements de déglutition.

Au-dessous de la ventouse, sur le même côté du corps, la

membrane proligère s'épaissit en forme de bandelette blanchâtre : ce sera plus tard la paroi abdominale (Weber). Bientôt après on commence à distinguer les ganglions et leurs filets de communication, qui s'étendent depuis l'extrémité antérieure jusqu'à la postérieure. On peut observer que la membrane proligère continue à s'épaissir dans tous les sens, et qu'alors le jaune ne s'aperçoit plus que faiblement à travers sa substance. Pendant ce temps l'embryon augmente de volume; mais sa croissance ayant lieu plus en long qu'en large, il prend l'aspect vermiforme. La ventouse antérieure se prononce et la ventouse anale commence à se dessiner.

La membrane proligère semble alors partagée en deux feuillets : le muqueux et le séreux. D'après Weber, ces feuillets n'ont de connexion que par un petit nombre de points. Le feuillet muqueux forme plus tard l'œsophage, les estomacs, l'intestin, en se resserrant sur divers points. Le jaune, pendant ces transformations, disparaît peu à peu. Le feuillet séreux produit les vaisseaux sanguins; ses parties latérales donnent aussi naissance à deux séries de petites cavités d'abord closes de toutes parts, mais qui s'ouvrent plus tard à l'extérieur; ce sont les poches de la mucosité.

Enfin ce n'est que beaucoup plus tard qu'apparaissent l'orifice anal, les organes générateurs et les anneaux du corps.

Chez les *Sangsues médicinales*, selon Kœlliker, à l'origine de leur développement, on peut observer une *partie primitive* qui répond au côté ventral, c'est-à-dire au côté où se trouve le centre nerveux et se compose de sphères résultant du fractionnement progressif du vitellus.

La partie primitive envahit par son développement le reste des sphères résultant du fractionnement et se partage en deux feuillets. Le feuillet extérieur donne naissance aux muscles, aux nerfs, aux organes des sens, aux organes du mouvement et à la peau. Le feuillet interne, ou poche vitelline, forme l'intestin (Kœlliker).

Bien que nous ne devions traiter que des Bdelliens, nous pensons qu'il est bon de placer ici le résumé des observations de Grube sur le développement des Clepsines. Notre espoir est que peut-être elles aideront aux observations embryogéniques des sangsues.

RÉSUMÉ DE GRUBE SUR LE DÉVELOPPEMENT DES CLEPSINES

(*Wiegman's Archiv.*, 1842, p. 302, pl. 7).

Premier jour. 45 minutes après la ponte. — Une petite plaque ronde avec un point central brun se forme au pôle actif du vitellus, et s'élève peu à peu en prenant une forme sphérique.

1 *h.* 10 *m.* Cette élévation s'est affaissée. La plaque s'est changée en un anneau polaire parfaitement caractérisé.

1 *h.* 45 *m.* L'anneau polaire s'est étendu et est placé vers l'extrémité du petit axe du vitellus.

2 *h.* 30 *m.* Le premier sillon se montre et coupe le vitellus en deux portions inégales.

3 *h.* 45 *m.* Apparition du second sillon, qui partage en deux la plus grande portion du vitellus.

4 *h.* Apparition du troisième sillon, qui divisera la petite portion du vitellus. Au pôle actif, on aperçoit quatre petites *sphères pariétales.*

17 *h.* Le jaune est déjà divisé en plus de cinq segments; au pôle actif, on voit un nombre remarquable de sphères pariétales.

22 *h.* Le nombre des sphères pariétales s'est encore accru; elles sont, comme auparavant, d'un blanc intense. Au pôle opposé, on voit apparaître l'aire polaire.

Deuxième jour. — 26 *h.* Les sphères pariétales dessinent l'*aire embryonnaire.*

45 *h.* L'aire embryonnaire s'est fendue en deux moitiés.

48 *h.* Ces deux moitiés se sont rétrécies et épaissies; elles présentent maintenant les bourrelets ventraux. Sur le reste

de la superficie du vitellus apparaissent d'autres taches blanches.

Troisième jour. — 50 *h.* Le nombre des taches blanches s'est encore accru, indice que le vitellus sera peu à peu envahi tout entier par le développement de l'embryon.

68 *h.* Les bourrelets ventraux se sont considérablement élevés; mais l'espace qui les sépare n'est pas encore considérable. A leur extrémité postérieure on aperçoit clairement quelques grosses sphères.

Quatrième jour. — 73 *h.* 45 *m.* Les extrémités antérieures des bourrelets ventraux se sont jointes l'une à l'autre.

95 *h.* Ce mouvement de jonction s'est étendu sur une longueur assez considérable, en sorte que les extrémités postérieures s'écartent l'une de l'autre en formant un angle aigu.

Cinquième jour. — 99 *h.* On ne voit plus aucune trace de taches blanches à la surface des vitellus.

119 *h.* La portion céphalique fait une saillie considérable au-dessus du reste du vitellus. Par une légère pression entre deux verres, on reconnaît les premiers vestiges du cordon nerveux. La portion céphalique commence à se mouvoir; le vitellus est entouré par les parois du corps.

Sixième jour. — 126 *h.* L'embryon se constitue de plus en plus, prend la forme d'une fève, et se meut d'une manière évidente.

130 *h.* Le corps se rétrécit, et l'embryon sort de l'enveloppe vitelline.

142 *h.* La jeune clepsine abandonne la coque ovarique commune.

4° *Éclosion.*

En général, pendant que les embryons prennent de l'accroissement, la membrane protectrice se fane et se ride : chez les *Sangsues médicinales*, elle prend une couleur noirâtre. Arrivés au terme de leur développement fœtal, les Bdelliens se disposent à sortir de leur embryophore. On les voit alors s'agiter et aller dans plusieurs sens, puis ils finissent par pousser avec leur ventouse antérieure et faire tomber les petits opercules qui ferment les deux extrémités de la membrane intérieure de l'embryophore. Les jeunes annélides passent un à un par l'ouverture, traversent le tissu spongieux, serpentent plus ou moins à travers ses mailles, et sortent enfin par divers points de sa surface.

Selon Achard et Chatelain, l'éclosion aurait lieu au bout de vingt-cinq à vingt-huit jours chez les *Sangsues médicinales*. Charpentier, Martin, Ébrard et quelques autres s'accordent à reconnaître qu'elle n'a lieu qu'au bout de trente à quarante jours.

Élie Masson dit qu'il faut soixante-trois jours répartis ainsi qu'il suit :

Pendant dix-huit jours, le cocon ne contient qu'une substance analogue au liquide prostatique. — Dans la quinzaine suivante, des animalcules informes nagent dans le liquide dont ils se nourrissent. — Au bout de quinze autres jours, les rudiments se sont développés, et l'on peut alors compter les sangsues que le cocon produira. — Pendant les deux semaines qui suivent, le liquide est complétement absorbé et la sangsue n'attend plus que l'eau pour sortir de son cocon.

Chez les *Aulastomes*, l'éclosion se fait, suivant Moquin-Tandon, le trente ou le trente-deuxième jour. Posés le 10 juillet, des embryophores d'Aulastomes sont éclos le 11 août.

Mais, ainsi que nous l'avons déjà dit, l'éclosion doit se produire au bout d'un temps plus ou moins long, selon l'époque de l'année, le climat, l'élévation de température, l'exposition des lieux où sont placées les sangsues, etc. Selon Johnson, l'éclosion des embryophores de Néphélis peut varier entre le quarante-unième et le soixante-sixième jour. D'après Moquin-Tandon, la différence serait encore plus marquée. Ce savant a observé que plusieurs embryophores de cet annélide, posés au mois de juin, sont éclos du vingt-unième au vingt-troisième jour; tandis que d'autres, posés le 9, le 10 et le 12 octobre, ne sont éclos que le 13 novembre et le 25 décembre, c'est-à-dire au bout de trente-cinq et quatre-vingts jours. Cette différence remarquable entre trente-cinq et quatre-vingts (quarante-cinq jours) tenait bien certainement à quelque cause que Moquin-Tandon a omis de signaler. Nous avons dit autre part que nous avions pareillement observé que les embryophores de Néphélis arrivés à terme et placés à l'obscurité, n'étaient pas éclos tout le temps que nous les avions tenus à l'obscurité; mais qu'il suffisait de quelques heures d'exposition au soleil du mois d'août pour que les jeunes Néphélis se missent à se mouvoir, puis à sortir de leur embryophore. Il nous semble évident que la lumière, non comme chaleur seulement, puisqu'au mois d'août il faisait chaud là où nous tenions les embryophores à l'obscurité, mais comme agent particulier, a une très grande influence sur le phénomène de l'éclosion, et nous nous sommes laissé aller au souvenir de cette fiction mythologique de Prométhée dérobant le feu du soleil afin d'animer sa statue, pour trouver une sorte de comparaison à établir entre la fiction et la réalité: fiction qui n'est peut-être au fond qu'un hommage rendu à l'influence bienfaisante et créatrice du soleil.

Charpentier a observé aussi que chez les *Sangsues médicinales* l'éclosion des embryophores arrivait plus tôt par une température élevée. Suivant Chatelain, il faut une température de + 23 degrés centigrades au moins pour le développement des embryons de cet annélide.

5° *Jeunes sangsues* ou *germements.*

Selon Chatelain, les jeunes *Sangsues médicinales* (*germements* des éleveurs) ont, au moment où elles sortent de leur embryophore, une longueur de 2 centimètres. Moquin-Tandon, page 334 de sa *Monographie* 1846, leur attribue 7 à 8 millimètres seulement de longueur. D'abord filiformes et transparentes ou quelquefois un peu rougeâtres, ce n'est que peu à peu que leur teinte se prononce. Leurs vaisseaux s'aperçoivent aisément à travers leur peau, et leurs points oculiformes sont alors plus faciles à distinguer. Quelques jours après l'éclosion, on voit apparaître les bandes colorées de la région dorsale, et peu à peu la jeune sangsue prend la teinte générale qui la caractérise à l'état adulte.

Charpentier a écrit qu'avant qu'elles aient atteint tout leur développement intra-capsulaire, elles sont rouges et le sont d'autant plus qu'elles sont éloignées du moment où elles sortiront de leur embryophore. Si alors on les retire (dix ou quinze jours avant l'éclosion) et si on les met dans l'eau, elles continuent à vivre ; le pigmentum se développe insensiblement, et en même temps elles grossissent comme si elles étaient restées dans leur enveloppe (Charpentier).

Chatelain avait aussi observé que les sangsues écloses spontanément, et même celles que l'on retire de l'embryophore avant l'éclosion, sont faciles à élever dans l'eau de fontaine, dans l'argile ramollie ou dans de l'argile délayée et mêlée à l'eau. Sur quatre cents petits, il n'en a perdu que deux en vingt-cinq jours.

Les *Hæmopis* ont, au moment de leur sortie des embryophores, un peu plus de 1 centimètre de longueur sur 1 millimètre de largeur. Elles ressemblent à des fils et leur couleur est roussâtre. Examinées à la loupe, elles laissent voir sur leur dos quatre rangées de points plus ou moins bruns. Leurs points oculiformes sont d'un noir foncé et très apparents. A l'âge d'un mois, les *Hæmopis* ont une couleur gris-brun en dessus et présentent quatre bandes étroites un peu plus foncées, à peine distinctes ; leur ventre est gris cendré. Il en est qui ont sur le dos, entre les bandes qui viennent d'être indiquées, un grand nombre de points jaunâtres, en séries transversales plus distinctes et plus rapprochées de cinq en cinq anneaux (Moquin-Tandon).

Les *Aulastomes*, à la sortie des embryophores, offrent une longueur de 2 centimètres et une largeur de 1 millimètre et demi ; elles sont brunes et ont les yeux très noirs. On peut alors voir les ganglions, le tube digestif, les poches de la mucosité et le système vasculaire à travers leurs téguments (Moquin-Tandon).

Les jeunes *Sangsues médicinales*, dès leur sortie, n'abandonnent pas pour toujours leur embryophore ; elles y reviennent quelquefois pour se mettre à l'abri dans sa substance spongiforme. Il est très probable que les jeunes *Hæmopis* et les jeunes *Aulastomes* en font autant.

TROISIÈME PARTIE.

HIRUDOCULTURE (1) OU MULTIPLICATION DES SANGSUES.

CONSIDÉRATIONS GÉNÉRALES.

La multiplication des sangsues est une question tout à fait à l'ordre du jour. Elle intéresse à un très haut point l'administration supérieure en ce qui concerne les hôpitaux militaires, les hôpitaux civils et toutes les maisons de secours. Elle intéresse surtout les classes pauvres et laborieuses, puisque sans elle le prix de ces annélides pouvait être un jour tellement élevé que ce médicament aurait pu n'être plus accessible qu'à un petit nombre de personnes. Heureusement la question de reproduction est complétement résolue et aujourd'hui l'hirudoculture est devenue une industrie très importante qui prend un développement chaque jour plus grand.

L'imminence d'une disette de sangsues et le prix élevé qu'elles ont atteint ont déterminé la Société d'encouragement pour l'industrie nationale à se saisir de cette question,

(1) Nous aurions dû, suivant les règles établies pour la construction des mots, employer le génitif; mais alors il eût fallu dire *hirudiniculture*, et, à notre sens, le mot eût été trop long et moins euphonique que le mot *hirudoculture*. En disant *hirudiculture*, nous eussions fait un barbarisme ou une apocope par trop forcée. Maintenant, si nous avons créé ce mot, c'est que les noms *élève* ou *culture* des sangsues sont des mots qui, bien qu'à peu près consacrés par l'usage, ou bien n'ont pas la forme française convenable, ou bien s'éloignent beaucoup de l'idée exacte que l'on doit se faire de cette industrie, tandis que le mot *hirudoculture* ne veut pas dire seulement que l'on cultive la sangsue, mais encore qu'on l'entoure de soins nombreux, soit pour la nourrir et la faire croître ou la conserver, soit pour favoriser sa reproduction et conduire à bien les produits de cette reproduction. Enfin le mot nouveau emporte avec lui l'idée complexe d'élève, de culture, de reproduction et de soins nombreux qui entourent cette industrie.

et, après avoir entendu l'important rapport de Huzard, la Société a décidé :

1° Qu'un prix de 2500 fr. serait décerné à celui qui trouverait le moyen de peupler en sangsues les mares et les étangs, soit à eau stagnante, soit à eau courante, qui, jusqu'en 1840, n'avaient pas encore nourri de ces animaux ;

2° Qu'un prix de 1500 fr. serait accordé à celui qui ferait connaître des moyens économiques de faire dégorger les sangsues ayant servi une première fois à la succion, et à les rendre propres à un second usage ;

3° Que des médailles d'encouragement seraient décernées aux personnes qui, à partir de 1840, auront introduit et multiplié dans nos contrées des variétés nouvelles de sangsues ;

4° Qu'enfin des médailles seraient aussi accordées aux concurrents qui auraient prouvé par des faits positifs quelles sont les variétés de sangsues les plus rustiques dans nos climats.

Sur douze concurrents qui, en 1842, ont répondu à l'appel de ce programme, deux seulement ont été récompensés ; ce sont : Faber, ministre protestant à Copenhague, qui s'occupa spécialement de l'accouplement, de la reproduction, de la croissance, de l'âge, des ennemis, des maladies et de la conservation des sangsues (1) ; et Ollivier (de Pont-de-l'Arche), qui a donné un moyen pour faire dégorger les sangsues, lequel a été reconnu exact par Soubeiran et Huzard (2). Aussi la Société a-t-elle décerné à chacun d'eux une médaille d'or de 300 fr.

En 1845, sept médailles ont été accordées :

1° A Bouchardat et Soubeiran, pour leur mémoire *sur les expériences faites à l'Hôtel-Dieu de Paris sur le dégorgement des sangsues pour les faire servir de nouveau* (médaille de 500 fr.).

(1) *Sur les moyens de peupler de sangsues les mares et les étangs* (*Bulletin de la Société d'encouragement*, 1843).

(2) *Sur le dégorgement des sangsues* (*Ibid.*).

2° A Hedrich, pharmacien à Moritzbourg (Saxe), pour son travail *sur la construction des réservoirs artificiels pour la multiplication des sangsues* (médaille de 300 fr.).

3° Au docteur Herz, à Wartzbourg, pour l'*emploi en grand d'un procédé de dégorgement des sangsues par la pression* (médaille de 400 fr.).

4° A Delayens, pour *son mode de dégorgement des sangsues par la pression entre les doigts* (médaille de 150 fr.).

5° A Bonnet, pour *un procédé analogue* (médaille de 150 fr.).

6° A Vatelle, pour *un procédé de dégorgement et pour l'établissement de réservoirs artificiels à l'hôpital de Douai* (médaille de 300 fr.).

Enfin, en 1849, une médaille de 500 fr. fut attribuée à Ébrard, médecin de l'hospice de la Charité de Bourg-en-Bresse, pour son mémoire *sur les sangsues considérées au point de vue de l'économie médicale*, dans lequel cet auteur s'occupe de la reproduction, du dégorgement artificiel, de la conservation et de l'application des sangsues, ainsi que de la formation de leurs cocons.

En même temps, une médaille de 100 fr. a été décernée à Micholet, cultivateur à Dampierre, arrondissement de Bourg (Ain), pour l'établissement d'*un grenouiller* destiné à la nourriture des sangsues (1).

La Société d'encouragement paraît donc décidée à favoriser de tous ses moyens cette nouvelle industrie, et nous avons vu sa commission (2) chargée de visiter les marais de Claire-fontaine, manifester l'intérêt qu'elle prenait à l'établissement de M. Borne.

Il y a déjà longtemps, en effet, que la production des sangsues en France est loin de suffire à sa consommation.

(1) Ce petit exposé historique est puisé dans le rapport que M. Chevallier a fait à la Société d'encouragement sur les moyens de reproduction des sangsues employés à Claire-Fontaine. C'est à l'obligeance de ce savant que nous devons d'avoir pu le consulter avant sa publication.

(2) Cette commission était composée de MM. Chevallier, Huzard et Delacroix.

Nous sommes obligés d'avoir recours à l'étranger, et les royaumes circonvoisins, tels que la Suisse, l'Espagne, les États sardes, la Grèce, les États barbaresques, l'Algérie, etc., ayant été tour à tour épuisés, les marchands se sont vus dans la nécessité d'aller les chercher beaucoup plus loin encore.

En remontant au commencement de ce siècle, on trouve qu'en 1806 les sangsues coûtaient 12 à 15 fr. le mille, et déjà, en 1815, on les payait de 30 à 36 fr. et même plus en hiver; c'est-à-dire le triple à peu près. Mais c'est surtout par la doctrine de Broussais que ces animaux augmentèrent de valeur, à ce point que, dans l'hiver de 1821, leur prix s'éleva, à Paris, à 150 et 200 fr. le mille. Il faut bien le dire, l'usage des sangsues était, à cette époque, le sujet d'un tel engouement de la part de quelques médecins, une chose tellement à la mode (1) et reconnue si nécessaire, que ces annélides, malgré le dégoût qu'ils inspiraient d'abord, devinrent d'un usage populaire et que partout on les proclama l'agent thérapeutique par excellence. Alors, la consommation devint telle, que la seule ville de Paris consomma, assure-t-on, en 1825 et en 1830, près de 3 millions de sangsues; or, si Paris, dit Fée, est à la population totale de la France comme 1 : 33, il en résulte, indépendamment des exportations, l'emploi de 100 millions de sangsues, ce qui donne chaque année 3 sangsues par individu. Moquin-Tandon fait observer, avec raison, que ce résultat est exagéré. En effet, il ne faut pas juger de la consommation de toutes les villes, et surtout des campagnes, par celle de Paris. L'influence de la doctrine antiphlogistique ne pouvait pas être égale sur tous les points de la France, et son action devait nécessairement diminuer en raison de l'éloignement du berceau de cette doctrine : c'était dans l'ordre moral. D'ailleurs, beaucoup de médecins ont résisté à cette influence, et l'école de Montpellier s'est opposée à ses progrès (Moquin-Tandon).

(1) En 1824, on a vu des dames très élégantes porter des *robes à la Broussais*, dont les garnitures simulaient des sangsues (Fée).

D'après Sarlandière, en 1837, on a employé, en France, 33 millions de sangsues; mais l'auteur de la *Cinquième lettre alsacienne* porte la consommation ordinaire à 12 millions seulement, chiffre qui est très certainement inférieur à la dépense réelle. En effet, dans l'année 1837, la dépense a atteint le chiffre de 27 millions environ.

Sarlandière a évalué la dépense des sangsues, pour tous les hôpitaux de France, à 7,500,000 environ, ce qui fait une somme de 1,500,000 fr., à raison de 20 cent. par sangsue.

Suivant Chatelain, le service de la marine et des hôpitaux, à Toulon, exige l'emploi de 160 à 170,000 sangsues par an, et Virey assure que le seul hôpital du Val-de-Grâce a dépensé 100,000 sangsues en 1820. Cette quantité a été parfois beaucoup plus grande, ainsi que l'on peut s'en assurer par le tableau suivant que nous empruntons à la *Monographie* de Moquin-Tandon (1846) :

ANNÉES.	JOURNÉES DE MALADIES.	SANGSUES.	MÉDECINS.	PHARMACIENS.
1830	174,062	177,700	Broussais.	Sérullas.
1831	348,731	348,100	*Id.*	*Id.*
1832	415,342	417,700	*Id.*	*Id.*
1833	357,311	318,000	*Id.*	Brault.
1834	288,431	486,700	*Id.*	*Id.*
1835	240,064	178,812	*Id.*	*Id.*
1836	188,032	159,220	Gasc.	*Id.*
1837	177,303	132,700	*Id.*	*Id.*
1838	204,463	135,100	*Id.*	*Id.*
1839	192,391	86,000 ?	Chambert.	*Id.*
1840	288,301	108,700	*Id.*	Roussel.
1841	283,244	106,000	*Id.*	*Id.*
1842	202,215	62,800	*Id.*	*Id.*
1843	183,504	62,600	Alquié.	*Id.*
1844	174,081	41,900	*Id.*	*Id.*

Comme on le voit, l'année 1834 figure pour le chiffre exorbitant de 486,700 sangsues. Si l'on prend la moyenne des dix dernières années, on trouve, pour chacune d'elles, 107,383 sangsues pour 213,359 journées de malades; ce qui fait 1 sangsue 19/20 par chaque journée de malade (Moquin-Tandon).

Un calcul analogue a donné : pour l'hôpital militaire de Bordeaux une dépense de 9,598 sangsues pour 36,419 journées de malades : soit, 1 sangsue et 16/20es pour 3 journées de malades.

Pour l'hôpital militaire de Bayonne, une dépense de 14,355 sangsues pour 59,079 journées de malades : soit, 1 sangsue et 2/20 pour 4 journées de malades.

Pour l'hôpital militaire de Toulouse, une dépense de 17,630 de ces animaux pour 86,186 journées de malades, ce qui fait 1 sangsue et 18/20 pour 4 journées.

Pour l'hôpital militaire de Lille, une dépense de 20,434 sangsues pour 63,165 journées de malades, ou à peu près 1 sangsue et 2/20 pour 3 journées de malades.

Pour l'hôpital Saint-Sauveur de la même ville (de 1841 à 1844), la dépense de 6,056 sangsues, pour 85,253 journées de malades = 1 sangsue et 1/20e pour 14 journées de malades.

Ces derniers calculs sur les hôpitaux civils et militaires de Lille prouvent que la quantité de sangsues employées dépend surtout des théories médicales adoptées par les praticiens chargés du service (Moquin-Tandon). Nous ajouterons qu'elle dépend aussi beaucoup de la nature des maladies.

La consommation a généralement marché en décroissant ; mais on peut remarquer que cette décroissance ne présente rien d'uniforme.

Quoiqu'il soit très difficile d'apprécier exactement le chiffre de la consommation des sangsues, nous allons néanmoins donner ici les données approximatives que nous possédons.

Voici, selon M. J. Martin, le tableau des importations de sangsues, communiqué par l'administration française :

En 1827,	33,634,496 sangsues d'une valeur officielle de	1,009,135 fr.
1828,	27,360,100	820,803
1829,	44,580,754	1,337,422
1830,	35,534,000	1,066,020
1831,	36,443,475	1,093,304
1832,	57,491,000	1,724,730

1833,	41,654,300 sangsues d'une valeur officielle de	1,249,629 fr.
1834,	21,885,965	656,759
1835,	19,855,800	676,813
1836,	25,767,754	595,674
1837,	25,767,754	773,633
1838,	22,409,050	672,272
1839,	22,415,406	672,462
1840,	17,557,295	526,719
1841,	17,478,663	524,359
1842,	20,382,358	611,471
1843,	17,607,675	528,231
1844,	15,224,673	456,740

Si l'on observe que les déclarations faites à la douane ne sont pas vérifiées, et que d'ailleurs la douane admet qu'un mille de *sangsues en race* (1), pèse 2 kilogrammes, tandis que le plus fréquemment, c'est 1500 et quelquefois 2000 sangsues qu'il faudrait compter, ce qui fait que l'on doit ajouter aux relevés officiels de l'importation 50 et même 100 pour 100, on comprendra comment le chiffre de l'importation est véritablement inconnu (J. Martin).

D'ailleurs, on ne sait pas exactement la quantité de sangsues que l'on retire des pêches indigènes, mais que l'on estime néanmoins de 1 million à 1,200,000 par an, et l'on connaît encore moins celle des sangsues qui nous arrivent par contrebande (de Puymaurin). Mais si l'on additionne les évaluations fournies par les relevés officiels compris dans le tableau précédent, on trouve, à peu de chose près, un total de 500 millions en nombres ronds, qui, divisé par 18, le nombre des années, donne pour moyenne annuelle près de 28 millions de sangsues. En ajoutant le produit de la pêche indigène et celui de la contrebande, on peut assurer que la quantité de sangsues qui est entrée annuellement en France, depuis 1837 jusqu'à 1844, a été en moyenne, et sans exagération, de 30 millions au moins. Nous croyons donc que l'auteur de la *Cinquième lettre alsacienne*, qui porte le chiffre

(1) On nomme ainsi, dans le commerce, des sangsues de tout âge et de toutes grosseurs.

annuel de la consommation à 12 millions, reste bien au-dessous de la vérité.

Voici un autre aperçu de la consommation que nous empruntons au *Guide pratique des éleveurs de sangsues*, de L. Vayson :

De 1827 à 1836, la moyenne annuelle a été de.	34,050,682
1837 à 1846.	18,538,041
En 1847, le chiffre de la consommation a été de.	11,790,840
1848.	9,903,398
1849.	11,112,000
1850.	11,766,000

Comme on le voit par ce qui précède, la consommation annuelle de ces annélides a considérablement diminué, ce qui peut tenir à deux causes : 1° à ce que nous ne sommes plus soumis à l'influence de la doctrine de Broussais, et 2° au prix élevé de ces animaux, qui paraît déterminer les médecins à suppléer par d'autres moyens à l'usage des sangsues (1).

Néanmoins, si l'on observe que telle qu'elle était en 1850, l'importation des sangsues pouvait être évaluée de 20 à 25 millions (en tenant compte de la différence entre le chiffre réel de l'importation et celui de la douane, et du produit chaque jour plus considérable des pêches indigènes) ; si, en même temps, on considère que l'exportation peut prendre, par la suite, un plus grand développement, on comprendra de quelle importance peut être, pour les hirudoculteurs, la question de la multiplication des sangsues. Pour nous, convaincu comme nous le sommes des immenses avantages que l'on doit retirer de l'hirudoculture, nous allons mettre tous nos soins à relater ici tout ce qui a été dit de véritablement intéressant sur cette nouvelle branche d'industrie.

L'hirudoculture peut s'exercer *naturellement* en se servant

(1) Vayson rapporte qu'un médecin français établi sur les rives du Missisipi, à trente ou quarante milles de la Nouvelle-Orléans, lui a dit qu'il lui était impossible d'employer les sangsues dans le pays riche et peuplé qu'il habite, à cause de la rareté et du prix exorbitant de ces annélides.

de marais naturels ; ou *artificiellement* en construisant exprès des bassins ou en faisant des marais artificiels.

I. — HIRUDOCULTURE NATURELLE.

Nous rangeons sous cette dénomination, qui tout d'abord peut paraître étrange, les soins et les précautions que l'on doit prendre pour faire multiplier et conserver les sangsues qui viennent naturellement dans les marais.

Les propriétaires de semblables marais n'ont sans doute pas compris les avantages qu'ils peuvent en retirer, puisqu'ils les négligent souvent au point que les sangsues que ces marais contiennent deviennent ou la proie des animaux qui leur font la guerre, ou la propriété des hommes qui n'apportent pas à la pêche qu'ils en font, les précautions sans lesquelles les marais sont bientôt dépeuplés. L'intérêt des propriétaires de marais où il y a de ces annélides est assez grand pour que nous ayons cru utile de leur transmettre certaines instructions au moyen desquelles ils pourront tirer un grand avantage de marais qui occupent, le plus souvent, une grande étendue de terrain sans presque aucun profit pour eux.

Les départements de l'Indre, d'Indre-et-Loire, de la Loire-Inférieure, de Loir-et-Cher, des Deux-Sèvres, de Maine-et-Loire, de la Vendée, de la Gironde, du Calvados et de la Manche ; la Sologne et la Corse possèdent des marais desquels on tire encore quelques sangsues que l'on verse dans le commerce.

Ces marais, autrefois très riches (1), mais qu'une pêche mal entendue a à peu près dépeuplés, sont dans les meilleures conditions de repeuplement, puisque l'expérience prouve que le climat, les eaux, le sol, etc., conviennent à

(1) Selon Vayson, il y a vingt-cinq ans à peine, la production des sangsues était si considérable dans quelques départements, qu'il y avait du danger à laisser paître et s'abreuver les troupeaux dans les marais. Buffon dit que les propriétaires étaient obligés d'y jeter du sel marin afin de détruire ces animaux.

ces Annélides. Déjà quelques propriétaires ont profité de ces circonstances, pour faire de ces marais un objet de spéculation qui, à notre connaissance, a parfaitement réussi, mais à la vérité par des moyens artificiels dont nous parlerons plus tard, et en y sacrifiant un temps que ne peuvent pas y employer tous ceux qui possèdent de semblables marais.

Mais si l'on ne peut donner son temps et ses soins au repeuplement des marais autrefois peuplés, il nous semble que l'on peut exercer une surveillance assez active pour empêcher la pêche dans certains marais, plus favorablement placés pour cet objet que d'autres, et que l'on peut aussi, jusqu'à un certain point, empêcher les animaux de les dévorer, en plaçant divers épouvantails, en tendant des piéges, en plaçant çà et là des appâts empoisonnés, et en faisant entourer de planches les marais qui n'offriraient pas une trop grande étendue. Nous avons même la conviction qu'en empêchant simplement la pêche des sangsues on arriverait au repeuplement des marais, sans avoir recours aux moyens que nous indiquons pour les préserver de leurs ennemis, et nous nous fondons sur ce qu'autrefois ces mêmes marais étaient riches de ces Annélides, bien que nous ne sachions pas que l'on puisse dire qu'ils étaient mieux abrités contre l'attaque des animaux qui les dévorent.

Nous insisterons d'autant plus sur l'intérêt que présente le repeuplement des marais, que non seulement ce serait un moyen pour la France de se soustraire au tribut pécuniaire qu'annuellement nous payons à l'étranger; que non seulement ce serait pour la médecine un moyen d'avoir des sangsues mieux portantes et qui, par cela même, rempliraient mieux le but que se propose le médecin; mais qu'encore ce serait un moyen de fournir aux localités qui posséderaient ces marais, un agent thérapeutique souvent indispensable et dont il faut se passer ou que, tout au moins, il faut aller chercher quelquefois fort loin et toujours payer fort cher.

Déjà en 1835, Fleury, pharmacien à Rennes, avait proposé au ministre du commerce :

1° De prohiber la pêche des sangsues dans le temps de la ponte;

2° De ne laisser prendre que celles qui auraient atteint une grosseur et un poids déterminés ;

3° De mettre les lieux où vivent les sangsues sous la surveillance de gardes champêtres ;

4° D'exiger des pêcheurs une légère rétribution pour la permission qui leur serait accordée.

Cette proposition portée devant l'Académie de médecine pour qu'elle ait à faire un rapport, c'est Guibourt qui a été chargé de ce soin, et ses conclusions ont été :

1° Que les moyens proposés par Fleury, pour s'opposer à la destruction des sangsues et pour en repeupler nos marais, paraissaient insuffisants, n'étant appliqués qu'au petit nombre de celles qui y restent, et qu'ils étaient d'ailleurs d'une exécution difficile ;

2° Que la meilleure manière de s'opposer efficacement à cette destruction, serait de rendre à leur vie naturelle, en France, dans des lieux désignés à cet effet, les sangsues qui sont importées de l'étranger, après leur usage dans les hôpitaux, qui les livreraient presque pour rien à l'administration.

Les choses en sont restées là jusqu'au moment, où par suite d'une communication de J. Martin et de lettres de renvoi émanées du ministre de l'agriculture et du commerce et du préfet de police, l'Académie de médecine s'étant trouvée de nouveau saisie de la question et sur un rapport très approfondi de Soubeiran, a adopté les propositions suivantes :

Demander au ministre du Commerce d'ordonner les mesures propres à favoriser la multiplication des sangsues, en France, et à empêcher la vente des sangsues gorgées ou de mauvaise qualité ; à cet effet :

1° Défendre la vente des sangsues gorgées dans toute la France, et soumettre les vendeurs à une pénalité sévère ;

2° Obliger ceux qui font le commerce des sangsues à désigner, sur leurs factures, la variété de sangsues dont ils font livraison ;

3° Interdire la pêche des sangsues pendant les mois de l'accouplement et de la ponte, en laissant à chaque préfet le soin de fixer l'époque de la pêche dans son département ;

4° Interdire la pêche et la vente des sangsues pesant moins de 2 grammes ou plus de 6 grammes ;

5° Autoriser cependant la vente ou la pêche de ces sangsues, par exception quand elles seront destinées à peupler les réservoirs, mais ne l'autoriser que sur une décision du préfet, faisant connaître la quantité de ces sangsues et leur destination ;

6° Par une mesure transitoire, interdire la pêche des sangsues, en France, pendant six ans ;

7° Faire une obligation aux hôpitaux de déposer les sangsues qui ont servi, dans des réservoirs assez vastes pour qu'elles puissent s'y dégorger et s'y multiplier. (*Journ. de pharmacie et de chimie*, 1848, t. XIII, p. 180, 277 et *Bull. de l'Acad. de méd.*, t. XIII, p. 613.)

Nous ne savons si nous nous abusons, mais les conclusions de ce rapport nous paraissent donner prise à quelques observations sérieuses.

A. La première proposition n'est pas assez explicite. Il nous semble que l'interdiction de vente ne devrait regarder que les marchands qui vendent ces animaux pour être employés en médecine.

Dans l'état de vacuité où se trouvent nos marais, il nous semble que loin d'interdire la vente des sangsues gorgées après l'application aux malades, il faudrait au contraire l'encourager, mais ne la permettre qu'à des hommes spéciaux, désignés ou reconnus pour cela. Voici l'avantage que l'on y trouverait :

1° Lorsque les sangsues sont gorgées elles sont dans de mauvaises conditions de conservation : il vaut mieux alors les laisser vendre à des hommes qui les placeraient immédiatement dans leurs marais, où elles s'enfonceraient dans la vase pour n'en sortir que mortes ou beaucoup plus tard, lorsqu'elles auraient digéré à peu près tout le sang dont elles se seraient repues ;

2° On trouve de cette façon un moyen de repeupler à peu de frais nos marais, et les sangsues meurent moins que si on laisse le soin de leur conservation aux particuliers après leur application. Il y a ainsi double économie, puisque les propriétaires de marais les repeupleraient avec des sangsues qui leur coûteraient moins cher, et puisque les particuliers pourraient revendre encore des sangsues gorgées qu'ils ne seraient pas sûrs de conserver.

3° D'ailleurs, les commerçants de sangsues seraient soumis à une peine sévère, dès qu'une inspection rigoureuse aurait constaté qu'ils vendent des sangsues gorgées ou malades. Les pharmaciens ne devraient tirer celles qu'ils sont forcés d'avoir, que de maisons dont ils seraient parfaitement sûrs et dont les chefs seraient responsables, puisque selon J. Martin, « avec de l'habitude, mais qui ne s'acquiert qu'après une longue pratique, on distingue non seulement la sangsue de bonne qualité, ou parfaitement officinale, d'avec la sangsue bâtarde, mais encore on peut indiquer leur degré d'énergie, de vitalité, etc. » (*Hist. prat. des sangsues*, Paris, 1845, p. 36.)

Ainsi ce serait aux marchands spéciaux à ne point admettre dans leur commerce des sangsues *avariées*, et pour cela ils doivent posséder assez de connaissances pratiques sur ces annélides, pour ne délivrer que des sangsues de bonne qualité.

B. La seconde proposition est excellente.

C. L'interdiction de la pêche pendant les mois de l'accouplement et de la ponte, fait supposer qu'il faudra avoir pêché une provision de sangsues assez grande pour subvenir aux besoins de la consommation pendant six mois. Or, c'est à peu près la moitié de la consommation annuelle en France, soit dix millions au moins de sangsues qu'il faut avoir en magasin afin de ne pas déranger celles qui produisent. Mais si l'on remarque que pendant le temps qui s'écoule entre l'emploi des premières et celui des dernières sangsues de cette provision considérable, toutes ces sangsues, laissées en marais pour n'être pêchées qu'au fur et à mesure du besoin, auraient concouru pour une bonne part à la reproduction annuelle ; on comprendra qu'il vaut beaucoup mieux ; au contraire, recommander de n'avoir que de petites provisions de ces annélides pendant l'époque de la reproduction, qui est aussi celle où, à cause de la chaleur, elles ont besoin de rester enfouies pour conserver une bonne santé, et pour échapper aux épidémies qui se révèlent à cette époque.

Nous verrons d'ailleurs plus loin quel moyen nous conseillons pour obvier à ce grave inconvénient, en plaçant dans les bassins de conservation des îlots portatifs où les sangsues peuvent poser leurs cocons.

D. Nous pensons aussi, avec Guibourt (1), que le *maximum* et le *minimum* de poids fixés pour les sangsues commerciales sont tous deux trop élevés. En effet, si les *Sangsues vaches* sont d'un emploi médical peu avantageux, tandis qu'au contraire elles sont très propres à la reproduction, il serait convenable de ne pêcher que celles dont le poids n'excéderait pas 4 ou 5 grammes. D'un autre côté, si les petites moyennes ou de troisième choix pèsent de 0,625 à 0,750 (J. Martin), il est clair que l'on pourrait descendre au poids de 1 gramme pour l'admission des sangsues commerciales. Donc il devrait être expressément défendu aux commerçants d'admettre dans leurs magasins des sangsues au-dessus de 4 grammes et au-dessous de 1 gramme.

E. Selon Guibourt, « il n'est ni juste ni politique d'interdire la pêche des sangsues, en France, pendant un nombre quelconque d'années, de priver la population qui s'y livre du salaire que cela lui procure, et de lui faire perdre l'habitude d'une occupation qu'il faudra ensuite rétablir.

Concernant l'interdiction de la pêche, nous ne partageons pas l'opinion de Guibourt et nous croyons, au contraire, que ce serait le seul moyen de repeupler nos marais. Quant à la crainte de l'honorable professeur que nous venons de citer,

(1) *Histoire naturelle des drogues simples* (1851, t. IV, p. 276).

elle ne nous paraît pas fondée, car on trouvera toujours des hommes disposés à faire cette pêche qui, alors, sera plus lucrative, et qui certes n'exige pas le besoin d'un longue pratique.

F. Enfin, les hôpitaux doivent être libres de faire des sangsues ce que bon leur semble, car il est clair qu'ils seront conduits à agir dans le sens de leur plus grand intérêt, et comme il est surabondamment prouvé que les sangsues dégorgées ne sont pas plus malsaines que les neuves et que ces établissements ont trouvé, dans le dégorgement, une économie fort importante, il ne serait pas juste de les priver de l'un de leurs plus sûrs moyens d'économiser les deniers du pauvre.

Aux soins et précautions à prendre, qui ressortent de ce que nous venons de dire, nous ajouterons encore ceux qui auront pour but d'éloigner les ennemis des sangsues des marais où vivent ces annélides ; ceux qui tendront autant que possible à remédier à la maladie qui survient toujours à la suite d'une mue difficile, et connue sous le nom d'*étranglement*, et ceux qui résulteront du choix des sangsues destinées au repeuplement des marais.

Nous n'avons pas ici à nous occuper du choix des eaux et des terrains, puisque nous conseillons de repeupler les marais qui jadis contenaient des *Sangsues médicinales ;* au reste ceux qui voudraient transformer en marais à sangsues des terrains qu'ils posséderaient, devraient, au préalable, consulter les données que nous présentons dans le chapitre concernant l'hirudoculture artificielle, pour le choix des terrains, des eaux, des plantes, etc.

1° *Soins à prendre contre les ennemis des sangsues.* — Les ennemis des sangsues sont, au dire de tous les auteurs, en assez grand nombre. Et en effet, pour s'en faire une idée, il suffit d'énumérer, comme nous le ferons plus loin, toutes les espèces qui passent pour telles.

Selon Vayson, ces dangereux ennemis des *Sangsues médicinales* sont faciles à combattre, aujourd'hui que chaque exploitation nécessite la présence continuelle de quelques chiens et de plusieurs pêcheurs ou gardes. Les marais étant habités et parcourus nuit et jour, dans tous les sens, par les uns ou par les autres, les animaux étrangers osent à peine affronter leur voisinage.

Les animaux les plus à craindre sont les rats, les taupes et les musaraignes ; mais des piéges tendus, la pâte phosphorée placée çà et là sur des planches ou des tuiles, et surtout une surveillance active suffiront pour s'en débarrasser (Vayson). Est-il donc si difficile d'appliquer ces moyens de destruction des ennemis des sangsues aux marais naturels que l'on désire repeupler ?

D'ailleurs, il ne faut pas trop s'effrayer de ces prétendus ennemis, car nous le répétons, beaucoup de nos marais étaient autrefois riches en sangsues, bien qu'alors on ne prenait aucun soin pour éloigner leurs ennemis, dont les plus fâcheux ont été, sans contredit, les pêcheurs inintelligents. (Voy. plus loin *Ennemis des sangsues*).

2° *Choix des sangsues destinées au repeuplement des marais.* — Aujourd'hui qu'il est parfaitement établi qu'il n'y a que les *Sangsues* du genre *Hirudo* qui soient réellement médicinales, les propriétaires devront ne choisir que les espèces de ce genre pour repeupler leurs marais. En effet, s'ils n'apportaient aucun discernement dans le choix de ces sangsues, ils s'exposeraient à élever des *Néphélis*, des *Hæmopis* ou des *Aulastomes*. Dans les deux premiers cas, ils feraient une opération inutile puisque les *Néphélis* et les *Hæmopis* ne peuvent pas percer la peau de l'homme, et dans le second, ils feraient une opération désastreuse, puisque les *Aulastomes* dévoreraient les jeunes *Sangsues médicinales* que les marais pourraient contenir.

On a conseillé de peupler les marais avec des filets pour les faire grossir et plus tard les livrer au commerce ; cette mesure serait bonne, mais elle est en contravention avec le conseil que nous donnons de ne pas pêcher les sangsues au-dessous de 1 gramme. D'ailleurs, nous craindrions que les personnes qui sont peu habituées au maniement des sangsues n'eussent à souffrir de la perte que leur occasionnerait l'achat de filets, parmi lesquels il serait si facile de mêler des *Néphélis*. Pour ces deux raisons, nous rejetons ce moyen de repeuplement qui, au surplus, exigerait plusieurs années pour donner une reproduction naturelle. Dans tous les cas, si l'on voulait absolument élever des filets, nous conseillons de les mettre sans eau dans des vases fermés : au bout de quelque temps, toutes les Néphélis, s'il y en a, seront mortes tandis que les filets n'auront, pour ainsi dire, pas souffert de cette absence d'eau. (Voir plus loin la méthode que nous donnons pour s'assurer que les sangsues ne contiennent ni *Néphélis*, ni *Aulastomes*, ni *Hæmopis*.)

Enfin, il est bien essentiel de ne pas peupler les marais naturels avec les sangsues qui, dans le commerce, sont connues sous les noms de *Sangsues bâtardes* et *Sangsues noires*, et qui ne sont autres qu'un mélange de *Sangsues* de qualité inférieure, de *Néphélis*, d'*Aulastomes* et d'*Hæmopis*.

Parmi les espèces du genre Hirudo, il est encore un choix bien important à faire que nous devons indiquer. En effet, sous le nom de *Dragons*, le commerce présente des sangsues de qualité inférieure qui viennent de l'Afrique et de quelques contrées d'Italie, et qu'il est inutile de cultiver, d'autant que leur acclimatation serait sans doute plus difficile que d'autres.

Les meilleures sangsues sont celles qui sont désignées dans le commerce sous les noms de *Sangsues vertes et grises de Hongrie* ou *hongroises*, bien que souvent elles nous viennent de la Turquie ou quelquefois de la Grèce (Vayson), *Sangsues vertes et grises* de France, *Sangsues fleuries*, *demoiselles* (1) ou *landaises* parce qu'elles viennent de Bordeaux ou des départements circonvoisins, et *Sangsues géorgiennes*. On trouve encore quelques bonnes espèces parmi les sangsues blondes, ou d'une teinte violacée pâle ; mais nous pensons qu'il vaut mieux s'en tenir aux espèces parfaitement caractérisées et de la bonne qualité desquelles on est sûr.

Même parmi ces espèces, nous croyons encore qu'il est

(1) Selon J. Martin. Vayson, sous les mêmes dénominations, désigne des sangsues tout à fait différentes.

bon de donner la préférence à la sangsue landaise (1), par la raison qu'elle est tout acclimatée à notre pays, et que, placée dans d'autres localités, elle ne fait que changer de lieu sans presque changer de circonstances. Enfin, nous donnerons le conseil de rechercher, autant que possible, les sangsues qui ont déjà servi; 1° parce que ce sera plus économique pour le propriétaire ; 2° parce que l'on sera sûr de la qualité des sangsues ; 3° enfin, parce que, s'il est vrai, comme certains auteurs l'ont affirmé, que les sangsues gorgées sont plus aptes à la reproduction, on aura ainsi un moyen tout trouvé de hâter le repeuplement des marais.

Dans le cas où l'on tiendrait à ne pas perdre de temps à attendre l'occasion d'acheter des sangsues gorgées, on peut se servir des grosses sangsues connues sous le nom de *vaches*: elles coûtent cher, mais la reproduction est immédiate et l'on perd ainsi beaucoup moins de temps.

Dans quelques-uns de nos départements où se fait le commerce des sangsues et où la pêche est régulière, on a soin de ne pas épuiser les étangs, mais lorsque l'on s'aperçoit qu'ils commencent à s'appauvrir, on les fait repeupler avec des embryophores ou cocons que l'on va chercher dans les marais voisins (Audouin).

C'est dans la Bretagne, et particulièrement dans le Finistère, qu'a lieu cette pratique. A cet effet, quand arrivent les mois d'avril et mai, suivant l'état de la saison, les propriétaires envoient des ouvriers à la recherche des embryophores. Ceux-ci, munis de bêches et de paniers, vont dans les marais fangeux où ils savent les trouver en abondance ; ils soulèvent la vase qui paraît en contenir, et la récolte faite ils les portent dans des pièces d'eau disposées pour les recevoir et où ils laissent éclore les jeunes sangsues (2). Six mois après, ils les retirent pour les placer dans des étangs plus vastes où ils

(1) Il paraît que la sangsue géorgienne s'acclimate très bien en France. Elle a, en effet, une grande analogie avec celle de France.

(2) Probablement dans la terre au-dessus du niveau de l'eau ; sans cela les embryophores se pourriraient et le produit serait perdu.

hâtent, d'ordinaire, leur accroissement; en leur fournissant une nourriture abondante, qui provient de vaches ou de chevaux que l'on mène paître sur les bords des étangs. Dix-huit mois après, elles peuvent être pêchées et livrées au commerce (Noble, de Plancy).

Cette manière de repeupler les marais est certainement la meilleure, en ce que l'on est sûr d'avoir des produits de bonne qualité et en ce que l'acclimatation est, pour ainsi dire, toute faite, mais elle ne peut être pratiquée que pour les étangs voisins des marais où se trouvent les embryophores; car il serait assez difficile de les faire voyager, quoique pourtant la chose ne nous paraisse pas impossible; mais elle nécessiterait, tout au moins, des soins préalables concernant la fraîcheur et l'humidité qui ne peuvent être donnés que par une personne assez intelligente.

Enfin, lorsque l'on devra faire voyager les sangsues destinées au repeuplement des marais, nous recommandons expressément de choisir de préférence la saison froide, particulièrement l'automne, mais jamais l'été, à cause des grandes chaleurs. Pendant l'hiver, les sangsues qui ont voyagé ont le temps de se reposer et de se faire, pour ainsi dire, à leur nouvelle demeure; elles sont ainsi plus aptes à la reproduction quand vient la belle saison. Vayson recommande comme chose nécessaire, de ne les déposer que dans une eau parfaitement calme pendant les premiers jours, afin que rien ne puisse augmenter cette surexcitation nerveuse qui a été causée par le voyage et surtout l'état de gêne et de souffrance qu'elles ont subi pendant ce temps.

3° *Soins à prendre contre les maladies des sangsues.* — Nous n'avons à parler ici que de la maladie qui est déterminée par le changement d'épiderme. En effet, ce changement d'épiderme, cette mue, est pour la sangsue une opération longue et difficile, et, lorsqu'elle ne se fait pas bien, elle dégénère en une maladie que l'on peut appeler *maladie de l'étranglement;* or, cette mue arrive assez fréquemment pour que quelques auteurs aient pu avancer qu'elle se faisait tous les quatre ou cinq jours. C'est à peu près la seule maladie qui soit véritablement à craindre pour les sangsues dans les marais naturels, et encore lorsque les marais sont à fond de tourbe et de limon, lorsqu'ils sont peuplés de végétaux, cette maladie offre-t-elle peu de dangers, parce que les sangsues, en se réfugiant dans la terre, trouvent des aspérités diverses qui favorisent cette mue et qui les débarrassent de leur épiderme. Comme nous avons l'expérience que les *Chara*, particulièrement le *Chara hispida*, par sa nature, peut leur être d'un grand secours dans ce changement d'épiderme, nous conseillons d'en jeter çà et là quelques touffes dans les marais à sangsues, et au bout de quelques années ils en seront assez abondamment pourvus pour que les sangsues, en les traversant, puissent y trouver un frottement utile à cette mue.

II. — HIRUDOCULTURE ARTIFICIELLE.

Bien que depuis fort longtemps déjà plusieurs observateurs se soient livrés à l'étude de la reproduction des sangsues, bien que souvent ils soient arrivés à des résultats certains et même satisfaisants, cependant on peut dire que la question de l'hirudoculture n'a été véritablement résolue que dans ces derniers temps, et c'est une famille de simples pêcheurs, la famille Béchade, de Blanquefort (Vayson), qui, la première, mit en pratique le résultat de ses observations, lequel consiste en un fait bien important et bien naturel, savoir : l'influence de la nourriture, pour la conservation, la reproduction et la croissance rapide de ces annélides. Dans ce but, elle organisa des marais aux environs de Bordeaux, elle y mit des sangsues et elle leur distribua la nourriture qu'elle avait reconnu leur être propre, *un sang chaud puisé dans les veines de l'animal* (Vayson).

Depuis, un grand nombre de personnes ont établi des marais, des réservoirs ou bassins propres à la reproduction des sangsues, et cette opération a tellement réussi, qu'aujourd'hui la quantité de ces annélides versée dans le commerce par l'hirudoculture ne s'élève pas à moins de quatre millions (El. Masson).

Afin de mettre plus d'ordre dans cet article, que nous considérons comme très important, nous le diviserons en plusieurs parties, savoir :

A. Examen des eaux qui doivent alimenter les marais et les bassins où doit se faire la reproduction.

B. Choix du terrain qui doit servir à la construction des marais ou des bassins.

C. Construction de ces marais ou bassins.

D. Choix des sangsues à employer pour les peupler.

E. Manière de nourrir les sangsues, et indication des plantes que l'on peut laisser croître dans les marais ou les bassins.

F. Soins à donner aux sangsues pour la pose de leurs cocons.

G. Soins à prendre pour les cocons.

H. Soins à prendre pour les jeunes sangsues.

J. Renouvellement de l'eau.

K. Pêche des sangsues.

L. Conservation des sangsues.

M. Ennemis des sangsues.

N. Maladies des sangsues.

A. — *Examen des eaux qui doivent alimenter les marais ou les réservoirs.*

Lorsque dans une localité il existe des marais qui sont peuplés de sangsues, il est à croire que les eaux du pays conviennent à l'éducation des sangsues, et en consultant la source d'où provient cette eau, on peut, jusqu'à un certain point, arriver à savoir si elle peut servir à l'entretien des marais ou des bassins à sangsues.

Mais il n'en est pas toujours ainsi, et le même lieu peut contenir des eaux de différente nature, selon qu'elles proviennent de source ou qu'elles sont prises dans une rivière.

C'est le cas des eaux de Paris et de ses environs qui, prises dans la Seine, prises dans le canal de l'Ourcq ou prises dans les puits, présentent une différence de composition très remarquable. Nous rapportons ici le résultat des expériences comparatives, sur les sangsues, que nous avons faites avec ces eaux, et que nous extrayons de notre mémoire :

« *De l'influence des eaux de puits, du canal de l'Ourcq et de la Seine, sur la conservation des sangsues.* — J'ai considéré, comme un point important à résoudre, la question de savoir quelle serait l'eau qui conviendrait le mieux à la conservation des sangsues, car il me semblait que toutes les eaux ne devaient pas au même degré convenir à cet usage. Dans ce but, 150 sangsues, ayant déjà servi, mais ayant été convenablement dégorgées, ont été placées, 50 dans l'eau de puits, 50 dans de l'eau du canal de l'Ourcq, et 50 dans de l'eau de Seine. Elles étaient, les unes et les autres, placées dans les mêmes conditions de vases et de température, et changées tous les matins. L'expérience a commencé le 7 février 1847. Le 27 mars, toutes les sangsues placées dans l'eau de puits étaient mortes ; à cette époque, il restait encore 14 sangsues dans le vase contenant l'eau du canal, et 21 dans le vase à eau de Seine. Le 8 avril, toutes les sangsues de l'eau du canal étaient mortes, tandis qu'il restait encore 13 sangsues dans le vase à eau de Seine. Enfin, ce n'est que le 3 mai que mourut la dernière des sangsues conservées dans l'eau de Seine.

» Comme on le voit, la mortalité des 50 sangsues conservées dans l'eau de puits a été complète au bout de 50 jours ; celle des 50 sangsues conservées dans l'eau du canal de l'Ourcq n'a été complète qu'au bout de 62 jours ; enfin celle des 50 sangsues conservées dans l'eau de Seine ne l'a été qu'au bout de 87 jours : d'où il résulte que l'eau du canal convient mieux aux sangsues que l'eau de puits, pour leur conservation dans les conditions où elles étaient placées, mais que l'eau de Seine, dans ces mêmes conditions, doit être préférée à l'eau du canal.

» Plusieurs raisons rendent compte de ces résultats : la première tient, sans contredit, à la quantité variable de sels calcaires que contiennent ces différentes eaux, lesquelles sont d'autant moins propres à la conservation des sangsues qu'elles en contiennent davantage. Voilà pourquoi l'eau de puits la plus riche en sulfate de chaux est, de toutes les eaux, celle qui convient le moins à cette opération. Quant à l'eau du canal de l'Ourcq, l'analyse de Vauquelin et Bouchardat démontre qu'elle contient une quantité de sels calcaires qui est au moins le double de celle que contient l'eau de Seine, circonstance qui suffirait déjà à l'explication du phénomène indiqué. Mais il est encore une seconde circonstance non moins influente : c'est la présence de l'acide carbonique en beaucoup plus grande quantité dans l'eau du canal que dans l'eau de Seine, quantité qui est presque égale à trois fois celle que contient cette dernière eau. Enfin les mêmes chimistes ont démontré que l'eau de Seine contient toujours une proportion plus forte d'oxygène que l'eau du canal. L'analyse ici vient donc confirmer les données de l'expérience, et l'on voit que les résultats que nous venons d'indiquer s'expliquent de la manière la plus satisfaisante.

» Il résulte de ce que nous venons de dire que, pour alimenter l'eau des bassins à sangsues, il faudra choisir de préférence l'eau de la Seine, et, à défaut de celle-ci, préférer celle du canal de l'Ourcq. » Il est bien entendu que nous ne voulons parler que des environs de Paris où se trouvent ces eaux.

» Il ne faut pas perdre de vue que, dans ces expériences, l'influence de la végétation sur l'acide carbonique ne pouvait avoir lieu et que, par conséquent, les conditions de conservation sont bien différentes et certainement moins nombreuses que dans le cas où les sangsues sont dans des bassins au milieu d'une végétation active. En effet, là, l'acide carbonique étant sans cesse produit par les animaux, et n'étant décomposé par aucune plante, l'eau devient de plus en plus impropre à leur respiration ; ici, au contraire, à mesure que l'animal rend de l'acide carbonique, le végétal s'en empare en échange de l'oxygène que l'on sait être très utile à tous les animaux.

» Ainsi il est prouvé que les eaux séléniteuses ou chargées de sulfate de chaux devront être rejetées des marais ou bassins dans lesquels on veut faire reproduire les sangsues. Ces eaux ont généralement pour caractères de ne pas dissoudre le savon et de ne pas cuire les légumes; on les connaît sous les noms d'eaux *crues* ou *dures* (1).

» On devra pareillement rejeter les eaux acides ou alcalines; les eaux trop froides ou les eaux thermales, surtout celles qui traversent des terrains imprégnés d'oxyde de fer ou toute autre substance en général plus ou moins soluble (Moquin-Tandon), ou bien encore les eaux chargées d'acide carbonique, ou celles qui ne contiendraient pas une quantité d'air suffisante. En un mot, il faut faire choix d'une eau pure, limpide, aérée, et d'une température aussi égale que possible. Pour cela, il serait bon de la faire analyser par un excellent chimiste, qui pourrait constater son degré de pureté et la quantité d'oxygène qui s'y trouve en dissolution.

» Les eaux de source sont généralement de bonne nature et elles ont l'avantage d'avoir une température à peu près égale. Si donc le marais est alimenté par des eaux de source, pourvu qu'elle ne soit par trop froide, on possède un avantage considérable au point de vue commercial; car, selon Vayson, elle permet la pêche dans l'hiver, même sous la glace, par cette raison bien simple que la température ambiante est presque sans influence sur celle de l'eau de source. Lorsque les sangsues soumises à un long jeûne sont dans ces eaux, l'éleveur sera toujours assuré de pouvoir les pêcher, quand, partout ailleurs, le même fait ne peut se reproduire (Vayson).

» Les eaux de pluies conviennent parfaitement aux marais ou bassins à sangsues; elles sont douces, pures et suffisam-

(1) Nous ne concevons pas qu'il y ait des auteurs qui aient recommandé l'usage de la chaux en poudre fine pour conserver les sangsues.

ment aérées : ce sont elles qui, en général, séjournant dans les bas-fonds, constituent les eaux de la plupart des marais naturels.

Les eaux des ruisseaux, des rivières ou des fleuves, sont aussi généralement bonnes pour l'usage de l'hirudoculture; elles sont également assez pures et bien aérées ; ce sont elles qui, par leurs débordements, alimentent un grand nombre de marais naturels.

Dans le département de la Gironde, où l'hirudoculture se pratique en grand, les marais sont étendus le long du fleuve de ce nom, et subissent, par l'intermédiaire du canal (Jalle), l'influence du flux et du reflux de ce fleuve. Cette eau, qui est *jaunâtre*, *sablonneuse* et *limoneuse* à la marée montante, sert à alimenter les marais, ce qui se pratique au moyen d'écluses. Elle vient inonder les marais, que l'on dessèche ensuite par l'effet du retrait du fleuve à la marée basse, pour recommencer à la marée suivante, à moins que l'on ne trouve utile de retenir les eaux par la fermeture des écluses (El. Masson).

Il est extrêmement probable, d'après ce qui précède, qu'il est peu de lieux en France qui ne puissent présenter des eaux favorables à l'alimentation des marais artificiels ou des bassins propres à la culture des sangsues.

B. — *Choix des terrains qui doivent servir à l'établissement des marais à sangsues.*

Les personnes qui voudront se livrer à l'hirudoculture devront, après s'être assurées de la bonne qualité des eaux, avoir égard à la nature des terrains où ils doivent placer leurs marais. Elles devront, autant que possible, choisir des marais naturels qui contiennent encore des sangsues ou qu'ils savent en avoir produit ; elles pourront encore faire choix des marais naturels dont le fond est tourbeux jusqu'à une assez grande profondeur. En effet, la tourbe, qui ne paraît être autre chose qu'un amas de végétaux plus ou moins carbonisés par l'action lente des eaux, convient parfaitement à toutes les races de sangsues. Elles la pénètrent assez facilement, et, cheminant ainsi à travers les nombreux enchevêtrements que ces végétaux présentent, elles peuvent se débarrasser facilement de leur épiderme et trouver un lieu commode pour se reposer ou digérer en paix.

Cependant, selon Vayson, les marais à fond tourbeux, si convenables à l'éducation de toutes les races de sangsues, présentent des inconvénients sur lesquels il est bon d'appeler l'attention des éleveurs. Voici comment cet auteur conseille de s'y prendre pour échapper autant que possible à l'inconvénient que nous allons signaler en nous servant de ses expressions :

« Ces inconvénients proviennent du sol naturellement spongieux, rendu plus mouvant encore par l'eau qui y séjourne constamment et par le piétinement des chevaux. Le fond du marais, sans cesse foulé, se décompose et se transforme peu à peu en une boue noire et fétide, nuisible aux sangsues; les herbes aquatiques meurent, la circulation devient dangereuse et quelquefois impossible pour les hommes et pour les chevaux. Ces derniers, en s'enfonçant profondément à chaque pas, se débarrassent des sangsues attachées à leurs jambes, et rendent ainsi l'alimentation de ces annélides tout à fait impossible.

» Il sera facile aux éleveurs de se prémunir contre ce grave inconvénient, en faisant creuser dans la longueur de leurs bassins des tranchées profondes de 2 mètres de largeur, dont ils feront remplacer la tourbe et les gazons par du sable. Ces tranchées deviendront alors autant de chemins solides sur lesquels les chevaux pourront marcher sans s'enfoncer, sans altérer les herbes aquatiques, et où ils pourront nourrir les sangsues sans soulever la vase du marais. Enfin, on établira des barrières le long de ces chemins, afin que les chevaux ne puissent s'en écarter. »

D'après Élie Masson, la surface des terrains propres aux marais à sangsues, sur la rive gauche de la Gironde, serait sensiblement unie, afin de favoriser l'irrigation ou le dessèchement. « On doit, dit-il, pouvoir y introduire les eaux à différents niveaux, ainsi que la nature et l'expérience nous l'apprennent : un niveau plus élevé pour le gorgement ; un niveau plus bas pour la ponte des sangsues. » (Él. Masson.) Un niveau constant conduit sans aucune peine aux mêmes avantages.

Les marais qui ne sont pas à fond tourbeux, mais qui contiennent une forte couche de limon, peuvent encore constituer d'excellents marais, pourvu qu'ils soient recouverts d'une végétation suffisamment active. Cette végétation, par les racines plus ou moins déliées qui s'entrecroisent dans tous les sens, forme une sorte de feutre perméable au milieu duquel les sangsues aiment à pénétrer, et où elles trouvent à se débarrasser aisément de leur pellicule épidermique.

Enfin, à défaut de marais tourbeux ou vaseux, on peut se servir avec avantage des marais à fond argileux qui, plantés de végétaux aquatiques, présentent à ces animaux une perméabilité suffisante.

Si l'on observe que les sangsues sont plus terrestres qu'aquatiques (1), surtout pendant le moment de la formation des embryophores ou cocons, on comprendra de quelle importance peut être pour elles le choix du terrain. En effet, les raisons que nous avons données dans le chapitre précédent pour faire rejeter les eaux séléniteuses se représentent pour le choix des terrains ; car, de même que les sels de chaux en dissolution agissent fatalement sur les sangsues, de même un terrain marneux (2) ou gypseux ne saurait convenir à

(1) C'est par erreur que dans notre mémoire nous avons dit que ces animaux étaient essentiellement aquatiques.

(2) Les *marnes* sont des carbonates de chaux plus ou moins mélangés d'argile ; de là le nom de *marne argileuse* ou de *marne calcaire*. Si le carbonate de chaux restait à l'état de carbonate neutre, il est probable qu'il aurait peu d'influence sur la conservation des sangsues, étant insoluble ; mais la présence de l'acide carbonique dans l'eau suffit pour le transformer en bicarbonate soluble, qui alors peut nuire à la conservation de ces animaux.

l'établissement de bassins ou de marais artificiels. D'ailleurs, l'eau la mieux choisie, en stagnant sur ces terrains, ne tarderait pas à acquérir des propriétés qui devraient la faire rejeter.

Autant que possible, on doit choisir son terrain dans un lieu tel qu'il puisse être facilement et à volonté inondé, de manière à pouvoir obtenir une constance de niveau d'eau bien importante pour la multiplication des sangsues. En effet, un niveau constant n'expose pas les embryophores aux inconvénients d'une humidité trop longtemps prolongée qui les pourrirait, ou d'une sécheresse qui ne manquerait pas de faire périr les jeunes sangsues, et l'on remarque que les mères ont toujours soin de placer leurs cocons dans une terre humide à 15 ou 20 centimètres au-dessus du niveau de l'eau. D'ailleurs ce niveau constant offre, dans les marais dont les bords sont en pente douce, différents degrés d'humidité dans laquelle les sangsues peuvent rencontrer des températures différentes et choisir celle qu'elles agréent le plus.

Il est de nécessité rigoureuse que les marais ou les bassins destinés à l'éducation des sangsues ne soient jamais placés à côté d'autres marais, ruisseaux ou étangs vers lesquels elles pourraient être poussées par instinct, et de cette façon être perdues pour le propriétaire. Nous avons l'expérience que des sangsues, placées dans un fossé à eau stagnante, ont été retrouvées dans un bassin d'eau située à plus de 100 mètres de distance. Ordinairement, c'est plutôt en pénétrant dans la terre humide qu'elles se perdent qu'en s'échappant par les bords des bassins ou des marais. Cependant si, dans le voisinage d'un marais il ne se trouve pas d'eaux stagnantes, on peut être à peu près assuré que tôt ou tard elles reviendront dans le marais pour y être pêchées.

Cependant, pour plus de précautions, nous recommandons le conseil donné par Vayson, et que nous rapporterons textuellement en parlant de la construction des marais.

C. — *Construction des marais et bassins artificiels.*

Nous établissons une différence entre un marais et un bassin artificiels. Pour nous, un marais artificiel est une pièce d'eau creusée dans le sol et susceptible d'être abreuvée de ce liquide par un moyen naturel ou artificiel, et dans lequel l'eau est à peu près stagnante. Les bassins, au contraire, sont des réservoirs construits en maçonnerie ou en chaux hydraulique ; ils reçoivent l'eau d'un robinet qui la verse au besoin, ce qui en fait à volonté une eau stagnante ou courante. Les premiers sont essentiellement propres à la nourriture et à la reproduction des sangsues, et ce sont eux que nous recommandons de préférence, tandis que les seconds sont plus propres au repos, au dégraissement et à la conservation des sangsues que l'on doit prochainement employer. A la vérité, les bassins sont construits, autant que possible, de manière à placer les sangsues dans des conditions naturelles ; mais, quoi qu'on fasse, les bassins laissent et laisseront toujours quelque chose à désirer, sous le rapport de l'étendue surtout.

Marais artificiels. — Après avoir fait choix de l'eau et du terrain ou du lieu où l'on doit placer son marais, on consulte l'état des marais où se trouvent des sangsues, et, autant que possible, on cherche à copier la nature. Par exemple, d'après Ébrard, parmi les étangs de la Dombes, les uns contenaient et contiennent encore beaucoup de sangsues, tandis que les autres n'en ont jamais présenté. En examinant les étangs où la pêche est la plus fructueuse, on reconnaît qu'ils sont peu profonds, leurs bords sont en pente douce et leurs chaussées peu étendues. Ils sont riches en végétaux et leur fond est formé par un terrain blanc non tourbeux, qui paraît être le diluvium des géologues (Puvis, *Traité des étangs*). Ils ne sont pas susceptibles de grossir subitement, surtout au mois d'août. Une partie de leur surface reste toujours en eau, et le bétail y va pâturer (Ébrard).

Cependant, la plupart des marais riches en sangsues sont

à fond tourbeux, et ce sol paraît au contraire convenir parfaitement à ces annélides, qui peuvent le pénétrer facilement alors que, gorgés, ils sont dans un état de prostration à peu près complète. Les petits marais de Claire-Fontaine, où nous avons vu de nombreux produits, sont aussi à fond tourbeux.

Si l'on observe les marais naturels de France, on trouve qu'ils présentent à peu près des conditions analogues, et il paraît qu'il en est de même de ceux de la Hongrie et de la Turquie. C'est dans ces marais, qui ne sont jamais entièrement desséchés, que les sangsues se multiplient avec le plus de facilité et que l'on trouve les meilleures races.

Les marais artificiels doivent se rapprocher, autant que possible, de cet état de nature. Cependant les éleveurs se sont très bien trouvés de la formation de petits îlots intérieurs dont on a le soin de faire un assez grand nombre pour couvrir le tiers ou la moitié de la superficie des marais. Ils sont très utiles pour servir de retraite paisible aux sangsues qui veulent se reposer dans la terre humide, et surtout à celles qui cherchent à produire leur embryophore.

Boudard a écrit qu'il s'était bien trouvé d'un petit marais qu'il dit ne différer en rien d'un bassin naturel. Voici les conditions qu'il donne de son établissement :

« Dans un fond de terre à prairie, nous avons creusé un réservoir de 4 mètres de long sur 2 mètres de large et de 1 mètre de profondeur. Les bords sont très inclinés. Au fond, nous avons fait jeter une couche de terre glaise de 50 centimètres ; 50 centimètres de cette même terre tapissent également les côtés. Au milieu s'élèvent, à fleur d'eau, de petits tufs plantés de roseaux. Sur les bords inclinés croissent les différentes plantes aquatiques dont nous avons parlé plus haut (1). Son exposition est telle, qu'il se trouve abrité de tous côtés, à l'exception du midi. Il reçoit les rayons du soleil levant à travers un berceau ; du côté du midi, il se trouve à

(1) *Typha*, *Iris*, *Chara*, *Nymphea*, *Prêles*, etc.

peu près à découvert; au couchant et au nord, il est protégé par un mur de 1 mètre 50 centimètres.

» L'eau y arrive par infiltration et suit le niveau d'une rivière voisine (l'Aron), qui coule lentement et qui déborde très rarement. »

Ce petit marais présente l'inconvénient, selon nous, de ne pas retenir suffisamment les sangsues qui, peu à peu, tôt ou tard, pénétreront dans la terre et iront se perdre dans la rivière voisine *qui lui fournit l'eau par infiltration.*

Nous conseillons de choisir de préférence les étangs ou marais naturels pour les transformer en marais de reproduction, parce que c'est autant de gagné en faveur de l'hygiène publique, et, dans le cas où l'on serait obligé d'en construire de toutes pièces, il nous semble que le marais artificiel dont Vayson nous a donné la description présente sur les autres des avantages incontestables. Le principal, surtout, consiste dans le moyen qui y est indiqué pour s'opposer à la perte des sangsues qui, surtout dans le voisinage des grandes pièces d'eau, ne manqueraient pas de s'échapper, allant ainsi aveuglément à l'aventure. Nous donnons textuellement le moyen indiqué par Vayson, en même temps qu'il nous fera connaître le mode de construction de son marais :

« On ne saurait se tenir trop en garde contre l'instinct voyageur des sangsues, ni prendre trop de mesures pour leur fermer toutes les issues. A cet effet, lorsque l'éleveur aura tracé, suivant sa localité, la forme et la dimension de ses bassins, il devra faire creuser, en dehors des lignes que devront occuper les digues de ceinture, une tranchée de quelques pieds de profondeur, sur une largeur variable, d'après l'étendue du terrain. Il remplacera la terre, la tourbe et le gazon qu'il en aura retirés par un sable aussi fin que le courant d'eau le plus voisin mettra à sa portée. Avec la terre, la tourbe et le gazon extraits de cette tranchée ou pris à côté dans le marais et entre les différents bassins, il élèvera les digues de ceinture de ces compartiments, et créera dans leur intérieur une grande quantité d'îlots de forme et de grandeur différentes, mais toujours dépassant le niveau le plus élevé de l'eau de 30 centimètres environ (Moquin-Tandon). En dehors des digues de ceinture qui doivent avoir de 75 à 80 centimètres de hauteur, il fera élever à leur niveau le sable des tranchées, de telle sorte que pour former ses bassins, il n'aura pas à en creuser le fond, mais, au contraire, à en élever tout autour le sol avec le sable.

» S'il ne peut se procurer du sable, les tranchées seront inutiles ; il devra, dans ce cas, éloigner beaucoup plus les bassins de l'eau étrangère par de fortes couches de terre. » (Vayson.)

Ce moyen nous paraît très propre à remplir le but que l'on se propose. En effet, le sable présente des aspérités formées par des angles aigus ou des arêtes plus ou moins tranchantes qui doivent blesser les sangsues qui chercheraient à s'éloigner des bassins et les forcer à rebrousser chemin.

Lorsque les bassins ou les marais sont établis, on les emplit d'eau et on l'y laisse séjourner pendant un ou deux mois avant de leur confier les sangsues (Vayson).

Voici maintenant, d'après Vayson, comment on doit ménager l'entrée et la sortie des eaux :

« L'eau doit pénétrer dans les bassins par un tuyau ou un conduit quelconque, qui l'amènera du point le plus éloigné possible. Ce tuyau devra être plus élevé de quelques centimètres que le niveau de l'eau, et dépasser de 33 centimètres dans l'intérieur la digue de ceinture. Il ne faut pas que les sangsues, attirées par la fraîcheur de l'eau et par son clapotement, puissent s'introduire dans son orifice et s'échapper.

» Quant au tuyau pour la sortie des eaux, on aura soin de l'entourer d'une toile métallique très fine, du côté du marais. afin d'empêcher les sangsues d'être emportées par son courant. Cette toile métallique devra être de laiton ; un grillage de fer serait trop rapidement oxydé et détruit.

» Ce bassin doit être entouré de plusieurs autres d'une dimension moindre de plus de moitié. Ils seront formés de la même manière et avec plus de précautions, quant au sable, si c'est possible (1). Ce sont des bassins destinés à la purification. C'est là que doivent être placées les sangsues pour être soumises à un jeûne d'une année au moins avant de les livrer à la consommation. » (Vayson.)

Voici, d'après Élie Masson, la manière dont on dispose le terrain sur les bords de la Gironde :

« On a divisé, dit-il, les terrains que l'on veut exploiter en différents bassins entourés de fossés. Ces divisions s'appellent *barrails*.

» Les barrails ont une étendue de 2 à 3 hectares.

» Plus grands, les bestiaux s'y dispersent trop et n'y fonctionnent pas bien ; plus petits, ils piétinent à la même place, détruisent en pure perte les herbages et s'y montrent plus impatients ; en un mot, ils ne se trouvent pas dans les conditions requises.

» Outre le fossé d'enceinte, qui sert à amener les eaux dans chaque barrail, il existe un contre-fossé intérieur, moins profond et d'une largeur d'environ 2 mètres. L'intervalle entre ces fossés présente une sorte de rempart d'environ 80 centimètres de haut, élevé aux dépens des terres provenant des fossés. Ces remparts ont plusieurs utilités :

» *A*. Le fossé intérieur étant peu profond, si un cheval y pénètre, il peut en sortir seul, mais seulement du côté du barrail.

» *B*. La sangsue, qui aime à suivre le cours de l'eau, une fois dans le grand fossé d'enceinte extérieure, serait bientôt aux écluses et de là hors du marais, tandis que lorsqu'elle tombe dans le contre-fossé, elle est arrêtée par la digue élevée, et le moindre bruit la rappelle.

» *C*. Ce rempart sert aussi comme de chemin de ronde aux gardes qui circulent jour et nuit dans les marais.

» L'eau passe des grands fossés d'enceinte dans les contre-fossés intérieurs, au moyen de coupes ménagées dans le rempart et munies de petites vannes, qui se ferment avec de

(1) Voyez plus loin la description des *barrails-réservoirs*.

petites pelles de bois (empellage), lorsqu'on veut retenir l'eau, avec un cadre de bois garni d'une toile métallique lorsqu'on veut la laisser circuler.

» On comprend facilement qu'à l'aide de ces cadres métalliques on évite l'évasion des sangsues.

» L'intérieur de chaque barrail est divisé en chaussées de 4 à 5 mètres de largeur, séparées entre elles par une petite rigole qui s'alimente dans le contre-fossé.

» L'avantage de cette disposition est que l introduction des eaux dans le barrail se fait d'une manière simultanée et régulière sur tous les points à la fois (1).

» Les marais qui nous occupent ont le bénéfice de jouir en ce point du flux et du reflux de la Gironde.

» Le desséchement s'opère, comme on l'imagine, par le même procédé.

» Chaque chaussée ou platain est bombé à dos d'âne, dont la partie la plus déclive constitue l'une des parois de la rigole.

» Cette disposition est heureuse pour la ponte, en ce qu'elle permet aux sangsues les plus hâtives de déposer leur cocon au sommet du platain ; car le filet d'eau qui circule dans la rigole maintiendra la fraîcheur nécessaire à leur éclosion.

» Par cette mesure encore, la sangsue, trouvant divers niveaux plus ou moins humides, choisit celui qui convient le mieux à sa nature. »

La description que A. Ph. Laurens donne de ses marais situés à Parempuyre indique qu'ils sont à peu de chose près dans des conditions analogues.

On peut se servir avec avantage des étangs qui ne se dessèchent pas complétement pendant les chaleurs de l'été et dont les bords s'élèvent en talus peu incliné. Dans ce cas, Faber conseille d'établir sur le bord du marais, au niveau

(1) Cette disposition, jointe à une pente assez marquée, présente l'avantage de permettre l'écoulement facile des eaux d'orages qui inonderaient quelques parties du barrail, et les embryophores pourraient être noyés et pourris. (A. Ph. Laurens, *Mémoire sur l'hirudiniculture*, avril 1854.)

des plus basses eaux, un terrain plat de 1 à 2 mètres de largeur, et de le charger d'une couche de terre tourbeuse plantée de végétaux aquatiques.

Dans la séance du 13 décembre 1853, Soubeiran a lu à l'Académie de médecine un travail assez étendu sur un mode d'éducation des sangsues, suivi par M. Borne. C'est de ce travail que nous extrairons les parties qui nous paraissent offrir de l'intérêt à tous ceux qui s'occupent d'hirudoculture (1).

« Selon Soubeiran, le nouveau et véritable marais à sangsues de M. Borne est situé à une lieue de Saint-Arnoult, dans la commune de Claire-Fontaine (Seine-et-Oise); son étendue est d'un hectare. Il occupe le fond d'une vallée dont le sol est tourbeux.

» L'eau s'y trouvait naturellement au niveau du sol, sous l'herbe. Le travail d'appropriation a pu être borné à creuser le sol en relevant les bords avec une portion de la tourbe enlevée. On a ainsi formé une série de bassins remplis d'eau, qui se sont naturellement garnis de plantes aquatiques, dont il faut de temps en temps châtier la trop rapide propagation.

» La moitié du terrain est occupée aujourd'hui par les bassins à sangsues. Ils sont au nombre de vingt-huit.

» Chaque année, M. Borne en creuse quelques nouveaux. La grandeur et la forme des bassins sont très variées. D'abord M. Borne en avait fait des grands; mieux éclairé par l'expérience, il a reconnu que les petits bassins sont plus avantageux. Il leur donne 6 mètres de longueur sur 3 mètres de large et 1 mètre de profondeur.

(1) La publication de ce travail a donné lieu à une réclamation de priorité de la part du docteur Harreaux, dans une lettre où se trouvent quelques détails circonstanciés qui sembleraient indiquer quelque analogie entre sa méthode et ce nouveau mode d'éducation. Ces détails sont d'ailleurs confirmés par une réclamation que le bureau de l'Association médicale d'Eure-et-Loir a cru devoir adresser à l'Académie impériale de médecine. Mais Soubeiran a démontré qu'il y avait plus de différence entre les deux procédés que ne semblait l'indiquer la lettre du docteur Harreaux.

» Ainsi, l'œil en embrasse facilement toute l'étendue, et y reconnaît aussitôt la présence des ennemis des sangsues, que la main armée d'un filet doit toujours être prête à saisir et à mettre à mort. »

Ajoutons enfin que, lorsque le sol qui formè le fond du marais ou du bassin est argileux, il faut avoir soin de le bien diviser à la profondeur d'un pied au moins et de le réduire en bouillie, sans cela les sangsues ne pourraient pénétrer à volonté dans la terre et ne se conserveraient pas aussi bien. Lorsqu'au contraire le sol est tourbeux, on divise le fond des bassins, et sans eau, à la profondeur d'un pied, et on le piétine partout, autant que possible, afin qu'il soit moins léger; sans cela il se trouverait à l'état de boue, et n'étant pas assez compacte, les sangsues n'y pénétreraient pas (Charpentier).

Les marais artificiels, construits d'après les données que nous venons d'indiquer, on doit s'arranger de manière que l'eau y arrive aisément et y séjourne dans toutes les saisons, en conservant un niveau constant. C'est surtout pendant la saison de la pose des embryophores ou cocons et de leur éclosion, qu'il est indispensable d'observer cette précaution, sans cela on s'exposerait, soit par excès d'humidité, soit par excès de sécheresse, à perdre les jeunes sangsues qui doivent en sortir. Au moyen du niveau constant, les sangsues mères, qui ont toujours grand soin de poser leur embryophore à 15 ou 20 centimètres (Vayson), 2, 4, 6 et 12 centimètres (Quenard) au-dessus de la surface de l'eau, où se trouve une humidité convenable, sont instinctivement assurées du développement des embryons.

Enfin, la quantité d'eau, c'est-à-dire la hauteur verticale de l'eau à partir du fond du marais, peut varier à l'infini; toutefois il est important qu'elle puisse suffisamment s'échauffer. Nous n'en avions, dans nos bassins de la Salpêtrière, qu'une hauteur de 20 à 25 centimètres au-dessus de la couche d'argile. A. Ph. Laurens, dans son barrail-réservoir, en admet 3 à 5 pouces. Thomas, pharmacien, pense qu'il faut au moins 2 mètres d'eau, et Hedrich dit qu'il en faut 4. Quoique cette quantité soit trop considérable, il paraît nécessaire qu'il y ait une certaine profondeur de liquide en certains endroits, afin que les sangsues puissent échapper à l'action des trop fortes gelées ou des trop grandes chaleurs. Néanmoins on peut remarquer qu'un grand nombre de marais riches en sangsues ne contiennent qu'une faible hauteur verticale d'eau; dans ce cas, le sol perméable est profond, et ces animaux peuvent tout aussi bien alors se soustraire à l'influence fâcheuse des agents extérieurs que nous venons de signaler.

Bassins et réservoirs. — Dès le moment où les sangsues sont arrivées à un prix assez élevé, on a cherché dans divers endroits à construire des bassins ou des réservoirs dans lesquels on pût tenter de les conserver et de les faire reproduire. Dans tous les pays, en Hongrie, en Allemagne, en France, on a compris que, pour arriver aux meilleurs résultats, il fallait autant que possible imiter la nature. On a eu aussi l'idée de *parquer* les sangsues dans des bassins construits dans des jardins ou même dans des caves, et il paraît que ce moyen a suffisamment réussi pour que l'on ait pu voir ces annélides s'accoupler et produire des embryophores. Comme nous ne pouvons rapporter la description de tous les bassins construits et dont les modifications peuvent varier à l'infini, suivant la position du bassin, le pays, l'esprit du constructeur, etc., nous nous bornerons à donner l'idée de ceux qui nous ont paru réunir le plus d'avantages. Au reste, tous ces bassins ou réservoirs se ressemblaient tous sous ce point de vue, que c'étaient des cavités au fond desquelles il y avait une couche de terre glaise d'une certaine épaisseur, présentant çà et là quelques plantes aquatiques pour abriter les sangsues pendant les chaleurs de l'été.

Aujourd'hui que l'on sait quelles sont les circonstances qui conviennent le mieux à la reproduction des sangsues, que l'on sait que les cocons sont déposés au-dessus de la surface de l'eau, et qu'il ne faut pas qu'ils soient submergés, on a grand soin de ménager des talus sur les côtés des bassins pour permettre à ces animaux de poser suivant leur habitude. C'est ainsi qu'était construit à peu près le vivier dont a parlé Noble. Ce vivier, exposé au midi et entièrement abrité du côté du nord, était alimenté par un courant d'eau. Au mois de novembre 1820, on y mit environ 2000 sangsues; elles y passèrent l'hiver, qui a été rigoureux, sans que l'on ait eu à subir aucune perte. Au printemps et dans le courant de l'été, elles se sont accouplées et ont reproduit de jeunes sangsues.

Desaux, de Poitiers, sous le nom de *marais artificiel*, a imaginé pour la reproduction des sangsues le réservoir suivant, qui se compose :

1° D'une grande caisse de chêne rectangulaire.

2° D'un panier d'osier de même forme que la caisse, mais beaucoup plus petit. Les osiers ne doivent pas être trop rapprochés les uns des autres, afin de permettre aux sangsues de passer entre eux ; ils ne doivent pas être trop éloignés non plus, car alors la terre qu'ils doivent retenir contre les parois de la caisse passerait à travers le panier.

3° D'un robinet pour l'écoulement des eaux. Il est intérieurement surmonté d'un tube qui traverse la couche de terre d'une des parois de la caisse. Ce tube se termine par un entonnoir très large, dont l'origine est garnie d'une toile métallique pour que les sangsues ne pénètrent pas dans le robinet. Cet entonnoir doit être disposé de manière que sa surface externe soit entièrement cachée par la terre sans que celle-ci puisse obstruer les mailles de la toile, si elle venait à se détacher par petites portions.

4° D'un couvercle garni d'une toile métallique.

On place autour du panier, entre lui et les parois de la caisse, de la terre de marais, de manière à remplir les espaces.

C'est dans l'intérieur de ce réservoir que l'on met les sangsues avec de l'eau qui ne s'élève qu'aux deux tiers de sa hauteur.

Nous trouvons dans le mémoire de Soubeiran et Bouchardat, *Sur les moyens de dégorger les sangsues et de les rendre propres à un nouvel emploi* (*Répertoire de pharmacie*, 1847, t. III, page 353), des renseignements sur les bassins, qu'il nous paraît utile de rapporter ici. D'après Lesson, « à Rochefort, on a construit deux bassins en pierre de taille garnie de chaux hydraulique; le fond de ces réservoirs est tapissé d'une couche d'argile bleue de 12 pouces de profondeur; au centre est un châssis de bois de hêtre rempli de cette même argile et planté de végétaux aquatiques. Ce tertre est destiné à servir de refuge aux sangsues qui y tracent de profondes cavernes à fleur d'eau et y produisent leurs cocons. Les plantes contribuent à maintenir fraîche et aérée l'eau qui s'écoule sans cesse par la partie supérieure, tandis que l'eau épaissie, souillée par le sang, s'échappe par le tuyau placé à la partie déclive. Chaque bassin peut contenir 20 000 sangsues. En deux ans, elles ont payé les dépenses de l'établissement. »

Le même mémoire contient les renseignements suivants, fournis par Lacartène, pharmacien en chef de l'hôpital de Metz (1841):

« Depuis plus de huit ans, l'hôpital de Metz possédait un vivier dans lequel on pêchait, année commune, de 16 à 18000 sangsues. Ce vivier avait la plus grande analogie avec les marais et les étangs. L'eau qui y existait ne s'écoulait que très lentement, et celle-ci était renouvelée de même par un courant qui lui était fourni par un des fossés de la ville. Ce réservoir n'était ni cimenté ni glaisé, le fond se trouvait recouvert de vase et de limon, dans lesquels les sangsues se plaisaient et trouvaient leur nourriture. Plusieurs plantes aquatiques y étaient disséminées. Malgré tous les soins que l'on donnait à ces animaux, on ne parvint jamais à pêcher plus d'un tiers des sangsues gorgées qu'on y déposait. »

Les bassins construits à la Salpêtrière, et qui nous ont fourni quelques résultats satisfaisants, diffèrent assez de ceux dont nous venons de donner la description. Ils ont 1 mètre de hauteur à partir du sol, 9 mètres de longueur sur 3 de largeur, non compris la maçonnerie, et sont divisés en trois compartiments égaux (1). Ils sont entourés d'une haie très épaisse qui les protége contre les vents du nord, du nord-est et de l'est, tandis que les côtés opposés sont garantis d'une trop vive chaleur par des arbres et de la verdure qui, néanmoins, laissent encore passer suffisamment les rayons du soleil. D'ailleurs, les bassins sont doublés de plomb laminé, circonstance qui s'oppose à ce que les sangsues aillent se perdre dans la terre, et qui, comme on pourrait le croire, n'a point de fâcheuse influence sur leur conservation. Le fond de ces bassins est recouvert par 25 à 30 centimètres d'argile détrempée, qui sert à la fois de retraite à ces annélides et de support à différents végétaux aquatiques. A l'aide d'un robinet, on y fait arriver de l'eau qu'un trop-plein maintient toujours à une hauteur de 50 centimètres, c'est-à-dire de 20 à 25 centimètres au-dessus de la couche d'argile. Des *Typha latifolia* et *angustifolia*, des *Iris pseudo-acorus*, des *Chara*, surtout l'espèce *hispida*, vivent dans ces bassins et y sont assez abondants, surtout le *Chara hispida*, dont la tige chargée d'aiguillons déliés et serrés entre eux nous paraît propre à aider la sangsue dans le dépouillement de l'épiderme qu'elle est forcée de subir assez souvent.

Tels étaient, dans le principe, les bassins de la Salpêtrière, ce qui n'a pas empêché les sangsues de produire, très probablement par *ovo-viviparité*, un assez grand nombre d'individus; cependant, dans l'espoir d'obtenir de meilleurs résultats, nous leur avons fait subir la modification suivante (2).

Cette modification consiste à élever sur les bords une sorte de plan incliné formé par des couches de gazon retourné et venant doucement affleurer le niveau de la maçonnerie ; la dernière couche de gazon était plaquée naturelle-

(1) Ces trois compartiments ne sont nullement nécessaires ; on les a faits ainsi pour favoriser d'une manière méthodique le repos des sangsues après leur dégorgement.

(2) Cette modification que nous croyons heureuse nous a été conseillée par M. Letavernier de la Mairie, qui possède près d'Argenton des marais où la reproduction des sangsues se fait à merveille.

ment, de sorte qu'aujourd'hui chaque bassin présente, sur trois des côtés, une bande déclive de gazon très vivace. La hauteur de l'eau étant restée la même, les sangsues peuvent aller poser leurs embryophores de la manière la plus naturelle. Les couches inférieures de gazon ont été retournées pour former une sorte de matière tourbeuse et poreuse, que les sangsues peuvent facilement pénétrer.

Soubeiran a donné l'idée d'un vaste bassin à plusieurs compartiments que l'administration de l'assistance publique, à Paris, a fait construire à la pharmacie centrale des hôpitaux. Il est destiné à tenter la reproduction suivant la méthode de M. Borne. Le fond est constitué par une couche assez épaisse de tourbe et de glaise, ainsi que les côtés des compartiments qui sont exposés au midi.

Tous ces bassins ou réservoirs ont leurs avantages et leurs défauts, et il est assez difficile de réaliser la perfection en ce genre. Cependant, en prenant un peu de celui-ci, un peu de celui-là, y ajoutant les améliorations que suggèrent les données que l'on a aujourd'hui sur l'éducation de ces animaux et les idées de l'hirudoculteur, nous pensons que l'on peut aisément arriver à la construction de bassins très propres à la multiplication des sangsues.

Il paraît qu'en Autriche, en Hongrie et en Prusse, on a depuis quelque temps déjà établi de grands bassins qui ont fourni de très bons résultats. Dans le centre de la France, des bassins ou marais artificiels ont pareillement donné d'excellents produits, surtout dans les environs de Bordeaux, où l'on peut dire que l'hirudoculture se pratique sur une grande échelle. Nous avons donné, pages 279 et 280, la description d'un bassin d'après les idées de Vayson, que nous croyons les meilleures à suivre : toutefois il faut tenir compte des circonstances locales.

1° Par exemple, s'agit-il de tenter une pareille entreprise dans les villes, dans les établissements publics, ou dans le voisinage des maisons, et particulièrement dans les pays chauds où les marais sont desséchés par le soleil : pourvu que l'on puisse disposer d'une certaine quantité d'eau, on établira de préférence des bassins en maçonnerie de brique ou de pierre de taille. Un inconvénient de cette maçonnerie est la présence indispensable de chaux que l'on sait être très nuisible aux sangsues; c'est pour cela surtout que nous avions conseillé les lames de plomb qui ont été depuis nous quelquefois employées. On peut encore revêtir l'intérieur du bassin en chaux hydraulique, mais nous recommandons expressément, dans ce cas, de laisser très longtemps les bassins tantôt à l'air, tantôt avec de l'eau, avant d'y jeter des sangsues, si l'on ne veut pas s'exposer à perdre ces animaux.

Les bassins de maçonnerie présentent cet avantage, que la pêche s'y fait avec plus de facilité que dans les réservoirs de terre, et l'on perd beaucoup moins de sangsues.

2° Si, au contraire, on veut fonder un établissement de ce genre dans un pays tempéré, bas et humide, on pourra construire des marais en pleine terre, et, de cette façon, leur donner une étendue relativement plus grande qui dépendra surtout du nombre de sangsues que l'on cherche à élever. Lorsque l'on pourra trouver des marais ou des étangs naturels non salés, on les emploiera de préférence (Regnard).

Dans tous les cas il est indispensable de s'arranger de manière à éviter les inondations ; un trop-plein devra toujours être en exercice pour arriver à ce but.

Soit que l'on ait affaire à des bassins maçonnés ou à des bassins de terre, il faudra avoir le soin de les couvrir de petits îlots plantés de gazon et d'autres plantes aquatiques, occupant environ le tiers au moins de la superficie des bassins et dépassant le niveau de l'eau de 30 à 35 centimètres. Les bords de ces îlots seront en pente douce et présenteront ainsi aux sangsues différents degrés d'élévation pour la pose de leurs embryophores.

Dans les pays froids, on donnera aux bassins une position méridionale, tandis que dans le midi on devra les tourner vers le nord, ou tout au moins il faudra planter d'arbres le côté du midi, pour que l'action du soleil brûlant de l'été soit de beaucoup atténuée par le feuillage de la plantation.

Barrail-réservoir. — On donne ce nom, dans le Bordelais, à des barrails en tout semblables à ceux qui servent au gorgement : même disposition, mêmes division et appropriation. Les chevaux n'y entrent point, et on les tient constamment couverts de 3 à 5 pouces d'eau. Toutefois ils sont disposés pour être à volonté desséchés ou inondés sans mouiller les autres barrails. Voici textuellement, d'après A. Ph. Laurens, l'usage de ces barrails-réservoirs :

« Dès le commencement de la pêche du printemps, l'éleveur dépose dans le barrail-réservoir la quantité de sangsues grosses premier choix et les grosses-moyennes deuxième choix, dont il croit avoir besoin pendant l'intervalle où les barrails de gorgement n'ont pas d'eau. Ces sangsues s'y purifient et fournissent aux besoins du commerce, afin de n'être pas obligé d'interrompre la vente, ce qui est déjà arrivé.

» Sans doute les sangsues que l'on pêche dans ce barrail-réservoir, en tout temps favorable, fin juin, en juillet et en août, ne peuvent toutes donner des cocons. Les plus hâtives seulement ont le temps de le déposer. Mais l'éleveur qui possède déjà des barrails de gorgement grandement pourvus de sangsues ne s'inquiète guère de cette ponte perdue. Il en est autrement de l'éleveur dont l'exploitation n'est pas assez avancée ; il n'a pas besoin de barrail-réservoir.

» Les sangsues déposées dans le barrail-réservoir devant y rester peu de temps, on peut les agglomérer davantage ; 50,000 à 100,000 dans un hectare. »

Nous pensons que l'on peut aisément quintupler ce dernier nombre, et que les éleveurs feront toujours bien, suivant le conseil de Vayson, de placer dans ces barrails des îlots portatifs, ainsi que nous le disons plus loin.

La grandeur des bassins ou réservoirs et des marais pourra être calculée, selon le nombre des sangsues que l'on voudra élever, d'après les données suivantes : un étang de 600 mètres de superficie, soit 30 mètres de long sur 20 mètres de large, peut amplement recevoir 20 à 25,000 sangsues (Moquin-Tandon); par conséquent, un bassin ou un marais de 300 mètres de long sur 200 mètres de large peut aisément contenir de 2 millions à 2 millions et demi de sangsues, sans que l'on ait à craindre les inconvénients de l'accumulation. D'après Vayson, un bassin de nourriture de 200 mètres de long sur 100 à 150 mètres de large, peut suffire pour élever un nombre immense de sangsues.

Suivant A. Ph. Laurens, un hectare de marais dans les conditions voulues peut produire par an de 12 à 15,000 sangsues seulement. Il est vrai que ce négociant arrive plus loin à dire que sur une superficie d'un hectare où l'on pêche 15,000 sangsues, il y en reste encore de 90,000 à 100,000, par la raison que sur 60 à 70 sangsues de divers âges, l'éleveur n'en retire qu'une chaque année. Mais il y a évidemment erreur de calcul, car la proportion établit 1 : 60 : : 15,000 : 900,000 ; c'est-à-dire que, d'après ces données, chaque hectare devrait contenir de 900,000 à 1 million de sangsues. Or ce chiffre, bien que relativement plus fort, est plus rapproché de celui de Moquin-Tandon que le premier, évidemment trop faible. En général, nous pensons que l'on peut baser son calcul sur 40 à 50,000 sangsues par 1000 mètres superficiels de marais ; ce qui donnerait à peu près de 400,000 à 500,000 sangsues par hectare.

D. — *Choix des sangsues à employer pour peupler les marais ou bassins de reproduction.*

Comme nous nous sommes suffisamment étendu sur les soins qui concernent le choix des sangsues à placer dans les marais ou les bassins de reproduction, nous y renvoyons nos lecteurs afin de ne pas nous répéter. (Voyez page 264.)

E. — *Manière de nourrir les sangsues, et indication des plantes que l'on peut laisser croître dans les marais ou les bassins.*

La nourriture des sangsues est peut être la question la plus importante de l'histoire de ces annélides, en même temps qu'elle est celle qui paraît dominer toute l'hirudoculture. Dans l'état de la nature, les sangsues trouvent dans les salamandres aquatiques, les grenouilles ou les têtards, et par occasion dans quelques poissons, à peu prés toute la nourriture dont elles peuvent disposer. Quand le hasard conduit dans leurs marécages quelques animaux vertébrés, elles trouvent encore là, en se fixant à leurs jambes et les suçant, une certaine quantité d'une nourriture qui paraît leur convenir parfaitement. Nous avons dit, autre part, qu'il était fort possible qu'elles se nourrissent d'autres substances, et nous avons donné les raisons qui nous faisaient penser ainsi. Les pêcheurs sont persuadés que les plantes servent d'aliments aux sangsues, et Derheims dit qu'il croit les avoir vues absorber le suc des végétaux aquatiques par un mouvement de succion très manifeste.

Quoi qu'il en soit, il paraît démontré que pour faire de l'hirudoculture avec succès, il est indispensable d'employer le sang. Faber a conseillé de prendre du sang de mammifère faîchement tué (mouton, veau, chèvre, bœuf, etc.), de le faire coaguler et de l'étendre sur des planches entourées d'un petit rebord et creusées au centre. On met flotter ces planches sur l'eau en s'arrangeant de manière que le poids du caillot et des sangsues qui s'y fixeront ne les entraîne pas au fond de l'eau. On attire ces animaux après avoir troublé l'eau, en répandant un peu de sang autour des planches. On leur donne cette nourriture matin et soir en été, mais dès que l'on s'aperçoit que les embryophores sont éclos, on la supprime, parce qu'elle nuirait aux jeunes sangsues.

Une méthode analogue est employée par Harreaux. Cet

auteur dit qu'il emploie simultanément du sang chaud défibriné par le battage et du sang coagulé qu'il place sur des planchettes concaves et flottantes, déposées au bord des bassins. On agite l'eau et les sangsues accourent se jeter d'elles-mêmes sur les planchettes. Bientôt on les voit se fixer de préférence sur les caillots pour les sucer : les grosses surtout n'aiment pas à boire dans le sérum; elles s'y débattent et en sortent souvent pour choisir les caillots les plus résistants (Harreaux).

Ce moyen de nourrir ces animaux, et qui paraît être suivi par quelques hirudoculteurs, ne peut guère être employé qu'en petit, et serait assez difficile à pratiquer dans les grands marais. On préfère se servir, aujourd'hui, d'un autre mode de nourriture qui présente de grands avantages. Il consiste à faire entrer dans les marais une certaine quantité de chevaux, d'ânes, ou de mulets. Le mouvement que ces animaux produisent et communiquent de proche en proche jusqu'aux sangsues avertit ces annélides et les fait sortir de leur retraite pour se jeter sur leur proie vivante. Alors on les voit accourir de tous côtés pour se fixer aux jambes de leurs victimes et se gorger de leur sang.

Selon Vayson, « *un sang chaud, parfaitement pur, puisé dans les veines de l'animal, immédiatement digéré dans le marais, avec toutes les conditions de la nature;* telle est la nourriture dont l'influence est immense sur la reproduction des sangsues, comme sur la rapidité de leur croissance. »

Pour que le plus grand nombre de ces annélides puisse prendre part à la nourriture et que le gorgement ne soit pas trop considérable, on a soin de forcer les animaux à circuler dans les marais. Les petites, celles qui n'ont que quelques mois d'existence, sont tout aussi avides que les grosses. Déjà leurs mâchoires et leurs denticules sont assez puissants pour entamer la peau des plus vieux chevaux. Cependant, lorsqu'elles trouvent des plaies saignantes, formées puis abandonnées par d'autres sangsues, elles s'y fixent de préférence et quelquefois plusieurs à la fois (Vayson).

Certaines précautions doivent être prises relativement à la nourriture des sangsues :

1° Au printemps, lorsque ces annélides sont sortis de leur engourdissement hivernal, on leur distribue une nourriture très abondante, parce que c'est le moment où elles en profitent le plus.

2° Vers le mois de juin, à l'époque de l'accouplement ou de la pose des embryophores qui doit se continuer tout l'été, on supprime la nourriture, qui serait alors plutôt nuisible qu'utile ; on ne la recommence qu'à la fin de septembre.

3° On ne doit livrer aux sangsues que des chevaux exempts de maladie et surtout de tumeurs ou de plaies aux jambes ; en un mot, ils doivent être parfaitement sains.

4° On ne les livre aux sangsues que tous les trois ou quatre jours, et on ne les laisse dans les marais que quelques heures, ce qui dépend du nombre d'individus qui ont été nourris.

5° On évite de donner de la nourriture pendant un soleil ardent, parce que beaucoup de sangsues très avides, trouvant la place prise sous l'eau, montent, hors de leur élément, aux parties supérieures des jambes des animaux, et pendant leur gorgement elles peuvent être foudroyées. C'est surtout pour les jeunes sangsues que ce danger est à redouter : un instant suffit pour les racornir et les durcir comme un morceau de bois.

Vayson, de qui nous tirons tous ces détails, dit que « la mortalité, l'incapacité, le peu de valeur de la plupart des sangsues étrangères, proviennent du gorgement artificiel avec *du sang acheté à la boucherie et fort souvent altéré.* » Il ajoute que les mêmes causes produisent toujours les mêmes effets dans les marais, et que vouloir nourrir les sangsues de cette manière, c'est ne pas avoir le sentiment de ce qui leur convient. Enfin, il dit encore qu'il est d'autres hirudoculteurs qui, plus près de la vérité, leur ont fait sucer des animaux encore en vie, mais dans un tel état de maladie, que leur mort était presque immédiate. Par esprit d'économie, ou par ignorance, ils livraient ainsi aux sangsues des bœufs, des vaches ou des moutons condamnés et repoussés par la boucherie. La nourriture corrompue, puisée par ces annélides en de telles conditions n'aboutit qu'à des résultats négatifs, comme le système précédent.

Dans un mémoire présenté à l'Académie impériale de médecine, et sur lequel un rapport a été fait par Soubeiran le 7 mars 1854, Rollet fait voir, avec raison, que l'élève des sangsues ne doit être que le complément d'une exploitation agricole. C'est pour cette raison que cet auteur a été conduit à ne faire circuler dans son marais que des vaches bien nourries au lieu de chevaux épuisés par les misères et les fatigues, lesquels ne donnent aux sangsues qu'un sang appauvri et peu substantiel. Ces vaches ne sont exposées à la succion qu'une ou rarement deux fois par semaine, ce qui ne les empêche pas de fournir un lait excellent et tout aussi abondant que de coutume. L'usage d'une grande quantité d'animaux procure une augmentation d'engrais qui améliore les cultures auxquelles se consacre l'éleveur, ce qui lui permet en même temps de ménager ces animaux, au point qu'on les a vus acquérir une valeur plus grande.

Toutefois, au dire de Quenard (1), la vache, de sa nature sauteuse, aime à monter les talus des fossés pour y paître. Impatiente, elle s'agite, se tourmente, lèche l'endroit où la piqûre se fait sentir; de là de graves inconvénients pour les sangsues qui sont fixées et pour les cocons qui, déposés dans la terre, peuvent être écrasés par le pied fourchu du mammifère, ou mis trop à sec ou trop à l'humidité par suite des éboulements qu'il fait subir au terrain. On est forcé d'attacher les vaches au piquet et de placer devant elles de petits râteliers dans lesquels on jette de l'herbe et du foin.

Les ânes que l'on emploie quelquefois sont beaucoup plus patients, ils s'agitent moins et paissent en liberté le gazon de la pente des îlots. Ils n'y sont introduits que deux fois par

(1) *De l'élève et de la multiplication des sangsues*, 1854.

semaine, et ne séjournent dans le bassin que deux heures chaque fois (Quenard).

Selon Moreau, desservant de Meobrecq, en Brenne (Indre), les animaux qui ont été saignés dans un marais par les sangsues conservent un souvenir tenace de leur malheureuse aventure ; aussi n'est-il ni jurements ni coups qui puissent les déterminer à se remettre au marais. Dans ce cas, on les attache à un poteau et on leur enveloppe chaque jambe avec des linges dans lesquels on met de 4 à 500 sangsues qui, lorsqu'elles sont repues, retournent d'elles-mêmes au marais. Quoi qu'il en soit, il est toujours mieux de faire paître en repos les animaux qui viennent d'être mordus par les sangsues, afin de laisser aux morsures le temps de se fermer solidement ; la marche, pendant le retour du marais à l'étable, ayant pour effet de faire couler le sang en pure perte des jambes de ces animaux (Quenard).

Malgré l'autorité des éleveurs sur une question de cette nature, et au reste Vayson en convient lui-même (page 82 de son ouvrage), nous persistons à croire que les jeunes sangsues, au sortir de leur embryophore, n'ont pas la force de percer la peau de beaucoup des animaux qui vivent dans les marais. Avant de s'attaquer aux poissons, aux grenouilles ou même aux têtards, il y a entre l'albumen de leur embryophore et le sang des vertébrés une nourriture intermédiaire qu'elles savent trouver dans les marais où elles habitent, et qui les préparent graduellement à une nourriture plus substantielle. C'est pourquoi nous sommes convaincu que les plantes aquatiques qui peuplent les marais ont une part indirecte dans la nourriture de ces annélides, en appelant des insectes dont les larves aquatiques peuvent fournir les premiers aliments dont elles ont besoin.

C'est cette conviction qui nous a donné l'idée de présenter ici la liste de la plus grande partie des plantes qui pourraient être cultivées, soit dans les marais à sangsues, soit sur leurs bords ou sur les îlots, soit sur les berges.

MONOCOTYLÉDONES CRYPTOGAMES.

Équisétacées.

Equisetum limosum, Linn.
palustre, Linn.
fluviatile, Linn.

Characées.

Chara vulgaris, Linn.
hispida, Linn.
tomentosa, Linn.
gracilis, Smith.

MONOCOTYLÉDONES PHANÉROGAMES.

Graminées.

Alopecurus geniculatus, Linn.
Calamagrostis colorata, Sibth.
Leersia oryzoides, Willd.
Agrostis canina, Linn.
Festuca arundinacea, Curt.
Poa airoides, Kœl.
angustifolia, Linn.
loliacea, Kœl.
aquatica, Linn.
Airopsis agrostidea, Dec.
Glyceria fluitans, Palis-Beauv.
Arundo phragmites, Linn.

Cypéracées.

Cyperus longus, Linn.
flavescens, Linn.
Schœnus mariscus, Linn.
nigricans, Linn.
fuscus, Linn.
albus, Linn.
Scirpus palustris, Poit., Turp.
glaucescens, Willd.
multicaulis, Smith.
Bæothryon, Ehrh.
ovatus, Roth.
cæspitosus, Linn.
acicularis, Linn.
fluitans, Linn.
setaceus, Linn.
supinus, Linn.
caricis, Willd.
lacustris, Linn.
maritimus, Linn.
sylvaticus, Linn.
radicans, Schk.
Eriophorum vaginatum, Linn.
capitatum, Hoffm.
latifolium, Hop.
Eriophorum angustifolium, Willd.
gracile, Roth.
Vaillantii, Poit., Turp.
Carex dioica, Linn.
Duvalliana, Smith.
pulicaris, Linn.
schænoides, Host.
disticha, Schreb.
teretiuscula, Good.
leporina, Linn.
paniculata, Linn.
elongata, Linn.
vulpina, Linn.
muricata, Linn.
stellulata, Good.
loliacea, Linn.
canescens, Linn.
cæspitosa, Linn.
stricta, Good.
acuta, Good.
flava, Linn.
pallescens, Linn.
extensa, Good.
distans, Linn.
fulva, Good.
pseudocyperus, Linn.
ampullacea, Good.
vesicaria, Good.
riparia, Curt.
paludosa, Good.
Kochiana, Dec.
hordeistichos, Vill.
glauca, Scop.
filiformis, Linn.
hirta, Linn.

Typhacées.

Typha latifolia, Linn.
media, Dec.
angustifolia, Linn.

Sparganium ramosum, Huds.
simplex, Huds.
natans, Linn.

Nayadées.

Najas marina, Linn.
minor, All.
Zanichellia palustris, Linn.
Lemna trisulca, Linn.
minor, Linn.
gibba, Linn.
polyrrhiza, Linn.
arrhiza, Linn.
Callitriche aquatica, Smith.
Potamogeton natans, Linn.
heterophyllum, Willd.
lucens, Linn.
crispum, Linn.
oppositifolium, Dec.
compressum, Linn.
obtusifolium, Mertens.
pectinatum, Linn.

Joncées.

Juncus communis, Meyer.
glaucus, Willd.
squarrosus, Linn.
bulbosus, Linn.
Gerardi, Lois.
Buffonis, Linn.
Vaillantii, Thuil.
pigmæus, Thuil.
acutiflorus, Ehrh.

Hydrocharidées.

Hydrocharis morsus-ranæ, Linn.

Alismacées.

Alisma plantago, Linn.
ranunculoides, Linn.
natans, Linn.
damasonium, Linn.
Sagittaria sagittifolia, Linn.
Butomus umbellatus, Linn.
Triglochin palustre, Linn.

DICOTYLÉDONES.

Éléagnées.

Hippuris vulgaris, Linn.

Polygonées.

Polygonum hydropiper, Linn.
nodosum, Pers.
lapathifolium, Linn.
persicaria, Linn.
Rumex hydrolapathum, Huds.
nemolapathum, Linn.
maritimus, Linn.
limosus, Thuill.
palustris, Smith.

Atriplicées.

Atriplex littoralis, Linn.
Ceratophyllum demersum, Linn.
submersum, Linn.

Euphorbiacées.

Euphorbia palustris, Linn.
verrucosa, Linn.

Plantaginées.

Littorella lacustris, Linn.

Gentianées.

Erythræa luteola, Pers.
Exacum filiforme, Willd.
Chlora perfoliata, Linn.
Menianthes trifoliata, Linn.
Villarsia nymphoides, Vent.

Primulacées.

Hottonia palustris, Linn.
Lysimachia vulgaris, Linn.
Samolus Valerandi, Linn.
Centunculus minimus, Linn.

Borraginées.

Myosotis palustris, Roth.
Symphytum officinale, Linn.

Scrophularinées.

Verbascum blattaria, Linn.
blattaroides, Lam.
Scrophularia aquatica, Linn.
Limosella aquatica, Linn.
Veronica beccabunga, Linn.
anagallis, Linn.
scutellata, Linn.
Gratiola officinalis, Linn.

Utriculariées.

Utricularia vulgaris, Linn.
intermedia, Hayne.
minor, Linn.

Pédiculariées.

Pedicularis palustris, Linn.

Labiées.

Lycopus europæus, Linn.
Mentha aquatica, Linn.
Stachys palustris, Linn.
Scutellaria galericulata, Linn.

Valérianées.

Valeriana officinalis, Linn.
dioïca, Linn.

Vacciniées.

Oxycoccus palustris, Pers.

Rubiacées.

Galium palustre, Linn.

Dipsacées.

Dipsacus pilosus, Linn.

Synanthérées.

Sonchus palustris, Linn.
Hieracium auricula, Linn.
Crepis diffusa, Dec.
Taraxacum palustre, Dec.
Cirsium palustre, Scop.
ochroleucum, All.
Eupatorium cannabinum, Linn.
Petasites vulgaris, Desf.
Gnaphalium uliginosum, Linn.
Artemisia vulgaris, Linn.
Xanthium strumarium, Linn.
Inula salicina, Linn.
pulicaria, Linn.
britannica, Linn.
dysenterica, Linn.
Cineraria palustris, Linn.
Senecio aquaticus, Huds.
paludosus, Linn.
Achillea ptarmica, Linn.
Bidens tripartita, Linn.
cernua, Linn.

Ombellifères.

Hydrocotyle vulgaris, Linn.
Œnanthe phellandrium, Lam.
crocata, Linn.
fistulosa, Linn.
peucedanifolia, Poll.
pimpinelloides, Linn.
Cicuta virosa, Linn.
Selinum carvifolia, Linn.
palustre, Thuill.
sylvestre, Linn.
Sium latifolium, Linn.
incisum, Pers.
nodiflorum, Linn.
repens, Linn.
inundatum, Lam.
Heracleum spondylium, Linn.

Onagrées.

Epilobium angustifolium, Linn.
hirsutum, Willd.
intermedium, Mérat.
molle, Lam.
palustre, Linn.
Trapa natans, Linn.
Isnardia palustris, Linn.
Myriophyllum verticillatum, Linn.
alterniflorum, Dec.
spicatum, Linn.

Crucifères.

Sisymbrium nasturtium, Linn.
amphibium, Linn.
palustre, Willd.
sylvestre, Linn.
Erysimum barbarea, Linn.
præcox, Smith.
Cardamine pratensis, Linn.
amara, Linn.
hirsuta, Linn.
impatiens, Linn.

Caryophyllées.

Lychnis flos-cuculi, Linn.
Cerastium aquaticum, Linn.
Stellaria glauca, Smith.
aquatica, Poll.
Elatine hydropiper, Linn.
hexandra, Dec.
alsinastrum, Linn.

Capparidées.

Drosera rotundifolia, Linn.
intermedia, Hayne.

Crassulacées.

Sedum villosum, Linn.
Bulliardia Vaillantii, Dec.

Lythrariées.

Lythrum salicaria, Linn.
hyssopifolium, Linn.
Peplis portulaca, Linn.

Portulacées.

Montia fontana, Linn.

Rosacées.

Potentilla supina, Linn.
Comarum palustre, Linn.
Spiræa ulmaria, Linn.

Renonculacées.

Ranunculus flammula, Linn.
lingua, Linn.
Ranunculus nodiflorus, Linn.
sceleratus, Linn.
philonotis, Willd.
hederaceus, Linn.
tripartitus, Dec.
aquatilis, Linn.
Ficaria ranunculoides, Roth.
Thalictrum flavum, Linn.
Parnassia palustris, Linn.
Caltha palustris, Linn.

Nymphéacées.

Nymphæa alba, Linn.
lutea, Linn.

Hypéricinées.

Hypericum elodes, Linn.

Violariées.

Viola palustris, Linn.

Légumineuses.

Trifolium glomeratum, Linn.
parisiense, Dec.
Medicago maculata, Willd.
Lathyrus palustris, Linn.

Nous avons déjà fait connaître les avantages que présentent les *Chara*, surtout l'*hispida*, pendant que les sangsues se dépouillent de leur épiderme; Johnson a fait la même observation sur l'*Equisetum palustre;* il est probable que d'autres plantes agissent de la même façon.

Dans notre mémoire (1851), nous avons dit que lorsqu'un bassin est bien peuplé de végétaux, il arrive nécessairement que l'eau se trouve habitée par des larves d'insectes très divers, et contient ainsi des matières nutritives assez variées pour que les jeunes sangsues trouvent celles qui leur conviennent, et que jamais il ne nous était arrivé de donner du sang aux jeunes sangsues de nos bassins, quoique pourtant elles soient arrivées parfaitement à leur état adulte. Depuis, nous avons appris que plusieurs personnes, entre autres Letavernier de la Mairie et Laignez, étaient arrivés à de semblables résultats. Ce dernier auteur, pharmacien à Laval, possède un marais de 100 mètres de long sur 70 de large, qui paraît contenir au moins 40,000 sangsues. Depuis quatre ans, il en tire chaque année, en moyenne, 20,000, qu'il fournit au commerce : leur nourriture exclusive consiste en grenouilles, mollusques et en sucs de végétaux (Laignez).

Nous extrayons d'une lettre de cet auteur, consignée dans le *Moniteur des hôpitaux* (30 mars 1854), le passage suivant, qui porte sa signification :

« La nature, dans les marais de Hongrie (que j'ai visités), dont quelques-uns ont jusqu'à 120 kilomètres de long, s'est chargée de nourrir les sangsues sans chevaux ni vaches; là on ne leur donne point de sang de veau à boire; là on ne les porte pas à la boucherie dans des petits sacs de flanelle pour les nourrir. Elles n'ont rien de tout cela, et cependant elles y croissent par myriades, et elles y sont d'une grande vitalité! Les misérables huttes très éparses de ces déserts ne renferment pas beaucoup d'animaux pour leur fournir leur sang. »

Nous n'approuvons guère la coutume barbare que l'on prend de nourrir les sangsues par la méthode usitée dans la Gironde ; nous aimerions mieux voir employer celle de M. Borne, que nous allons indiquer; mais, malheureusement, cette méthode présente des difficultés d'execution qui la feront très probablement rejeter. Quoi qu'il en soit, voici, selon Soubeiran, comment on la pratique :

« M. Borne nourrit les sangsues avec le sang des animaux que l'on abat dans la boucherie du pays. Son expérience ici donne un démenti formel à quelques entêtés qui prétendent encore que le sang des animaux à sang chaud est funeste aux sangsues; mais ce qui est plus important, elle dément aussi l'opinion de ceux qui veulent que le sang ne leur soit bon qu'autant qu'elles le sucent elles-mêmes sur l'animal vivant. M. Borne réussit à merveille en faisant prendre aux sangsues le sang encore chaud. Ce résultat est d'une grande importance, car il contribuera certainement à empêcher les éleveurs d'adopter généralement la méthode pratiquée dans certains pays, et en particulier dans le Bordelais, où des chevaux et des ânes sont promenés dans les marais pour satisfaire au besoin impérieux de nourrir des sangsues, et ne tardent pas à périr épuisés par ce régime barbare.

» Toute sangsue qui n'a pas été nourrie ne reproduit pas ou reproduit mal (1). Introduit-on dans les marais des sangsues qui n'aient pas été gorgées, il faut auparavant leur faire faire un repas. A cet effet, on les porte à la boucherie. Au moment où le bœuf, le veau, le mouton, viennent d'être saignés, on bat le sang pendant quelques instants pour enlever la fibrine et empêcher la formation du caillot, puis on y plonge les sangsues que l'on y laisse pendant plus ou moins de temps, suivant leur âge ou leur état de santé (2). On les retire, on les lave avec de l'eau tiède, on les remet dans de l'eau fraîche et on les reporte dans les bassins. Parfois encore, M. Borne transporte le sang au marais ; il en sépare la fibrine par le battage, puis il enveloppe avec grand soin les vases qui le contiennent, pour empêcher le refroidissement pendant le trajet (3).

» Les grosses sangsues doivent faire un repas à l'automne,

(1) Nous combattons ces idées en citant les exemples rapportés pages 301 et 302, et celui des marais de la Bretagne où les paysans vont chercher les embryophores dont ils doivent garnir leurs marais. Ces sangsues naturelles ont produit sans pourtant que l'on ait pris le soin de les nourrir. Pour réduire ces idées à de justes proportions, il faut dire qu'une sangsue qui n'a rien pris depuis longtemps et qui meurt pour ainsi dire d'émaciation, n'est certes pas capable de reproduction ; mais, par contre, celles qui sont gorgées sont plutôt malades, et si elles s'accouplent, ce n'est que lorsqu'elles ont en grande partie digéré le sang qu'elles ont pris. Il n'y a véritablement que celles qui ne sont ni trop à jeun ni trop nourries qui soient bien aptes à la reproduction.

(2) Nous sommes forcé de faire observer que le sang défibriné n'est plus du sang, et cette observation pourrait bien donner gain de cause aux auteurs qui prétendent que le sang ordinaire nuit aux jeunes sangsues ; et ils sont nombreux.

(3) M. Borne a le soin de placer ces animaux dans de petits sacs de flanelle avant de les plonger dans le sang Cette étoffe leur sert de point d'appui et les aide dans leur succion. (Chevallier, rapport à la Société d'encouragement, 1854.)

avant le moment où elles vont s'enfoncer en terre pour passer l'hiver. Alors aux premières chaleurs elles sortent, s'accouplent, et les cocons ont toute la belle saison pour éclore. Si, au contraire, les sangsues ne reçoivent de nourriture qu'au printemps, elles s'enfoncent en terre pour digérer, ne s'accouplent que tard, et les cocons ont de grands risques à courir pendant l'arrière-saison.

» Quant aux petites sangsues nées dans les marais, M. Borne les soumet à un semblable traitement; seulement il a trouvé bon de les nourrir de préférence avec le sang moins substantiel des veaux.

» C'est une fort bonne opération d'acheter des filets au printemps et de les élever. M. Borne leur fait prendre trois repas par an. Le premier doit être léger, car on a souvent affaire à des sangsues fatiguées par le voyage, qu'une forte nourriture incommoderait. Vers le milieu de l'été, on en fait la pêche; on leur donne un repas de sang et on les reporte au marais. A l'automne, elles sont pêchées de nouveau, et elles prennent leur dernier repas de l'année. Sous l'influence de ce régime, pourvu qu'elles ne soient pas tenues dans une eau trop vive, des sangsues-filets de 20 centigrammes arrivent en deux ans à peser 1 gramme et demi à 2 grammes, et peuvent être mises en vente. Toutes les espèces ne profitent pas également. Dans les marais de M. Borne, ce sont les sangsues grises de Hongrie qui arrivent le plus vite à la taille marchande.

» Le temps pendant lequel les sangsues doivent rester plongées dans le sang est différent, suivant leur taille et leur état de santé. L'expérience de l'éleveur doit ici lui servir de guide. Pour les sangsues vaches, c'est environ cinq ou six minutes; pour les sangsues moyennes, dix minutes; un quart d'heure pour les filets; jusqu'à une demi-heure pour les sangsues toutes jeunes. Le temps doit être abrégé pour les sangsues fatiguées.

» On opère à la fois sur 6 à 7 kilogrammes de sangsues. Quand on les a sorties du sang et qu'on les a bien lavées, on les passe en revue pour mettre à part toutes les paresseuses qui n'ont pas mangé et que l'on réserve pour un autre jour; sans quoi, quand leur appétit viendrait à renaître, elles ne se feraient aucun scrupule d'entamer la peau des autres et d'aller y chercher le sang qu'elles avaient d'abord refusé (1).

» Ces détails font apprécier un des avantages que l'on trouve à multiplier les bassins, pour séparer les sangsues d'âges différents, qui ne doivent pas être traitées de la même façon.

» Une sangsue, après chaque repas, doit peser le double de ce qu'elle pesait à jeun. Cette nourriture leur est absolument indispensable, car elles ne trouveraient pas à vivre dans des bassins où on les réunit en trop grand nombre. M. Borne a d'ailleurs constaté que les sangsues qui ont été nourries sont plus précoces dans leur accouplement, et qu'elles font des cocons où les petites sangsues sont en plus grand nombre et naissent plus vigoureuses. »

Nous craignons bien pour cette méthode, que le besoin de pêcher aussi souvent les sangsues ne soit une difficulté qui la rende impraticable au point de vue de l'économie.

D'un autre côté, nous nous rendons compte de la lenteur avec laquelle les sangsues de M. Borne arrivent aux grosseurs du commerce. En effet, le sang défibriné a certainement perdu une grande partie de ses qualités nutritives. Aussi faut-il six ou huit ans par ce procédé pour qu'elles arrivent à leur état adulte, tandis que les Bordelais n'admettent que trois ou quatre ans. C'est moitié moins, et l'on ne peut raisonnablement pas mettre cette différence sur le compte seul de l'exposition plus méridionale des marais.

Nous croyons que le moyen que nous trouvons dans la lettre du docteur Harreaux, relative à sa réclamation de

(1) Nous avons vu que les sangsues ne se piquaient pas entre elles; il est probable que ce qui est mentionné ici provient d'une observation mal faite; car tous les observateurs qui ont cherché à s'édifier sur ce point, sont arrivés à reconnaître que toutes les assertions tendant à établir que les sangsues se piquaient étaient fausses.

priorité sur le procédé d'éducation attribué à M. Borne, présente des avantages réellement incontestables. Nous lui empruntons les passages suivants :

« Après la ponte, les sangsues furent nourries, les filets avec du sang de veau, les grosses avec du sang de bœuf. Voici, après plusieurs tâtonnements, comment on procéda :

» Du sang tout chaud (une partie battue pour en retirer la fibrine, l'autre partie en caillot) fut déposé au bord des bassins sur des planchettes concaves et flottantes. Aussitôt que l'on agite l'eau, les sangsues accourent se jeter d'elles-mêmes sur les planchettes. Elles préfèrent s'attacher aux caillots, sur lesquels elles se fixent pour opérer la succion. Les grosses, surtout, n'aiment pas à boire dans le sérum ; elles s'y débattent et en sortent souvent pour choisir les caillots les plus résistants.

» Deux planchettes sont surveillées par une personne qui, armée d'une pochette de canevas, amène les paresseuses, enlève les gorgées et les dépose à part.

» Les tout petits filets de l'année reçoivent aussi une nourriture qui paraît leur convenir beaucoup. Ce sont des grenouilles vivantes auxquelles on brise les fémurs et que l'on promène dans le réservoir des jeunes sangsues. Elles s'attachent à cette proie et l'épuisent bientôt sous le nombre de leurs piqûres.

» Cette nourriture pour l'hiver étant prise, les sangsues disparurent et nous attendîmes le printemps (1). »

Si nous nous en rapportions à tous les hirudoculteurs de la Gironde, il faudrait reconnaître que la nourriture par le *sang coagulé* serait plutôt nuisible en ce qu'il se digérerait mal et déterminerait chez les *Sangsues médicinales* des maladies auxquelles il serait très difficile de remédier. Si l'on se servait de sang chaud, encore liquide, elles le prendraient souvent avec répugnance, et, retirées pour être jetées ensuite en réservoir, elles seraient fâcheusement impressionnées par le changement subit de température. D'ailleurs, forcées de

(1) *Moniteur des hôpitaux*, mars 1854, page 271.

rester dans un espace borné, elles sont contrariées, elles éprouvent un malaise, elles se *nouent*, se *cordent* et meurent (A.-Ph. Laurens).

Les éleveurs sont d'accord pour reconnaître que les sangsues nourries par ces moyens sont le plus souvent maigres, flasques, ternes et maladives, alors que nourries sur l'animal vivant elles sont brillantes, dures et vigoureuses (Quenard); le sang est facilement digéré, à ce point que, du mois d'avril au mois d'octobre, par une température douce et chaude, la sangsue peut prendre trois ou quatre repas par mois (A. Ph. Laurens).

Nous terminerons cet article important en rapportant textuellement, d'après Él. Masson, la méthode suivie par quelques hirudoculteurs bordelais :

« On introduit, dit-il, dans un barrail une cinquantaine de chevaux. Les sangsues prennent leur premier repas en s'attachant aux jambes de ces animaux, où elles se gorgent à volonté.

» Les jours suivants, cette première bande de chevaux se répare dans une prairie abondamment pourvue d'herbes succulentes, et une autre bande *fonctionne* dans un autre barrail, et ainsi de suite jusqu'à ce que, tous les barrails ayant été parcourus, on revienne au premier, afin que les sangsues qui se trouvaient engourdies au premier repas prennent part au second, et que les plus petites qui, en raison de leur jeune âge digèrent plus vite, puissent venir se gorger une seconde fois.

» Pendant leur séjour dans le barrail, séjour qui n'est pas bien long, comme nous l'avons déjà dit, les chevaux mangent les herbes et les pousses tendres des joncs, dont ils paraissent très friands.

» Le gorgement dure depuis le 1er avril jusqu'au 15 juin.

» Pendant cette période, on peut estimer que les chevaux ont visité les barrails cinq à six fois (1).

» Ajoutons encore que l'état de la température influe ex-

(1) Huit ou dix fois, selon A.-Ph. Laurens.

traordinairement sur la manière dont s'opère le gorgement.

» Ainsi, par un temps froid, de pluie ou de vent, le cheval se fatigue, s'impatiente, est inutile : retirez-le.

» Par un temps clair, un beau soleil, le cheval est dispos, patient, la sangsue se nourrit bien.

» Par un temps orageux, la sangsue est d'une avidité inaccoutumée, elle suce avec persistance; le cheval est tourmenté : laissez-le peu de temps. »

Une bonne partie de ces chevaux viennent du Poitou ; ils passent par Cognac, en troupe, pour se rendre dans la Gironde (Condamy). 18 à 20,000 chevaux sont, en moyenne, destinés chaque année au gorgement des sangsues dans le département de la Gironde (Levieux). Ce chiffre serait exagéré et ne serait que de 2000, selon Élie Masson', et de 1500 seulement, d'après A.-Ph. Laurens.

Pour nous reconnaître dans le dédale de cette vaste question de la nourriture des sangsues, nous dirons :

1° Que, dans la nature, ces animaux savent se passer de l'alimentation par le sang des mammifères, et que quelques hirudoculteurs sont arrivés à d'excellents résultats en suivant cette méthode naturelle. Peut-être devrait-on s'efforcer de lui donner plus de généralité.

2° Que les têtards, les grenouilles, les salamandres et sans doute un grand nombre d'animaux invertébrés et peut-être aussi des infusoires ou des substances végétales font les frais de l'alimentation naturelle des sangsues.

3° Que cependant en hirudoculture, à cause de la grande masse de ces annélides relativement à l'étendue des marais, il est utile d'avoir recours à l'alimentation par le sang des mammifères.

4° Qu'à cet égard, deux moyens généraux sont employés : 1° on peut nourrir aux veines mêmes de l'animal; 2° ou bien se servir du sang provenant de l'abattoir.

5° Que le sang chaud est préférable au sang froid.

6° Que le sang défibriné est préférable au sang coagulable, soit parce qu'il est moins nutritif, soit parce qu'il s'assimile mieux et fatigue moins les annélides; enfin qu'il est à plus forte raison préférable au sang coagulé dont, au dire de la plupart des éleveurs, la digestion, plus lente et plus pénible, entraîne plus souvent la mort de ces animaux.

7° Que les animaux que l'on doit employer de préférence sont d'abord les ânes et les mulets, qui sont plus patients, ensuite les chevaux et les vaches, mais en ayant soin de mettre ces dernières devant un ratelier bien garni.

8° Qu'enfin il faut faire de l'hirudoculture le complément d'une grande exploitation agricole, afin de ménager les animaux que l'on destine à la nourriture des sangsues.

F. — *Soins à donner aux sansgsues pour la pose de leur cocon ou embryophore.*

On recommande généralement comme la plus importante des conditions, pour réussir en hirudoculture, de ne pas déranger les sangsues pendant leur travail de reproduction. Dans ce cas, il faut empêcher les bestiaux d'entrer dans les marais à sangsues, et surtout interdire la pêche à partir du mois de juin jusqu'à la fin de septembre. Au moment où les sangsues sont prêtes à poser, elles se retirent et s'enfoncent dans les galeries où elles doivent déposer leurs embryophores.

Soubeiran nous a appris que M. Borne donne aux sangsues qui doivent reproduire des soins que nous allons rapporter textuellement :

« On sait que lorsqu'il y a possibilité pour elles, les sangsues font leurs cocons dans la terre molle et humide, en dehors de l'eau, à une petite distance au-dessus de son niveau. Si ces conditions sont maintenues et que les jeunes sangsues aient le temps d'éclore, aussitôt nées, elles vont au marais. Mais si la terre est desséchée et si la sécheresse a atteint les cocons avant la sortie des sangsues, elles sont perdues ; elles le sont encore si le niveau de l'eau s'élève et si les cocons sont inondés avant le moment où les sangsues sont en état d'en sortir. De là le vice de la pratique des Bordelais, qui, chaque année, suivant la judicieuse remarque de M. Vayson, perdent une grande quantité de cocons, en mettant leurs marais à sec. Une partie est brûlée par le soleil, une autre est noyée dans le moment où l'on rend l'eau au marais.

» M. Borne jouit de l'avantage naturel d'un marais où l'eau garde toujours son même niveau. Les bords, ai-je dit, sont relevés par une portion de la tourbe qui a été retirée pour les creuser. C'est un sol mou, humide, favorable au dépôt des cocons; les sangsues viennent les y déposer, de préférence à l'exposition du midi ou du levant. On sait que, dans l'état de nature, elles creusent de petits conduits dans lesquels elles disposent leurs cocons. M. Borne prend le soin de leur préparer leurs chambrées. Quand il s'aperçoit que les sangsues s'accouplent, il se met en devoir de disposer, sur les bords sud et est des bassins, des cavités dans lesquelles les sangsues puissent trouver un abri facile et commode. Il soulève la couche superficielle de tourbe du bord de 15 à 20 centimètres de la surface, et trace, sur la couche inférieure du marais, et en appuyant sur la tourbe avec le doigt, de petits sillons creux qui descendent jusque dans l'eau, et qui s'élèvent dans une longueur de 20 à 25 centimètres. Il les recouvre avec la motte de tourbe qu'il avait d'abord soulevée. Ainsi se trouvent établies des galeries souterraines dont l'ouverture plongeante est atteinte sans difficulté par les sangsues qui y montent jusqu'à la hauteur qui leur convient. Elles y déposent leurs cocons, que souvent on y trouve accumulés à la suite les uns des autres sous forme de chapelets. De temps à autre, on soulève de nouveau les mottes qui recouvrent les galeries, et l'on enlève les cocons formés; car il faut éviter que les petites sangsues ne naissent dans les bassins qui servent d'habitation aux grosses. On ne pourrait leur donner les soins qu'elles réclament, et elles seraient presque infailliblement perdues.

» Un petit bassin séparé, que l'on pourrait appeler *bassin d'incubation*, est destiné à abriter les cocons et à recevoir les jeunes sangsues à leur naissance. C'est une des plus heureuses créations de M. Borne. Je vais tâcher d'en donner une idée exacte.

» Sur le bord d'un petit bassin creusé dans la tourbe et garni comme les autres de plantes aquatiques, M. Borne pose une caisse de bois, rectangulaire, sans fond. De petites galeries pratiquées dans la tourbe partent de la surface comprise entre les côtés de la caisse, s'enfoncent et vont communiquer avec la vase du bassin. Le sol qui forme le fond de la caisse est recouvert d'un lit de mousse, et sur ce lit de mousse, on range les cocons sur une épaisseur de trois rangs. On les y apporte à mesure de la récolte. On les couvre de mousse, et l'on ferme la boîte avec un couvercle de bois. Pour la préserver du soleil, on met encore par-dessus deux ou trois couches de mottes de tourbe. Les sangsues naissent quand leur moment est venu, à des époques différentes pour chaque cocon. Elles passent à travers la mousse, descendent dans les galeries et vont gagner la vase du marais. Les cocons tardifs qui auraient péri infailliblement se conservent jusqu'au printemps et n'éclosent qu'aux premières chaleurs. Pendant l'hiver, M. Borne les garantit de la gelée, en recouvrant la boîte avec une couche de tourbe de 30 à 40 centimètres d'épaisseur. Dans ce petit bassin, les jeunes sangsues sont pêchées par le même procédé que les grosses, en battant l'eau et en les ramassant avec un filet à mesure qu'elles arrivent, excitées par le besoin de nourriture et par l'espoir de s'attacher à une proie. »

Nous avons visité les marais de M. Borne, et, bien que nous y soyons allé avec une prévention fâcheuse pour son établissement, nous devons dire que nous en sommes revenu tout à fait convaincu que cet éleveur était dans une des plus heureuses voies de multiplication. Nous avons été assez heureux pour nous trouver avec la commission de la Société d'encouragement dont nous avons parlé au commencement de cette partie de notre ouvrage.

Élie Masson nous apprend que, du 10 au 15 juin, dans quelques marais du Bordelais, on commence par les dessécher en s'opposant à l'entrée des eaux et en favorisant leur sortie par la fermeture des vannes au moment du flux et leur ouverture à celui du reflux.

L'hirudoculture faite en grand, comme elle se fait dans le Bordelais, s'oppose à ce que le soin de recueillir les cocons pour les placer dans un bassin d'éclosion, ne soit mis en pratique à la manière de Borne. Du reste, jusqu'ici l'utilité de cette mesure n'a pas encore été sentie (Él. Masson).

Au moment où les sangsues vont faire leur embryophore ou cocon, il se développe autour des organes sexuels un renflement oblong, plus pâle que le reste du corps. C'est la ceinture qui a pris une teinte jaunâtre et qui indique que la sangsue va poser son embryophore. Bientôt, elle se contracte et se recouvre d'une bave blanche assez semblable à de l'écume de savon; alors il faut bien se garder de la toucher, car elle est en train de faire son embryophore et on l'empêcherait de continuer. Nous avons donné, pages 228 et suivantes, des détails étendus sur la manière dont elles le forment.

G. — *Soins à prendre pour les cocons ou embryophores.*

Nous avons, dans l'article précédent, indiqué les soins que M. Borne donne à ses embryophores; nous allons ajouter ceux qui sont conseillés par divers auteurs, particulièrement par Vayson.

Lorsque les embryophores sont posés, s'il survenait un éboulement de terrain ou autre circonstance qui les mît à nu ou les fît tomber dans l'eau, on s'empresserait de les recueillir avec soin pour les placer dans les conditions que l'on saura être convenables à leur développement. Pour éviter les éboulements, on aura soin de laisser l'eau parfaitement tranquille, et, surveillant de loin les marais, on empêchera qu'aucun animal ne s'en approche. On devra même s'abstenir d'approcher trop près des rives, dans la crainte d'écraser sous les pieds un grand nombre d'embryophores.

Les îlots sont ici fort utiles en ce que, placés au milieu de l'eau, les sangsues y sont beaucoup plus tranquilles dans la pose de leurs embryophores, et ceux-ci sont moins exposés aux diverses causes qui pourraient les faire sortir de la position souterraine qui convient à leur développement.

Le grand principe qui doit présider aux soins à donner aux embryophores consiste en ce qu'ils ne doivent jamais être ni submergés, ni exposés à la sécheresse. Il est bien important d'y faire attention.

La pêche étant interdite pendant quatre mois de l'année, dans les marais de reproduction et de nourriture, il s'ensuit que l'on a ou que l'on doit avoir des bassins où doivent être conservées les sangsues dont on aura besoin ou celles que l'on désire purifier, et comme dans ces mêmes bassins les sangsues s'accouplent et reproduisent pendant l'été, afin de ne pas s'exposer, par défaut de nourriture, à perdre le fruit de cette reproduction, nous allons faire connaître les conseils donnés à ce sujet par Vayson.

« Dans les exploitations restreintes, les éleveurs seraient exposés à la perte presque complète de leur production, par l'absence de la nourriture, qui ne pourrait être donnée à toutes les petites sangsues nées dans ces bassins, les chevaux ne devant jamais y pénétrer. Il leur sera facile de remédier à cela en modifiant les îlots élevés pour faciliter la ponte, en les rendant mobiles de fixes qu'ils doivent être dans le bassin de nourriture. A peu de choses près le résultat sera le même. Ils n'auront, à cet effet, qu'à couvrir la superficie de leurs bassins de purification d'un grand nombre d'îlots portatifs, formés de quatre pieux supportant une claire-voie sur laquelle seront disposées des mottes de gazon et de tourbe. Le bord intérieur de la digue de ceinture devra surtout en être garni. A la fin du mois de septembre, ou mieux, dans tout le courant de ce mois, ils devront, sans déranger ces îlots, quant à leur intérieur, les faire changer de bassin, en ayant bien soin, lorsqu'on les replacera dans le bassin de nourriture, qu'on ne les submerge pas plus qu'ils ne l'étaient auparavant. De cette manière et sans grandes dépenses, la plus grande partie des cocons écloront toujours dans le bassin de nourriture.

» C'est dans l'hiver, quand ils n'ont rien à faire, que les gardes doivent confectionner ces îlots portatifs qui doivent être grossièrement faits et n'occasionner aucune dépense.

» Des niches flottantes, formées par des gerbes de plantes aquatiques, conviennent parfaitement encore à la translation des cocons d'un bassin dans un autre. Les sangsues s'y plaisent et les recherchent pour y déposer leurs cocons ; elles choisissent la partie supérieure qui est toujours hors de l'eau. On a trouvé jusqu'à deux cents cocons dans une de ces niches qui n'avait pas été déposée dans le marais dans cette prévision. Les sangsues ont indiqué elles-mêmes combien elles se plaisent dans ces amas d'herbes aquatiques, où elles se réfugient lorsque l'eau les fatigue et où elles trouvent des vides et des aspérités pour déposer leurs cocons et se dépouiller de leur épiderme. »

H. — *Soins à prendre pour les jeunes sangsues.*

Quand arrive le moment de la naissance des jeunes sangsues, on peut observer que la membrane interne des embryophores offre une couleur noirâtre. Bientôt les petits mamelons qui sont aux extrémités de son grand axe se détachent et laissent à leur place deux petites ouvertures par lesquelles sortent les jeunes sangsues, tantôt par une seule, tantôt par toutes deux.

Le tissu spongieux sert quelque temps encore de retraite aux jeunes annélides qui pénètrent dans ses mailles et qui, en même temps, trouvent à s'y débarrasser plus aisément de leur épiderme. Il ne faut donc pas trop se presser d'enlever les embryophores vides, soit qu'ils se trouvent dans les îlots ou sur les rives, soit qu'accidentellement ils flottent à la surface de l'eau.

On ne sait pas au juste comment vivent les jeunes sangsues au sortir de leur embryophore, mais il est très possible que les larves aquatiques de certains insectes, dont la peau est très molle, et peut-être des animaux infusoires servent à leur première nourriture, et pendant les premiers mois on ne peut rien pour leur alimentation. Mais plus tard on a soin de jeter dans les marais des têtards, des grenouilles ou des petits poissons que les jeunes annélides attaquent et sucent avec avidité. Micholet a eu l'heureuse idée d'établir, à Dampierre (Ain), une *grenouillère* destinée à la culture des sangsues.

Ce n'est, à proprement parler, qu'au printemps suivant que les jeunes sangsues sont aptes à prendre la nourriture provenant des vertébrés, mais alors on remarque que leur avidité est plus grande que celle des sangsues plus grosses. Chevallier avait dans un bocal des sangsues âgées de trois mois ; il leur a présenté une jeune grenouille sur laquelle elles se sont jetées avec avidité et l'ont épuisée en peu de temps.

Pourtant, selon Soubeiran, M. Borne les nourrit tout de suite avec le sang moins substantiel des veaux, et il ajoute : « A peine sont-elles nées, que leur avidité est extrême. Elles s'attachent aux mains ou bien à la peau des animaux, avec une remarquable voracité. Dans les deux premières années de leur vie, ces petites sangsues croissent avec une extrême lenteur ; leur accroissement devient ensuite assez rapide pour qu'en deux ans elles décuplent de poids. » (Borne, rapporté par Soubeiran, *loc. cit.*)

Reich a néanmoins dit que pour essayer de nourrir 800 jeunes sangsues, on jeta au milieu d'elles quelques grenouilles vivantes, que la jeune couvée les attaqua avec avidité et s'attacha surtout à leur tête : les grenouilles cherchèrent à se débarrasser avec leurs pattes de devant et endommagèrent ainsi les sangsues. Il en périt à la suite 126 en trois jours. On recommença l'expérience avec des grenouilles dont les pattes étaient liées : malgré cela il en mourut 115 en huit jours. Enfin on leur donna en pâture des petits poissons et il en périt 91 dans l'espace de quinze jours. D'où Reich est porté à conclure : 1° que la jeune sangsue peu rester longtemps sans nourriture, mais aussi sans se développer complétement ; 2° que le sang des animaux lui est nuisible et que dans la première année il faut éloigner toute nourriture animale.

Cette manière de penser est aussi celle de Faber, puisqu'il dit que l'on doit supprimer toute nourriture dès l'éclosion des embryophores, comme nuisible aux jeunes sangsues.

A l'appui de ces idées, nous croyons devoir publier la lettre que M. Letavernier de la Mairie, propriétaire à Argenton (Indre), nous a écrite en décembre 1852. On verra qu'il est possible de faire de l'hirudoculture sans prendre le soin de nourrir les sangsues, bien que, cependant, nous reconnaissions que cette nourriture peut avoir souvent son utilité.

« Monsieur,

» Ayant eu l'honneur de vous voir au mois de septembre dernier, je vous ai adressé quelques jours après 200 sangsues en vous priant de les soumettre à toutes les épreuves pour vous en faire apprécier les qualités qui ne se rencontrent pas dans celles livrées au commerce à Paris. Je viens vous prier de me dire, monsieur, si ces annélides ont complétement répondu à mon attente et si vous en avez été satisfait. Pensez-vous qu'elles soient très supérieures, en tout, à celles du commerce, et qu'il y ait un grand avantage à les employer de préférence aux sangsues étrangères ?

» J'ai des marais très peuplés de ces sangsues à l'état de nature et qui n'ont jamais eu d'autre nourriture que celle des étangs où elles sont. Je pourrai en fournir une grande quantité à un établissement comme la Salpêtrière si cela pouvait vous convenir. Les pharmaciens de nos environs les préfèrent à toutes autres et n'hésitent pas à les payer de 30 à 35 fr. le cent.

» Agréez, monsieur, etc.,

» LETAVERNIER DE LA MAIRIE. »

Comme on le voit, on peut élever les sangsues naturellement et en assez grande quantité sans avoir recours aux moyens plus ou moins barbares qu'emploient les habitants du Bordelais, ou au sang comme le font plusieurs personnes. Cela n'empêche pas ces sangsues d'être d'une excellente qualité et supérieures à un grand nombre de celles que l'on trouve dans le commerce.

Par conséquent, jusqu'à ce que le contraire soit prouvé, nous croyons que le renouvellement de l'eau est une chose fatale aux jeunes sangsues, surtout pendant le moment de l'éclosion des embryophores. Nous pensons qu'un courant d'eau entraînant des végétaux ou des animaux microscopiques, les jeunes sangsues sont privées d'une partie de leur première nourriture. Dans les marais naturels, où l'eau n'est pas renouvelée, les jeunes sangsues vivent et grossissent très bien, sans qu'il soit nécessaire de pourvoir à leur alimentation, et nous ne voulons d'autres preuves que ce passage même du travail de Soubeiran sur les moyens d'éducation de M. Borne. « Dans le jardin de M. Borne, les petites sangsues, nourries de la même manière, ne profitaient pas et n'ont pris rapidement de la taille qu'après qu'elles eurent été rapportées dans les marais de Claire-Fontaine. » Seulement Soubeiran attribue à la nature de l'eau ce que nous croyons devoir attribuer à des matières organiques vivantes, qui servent de nourriture aux jeunes sangsues. Malheureusement on sait les inconvénients qui résultent de la stagnation des eaux, et pour cette raison l'hirudoculture présente un point qui paraît être en désaccord avec l'hygiène publique.

J. — *Renouvellement de l'eau.*

Nous sommes persuadé que le renouvellement de l'eau

dans les marais ou les bassins artificiels, serait une condition fâcheuse pour la nourriture des sangsues s'il se faisait rationnellement, c'est-à-dire, si déplacée couche par couche l'ancienne eau était expulsée pour être remplacée par la nouvelle. Dans tous les moyens qui ont été proposés on reconnaît qu'il ne doit pas en être ainsi et c'est peut-être une chose heureuse pour l'hirudoculture. En effet, ou l'eau arrive par un bout du bassin et par le haut pour sortir à l'autre bout par le haut également, ou bien l'eau pénètre par infiltration. Dans le premier cas, on ne fait que renouveler la couche superficielle qui d'ordinaire est pure et sans odeur lorsque la végétation est active, tandis que l'on ne change nullement l'eau du fond, surtout celle qui imprègne la terre et qui est véritablement la seule qui ait une odeur fétide. Cependant si l'on observe que la vase des marais naturels où se plaisent les sangsues est toujours plus ou moins imprégnée de cette odeur d'hydrogène sulfuré, odeur qui avait même suggéré l'idée, à Magne-Lahens, d'ajouter à l'eau qui doit servir à la conservation des sangsues, une faible proportion de sulfhydrate de soude ou de potasse, on se demandera si le renouvellement complet de l'eau est vraiment une chose très utile en hirudoculture. Nous traiterons plus loin la question de salubrité, c'est pourquoi nous ne parlerons ici que de ce qui a trait à l'éducation des sangsues.

Dans le cas où l'eau pénètre par infiltration, on remarque que, par infiltration contraire ou évaporation, le niveau s'abaisse; or, ici, il n'y a pas renouvellement de l'eau, elle est véritablement stagnante et l'on n'a, à ce moyen d'élever les sangsues, que le reproche à faire d'un niveau qui n'est pas constant.

D'ailleurs, tous ceux qui ont eu des bassins bien peuplés de végétaux doivent savoir que près d'eux on ne sent aucune odeur infecte tant que l'on n'agite pas l'eau; on peut même prendre de l'eau à la surface et reconnaître qu'elle ne présente aucune mauvaise odeur. Il n'en est pas de même de l'eau qui pénètre la terre, car lorsqu'on la remue il s'en dégage une odeur d'acide sulfhydrique très manifeste, et il n'est pas besoin d'ajouter de sulfhydrate alcalin comme l'a conseillé Magne-Lahens, car, ainsi que nous l'avons dit autre part, les sulfates alcalins contenus dans l'eau ne tardent pas à se transformer en sulfhydrates.

Mais s'il était plus tard parfaitement reconnu que l'eau stagnante ne fournit rien à la nourriture des jeunes sangsues, et que cette odeur sulfhydrique leur fût pernicieuse, alors il faudrait user d'un autre moyen pour assurer le déplacement complet de l'eau fétide et son remplacement par une eau nouvelle et plus salubre. Comme ce moyen n'a été exposé nulle part d'une manière qui satisfasse l'esprit, nous inquerons, à l'article *Conservation*, un procédé de déplacement que nous croyons plus rationnel.

Quoi qu'il en soit, on emploie dans le département de la Gironde deux méthodes que nous devons signaler : ce sont celle du *desséchement temporaire des marais* et celle du *niveau d'eau constant*. Toutes deux ont leurs avantages et leurs inconvénients, mais la seconde est sans contredit préférable à la première et c'est elle qui paraît prendre faveur parmi les éleveurs.

Dans la méthode de desséchement, qui se pratique dans le courant de juin, on a l'avantage de laisser le sol se raffermir, de favoriser la digestion des sangsues et de permettre aux plantes aquatiques de croître avec vigueur, ce qui consolide le fond du marais en même temps que les bestiaux restent plusieurs semaines en repos (A.-Ph. Laurens). Mais on subit par ce procédé le grave inconvénient de perdre une très importante quantité d'embryophores qui, posés avant le desséchement, périssent par les chaleurs et la sécheresse, ou avant l'inondation se trouvent submergés et périssent noyés et pourris.

Par la méthode à niveau constant, si l'on arrive à prévenir cet inconvénient de la perte des embryophores, on a, par contre, le désavantage d'un sol qui, ne se desséchant jamais, finit par se transformer, par le piétinement des chevaux, en une boue fétide dans laquelle les sangsues ne peuvent plus vivre. Néanmoins avec le système de chemins solides indiqué par Vayson, et dont nous avons parlé, page 274, on peut obvier à cet inconvénient et avoir de cette façon des marais artificiels relativement plus productifs.

K. — *Pêche des sangsues.*

D'après J. Martin, « le droit de pêche appartient, suivant les pays, ou à des communes, ou à des seigneurs, ou à des autorités militaires, ou à des fermiers. En France, ce droit appartient à tous les propriétaires de marais.

» A Constantinople, le jour fixé pour la prise de possession des affermages est le 13 mars. Les offres se reçoivent dans le mois de janvier et de février. La volonté du ministre turc désigne le fermier. Le jour où expire le bail est le 12 mars ; mais ce droit est parfois conféré pour plusieurs années, etc.

» Il n'en est pas de même pour toutes les dominations turques ; ainsi le pacha de Trébisonde fait pêcher pour son propre compte, et livre directement le produit à des marchands de Constantinople, qui l'expédient chacun pour son compte à Trieste, Marseille, etc. Le plus grand nombre des marais de la Turquie est affermé à des Grecs ou à des Américains. Le produit que le gouvernement ottoman retire de l'affermage des marais de la Turquie et de l'Asie mineure, est de 2 millions de piastres, en florins de 2 fr. 60, 166,666 florins ou 433 331 fr. 60 cent. »

D'après un journal allemand, le gouvernement turc aurait affermé pour deux ans, à une compagnie anglaise, la pêche des sangsues pour une somme de 1,485,900 piastres. C'est probablement la *piastre turque*, écu du pays qui vaut 40 paras ou 2 fr. de notre monnaie : ce qui fait 2,971,800 fr. donnés au gouvernement turc (Chevallier). (*Journal de chimie médicale*, 1848.)

En Autriche la pêche des sangsues est concédée à deux fermiers avec un privilége de cinq ans.

Époques de la pêche. — Les époques de la pêche des *Sangsues médicinales* doivent nécessairement varier suivant les climats.

En général, c'est au printemps et à l'automne, avant et après la pose des embryophores, que doit se faire cette pêche. Ainsi dans les contrées chaudes elle peut avoir lieu à partir des premiers jours d'avril jusqu'à la fin de mai, époque à laquelle les sangsues commencent à poser, et l'on peut la recommencer en octobre et la continuer en novembre et décembre, si la saison le permet. Moquin-Tandon dit qu'elle peut se faire depuis les premiers jours d'avril jusqu'aux mois de juin et juillet; mais nous pensons qu'elle devrait être arrêtée à la fin de mai, car c'est dans les mois d'avril et mai que les habitants de la Bretagne vont à la recherche des embryophores pour le repeuplement de leurs étangs. Il est donc probable que même au mois de mai, la pêche est en contradiction avec la recommandation que l'on fait de laisser les sangsues mères tranquilles pendant la pose de leur embryophore. Dans les pays froids ou tempérés, la pêche ne présente d'avantages réels qu'au printemps, et alors on peut la faire pendant les mois de mai, juin et même le commencement de juillet. Plus tard les sangsues se retirent dans leurs galeries souterraines pour y poser leurs embryophores. En novembre et décembre elles sont terrées pour le reste de l'hiver; c'est pourquoi la pêche serait, dans ce moment, tout à fait insignifiante.

Moyens divers employés pour la pêche. — Le moyen le plus simple consiste à agiter l'eau et à saisir avec la main les sangsues à mesure qu'elles nagent à la portée du pêcheur. A cet effet, les paysans qui s'occupent de ce travail vont dans les marais, les étangs et les fossés où se trouvent ces animaux, y entrent les jambes nues et prennent avec la main ou avec un filet les sangsues fixées aux corps solides ou nageant auprès d'eux; d'autres fois ils attendent pour les prendre qu'elles viennent s'attacher à leurs jambes.

Les filets dont ils se servent sont de toile de crin, laquelle, cousue autour d'un cercle portant de distance en distance des poids de plomb, est supportée par quatre petites cordes ou chaînes attachées à l'extrémité d'une perche. Un tamis, une poche de toile ou un filet à mailles fines fixés à l'extrémité d'un bâton ou des carrés de flanelle attachés à des morceaux de bois, peuvent aussi servir à la pêche des sangsues. Laigniez se sert de bâcles de fil de laiton, à mailles serrées (1 millimètre) et montées sur des cercles de fer rond étamé, auxquels vient se fixer un long manche. Selon J. Martin, à Strasbourg, dans les bassins artificiels de M. Coyard, on jette de petites couvertures de laine qu'on ne tarde pas à retirer ; en les secouant on fait aisément tomber les sangsues qui y sont attachées. Les pêcheurs doivent avoir le soin d'agiter l'eau avec les pieds ou bien avec de grands râteaux que l'on traîne au fond du liquide. Le mouvement se communiquant à une distance plus ou moins grande, avertit les sangsues, qui sortent de leurs demeures et montent à la surface de l'eau où on les saisit promptement.

Quelques pêcheurs ont le soin de s'entourer les jambes de flanelle ou de chiffons, ou mettent des pantalons de toile auxquels les sangsues s'attachent.

Laigniez, pharmacien à Laval, a donné un procédé fort ingénieux, qui nous paraît très propre à la pêche en grand des sangsues, par tous les temps, et qu'il pratique dans son marais.

« Au moyen d'un petit bateau de fer, à rames et avec gouvernail, dit-il, je fais agiter fortement l'eau en décrivant de nombreux circuits. La commotion que les roues impriment à l'eau du marais, met les sangsues en mouvement et les fait accourir de tous côtés et de très loin. Pendant ce temps, un autre homme, monté dans une petite barque plate, étend sur l'eau une grande couverture de laine, qui s'imprègne assez promptement et s'enfonce. Mais elle est retenue à 15 centimètres de la surface par quatre liéges placés aux quatre coins, et les sangsues qui passent dessus ou dessous se fixent sur la laine. Le même homme jette ainsi dix ou douze couvertures et quinze à vingt minutes après il les lève successivement en commençant par la première jetée. Il roule chaque couverture sur elle-même et la passe à un troisième homme qui a pour mission de détacher les sangsues et de les placer dans un baquet de bois de peuplier. Le triage a lieu tout de suite sur les bords des marais. Les vertes et les grises de grosseur à être livrées au commerce, sont déposées à part dans de petits bassins spéciaux taillés dans les coins du marais ; celles qui sont trop grosses ou celles qui sont trop petites sont rejetées immédiatement à l'eau. Il est facile alors de prendre là, dans les petits bassins, sans grands frais ni grand travail, avec le secours des bâcles dont j'ai parlé, celles destinées au commerce.

» Mes pêches se font habituellement en mars, avril, mai, septembre et octobre ; juin, juillet et août sont réservés au travail de la ponte. Comme je viens de le dire, je me sers de bâcles en été pour retirer mes sangsues des bassins ; l'hiver, il faut vider l'eau au moyen d'une pompe, et les prendre avec la main dans la terre glaise qui en tapisse le fond à un mètre de profondeur. »

La pêche des sangsues étant une des questions importantes de l'hirudoculture, nous allons donner, d'après Vayson, les détails qui conviennent à ce genre d'occupation, afin de le pratiquer avec le plus de succès possible.

« Cette pêche des sangsues est des plus faciles. Des hommes ou des femmes, munis de grandes bottes qui les garantissent des morsures des annélides, pénètrent dans les marais tenant, à la main gauche, un sac d'une toile très serrée, de 2 décimètres de hauteur, sur 1 décimètre de largeur. Ils agitent l'eau avec leurs pieds ou en la frappant autour d'eux avec un bâton. Les sangsues répondent vite à cet appel ; elles accourent en foule à la surface de l'eau, et c'est lorsqu'elles nagent à la portée des pêcheurs ou qu'elles s'attachent à leurs bottes, qu'ils les saisissent avec deux doigts, l'indicateur et le médian, et les jettent dans le sac qu'ils ont le soin de tenir ouvert. De temps en temps ils agitent leur sac afin de faire retomber dans le fond toutes celles qui tenteraient de s'échapper par l'ouverture.

» Le mouvement par lequel on saisit les sangsues doit être très rapide, afin d'éviter qu'elles s'attachent aux mains. L'habitude en est bientôt prise, et nous voyons des pêcheurs expérimentés en pêcher plus de mille dans un marais bien peuplé, dans l'espace de cinq à six heures (1).

» On doit veiller, avec une scrupuleuse attention, à ce que les mains des pêcheurs soient très propres, ainsi que les sacs dont ils se servent. Cette précaution doit être particulièrement observée par les individus qui fument.....

» Lorsque les vents du nord, de l'est ou de l'ouest soufflent avec force, on doit s'abstenir de pêcher ; la pêche serait alors infructueuse.

» Si c'est pour la vente que la pêche a lieu, elle doit être faite avec plusieurs pêcheurs à la fois, afin qu'elle soit plus abondante. Ces annélides ne sont pas très habiles à nager et se fatiguent vite ; le moindre choc les précipite au fond de l'eau et ils se réfugient dans la terre. A cause de cela, il est très important de les saisir à leur première apparition, sans leur donner le temps de s'échapper.

» Les pêcheurs doivent se former en cercle, afin que chacun d'eux puisse saisir les sangsues qui nagent à sa circonférence ou dans son intérieur, et parcourir ainsi tout le marais sans se diviser. Si, au contraire, ils s'éparpillent, les sangsues ne sauront à qui aller, et fatiguées elles se retireront dans le fond du marais pour ne plus reparaître de l'année.

» Les bottes des pêcheurs devront toujours être entourées de toile. Cette précaution qui n'est jamais observée par la généralité des pêcheurs, procure une pêche plus abondante

(1) Cette quantité doit nécessairement varier selon l'habileté du pêcheur, l'état de l'atmosphère et le nombre relatif de ces annélides contenus dans les marais. Selon A.-Ph. Laurens, le nombre de sangsues pêchées peut varier de 500 à 2500 pour une journée.

et ne coûte que peu de soins. L'huile, la graisse ou le suif dont se servent les pêcheurs pour ramollir ou entretenir leurs bottes, sont un objet de dégoût pour les sangsues qui viennent s'y attacher : aussi les abandonnent-elles vite (1). Il n'en serait pas ainsi, si une enveloppe de toile entourait ces bottes. Les sangsues s'y cramponnent avec beaucoup de ténacité, et la pêche serait aussi abondante, sur cette toile, que celle qu'on fait avec la main.....

» Il faut que les sangsues soient bien affamées, pour se montrer sur l'eau plusieurs fois, à quelques instants d'intervalle.

» Les pêcheurs ne doivent quitter le marais que lorsqu'ils ont fini leur journée. L'un d'eux peut suffire pour vider tous les sacs des autres : ils doivent être très nombreux pour saisir avec la plus grande rapidité la majeure partie des sangsues qui se montrent et dont on ne pêcherait pas, sans cela, la dixième partie. »

A ces détails sur les précautions à prendre pour la pêche des sangsues, Vayson ajoute le conseil d'entourer le plus petit bassin de purification (voy. page 281) d'une forte cloison en planches bien jointes, dont un côté sera vitré et tourné vers le midi; d'en faire, en un mot, une véritable *serre tempérée*, dans laquelle on entretiendra une douce chaleur pendant les jours les plus froids de l'hiver, ou lorsqu'on voudra pêcher.

« Les sangsues, dit-il, ne redoutant que le vent et le froid, y seront parfaitement à l'abri, et nous sommes à peu près certain qu'elles y pondront deux fois dans l'année.

» En automne, on jettera dans ce bassin d'hiver les sangsues que l'on supposera devoir suffire à la consommation des mois rigoureux, en ayant bien soin de n'y confier que celles qui jeûnent depuis longtemps dans les autres bassins de purification (Vayson). »

(1) Cette précaution est tout à fait inutile, au dire de Quenard, de Courtenay (Loiret). Cet éleveur, qui a visité les marais de la Gironde, nous a assuré que ce défaut de précaution n'empêche pas les sangsues de s'attacher aux bottes, au point qu'elles en sont littéralement recouvertes.

Dans les exploitations considérables, dès qu'un pêcheur en a récolté plusieurs centaines, un surveillant, directeur de la pêche, les recueille dans un grand sac et les verse immédiatement dans un baquet à moitié plein d'eau, très bien couvert d'une toile (A.-Ph. Laurens).

Dans quelques localités, on se sert d'appâts de chair, de cadavres d'animaux nouvellement tués ou corrompus, que l'on place la veille dans les marais, et qui souvent ne tardent pas à être recouverts par les sangsues. Quelquefois on se sert de foies de veau enfilés par une corde, de manière à en faire de très longues traînées que l'on jette dans les étangs. On peut encore, suivant Gisler, étendre à la surface de l'eau des linges imbibés de sang.

La pêche se fait autrement à Bouffarick. Là, en effet, on se sert d'une boîte de bois longue de 25 centimètres sur 15 de hauteur et de largeur, percée sur toutes ses faces d'une infinité de petites ouvertures plus étroites en dedans qu'en dehors, mais dont le plus petit diamètre peut donner passage à une sangsue. L'intérieur est garni de plantes aquatiques et de mousse. Cette caisse est fixée par une corde; on la plonge dans le vivier, et dans la soirée ou la matinée du lendemain, les sangsues pénètrent par les orifices et vont se placer parmi les herbes (Claude, rapporté par Moquin-Tandon).

Dans les environs de Smyrne, le pêcheur se met tout nu et entre intrépidement dans le marais. Il agite bruyamment l'eau et ne néglige rien pour éveiller autant que possible l'attention des sangsues. Celles-ci s'attachent à son corps, à ses jambes et de préférence à sa poitrine, et dès qu'il se trouve suffisamment recouvert de ces animaux, il sort du marais, les détache une à une et les met dans un sac. C'est à peu près la même méthode qui est usitée en Russie, dans les marais qui avoisinent la frontière de la Prusse, près de Tilsit. Les pêcheurs se mettent nus jusqu'à la ceinture, ils entrent hardiment dans le marais, qui d'ordinaire est abondamment peuplé de sangsues, et ils ne tardent pas à en être couverts : alors, ils promènent la main sur leur corps pour en détacher les annélides, qu'ils mettent dans un sac qu'ils ont eu soin d'attacher à leur cou (Thierrée). Voyez aussi à l'article *Conservation, parc de sangsues*, pour les moyens de les pêcher dans les réservoirs.

Les femmes et les enfants peuvent être employés à la pêche des sangsues : on a remarqué qu'ils réussissent parfaitement à les attirer (Moquin-Tandon).

D'après Clésius, si l'on place dans l'eau des marais des cornes de bœufs ou de moutons ou des sabots de solipèdes, les sangsues s'enferment dans leur cavité où l'on peut les prendre.

Enfin, on peut encore recueillir les sangsues en tirant du fond des fossés, à l'aide d'une large cuiller de bois, la vase que l'on suppose en contenir. C'est surtout à l'approche des orages et des pluies que l'on se sert de cette méthode; car, dans ces moments, les sangsues gardent le fond des eaux (Derheims).

Les pêcheurs sont parfois habiles à reconnaître les endroits du marais où elles sont accumulées dans la vase. Dans ce cas, ils les dégagent en s'aidant d'un bâton terminé en lame de couteau, de la vase qui les enveloppe et les prennent à la main. C'est encore ainsi qu'ils les récoltent, quand ils les surprennent entre les racines d'arbres, dans l'herbe et dans les creux où elles se tapissent lorsqu'elles cherchent la fraîcheur et l'ombre (J. Martin).

Quelle que soit la méthode employée pour la pêche des sangsues, nous croyons, avec Vayson, que des bassins de repos ou de purification sont utiles; mais nous ne croyons pas qu'il faille y laisser ces animaux une année entière. Nous aimerions mieux y mettre le produit de la pêche pour n'y demeurer que six mois. En effet, dans le courant d'une année, il peut survenir des maladies qui fassent perdre une grande quantité de sangsues, précisément dans les derniers six mois où elles auraient pu être employées. C'est donc une perte certaine à laquelle on s'expose. Si l'on observe que celles que l'on pêche par le simple mouvement de l'eau sont déjà plus ou moins affamées, puisqu'elles viennent par ce mouvement, et si l'on remarque que six mois de jeûne peuvent suffire à la digestion d'une grande quantité de sang, on sera disposé à croire qu'après ces six mois ces annélides peuvent être livrés à la consommation. C'est six mois de gagné comme numéraire, et c'est autant de pris sur les chances de mortalité qu'ils ont surtout pendant les grandes chaleurs.

Voici comment nous comprenons que l'on doive procéder avec le produit de la pêche: Celui du printemps serait déposé dans le bassin de *purification*. Les sangsues y resteraient jusqu'à la fin de septembre: On les pêcherait de ce bassin en octobre, pour les faire passer dans le bassin d'hiver, qui serait en même temps un *bassin de consommation* où on les pêcherait au fur et à mesure du besoin. En octobre et novembre on ferait la pêche du marais, et le produit serait mis dans le bassin de purification pour y demeurer tout l'hiver; au printemps suivant, nouvelle pêche dans le bassin de purification pour garnir le bassin de consommation, tandis que la pêche des marais viendrait remplacer dans le bassin de purification celle que l'on vient de faire, et ainsi de suite. Nous ferons observer tout de suite, qu'en été la purification doit être plus prompte qu'en hiver, à cause de l'énergie vitale plus grande chez ces animaux dans la première saison que dans la dernière. Aussi, lorsque six ou huit mois peuvent être nécessaires, dans cette période plus froide, à la digestion des aliments qu'ils ont pris, quatre mois doivent amplement suffire, en été, à la digestion d'une quantité pareille de nourriture.

L. — *Conservation des sangsues médicinales.*

La question de la conservation des sangsues nous a paru tellement importante, qu'il nous a semblé que nous ne saurions mieux faire que de rapporter en grande partie le mémoire sur cet objet que nous avons présenté à l'Académie des sciences et à l'Académie de médecine.

De tout temps on a compris que la conservation des sangsues était une question importante de l'histoire de ces annélides, puisque c'est elle qui domine, pour ainsi dire, le prix de ces précieux animaux. En effet, aujourd'hui surtout que les sangsues sont assez rares pour que l'on soit obligé de les aller chercher jusque dans la Hongrie et l'Asie mineure, il est clair que si pendant le voyage et depuis le moment où elles sont pêchées jusqu'à celui où on les utilise, il en meurt la moitié au moins, parce que l'on n'a pas trouvé le moyen de les conserver, il est clair, disons-nous, que ce sont des animaux qui doivent avoir un prix double, toutes choses égales d'ailleurs, de celui qu'ils auraient si l'on n'en avait perdu aucun. C'est de cette façon que nous entendons dire que la conservation est une question qui domine le prix des sangsues.

D'un autre côté, une bonne méthode de conservation nous paraît être le moyen assuré de préserver ces annélides des maladies qui les font mourir par milliers sans qu'il soit possible de les guérir une fois qu'ils sont frappés du fléau destructeur. Il nous a paru rationnel de chercher à prévenir ces maladies par des chances de bonne conservation; car alors, *prévenir, c'est mieux que guérir*. Toutes les recherches, toutes les expériences qui sont rappelées dans ce mémoire ont eu pour but de chercher à faire diminuer le prix de ces animaux en étudiant bien les conditions d'une meilleure conservation, et surtout les conditions qui s'opposent le plus au développement des maladies contagieuses qui les emportent avec une effrayante rapidité.

Nous allons d'abord rappeler sommairement les moyens de conservation qui ont été tour à tour proposés, essayés, puis abandonnés pour être remplacés par d'autres moyens qui n'ont souvent pas beaucoup mieux réussi.

C'est que parmi ces moyens, les uns exigent des soins pour ainsi dire de tous les instants, qu'il est bien difficile d'avoir continuellement, et les autres ne remplissent pas complétement toutes les conditions qu'exige la conservation de ces annélides.

La méthode la plus généralement usitée et aussi la plus ancienne, consiste à placer les sangsues dans des vases de terre, de grès ou de verre que l'on remplit plus ou moins avec de l'eau, et que l'on recouvre d'une toile ou d'un grillage. Ces vases sont placés au frais, à l'abri des gelées ou des grandes chaleurs et des odeurs fortes. On change fréquemment le liquide que l'on remplacé par de l'eau pure et autant que possible à la même température. Kuntzmann a conseillé de prendre de préférence l'eau de pluie. En général, on ne doit pas réunir ensemble un trop grand nombre de sangsues, et Cresson a recommandé de ne mettre que deux cents sangsues pour cinq à six litres d'eau que l'on change une fois par semaine en hiver, deux en été, et tous les jours pendant les fortes chaleurs. La méthode suivante est préférable.

En 1838, Soubeiran a fait établir à la pharmacie centrale des hôpitaux, un appareil qui consiste en un seau de terre percé de deux ouvertures : une à la partie inférieure et à laquelle est adapté un tube à entonnoir terminé par une multitude de petits trous; la seconde, à la partie moyenne, est fermée par une boule d'arrosoir. L'eau arrive, en filet continu, par l'ouverture inférieure et sort par la pomme d'arrosoir. Les sangsues sont ainsi placées dans une eau courante et peuvent se conserver assez longtemps.

Selon Moquin-Tandon, on devrait mettre en pratique le procédé de Charles Moulins, relatif à l'éducation des petits animaux fluviatiles. Il consiste à placer quelques plantes aquatiques (*Myriophyllum*, *Potamogeton*, *Lemna*, etc.) dans le vase ou le bocal. Ces plantes agissent comme corps désinfectants de l'eau, et les animaux peuvent être gardés longtemps sans qu'il soit besoin de changer le liquide; on imiterait encore mieux la nature, si l'on mettait au fond du vase une couche de glaise ou de limon (Moquin-Tandon).

On a, plus tard, remarqué que les sangsues mouraient souvent par suite d'une sorte d'étranglement qui se produit le long de leur corps, et dès que l'on a pu reconnaître qu'il y était causé par l'épiderme de ces animaux, qui tombe à des époques périodiques, on a trouvé dans la mousse (Derheims, Desaux, Dominé, etc.), le sable (Guibourt), la glaise (Chatelain, Bertrand et Lefort), la tourbe (Zier et Baerwinkel), des moyens propres à favoriser ce travail. Nous-même, nous avons conseillé de mettre dans les bassins ou les vases des *Chara hispida*, de préférence aux autres chara, parce que leurs tiges, très rapprochées et hispides, débarrassent bien mieux les sangsues de leur épiderme.

Le charbon a été employé plutôt comme désinfectant (Chéron, Fée, Hampe, etc.) que comme moyen mécanique de favoriser le changement d'épiderme, et à ce titre Trémolière, en 1825, et Cavaillon, en 1834, ont conseillé avec raison l'emploi du charbon animal. Cavaillon dit avoir gardé douze sangsues pendant un an dans la même eau sans qu'il ait observé le moindre cas de maladie ou la plus légère trace de putréfaction.

Derheims a imaginé un *réservoir à mousse* dans lequel il dispose une couche de 6 à 7 pouces d'un mélange de mousse, de tourbe et de charbon de bois en petits fragments; il parsème le tout de petits cailloux qui, par leur poids doivent retenir la mousse sans trop la comprimer, afin que l'eau puisse la pénétrer et filtrer à travers. A l'une des extrémités du bassin, et vers le milieu de la hauteur des parois, doit être assujettie une table mince de marbre percée de petits trous en plus ou moins grand nombre; cette table doit être recouverte d'une couche de mousse comprimée par une forte couche de cailloux. Le réservoir est alors rempli à moitié d'eau, de façon que la mousse et les cailloux de la table de marbre ne soient mouillés que légèrement, tandis que la mousse du fond est entièrement submergée. On recouvre le réservoir avec une toile de crin tendue par des poids, qui s'oppose à la sortie des sangsues et à l'action d'une vive lumière. De cette manière, ces animaux peuvent se promener sur la mousse extérieure, nager dans l'eau ou s'enfoncer dans la couche inférieure pour se débarrasser des mucosités qu'elles rendent. Un robinet placé à la partie inférieure permet de vider le bassin de temps en temps.

D'après Bertrand et Lefort, la meilleure manière de conserver les sangsues serait de les mettre dans un vase ou une cuve de bois, contenant une couche d'argile délayée en pâte molle, dans laquelle ces animaux vont se loger. On a soin d'humecter cette argile tous les deux ou trois jours. Achard, Bonnard, Chatelain, Hartmann, Réchou et autres pharmaciens se sont bien trouvés de l'emploi de ce procédé. La terre ordinaire est tout aussi bonne (Labarraque).

Il faut avoir soin de visiter les vases, et dès qu'on s'aperçoit qu'ils laissent exhaler une odeur fétide, il faut renouveler l'argile. Cette opération, longue et délicate, pour être bien faite, exige quelques précautions. A cet effet, on met une certaine quantité d'eau dans le vase, on agite le tout avec assez de ménagement, pour ne pas blesser les sangsues, et lorsque l'argile est en suspension, on verse le tout sur un tamis de crin : les sangsues seules restent dessus.

Guibourt a proposé de remplacer l'argile par du sable; Zier et Baerwinkel, par de la tourbe humectée; Hampe, par du sable lavé recouvert de mousse et quelques charbons pardessus.

Desaux, de Poitiers, a imaginé un réservoir qu'il nomme *marais artificiel*, dans le but de conserver et faire reproduire les sangsues. Nous en avons donné la description à l'article *Construction des marais ou bassins artificiels*.

En 1831, Chatelain a donné la description d'un bassin de conservation que nous devons décrire. Ce bassin est de maçonnerie dont les parois internes sont recouvertes de ciment. Les murs présentent au sommet une saillie intérieure de 2 à 3 centimètres. Ils ont 6 mètres de longueur, 2 mètres 25 centimètres de largeur, et 85 centimètres de profondeur. Le fond présente une inclinaison de 10 à 12 centimètres et est recouvert d'une couche de glaise de 35 à 40 centimètres dans laquelle on a soin de planter quelques pieds d'*Iris pseudo-acorus*, de *Beccabunga* et autres plantes aquatiques. Du côté le moins profond, et à 10 centimètres du rebord, on place un robinet qui donne un filet d'eau de 1 à 2 centimètres de diamètre. Au côté opposé, on a disposé deux tuyaux de plomb, l'un à 4 ou 5 centimètres de la couche de glaise, l'autre à 25 centimètres du rebord, et qui sont destinés à la sortie de l'eau. Leur extrémité présente un petit bourrelet destiné à retenir un sac de toile.

Selon Chatelain, un pareil réservoir peut contenir jusqu'à 70,000 sangsues, et ne présenter qu'une mortalité de 1/13ᵉ ou 1/14ᵉ.

En 1845, Tassart et Hottot ont fait un rapport favorable sur un appareil pour la conservation des sangsues, imaginé par Dessaux-Vallette, et qui a quelques rapports avec celui de Soubeiran. L'appareil de Desseaux-Vallette (fig. 33) consiste en un vase cylindrique à double fond; le double fond *d* est fixe ou mobile, il est criblé de petits trous; un tube *l*, de même matière que le vase, et faisant corps avec lui, amène l'eau entre les deux fonds. A la partie supérieure du cylindre se trouve une ceinture de petits trous destinés à l'écoulement de l'eau; elle sort par le tuyau *l*. Desseaux-Vallette a partagé son cylindre en deux parties, au moyen d'un diaphragme *d* percé de trous; sous le diaphragme, il place la plus grande quantité de sangsues avec de la mousse: c'est le magasin; le dessus est destiné au service journalier. L'appareil est placé dans un seau CC de même matière, qui reçoit l'eau qui s'écoule, et à la partie supérieure duquel est une ouverture *k* qui sert de trop-plein. L'appareil se trouve ainsi continuellement plongé dans l'eau, ce qui le maintient à une température plus constante, condition très favorable à la conservation des sangsues.

Fig. 33.

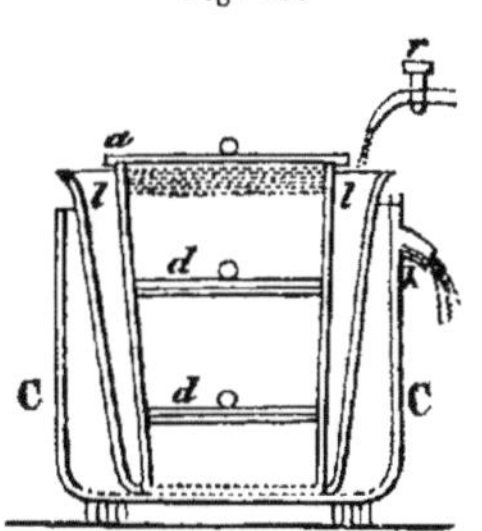

En 1851, J. Maison a imaginé un appareil qui, basé sur les mêmes principes de renouvellement continuel d'eau que les appareils de Soubeiran et Desseaux-Vallette, a surtout l'avantage de pouvoir être établi en grand et de permettre facilement la sortie des mucosités que rendent toujours les sangsues.

Enfin, les marchands en gros conservent encore leurs sangsues en les plaçant dans des sacs qu'ils ont soin de suspendre. De temps en temps on les plonge dans l'eau pour les laver et retirer celles qui sont mortes ou malades, après quoi on les remet dans les sacs.

Tous ces appareils ou toutes ces méthodes, qui présentent d'évidents avantages, ont aussi des inconvénients incontestables. Il résulte de nos recherches et de ce que l'on sait déjà que tous ces inconvénients dépendent :

1° Soit de la nature des eaux ;

2° Soit de la nature des vases ;

3° Soit du mouvement que l'on est forcé de communiquer aux sangsues ;

4° Soit de l'odeur putride que l'on ne peut pas toujours suffisamment prévenir ;

5° Soit d'un déplacement imparfait de l'eau corrompue ;

6° Soit des odeurs que prennent les tissus dont on se sert pour couvrir les vases, tissus qui s'opposent au renouvellement facile de l'air des vases ;

7° Soit de l'état contre nature dans lequel on place les sangsues.

Par conséquent, en employant :

1° L'eau qui convient le mieux à la conservation de ces annélides ;

2° Les vases où relativement ils se conservent le mieux ;

3° Un moyen de renouveler l'eau presque sans mouvement ;

4° Un déplacement rationnel qui ait le plus de chances possibles d'enlever l'odeur fétide de la terre et de chasser toute l'eau corrompue ;

5° Un moyen d'empêcher les tissus de communiquer aucune odeur aux vases et de s'opposer au renouvellement facile de l'air des vases ;

6° Un moyen qui place les sangsues dans un état très voisin de l'état de nature ;

On sera très près de résoudre le grand problème de cette

question importante : *la conservation des sangsues*. Ce sont les recherches qui ont eu pour but l'observation de ces conditions qui font l'objet de notre mémoire, et nous croyons que les appareils que nous proposons les remplissent toutes sans exception.

Nous commençons par prévenir que toutes nos expériences ont été faites avec des sangsues dégorgées une ou plusieurs fois et qui, par conséquent, étaient dans de mauvaises conditions de conservation. Néanmoins, comme ce sont des expériences toutes de comparaison, dans les mêmes circonstances, les résultats ne laissent pas de présenter le même degré de valeur que si nous nous fussions servi de sangsues neuves et dans de meilleures conditions de conservation.

1° *Examen de l'influence des eaux sur la conservation des sangsues médicinales.*

Dans un mémoire présenté à l'Institut et publié dans le *Journal de pharmacie* et le *Répertoire de pharmacie* (avril 1851), nous avons fait connaître des expériences sur l'influence des eaux de puits, du canal de l'Ourcq et de la Seine sur la conservation des sangsues. Comme ces expériences ont été rapportées dans cet ouvrage, nous nous bornons ici à y renvoyer nos lecteurs (page 269). Cependant nous devons ajouter que quelques personnes ont conseillé de jeter du sucre, du miel ou de la mélasse dans les réservoirs où l'on conserve les sangsues. C'est le moyen d'arriver à une corruption plus prompte de l'eau sans bénéfice pour l'animal. Pareillement le sang que l'on a conseillé d'y ajouter ne fait que putréfier l'eau, et les sangsues ne tardent pas, surtout en été, à mourir victimes de cette opération mal entendue.

2° *Examen de l'influence des vases sur la conservation des sangsues.*

Nous étant assuré, par plusieurs observations, que les sangsues se conservaient mieux dans certains vases que dans d'autres, nous avons fait les expériences comparatives suivantes :

80 sangsues dégorgées ont été choisies aussi semblables que possible. On en a mis 20 dans un vase de grès de 10 litres, avec 5 litres d'eau; 10 dans un bocal de verre de 5 litres, avec 2 litres 1/2 d'eau ; 30 dans un seau de terre vernissé, de 15 litres, avec 7 litres 1/2 d'eau ; et 20 dans un pot de faïence blanche, de 10 litres, avec 5 litres d'eau. Comme on le voit, les proportions de sangsues, de capacité et d'eau se trouvaient observées (1). L'eau de Seine a été choisie de préférence, et le changement a eu lieu tous les deux ou trois jours, en même temps, et en mettant à chaque fois la quantité proportionnelle d'eau que nous avons indiquée. L'expérience, commencée le 18 septembre 1853, a donné le résultat suivant :

Le 29 octobre 1853, la dernière sangsue du vase de grès a été trouvée morte.

Le 13 novembre, les deux dernières sangsues du bocal ont été trouvées mortes.

Le 18 novembre, on a trouvé morte la dernière sangsue du vase de terre vernissé.

A cette époque, il restait encore sept sangsues bien vives dans le vase de faïence.

Ainsi tandis que les sangsues du vase de grès n'ont vécu que 41 jours, celles du vase de verre ne se sont trouvées toutes mortes qu'après 56 jours, celles du vase de terre vernissée qu'après 61 jours, alors qu'il restait encore dans le vase de faïence les sept sangsues que nous avons fait employer pour ne pas les perdre.

Ainsi, il est évident que la nature des vases influe sur la conservation des sangsues, et il en est de même de la lumière.

(1) Il était difficile de trouver des vases de ces différentes natures offrant même forme et même contenance, c'est pourquoi nous avons dû nous servir de ceux que nous avons indiqués ; il était au moins possible d'établir une proportion de nombre et de capacité.

On pourrait expliquer l'action de certains vases en leur attribuant un poli moins parfait où se ferait une incrustation de matières putrescibles; mais le renouvellement fréquent de l'eau et l'absence de toute odeur au moment où nous ouvrions les vases pour la changer, nous disposent peu à une pareille interprétation du phénomène. Nous serions plus enclin à supposer que sur les surfaces polies les ventouses s'appliquant plus exactement, il reste moins d'air interposé entre la ventouse et la surface du vase, d'où doit résulter une fatigue moins grande des muscles qui font mouvoir, pour le tendre et le retirer, le bourrelet central qui s'applique d'abord sur le corps pendant l'adhérence. Or, on sait que les sangsues, pour se livrer à leur repos, se mettent le plus souvent hors de l'eau, où sans doute elles sont assurées de respirer mieux et plus longtemps sans être obligées de se mouvoir ou de se balancer. Leur respiration étant entièrement cutanée et se trouvant en contact avec l'air, elles sont dans des conditions meilleures pour l'accomplissement de cet acte. C'est pendant ce long repos que les ventouses se fatiguent, surtout sur les corps peu polis, et alors, fatiguées qu'elles sont, elles préfèrent le repos au fond de l'eau, où l'air moins abondant venant à manquer dans la couche qui les environne, elles subissent une sorte d'asphyxie qui contribue sans doute à leur mortalité plus prompte. Au contraire, si pour se tenir hors de l'eau elles se fatiguent moins parce que la surface du corps est plus polie et que l'adhérence se fait mieux, elles resteront au repos plus volontiers hors de l'eau, et la respiration se faisant mieux alors, elles devront vivre plus longtemps.

Mais cette explication même nous conduit à penser que l'eau n'est pas l'élément essentiel de ces animaux, que nous les plaçons hors de leurs habitudes naturelles quand nous cherchons à les conserver dans l'eau seule, et que, pour les conserver, il faut préférer des moyens qui leur permettent au besoin de se trouver sans fatigue hors de l'eau.

La nature des vases est telle, sur la conservation des sangsues, que nous avons pu constater le fait suivant. Ayant fait un grand nombre d'expériences comparatives sur les sangsues gorgées et déposées dans l'eau contenant du charbon de bois grossièrement pulvérisé jusqu'à leur dégorgement (vingt-quatre heures après), et sur les sangsues dégorgées sans avoir subi l'action préalable du charbon, et nous étant aperçu que les premières se conservaient toujours mieux, nous fûmes étonné de voir que, dans une expérience comparative de sangsues dégorgées après l'action préalable du charbon et de sangsues dégorgées sans cette action, les sangsues ne se conservaient pas mieux dans l'un que dans l'autre cas. Pensant à l'influence de la nature des vases, un mois après, nous eûmes l'idée de changer de vase, de mettre les sangsues traitées par le charbon dans celui où se trouvaient les sangsues non traitées par le charbon, et réciproquement, celles-ci dans le vase des sangsues traitées par le charbon, et nous vîmes tout de suite l'ordre naturel des choses se rétablir.

En effet, 40 sangsues dégorgées après vingt-quatre heures de contact avec le charbon et l'eau, mises dans un pot de grès de 10 litres, avec 5 litres d'eau et 40 sangsues dégorgées sans le contact du charbon, placées dans un pot de grès de même contenance, avec 5 litres d'eau pareille, ont, dans le courant d'un mois (du 3 septembre au 3 octobre 1853), présenté 16 morts dans l'un et dans l'autre pot. Changées réciproquement de vase, le 3 octobre, les sangsues traitées par le charbon n'ont présenté qu'une mortalité de 5 sangsues au 3 novembre, tandis qu'à la même époque les sangsues non traitées par le charbon présentaient une mortalité de 11 sangsues. Le 8 décembre, la dernière sangsue dégorgée sans charbon mourut, et alors il restait encore 14 des autres sangsues. Cette expérience sur la nature des vases est aussi concluante que celles que nous avons rapportées précédemment.

La raison de cette différence de mortalité dans les sangsues qui ont subi le contact du charbon et celles qui ne l'ont pas subi est facile à saisir pour ceux qui ont pu voir de près pratiquer le dégorgement à la main. D'abord, les sangsues gorgées s'enfoncent dans le charbon qui reste au fond de l'eau et paraissent s'y plaire, tandis que dans l'eau seule la plupart viennent plutôt à la surface ; les premières se débarrassent mieux et avec moins de peine de leurs mucosités, et quand vient le dégorgement, elles sont plus fortes et plus aptes à le supporter. Ensuite, mieux débarrassées des matières muqueuses, le dégorgement se fait avec plus de facilité et les sangsues paraissent en être moins fatiguées ; il faut moins les presser pour les retenir, ce qui est tout le contraire pour celles qui, n'ayant pas été dans le charbon, sont recouvertes d'un enduit muqueux qui oblige à les presser plus fortement ; de là une fatigue plus grande de l'animal pendant le dégorgement.

3° *Examen de l'influence de la terre comparée à l'influence de l'eau.*

Une fois l'influence des vases sur la conservation des sangsues bien constatée, nous avons voulu faire une autre expérience comparative entre le vase de faïence et l'eau de Seine qui conservent le mieux, et l'argile placée dans les meilleures conditions. A cet effet, nous avons choisi une grande terrine de terre vernissée de 30 litres de capacité, dans laquelle nous avons mis un mélange de terre glaise détrempée et de poudre grossière de charbon de bois lavé, le tout réduit en pâte assez molle, que nous avons disposée en talus tout autour de la terrine. Le centre était occupé par une autre terrine de terre vernissée de 2 litres qui, enclavée dans la glaise, faisait office de bassin et contenait 1 litre d'eau. Nous avons jeté 125 sangsues nouvellement dégorgées dans l'eau de la petite terrine, puis nous avons recouvert le tout d'une toile.

Nous établissions en même temps comme point de comparaison un pot de faïence de 6 litres, dans lequel nous avons mis 25 sangsues avec 1 litre d'eau. Comme on le voit, nous avions observé le même rapport entre le nombre des sangsues mises en expérience et la capacité des vases.

L'expérience a commencé le 3 octobre 1853. Le lendemain, dans la terrine on trouva toutes les sangsues terrées, à l'exception de 14 sur lesquelles 3 étaient mortes et les autres plus ou moins malades ; le vase de faïence contenait 1 morte et 4 malades ; les jours suivants donnèrent encore des sangsues mortes et malades qui moururent peu à peu, de sorte qu'au bout d'une quinzaine de jours (le 19) il y avait 17 mortes dans la terrine et 8 dans le pot de faïence. En continuant l'expérience comparative, au bout d'un mois, le 3 novembre, il n'y avait en tout que 21 sangsues mortes dans la terre, tandis qu'il y en avait 14 dans le vase de faïence, c'est-à-dire dans l'eau. Le 3 décembre, il restait 101 sangsues dans la terrine, et il n'y en avait plus que 7 dans l'eau : de sorte qu'en établissant une proportion approximative, on trouve qu'en deux mois on a perdu près des trois quarts des sangsues dans l'eau, tandis que l'on n'a perdu au plus qu'un cinquième des sangsues conservées dans la terrine. Les sangsues qui restent dans le vase de faïence sont faibles ou étranglées et indiquent qu'elles ne se conserveront plus longtemps. Les autres, au contraire, quand on les retire de la glaise, sont fermes, font bien l'olive et paraissent beaucoup plus vigoureuses.

Ainsi, tandis que les vases de faïence conviennent mieux à la conservation des sangsues au milieu de l'eau, leur conservation est beaucoup mieux assurée encore au milieu de la glaise contenant un quart de son volume de charbon concassé et lavé.

Il est remarquable que les sangsues malades quittent ordinairement la terre pour venir mourir dans l'eau de la petite terrine.

Malheureusement ce procédé présente quelques inconvénients :

1° La glaise se dessèche facilement, et il est alors à peu près impossible, même en l'humectant, de lui rendre sa mollesse première.

2° Le changement de l'eau exige certaines précautions, par

exemple, une éponge toujours propre pour retirer l'eau corrompue et laver la petite terrine.

3° Au bout d'un certain temps, la glaise doit prendre une odeur fétide, et alors il est difficile de la lui enlever. Il faut, dans ce cas, la délayer avec précaution dans l'eau et la jeter sur un tamis qui retient le charbon et les sangsues que l'on remet dans une terrine préparée d'avance comme l'était la première. Ce changement nuit toujours à la conservation des sangsues, par la raison que le mouvement doit plus ou moins les blesser, leur peau ayant une très grande sensibilité. Toutefois ces *petits bassins portatifs* sont restés plusieurs mois sans que nous ayons pu y constater aucune odeur putride; mais nous concevons que plus tard, surtout pendant les grandes chaleurs, il faudra toujours avoir recours au mode de changement que nous venons d'indiquer, et c'est ce que nous avons cherché à éviter, en établissant un petit appareil (fig. 34) auquel nous avons donné le nom de *marais portatif*. C'est à l'aide de cet appareil que nous croyons remplir les conditions 3°, 4°, 5° et 6°, que nous avons indiquées au commencement de ce mémoire.

Fig. 34

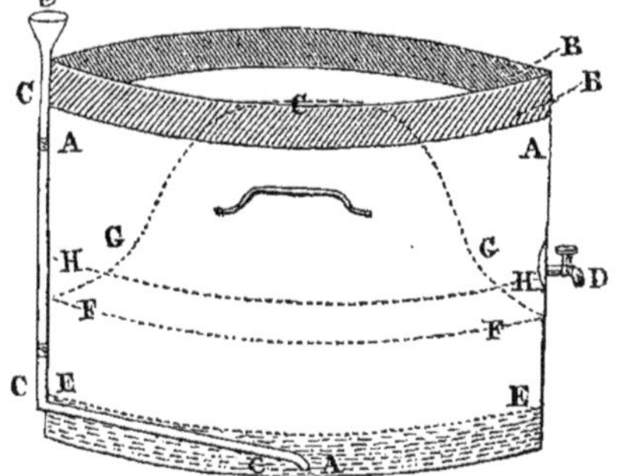

AAA, vase de faïence, ou de terre vernissée ou de bois, selon la grandeur : dans ce dernier cas, nous conseillons de le doubler intérieurement d'une feuille de plomb assez mince et de le goudronner ou de le peindre à l'extérieur pour qu'il se conserve mieux.

BB, toile métallique de cuivre, circulaire, de 12 à 15 centimètres de hauteur, destinée à s'opposer à la sortie des sangsues.

CCC, tuyau courbé à angle droit, servant à verser l'eau de renouvellement à l'aide de l'entonnoir *e*.

D, robinet par où doit s'échapper l'eau à mesure qu'elle est poussée de bas en haut.

EE, diaphragme de zinc percé d'un grand nombre de trous et destiné à tenir en place une couche de sable fin E, A.

FF, niveau d'une couche de tourbe et d'un mélange de glaise détrempée et de charbon de bois en poudre grossière et lavé, qui repose sur le diaphragme.

GGG, tracé d'un petit îlot central, formé de tourbe ou de gazon renversé, et présentant à son sommet du gazon et des plantes aquatiques (cresson, beccabunga et surtout le *Chara hispida* dans l'eau).

HH, niveau de l'eau maintenu constant à l'aide du robinet ouvert, mais garni en dedans d'une toile métallique de cuivre.

Voilà maintenant comment agissent toutes ces parties.

Nous avons voulu que le *renouvellement de l'eau se fît presque sans mouvement* (3°). En effet, en ménageant suffisamment la chute d'eau dans l'entonnoir *e* qui termine le tuyau CC, l'eau arrive aussi lentement qu'on le veut, et tout le mouvement du liquide, dirigé sur le fond du vase par la courbure de l'autre extrémité, est en grande partie détruit ; d'ailleurs la couche de sable perméable anéantit le reste des mouvements de l'eau, de sorte qu'en s'élevant elle pousse l'ancienne eau sans autre mouvement que le déplacement (1).

(1) Il semble que cette précaution soit insignifiante, et elle peut l'être dans les conditions où se trouvent placées les sangsues que l'on veut simplement conserver dans notre appareil. Cependant, nous pensons que les sangsues dérangées souvent pendant leur repos se portent moins bien au bout d'un certain temps que celles qu'on laisse parfaitement tranquilles, et nous sommes tentés de croire que le mouvement qu'elles subissent d'ordinaire pendant le changement de l'eau ne leur convient pas, nous fondant surtout sur ce qu'elles habitent plutôt dans les eaux tranquilles des mares, des fossés et des étangs que celles plus courantes des rivières. Mais c'est surtout en grand que le renouvellement de l'eau sans mouvement doit être utile pendant l'époque de la reproduction. Il paraît bien établi, en effet, que pendant la pose des cocons il ne faut pas agiter l'eau, car alors on dérangerait les sangsues de leur travail, et l'on s'exposerait ainsi à la perte des cocons commencés, que sans doute elles n'achèveraient pas.

Nous avons voulu, en outre, *un déplacement rationnel qui eût le plus de chances possible d'enlever l'odeur fétide de la terre et de chasser toute l'eau corrompue* (4°). Pour obtenir ce résultat, on commence par fermer le robinet, et l'on donne de l'eau par l'entonnoir. Le déplacement se fait d'une manière uniforme, car le sable étant très perméable, les couches horizontales de liquide se succèdent de façon à s'élever en s'infiltrant et poussant vers le haut toutes les parties liquides, mêmes celles qui sont au centre de la terre. Lorsque le vase est plein, on ouvre le robinet, et l'eau s'écoule, entraînant une grande partie des matières putrescibles et de l'eau corrompue. On comprend qu'en recommençant plusieurs fois cette même opération, on arrive à enlever toute la mauvaise odeur. Le niveau constant de l'eau entretient la glaise dans un état convenable d'humidité, même celle qui qui s'élève au-dessus du niveau, en vertu de la capillarité.

La toile métallique s'opposant à la sortie des sangsues, il est inutile de couvrir le marais d'une toile quelconque, et ainsi nous nous trouvons réaliser l'avantage d'*empêcher les tissus de communiquer aucune mauvaise odeur, et le renouvellement de l'air dans le vase se fait avec facilité* (5°). D'ailleurs en établissant une végétation active, non seulement nous purifions l'eau et la terre, mais encore nous établissons une sorte de cordon sanitaire qui arrête une partie des odeurs extérieures qui pourraient nuire aux sangsues.

Enfin il est évident que nous plaçons les sangsues dans *des conditions qui se rapprochent autant que possible de cet état de nature qui doit être considéré comme le moyen par excellence de conserver les êtres vivants* (6°).

En disposant circulairement une toile métallique au sommet d'un vase quelconque, on peut obtenir des appareils très propres à conserver les sangsues de détail sans qu'il soit besoin de les couvrir. Les animaux respirent alors plus facilement, puisque l'air circule parfaitement dans l'intérieur du vase.

Mais comme nous sommes persuadé : 1° que les sangsues

aiment à se trouver à l'air libre ou à sec ; 2° et qu'elles se fatiguent beaucoup pendant leur adhérence sur les parois du vase, nous avons eu l'idée de chercher à leur permettre de sortir de l'eau et de leur épargner cette fatigue en réunissant les deux conditions qui nous ont paru être les plus capables d'atteindre ce but, dans le petit appareil dont voici la description (fig. 35) :

Fig. 35.

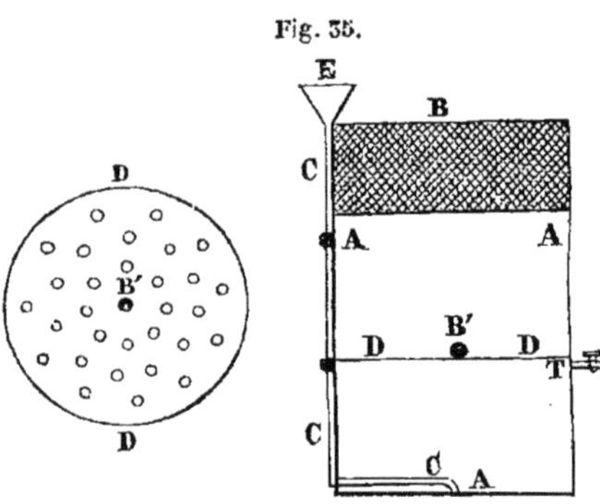

AAA, vase de faïence ou de terre vernissée.

B, toile métallique de cuivre.

CCC, tuyau recourbé pour porter l'eau qui peut être sans cesse renouvelée au fond du vase.

R, robinet par où s'écoule l'eau à mesure qu'elle est déplacée par la nouvelle.

T, toile métallique qui doit s'opposer à la sortie des sangsues.

DD, diaphragme percé de trous assez larges pour que les sangsues puissent facilement passer. B' bouton pour le prendre. Entre le diaphragme et le fond du vase on met une certaine quantité de mousse ou de *chara*, qui aident à la séparation de l'épiderme des sangsues. Le courant d'eau la maintient toujours propre et l'eau se trouve continuellement renouvelée. Enfin, le diaphragme a pour objet de permettre à la sangsue d'être, selon sa volonté, dans l'eau ou dans l'air, sans être forcée de se suspendre par ses ventouses.

Les marais portatifs que nous avons fait construire à la Salpêtrière sont de bois, doublés, à l'intérieur, d'une feuille mince de plomb. Ils ont 75 centimètres de diamètre sur 50 centimètres de hauteur. Au fond, nous avons mis une couche de sable de 5 à 6 centimètres, séparé de la couche terreuse par un diaphragme percé. Au-dessus se trouve une couche de tourbe, de glaise et de charbon de 15 à 20 centimètres, au milieu de laquelle s'élève, en cône tronqué, un petit îlot de gazon semblable à celui que nous avons décrit : il est un peu plus élevé que les bords du marais. Si les sangsues sont capables de se reproduire, elles seront dans de bonnes conditions, puisqu'elles auront un tertre de 25 à 30 centimètres de hauteur au-dessus du niveau de l'eau, le robinet étant placé au milieu de la hauteur du marais.

Les petits marais portatifs, de la dimension de ceux que nous venons de décrire, peuvent contenir au moins 2000 sangsues, sans que l'on ait à craindre les effets de l'accumulation. Elles se creusent des galeries où elles se placent pour ne plus bouger de longtemps.

Lorsque l'on veut pêcher les sangsues contenues dans ces petits marais, on ferme le trop-plein et on le remplit d'eau ; on n'a plus qu'à battre le liquide comme dans la pêche ordinaire pour voir arriver ces annélides. L'opération terminée, on ouvre le robinet et le niveau constant se rétablit.

Nous n'avons pas voulu que ce système de conservation par déplacement rationnel se bornât à une petite quantité de sangsues ; c'eût été un travail incomplet, quoique pourtant le nombre des sangsues perdues en détail soit considérable, surtout en été, à l'époque des épizooties qui frappent ces annélides.

Nous donnons la description d'un *marais perméable artificiel*, construit d'après notre système de déplacement rationnel (fig. 36).

Fig. 36.

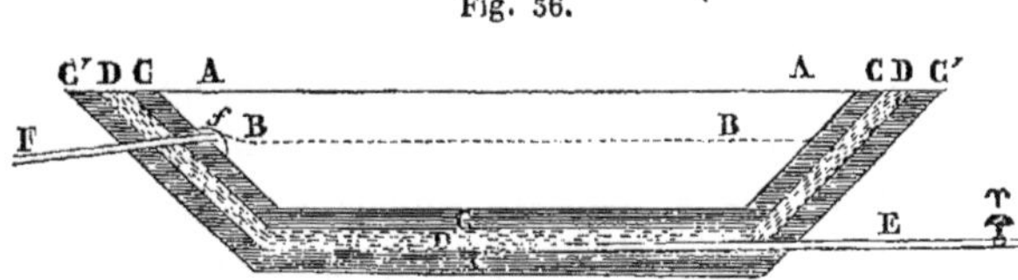

AA, niveau du sol.

BB, niveau de l'eau entretenu constant par le tuyau F*f*, garni intérieurement d'une toile métallique de cuivre *f*.

CCC, couche de tourbe ou de terre des marais.

C'C'C', couche de glaise quand le sol n'est pas argileux, ou maçonnerie.

DDD, couche de sable de 2 pieds au moins d'épaisseur.

E, tuyau de conduite d'eau, se ramifiant dans la partie inférieure de la couche de sable, de manière à mouiller également toutes les parties du marais.

R, robinet servant à donner l'eau à volonté.

Lorsque le sol est argileux, il suffit de creuser la partie du terrain circonscrite par les lignes qui doivent former le périmètre du marais. Si l'on n'avait affaire qu'à une terre légère et que l'on pût se procurer de la glaise, il faudrait donner au marais une profondeur de quelques pieds de plus et former tout autour comme une sorte de muraille de glaise qui, peu perméable, retiendrait plus facilement l'eau. Dans le cas où l'on ne pourrait pas remplir ces deux conditions, il faudrait nécessairement avoir recours à une maçonnerie, alors la couche de sable serait utile seulement au fond. Ce marais doit être du reste peuplé de végétaux et de petits îlots comme les autres marais artificiels.

Maintenant il est aisé de comprendre le but de cette disposition. Le sable, éminemment perméable à l'eau, permet aux couches de liquide de se développer horizontalement et de monter à peu près uniformément, de sorte que l'on a un vrai déplacement mécanique de bas en haut, qui, continué un temps plus ou moins long, doit nécessairement chasser toute l'eau corrompue et même laver la terre qui en est imprégnée.

De plus, le sable, par ses aspérités, présente aux sangsues qui seraient tentées de s'échapper par le fond ou les côtés du marais un obstacle véritablement insurmontable (Vayson).

Suivant l'étendue du marais, plusieurs tuyaux conduisent l'eau en différents points et se ramifient plus ou moins pour favoriser l'uniformité du développement horizontal de la couche liquide déplaçante. Également, plusieurs tuyaux servant de *trop-plein* sont placés au côté opposé et sont dirigés vers une rivière, un ruisseau ou dans un puits perdu complétement caché sous terre.

S'il arrivait que les sangsues fussent en travail de reproduction et que l'on reconnût la nécessité de changer l'eau pendant ce travail, on voit que cette disposition permettrait le déplacement de l'eau presque sans secousses, de sorte que la sangsue n'en serait pas dérangée pendant la pose de son embryophore ou cocon.

Nous croyons, dans ce que nous venons de dire, nous être placé dans les meilleures conditions pour conserver ces animaux dans un état de vigueur satisfaisant, en les privant le moins possible de leurs habitudes, ou, ce qui revient au même, en les plaçant dans des conditions aussi semblables que possible de celles où les place la nature elle-même.

C'est en partant d'idées pareilles que tous les bons esprits conseillent de *parquer* les sangsues dans des marais ou des étangs très étendus en même temps que bien aérés, et formés sur le modèle de ceux qu'habitent les sangsues dans les pays où ces animaux sont abondants (Moquin-Tandon).

Parc de sangsues. — Voici la description d'un parc de sangsues à Smyrne, que nous extrayons du *Répertoire de pharmacie* (octobre 1852).

« Ce parc se compose d'une charmante maison où loge l'intendant qui dirige l'établissement. Elle est placée sur une petite éminence et domine toute l'exploitation. Une vigne grimpante la tapisse de son feuillage, et forme autour d'elle comme une vaste ceinture. Un grand enclos, entouré de murs élevés, dépend de la maison. Un ruisseau rapide pénètre dans l'enclos par-dessous les murs, et arrose le terrain d'une onde toujours fraîche. A gauche de la maison se trouve un réservoir, plus profond que large, où il y a toujours de l'eau, quelles que soient la chaleur et la sécheresse des plus longs étés. A côté du réservoir s'élève un long et vaste bâtiment où s'accomplissent toutes les opérations que je vais rapporter. A droite, à quelques pieds plus bas que le réservoir, on aperçoit une série de viviers ou de grands bassins qui ont une forme ovale, et comptent 60 pieds de longueur sur 25 de largeur. Ces viviers sont au nombre de dix-huit. L'eau du ruisseau, ou, à son défaut, celle du réservoir, sert à les alimenter. Elle coule lentement et s'échappe d'un autre côté en les traversant. Ces viviers sont entourés d'une palissade élevée, et l'enclos tout entier est gardé la nuit par quelques chiens de grande taille qui jouissent, à la ronde, d'un grand renom de férocité.

» Les sangsues viennent des marais situés à l'intérieur du pays ; une certaine classe de gens s'est adonnée à cette industrie, et se livre à la chasse des sangsues. Quand ils en ont recueilli une quantité suffisante, ils viennent les vendre au poids. L'*ok* est la mesure usitée en pareil cas (l'ok équivaut à deux livres et demie à trois quarts, poids anglais). (Voyez page 326, la manière dont se fait cette pêche.)

» Quand les sangsues sont arrivées au dépôt, on les place sur une table humide, au centre de ce vaste magasin dont j'ai parlé plus haut ; on en fait alors le triage, car tous les pays n'aiment pas les mêmes sangsues : les uns, tels que l'Angleterre, préfèrent les grosses sangsues, les autres préfèrent les sangsues plus petites. L'opération du triage accomplie, on enregistre les sangsues, on les pèse et enfin on leur donne à manger, ou plutôt à boire. On les dépose dans un large cuvier rempli de sang de bœuf, et pendant qu'elles absorbent le sang, on a bien soin de ne pas le laisser se coaguler. Ceux qui sont chargés de cette besogne sont obligés de tremper à chaque instant leurs bras dans le cuvier, aussi bientôt ils deviennent hideux à voir.

» Quand les sangsues sont rassasiées, on les fait dégorger immédiatement, et cette opération, avec des animaux aussi délicats, est extrêmement difficile. On les pèse de nouveau et on les place enfin, suivant leur poids et leur taille, dans différents viviers, où elles croissent et se multiplient. On n'a plus alors à s'en occuper, car les viviers ressemblent, autant que possible, au marais dont la sangsue est originaire. Pour leur plaire, on fait du vivier un petit marais entretenu par de l'eau courante. Le fond et les parois intérieures des bassins doivent avoir une certaine solidité, pour empêcher les sangsues de faire des trous trop profonds et de se perdre sans retour dans la vase. Au milieu on plante quelques roseaux élevés dont l'ombrage garantit les sangsues des ardeurs du soleil. Au-dessus de l'eau surnage aussi une espèce d'herbe aquatique dont la sangsue se montre très avide.

» En été, la sangsue engraisse promptement, quinze ou vingt jours suffisent pour mettre dans son poids une forte différence. En hiver, il lui faut un peu plus de temps, de vingt-cinq à trente jours. On la repêche quand on juge qu'elle a assez goûté les douceurs de l'oisiveté et d'une bonne nourriture. La manière dont on s'y prend est très ingénieuse et marque un progrès décidé sur le premier mode de capture. On jette dans le vivier, avec le plus de bruit et d'éclaboussures que l'on peut, de petites planches de trois à huit pouces de longueur, dont un côté, celui qui doit plonger dans l'eau, est recouvert de drap noir. Une fois qu'on a disséminé cette flottille sur la surface du vivier, des esclaves cherchent à exciter l'attention des sangsues par le tapage qu'ils font et battent l'eau sans relâche avec de longues perches. Les sangsues obéissent à l'appel, elles remontent à la surface de l'eau et s'attachent en grappe au morceau de drap noir qui leur sert de radeau. Un autre esclave repêche les petites planches à l'aide d'une vaste passoire ou tamis de zinc, il en détache délicatement les sangsues avec un balai de genêt et les fait tomber dans son bassin. On les pèse alors, et si la nourriture et le mois qu'elles ont passé à l'engrais leur ont profité, leur poids doit avoir triplé. Mais l'opération la plus difficile reste encore à faire ; il faut préparer les sangsues pour l'exportation. » Nous donnerons la méthode que l'on emploie en parlant du transport des sangsues.

» Rien n'est négligé dans cet établissement pour assurer le service d'une exploitation aussi nouvelle. On a imaginé des piéges et des grilles placés à l'issue de chaque vivier, pour prévenir l'évasion des sangsues ou rattraper les fugitives. Les magasins de l'établissement sont traversés par un canal dont le lit est incliné et le courant rapide. Lorsqu'une sangsue est parvenue à s'échapper de la table ou du sac où elle était déposée, elle ne manque pas de se diriger vers le canal dont la fraîcheur l'attire, mais le courant l'emporte aussitôt dans une sorte de *maison de détention*, qui a la forme d'une citerne de marbre. De temps en temps on y fait des visites et l'on en rapporte les sangsues qui s'étaient échappées. »

Nous terminons en recommandant à ceux qui auront des bassins de conservation à établir de consulter ce que nous avons dit des marais, bassins ou réservoirs, pages 277 et suivantes, afin de se rendre bien compte des dispositions qui leur sembleront les meilleures avant d'entreprendre un pareil travail.

M. — *Ennemis des sangsues.*

Pour arriver à faire de l'hirudoculture artificielle avec succès, il est bien important d'éloigner des bassins ou des marais à sangsues tous les animaux qui leur font une guerre continuelle, et qui, trouvant dans ces annélides une nourriture facile, se multiplieraient abondamment dans le voisinage des marais, et seraient bientôt une cause de grands dommages.

L'énumération des espèces suivantes donnera une idée du nombre considérable des ennemis que les sangsues ont à redouter :

MAMMIFÈRES.

Rat d'eau, Moq.-Tand. et J. Martin.
Taupes, Moq.-Tand. et Vayson.
Musaraigne d'eau, J. Mart. et Vayson.
Hérisson, Moq.-Tand.
Loutre, Moq.-Tand.
Porc, Ébrard.

OISEAUX.

Canards sauvages, Moq.-Tand. et Vayson.
Canards domestiques, Moq.-Tand. et Vayson.
Poulets, Ébrard.
Hérons, Moq.-Tand.
Harles, Moq.-Tand.
Cigognes, Moq.-Tand.

REPTILES.

Serpents, surtout la couleuvre à collier, Vayson.
Crapauds terrestres, Ébrard.

POISSONS.

Anguilles, Vayson, Quenard.
Brochets, Vayson, Quenard.
Tanches, Ébrard.

Carpes, Ébrard.
Ammocètes, Ébrard.
Perches, Quenard.

INSECTES.

Courtilières, Ébrard.
Carabes, Ébrard.
Dytisques { *Dytiscus pygmæus*, Demarquette, Hedrich. *Dytiscus marginatus*, Demarq., Hedrich.
Naucores, Demarq., Hedrich.
Nautonectes, Ébrard.
Colymbètes, Ébrard.
Hygrobies, Ébrard.
Nèpe cendrée, Ébrard, Borne.
Acylus sulcatus, Delplanque, Ébrard.

LARVES.

Hydrophile, Moq.-Tand. et Huzard.
Plicipennes, Ébrard.
Libellules, Ébrard et Borne.

CRUSTACÉS.

Crevettes, Demarquette.
Cloporte aquatique, L. Soubeiran.
Branchipe, Ébrard.

ANNÉLIDES.

Aulastomes, Moq.-Tand.
Trochètes, Moq.-Tand.
Glossiphonies, Moq.-Tand.

Le rat d'eau, la taupe, la musaraigne d'eau sont des animaux très dangereux, en ce que, vivant en tout temps dans le voisinage des marais et pouvant chaque jour dévorer un grand nombre de sangsues, ils peuvent y apporter des dégâts considérables. Selon Vayson, on trouve même des cocons rongés à moitié et comme coupés avec un instrument tranchant. Cet auteur suppose que ce dégât n'est causé que par la taupe.

On trouve souvent sur la terre des débris de sangsues qui attestent que les rats d'eau ou d'autres animaux s'en nourrissent, et J. Martin a ouvert des musaraignes et des rats d'eau dans l'estomac desquels il a trouvé de ces annélides. Cet observateur dit qu'il a trouvé entièrement retournée la peau des sangsues qui avaient servi de proie au rat d'eau. Il faut croire, ajoute-t-il, que c'est à l'aide d'une succion qu'il vient à bout de ramener ainsi au dehors la face profonde de la peau parfaitement dégarnie des chairs qu'elle renfermait, et de faire, de la couche superficielle de l'épiderme, la tunique interne du tube, seule dépouille qu'il laisse de la sangsue.

Ébrard dit que les porcs dévorent les sangsues et qu'ils savent fouiller le terrain abandonné depuis peu par les eaux où se trouvaient ces annélides.

Les oiseaux ennemis des sangsues seraient tout aussi à

craindre et causeraient de grands ravages s'ils vivaient d'ordinaire sous nos latitudes. Mais comme la plupart ne font que passer à l'époque des froids et lorsque les sangsues sont terrées, il en résulte qu'ils sont peu à craindre. Toutefois les canards sauvages et domestiques ne manqueraient pas de causer dans les marais de grands dommages, si l'on ne prenait pas le soin de les chasser. Puymaurin a rapporté qu'un hirudoculteur de la Sologne, qui avait mis près de 200,000 sangsues dans un petit étang, eut le malheur de le voir dépeupler, dans l'espace de vingt-quatre heures, par plusieurs compagnies de canards sauvages qui s'y abattirent. Quoi qu'il soit très probable qu'il y ait une grande exagération dans le récit de l'honorable député, on reconnaît néanmoins qu'il est très utile de surveiller les marais à sangsues, afin d'empêcher l'approche de ces terribles ennemis. Selon Ébrard, il est probable que les sarcelles, les plongeons, les morelles et autres palmipèdes, sont ennemis des sangsues.

Les reptiles, particulièrement la couleuvre à collier, doivent être pourchassés avec soin. Vayson en a vu bien souvent qui, à son approche, fuyaient au fond de l'eau, et il ajoute que l'on en a tué qui présentaient plusieurs sangsues dans leur œsophage.

Quant aux poissons, il n'y a guère que les anguilles et les brochets dont la voracité bien connue soit capable de les faire se jeter sur les sangsues. Heureusement on peut aisément mettre ces annélides à l'abri de leurs attaques. Si par hasard le courant d'eau apportait quelques petits poissons dans le marais, il est à peu près certain qu'ils seraient plutôt dévorés par les sangsues. Vayson rapporte avoir vu des myriades de ces animaux ne pas résister vingt-quatre heures aux attaques de sangsues nouvellement écloses qui ne les abandonnaient que privés de vie.

Ébrard dit que les carpes et les tanches avalent les sangsues, mais seulement faute de mieux, et que l'ammocète est un des plus terribles ennemis des sangsues. Selon Quenard, les perches devraient aussi être rigoureusement éloignés des bassins à sangsues.

Parmi les insectes, on a signalé les *courtilières*, les *carabes*, les *dytisques* et les *larves d'hydrophiles* comme ennemis des sangsues (Moquin-Tandon, Ébrard, etc.). Mais Vayson, malgré une attention soutenue et journalière, n'a jamais remarqué un seul de ces animaux attaquant une sangsue en vie, tandis qu'il en a vus dévorer des sangsues et des lombrics morts. S'ils se heurtent en nageant, les insectes avancent leurs armes et piquent les sangsues, mais celles-ci ne paraissent pas s'en apercevoir (Vayson).

Selon Ébrard, les *naucores*, *nautonectes*, *colymbètes*, *hygrobies*, *nèpes cendrées*, *acylus sulcatus*, sont aussi des ennemis des sangsues : il en est de même des *ranatres*, des *corises* et des *hydromètres*. Borne est de l'avis d'Ébrard, concernant les nèpes et les dytisques.

On a dit aussi que quelques crustacés dévoraient les sangsues : ainsi, selon Ébrard, M. Demarquette aurait observé une crevette dévorant une sangsue, et Léon Soubeiran dit avoir fait une remarque analogue sur le cloporte aquatique.

Enfin, parmi les annélides, il ne paraît y avoir que quelques hirudinés qui soient capables de dévorer les sangsues. Les *Aulastomes* et les *Trochètes* attaquent certainement ces animaux, les coupent par morceaux ou les avalent tout entiers. Ces annélides, ennemis des sangsues, sont d'autant plus à redouter que, ressemblant beaucoup aux vraies sangsues, on les a confondus avec elles, ce qui a pu faire dire à quelques hirudoculteurs que les espèces médicinales pouvaient s'entre-dévorer.

D'après Reich, la sangsue de cheval (Aulastome, très certainement) n'avale que les sangsues nouvellement écloses; mais dès qu'elles ont pris quelques forces (six à douze mois), elles attaquent l'aulastome, qui leur sert plutôt de nourriture.

Selon Moquin-Tandon, les *Glossiphonies* les attaquent pour les sucer, surtout pendant leur jeunesse, et quand leurs téguments sont encore très minces et très mous.

Voici maintenant les moyens qui ont été mis en usage pour préserver les sangsues de ces attaques faites par des animaux si divers. La première chose à pratiquer est de mettre à sec le marais ou l'étang naturel dont on veut faire un marais à sangsues, afin de le purger de toutes les aulastomes qui pourraient s'y trouver. Pareillement on s'assurera que la rivière, le ruisseau, etc., d'où l'on tire l'eau qui doit alimenter le marais ne renferme aucun de ces hirudinés qui pourraient arriver dans le marais par le courant.

Ébrard a pu pêcher des aulastomes avec des lombrics attachés à l'extrémité de brins de fil fixés à des petits piquets de bois plantés en terre. Il croit qu'on pourrait détruire les aulastomes et les trochètes en employant des balances semblables à celles qui servent à la pêche des écrevisses. Elles seraient seulement moins larges, à petits filets plus fins et amorcées avec des vers.

Ces précautions prises, on peut alors entourer le marais d'une cloison de planches bien jointes ou d'un petit mur de briques, enfoncées en terre de 60 centimètres et haut de 1 mètre, ou bien encore, suivant le conseil de Faber, on pourra façonner une digue d'argile bien battue; ou bien, enfin, planter une haie d'épines bien serrées.

Hédrich de Moritzbourg a fait faire une enceinte avec des madriers de 5 pieds de haut, qui sont enfoncés de 2 pieds en terre.

Selon Vayson, chaque exploitation nécessitant aujourd'hui la présence continuelle de quelques chiens et de plusieurs pêcheurs ou gardes, les marais, toujours habités, sont parcourus nuit et jour dans tous les sens par les uns et par les autres; de sorte que les animaux étrangers n'osent pas affronter leur voisinage. D'ailleurs, l'usage de la pâte phosphorée placée sur les îlots, pendant la nuit, sur un morceau de planche ou de tuile, suffit pour détruire les *rats d'eau*, et des piéges tendus ont bientôt raison des seconds; mais, pardessus tout, la vigilance des gardiens en aura bientôt débarrassé le marais (Vayson).

En parcourant les bords des marais, après la pluie, on peut reconnaître s'il existe des traces de loutre et de hérisson. Dans ce cas, un chien d'arrêt fera découvrir leur retraite (Ébrard).

Tous ces moyens peuvent suffire; cependant, selon Soubeiran, M. Borne a cru devoir employer un autre système de précautions. Voici textuellement ce qu'il dit dans le travail que nous avons déjà cité plusieurs fois :

« Tous ces soins seraient perdus si une surveillance continuelle et défensive n'était exercée sur les marais. C'est encore là un des points qui distinguent l'établissement de M. Borne et pour lequel son exemple est excellent à suivre. La sangsue est menacée sans cesse : sans cesse il faut surveiller l'ennemi.

» En arrivant au marais de Claire-Fontaine, on le voit entouré d'une ceinture formée par un fossé plein d'eau et entretenu toujours en bon état. C'est un premier corps de défense qui empêche certains ennemis de passer, et qui permet d'apercevoir et de saisir ceux qui tenteraient le passage.

» Au centre des marais est bâtie une cabane rustique, aux formes pittoresques, sorte de hutte faite de bois et de terre et couverte de bruyère. Quand on y pénètre, on se trouve dans une pièce qui sert en même temps de cuisine, de magasin pour les outils et les engins de pêche. Au-dessus est une chambre ou plutôt une hutte supérieure où l'on n'arrive que par une échelle, que l'habitant de ce réduit peut retirer après lui ; véritable observatoire d'où le gardien, comme un nouveau Robinson, explore tout le voisinage et reconnaît au loin tous ceux qui voudraient approcher. En même temps il a l'œil sur les bassins. La vigueur et la vigilance du gardien dégoûtent les pêcheurs braconniers de tenter toute surprise et son fusil a bientôt débarrassé les marais des oiseaux aquatiques qui auraient l'imprudence de venir s'y abattre, dans l'espoir d'un repas facile et copieux.

» Pendant le jour, tout en donnant ses soins aux sangsues,

le gardien veille encore sur les méfaits des rats d'eau (1), des taupes et des musaraignes, ou bien il tente, par des appâts, les hydrophiles, les dytisques et autres insectes dévorants dont il faut débarrasser incessamment le marais. Cette surveillance de tous les instants, jointe aux améliorations que M. Borne a introduites dans l'aménagement des sangsues, a fait tous ses succès. »

Dès que l'on a reconnu un sillon formé par le trajet d'une courtilière, on peut la prendre en plaçant sur son passage des vases vernissés intérieurement et enterrés de façon que leurs bords soient au-dessous du niveau du sol (Ébrard).

Tous ces soins sont praticables lorsque l'on a des marais de petite dimension à surveiller; mais la surveillance devient presque impossible lorsqu'ils ont les proportions qu'on leur connaît chez quelques éleveurs du Bordelais. Dans ce cas, on ne se préoccupe guère pour la garde de ces marais que des voleurs. Les pontes sont assez productives, au dire de A.-Ph. Laurens, pour fournir des victimes à leurs nombreux ennemis et pour défrayer les hirudoculteurs de leurs dépenses et de leurs soins.

N. — *Maladies des sangsues.*

Bien que les sangsues soient placées assez bas dans l'échelle des êtres animés, nous avons vu pourtant que leur organisation ne laisse pas d'être assez compliquée. Voilà pourquoi sans doute elles sont sujettes à un assez grand nombre de maladies.

Ces maladies reconnaissent presque toujours pour cause l'état de domesticité dans lequel on est obligé de les placer pour attendre le moment de s'en servir, car on peut observer que les sangsues sont rarement malades dans les marais

(1) Selon M. Borne, les rats d'eau ne dévoreraient pas les sangsues; ils seraient nuisibles seulement en ce sens qu'ils font des galeries où se logent et se glissent les musaraignes, qui sont infiniment plus à craindre pour ces annélides.

où elles ne sont pas en trop grande quantité. Pendant l'été, à l'époque des grandes chaleurs, il leur arrive des maladies véritablement épidémiques qui les emportent par milliers et dont il est souvent bien difficile de les garantir.

Brossat et Johnson n'ont indiqué que trois maladies particulières aux sangsues, mais il est certain qu'elles en possèdent un plus grand nombre, comme nous allons le voir.

Maladie métallique (Brossat). — Cette maladie, qui peut être due à l'accumulation ou à la malpropreté, présente les caractères suivants : Les sangsues offrent des nodosités en forme de chapelets tout le long du corps. Bientôt il durcit et l'annélide meurt dans une sorte de tétanos (Moquin-Tandon). Quand elles sont atteintes de cette maladie, qui dure onze jours, elles sont alors inhabiles à la succion. Quelques-unes guérissent, les autres succombent au fléau, qui les prend depuis le mois de mars jusqu'à la fin de mai (Brossat).

Traitement. — Brossat conseille de mettre les sangsues qui sont atteintes de cette maladie dans des alcarazas, ou dans une eau à température constante entretenue, au-dessous de l'air ambiant, par un courant d'air et coupée avec un tiers de lait de brebis.

Maladie du mucus (Brossat). — Dans cette maladie, les sangsues deviennent élastiques et mucilagineuses, et l'eau dans laquelle elles sont plongées prend l'aspect d'une décoction de graine de lin. Cette maladie, qui les attaque depuis le mois de juin jusqu'à la mi-août, se communique à toutes celles de la maison, même dans différents vases, et les emporte par centaines (Brossat).

L'état de captivité des sangsues, le changement de milieu, les voyages, le maniement, les mauvaises odeurs peuvent être la cause de cette maladie (J. Martin).

Traitement. — Brossat conseille l'usage des bains d'eau tiède, renouvelés tous les jours. En les retirant, il les place dans un mélange d'eau et de charbon pulvérisé, dans lequel il ajoute un sixième de miel. Cette maladie dure trois jours.

Maladie de la jaunisse. — Quand les sangsues sont atteintes de cette maladie, qui paraît devoir être attribuée à une température trop élevée, elles deviennent molles, flasques, tuméfiées et jaunes, surtout vers la partie postérieure; leurs lèvres sont un peu dures, rouges et quelquefois même sanguinolentes (Moquin-Tandon). C'est la maladie la plus affreuse, qui les fait périr toutes lorsqu'on ne les traite pas à temps (Brossat).

Traitement. — Pour les traiter, Brossat conseille de percer leur queue avec une aiguille qui en fait sortir un liquide jaune : il les plonge ensuite dans de l'eau tiède pour les laver, puis il les met dans une eau contenant un cinquième de son poids de sucre caramélisé. Les annélides reprennent leur vivacité première au bout de huit heures.

Maladie de la dysentérie. — Dans cette maladie, qui est assez rare et qui paraît être causée par l'ingestion d'une trop grande quantité de sang ou par sa mauvaise qualité, la sangsue rejette par la bouche une grande quantité de ce fluide, qui paraît quelquefois corrompu ; sa tête se tuméfie et l'animal meurt en très peu de temps.

Nous n'avons trouvé aucun traitement indiqué pour cette maladie ; mais il est probable que le dégorgement à la main par une douce pression et leur immersion dans l'eau contenant du charbon en poudre pourraient en sauver un certain nombre.

Maladie du tube digestif (Gastrite). — Le tube digestif devient souvent le siége d'une inflammation très dangereuse pour les sangsues, et qui paraît produite par un excès de nourriture; alors les lèvres se tuméfient, le corps devient mou et le ventre présente des nodosités. Enfin les poches stomacales sont enflammées et contiennent quelquefois un fluide purulent (Derheims et Claude).

Traitement. — Le meilleur moyen de rappeler à la santé les sangsues qui paraissent souffrir de cette maladie, consiste à les dégorger à la main à l'aide d'une douce pression, et à les plonger ensuite, pendant vingt-quatre ou quarante-huit heures, dans du lait ou de l'eau gommée, après quoi on les lave et on les met dans une eau d'une température constante ou mieux encore dans de la glaise ramollie.

Maladie de l'étranglement ou *articulaire des Allemands* (Schleimsucht). — Lorsque les sangsues doivent renouveler leur épiderme, ce qui arrive assez fréquemment, elles sont moins vives et paraissent souffrir. Si cet épiderme ne se détache pas aisément, s'il reste adhérent vers le milieu du corps, il y détermine un étranglement, et quand l'animal ne peut parvenir à s'en débarrasser, il s'épuise en vains efforts, il devient flasque et finit par périr (Carena).

Cette maladie reconnaît pour cause essentielle une longue captivité dans l'eau et une diminution de l'action vitale (Herm. Haendess).

Traitement. — On la combat assez efficacement en jetant les sangsues qui en sont atteintes dans les marais, ou dans de la tourbe, ou dans de la terre glaise ramollie mélangée de charbon lavé et concassé, ou bien encore dans du charbon seul concassé et lavé. On y arrive encore, mais moins parfaitement, en mettant, dans l'eau qui les contient, une certaine quantité de mousse ou de *Chara hispida*. Nous avons quelquefois réussi à les débarrasser de leur épiderme en les prenant une à une, passant au-dessous du cordon épidermique un petit morceau de bois un peu pointu et en le coupant au-dessus du bois pour ne pas blesser l'animal ; mais ce moyen, trop long d'ailleurs, ne détruit le mal que pour un moment, et il recommence au premier renouvellement de l'épiderme. Peut-être le jeûne est-il pour beaucoup dans ce genre d'affection. Selon Vayson, dans les marais à fond de tourbe, de limon ou d'argile, cette maladie n'offre pas de grands dangers, parce qu'en se réfugiant dans la terre les sangsues trouvent des aspérités qui les aident à se dépouiller de leur épiderme. Au contraire, dans les fonds sablonneux et sans végétation que les sangsues ne peuvent pénétrer, cette maladie prend des proportions effrayantes et dépeuplerait tout le marais, si l'on n'avait le soin de les pêcher pour les placer dans de meilleures conditions.

Maladie granuleuse (1). — Cette maladie, qu'il ne faut pas confondre avec la précédente, offre des caractères qui se rapprochent de ceux de la maladie métallique, dont elle n'est peut-être qu'une variété. Les sangsues qui en sont atteintes présentent à l'extrémité postérieure de leurs corps un rétrécissement qui part de la ventouse et va se prolongeant en avant. Le doigt peut apprécier des sortes de granulations dans sa partie rétrécie (J. Martin); quelquefois toute la longueur du corps présente ces granulations, que l'on prendrait pour des pierres de la grosseur d'un pois. De là le nom de *maladie noueuse* qu'on lui a donné. Cette maladie affecte particulièrement les sangsues qui sont pêchées depuis longtemps, ou celles qui viennent de faire un long voyage (Charpentier).

Traitement. — Le traitement le plus naturel consiste à les remettre en marais dès que l'on s'aperçoit que quelques-unes d'entre elles se trouvent frappées de cette maladie. Chez quelques-unes la maladie disparaît d'elle-même en sept ou huit jours, tandis que les autres meurent (Charpentier).

Maladie de l'engorgement (Knotenkrankheit). — Les Allemands nomment ainsi une maladie qu'ils croient produite par l'accumulation et l'endurcissement du sang qui n'est pas digéré, car elle se manifeste, surtout chez les sangsues qui ont été gorgées de sang peu de temps avant d'être prises. Ce sang, mal digéré, s'accumule dans les vaisseaux intérieurs tout le long du corps (Herm. Haendess).

Traitement. — Selon Roder de Lenzburg et Herm. Haendess, le chlore liquide ou l'acide sulfurique, employé comme nous le dirons plus loin, agit assez efficacement.

Maladie putride (J. Martin). — Selon cet auteur, cette maladie est une des plus funestes et des plus communes. Elle se reconnaît à l'enflure des extrémités de l'animal, qui

(1) Quelques auteurs (J. Martin et Charpentier) nomment cette affection *maladie noueuse ;* mais nous avons préféré conserver cette dénomination pour une autre maladie distincte dans laquelle on ne trouve pas de granulations.

gagne bientôt tout le corps, lequel paraît comme distendu par les gaz qui résultent de la putréfaction du sang. Les sangsues ainsi attaquées laissent couler par la bouche un liquide rouge et séreux. Cet écoulement précède la mort (J. Martin). Cette maladie est-elle bien différente de la jaunisse?

J. Martin établit comme circonstances favorables au développement de cette maladie : 1° la chaleur; 2° l'accumulation des sangsues; 3° le contact des sangsues mortes ou malades, surtout par l'affection putride; 4° le renouvellement insuffisant de l'eau ou de la terre qui les contient; 5° les lavages trop rares ou dans une eau impure; 6° leur conservation dans des sacs non nettoyés; 7° l'état de plénitude et surtout de gorgement particulièrement en été; 8° les voyages pendant l'époque de la gestation.

Traitement. — Selon J. Martin, on traite l'affection putride par des bains d'eau et de charbon, par de fréquents lavages à l'eau fraîche et par la séparation des sangsues mortes ou malades.

Maladie météorique (Tympanite). — On trouve quelquefois des sangsues qui, malgré tous les efforts qu'elles font pour atteindre le fond du vase où elles sont, ne peuvent jamais y arriver et restent toujours à la surface de l'eau. Cette maladie, peu grave, tient certainement à la présence de quelques gaz dans les poches digestives de ces annélides, et trouve sa cause dans leur gorgement ou dans leur voyage lorsqu'ils sont entassés.

Traitement. — Cette maladie, qui n'est qu'accidentelle, passe d'elle-même au bout de quelques jours. Cependant il est mieux de mettre les sangsues à part et de les placer dans un vase avec très peu d'eau, de manière qu'elles ne s'épuisent pas en vains efforts faits pour gagner le fond, ou mieux encore dans de l'argile ramollie ou de la mousse humide.

Nous en avons mis deux dans un bocal, qui sont tellement bien revenues à la santé que quelque temps après elles se sont accouplées.

Maladie pustuleuse. — On trouve encore, mais rarement, des sangsues chez lesquelles les anneaux paraissent couverts de petites pustules rougeâtres, transparentes et semi-ellipsoïdes. Leur intérieur ne contient aucune matière purulente. Derheims croit que cette maladie est occasionnée par la piqûre d'un insecte qui laisserait dans la plaie une liqueur assez âcre pour y déterminer une grande inflammation.

Traitement. — Parmi les sangsues qui sont ainsi affectées il en est qui guérissent et redeviennent très vives; mais elles sont peu aptes à opérer la succion. Celles qui ne guérissent pas au bout d'un certain temps perdent peu à peu leur vitalité et finissent par mourir (Derheims).

Nous ne connaissons aucun traitement à employer contre cette maladie.

Maladie noueuse. — Au contraire de ce que nous venons de voir, il y a des sangsues qui présentent çà et là certaines concavités de grandeurs diverses, sans aucune désorganisation apparente des parties ainsi affectées. Elles sont bien déformées, mais les annélides ne paraissent nullement en souffrir; ils paraissent se conserver parfaitement et sont tout aussi propres à la succion que les autres sangsues. Il semble que ce soit par une sorte d'atrophie des parties frappées que cette maladie prend naissance.

Traitement. — On n'a encore donné aucun moyen pour guérir les sangsues atteintes de cette maladie, qui heureusement n'est ni contagieuse, ni très commune, ni bien dangereuse.

Maladie de l'induration. — Il arrive, rarement à la vérité, que les sangsues présentent par tout le corps une dureté considérable. Elles sont contractées et affectent d'ordinaire la forme d'une olive aplatie; quand on les presse avec les doigts, elles paraissent dures comme du bois et n'ont aucune élasticité.

Traitement. — Cette maladie incurable n'est capable d'aucun traitement connu.

Maladie des ventouses. — Un assez grand nombre de sangsues présentent une inflammation très prononcée aux ventouses et surtout à la bouche, mais qui ne s'étend pas entièrement au canal digestif. Cette inflammation buccale a pour caractères : de la tuméfaction et une rougeur des lèvres s'étendant parfois de plusieurs lignes vers le corps de la sangsue, qui offre une sorte de rétrécissement ou de collet à l'endroit où l'inflammation s'est arrêtée. Si l'inflammation est assez considérable, les lèvres de l'animal sont saignantes (Derheims).

C'est sans doute à une maladie de cette nature qu'il faut attribuer la difficulté extrême qu'éprouve le dégorgement de certaines sangsues en apparence bien portantes.

Traitement. — Les sangsues qui nous ont paru présenter cette maladie à son début ont été plongées pendant quarante-huit heures dans une dissolution de gomme arabique, et quelques-unes ont semblé revenir à la santé.

Maladie de la ceinture et des organes sexuels. — Ces parties de la sangsue paraissent être aussi le siége d'une grave inflammation qui s'annonce, à l'époque de la reproduction, par la tuméfaction des organes, et dont la cause peut être attribuée surtout aux voyages souvent très longs qu'elles sont forcées de faire à cette époque de l'année où la température est quelquefois très élevée.

Traitement. — Nous ne connaissons aucun moyen préconisé pour guérir cette maladie, et comme nous ne l'avons que rarement rencontrée, nous n'avons pu faire aucune expérience. Cependant on pourrait essayer de laisser les sangsues pendant quarante-huit heures dans une dissolution de gomme ou dans du lait, les laver au bout de ce temps et les mettre dans de l'eau à température constante.

Perforation du tube digestif. — Lorsque les sangsues ont été nourries avec du sang vicié, soit qu'il provienne de l'abattoir, soit qu'il ait été pris sur un animal vivant, mais malade, il arrive souvent qu'elles ne peuvent le digérer ; alors il se corrompt dans leur estomac, devient épais, noirâtre et se grumelle. Les sangsues qui l'ont avalé se tuméfient, deviennent bosselées, étranglées en plusieurs endroits, et, ce qui peut leur arriver de mieux, c'est la formation entre les anneaux d'une tumeur qui ne tarde pas à s'ouvrir et par où s'écoule le sang corrompu. Dans ce cas, il se forme une plaie large et profonde dont la guérison est très longue et la cicatrice longtemps visible (Vayson).

Traitement. — Le dégorgement à la main est le meilleur moyen de prévenir cette perforation, qui ne guérit pas toujours et qui, dans tous les cas, est toujours fort longue à se cicatriser.

Ulcérations. — Assez souvent on rencontre des sangsues qui présentent, sur différents points de leur corps, de véritables ulcères qui, presque toujours, les font mourir. Ils s'annoncent d'abord par de petits points blancs ou de petites taches rougeâtres ou grisâtres qui s'étendent assez rapidement. Les anneaux qui les portent sont plus ou moins contractés. Selon Johnson, lorsque ces taches sont légères, elles ressemblent à des excoriations de la peau; lorsqu'elles sont profondes, elles livrent passage à du sang qui les colore (Moquin-Tandon).

La présence de ces ulcérations sur les sangsues a fait croire à plusieurs observateurs que les sangsues se piquaient entre elles, et il en est même qui s'obstinent à leur croire une pareille origine. D'autres ont supposé que ces ulcérations provenaient de piqûres faites par certains insectes aquatiques. Mais pour peu que l'on compare ces prétendues piqûres avec celles que les sangsues font sur les autres animaux, on voit une différence assez tranchée pour qu'il ne reste plus de doute sur la fausseté de la première supposition.

Vitet dit « qu'il a tenu pendant quarante ans, dans de grands vases de verre, des *Sangsues médicinales*. Quelque affamées qu'elles fussent, aucune n'a piqué l'autre. »

Quant à la seconde supposition, Vayson fait observer qu'il n'y a pas dans l'eau un seul insecte qui puisse ainsi entamer et enlever un morceau de peau aux sangsues.

Nous rapportons ici la liste des sangsues qu'Ébrard considère comme vouées à une mort certaine :

1° « Celles qui rendent du sang à odeur putride ;

2° » Celles dont le corps s'effile, en même temps que leur surface se granule (sangsues granulées) ;

3° » Celles chez lesquelles l'orifice de l'organe générateur mâle est dilaté et livre passage à des flocons blancs ou sanguinolents ;

4° » Celles qui se couvrent de larges phlyctènes, d'ulcérations à fond noir, à bords durs et renversés ;

5° » Celles dont le corps se gonfle, devient rond, d'une couleur terne, comme macérée (affection putride) ;

6° » Celles dont le disque supérieur présente une tuméfaction d'une couleur rouge ou blanche ;

7° » Celles qui sont couvertes d'un grand nombre de nodosités, dont l'extrémité inférieure a perdu la faculté de se contracter ;

8° » Celles qui, prenant la forme d'une olive aplatie, sont devenues dures comme du bois, à plis traverses et incompressibles. »

Voici maintenant, d'après le même auteur, la liste des sangsues malades qui peuvent être guéries :

1° « Celles que le moindre effort suffit pour détacher des parois du vase ;

2° » Celles dont les disques sont rentrés en dedans, recroquevillés ;

3° » Celles dont le corps est mou ;

4° » Celles qui présentent des ulcérations peu profondes, sans inflammation dans les parties environnantes ;

5° » Celles qui ont les disques largement épanouis, d'un gris blanchâtre, se rattachant au corps par un col rétréci ;

6° » Celles qui offrent des ulcérations peu larges, peu nombreuses et sans autre symptôme de maladie ;

7° » Celles qui rendent d'elles-mêmes du sang non putréfié ;

8° » Celles enfin dont la peau est striée d'arborisations rouges. »

Considérations générales sur les maladies des sangsues.

Les maladies des sangsues sont en assez grand nombre et assez dangereuses pour mériter l'attention de tous les hommes qui peuvent s'occuper de ces intéressants animaux. Lorsque les maladies épidémiques les frappent, c'est par milliers qu'ils meurent. Ceux qui s'occupent de leur commerce ont reconnu que la mortalité est généralement du tiers aux trois quarts du chargement, pendant les voyages qu'elles sont obligées de supporter (Cottereau); et il n'est pas rare de voir des chargements tout entiers succomber sous l'influence de ces affreuses maladies (Charpentier). Il serait donc très important de trouver quelques moyens propres à les combattre, et nous avons lu avec intérêt l'article suivant répété par beaucoup de journaux et extrait du journal de Tarbes (Hautes-Pyrénées) : « Le commerce des sangsues a une certaine importance dans notre département. Il n'est donc pas sans intérêt de donner de la publicité au fait suivant : M. Pratil, médecin, qui vient de mourir, a laissé par son testament une somme de 25,000 francs destinée à être donnée en prix à celui qui trouvera un remède à la maladie dont les sangsues sont généralement affectées. On sait que cette maladie détruit tous les ans plus d'un tiers de ces animaux.»

Malheureusement, la pathologie de ces animaux est encore trop peu avancée pour que l'on puisse arriver, par un seul moyen surtout, à combattre efficacement ces maladies, qui sont assez nombreuses, qui ont pour ainsi dire chacune leur époque dans l'année et qui nécessitent très vraisemblablement, pour les combattre, l'emploi de moyens thérapeutiques assez divers. Nous avons compris toute la difficulté que présente une pareille question, et c'est pour cela que nous avons imaginé des expériences qui dussent nous éclairer sur les meilleures conditions de conservation et des appareils qui répondissent le mieux possible à ces conditions, de manière à faire que ces animaux pussent, autant que possible, échapper à ces funestes maladies. En un mot, nous avons essayé de les prévenir, persuadé que nous sommes, qu'*il est plus facile de prévenir que de guérir.*

Si l'on observe que toutes ces maladies sont attribuées à des causes que l'on peut jusqu'à un certain point facilement saisir et maîtriser, on comprendra que, plus on fera disparaître de ces causes, plus on diminuera les chances de développement de ces maladies.

Parmi les causes qui influent le plus sur la formation de ces maladies, nous signalerons : 1° l'état contre nature dans lequel on place ces annélides ; 2° la chaleur ; 3° l'accumulation ; 4° le contact des sangsues mortes ou malades ; 5° le renouvellement insuffisant de l'eau ou de la terre argileuse qui les renferme ; 6° l'usage d'une eau qui ne leur convient pas ; 7° le voyage qu'elles sont obligées de subir dans des sacs souvent malpropres, où elles sont dans les plus mauvaises conditions de transport ; 8° leur gorgement, surtout en été ; 9° leur déplacement à l'époque de la reproduction ; 10° leur captivité trop longtemps prolongée ; 11° le maniement qu'elles sont obligées de supporter pendant leur conservation dans l'eau ; 12° la lumière trop vive ou l'obscurité complète, etc.

Nous croyons que l'usage des marais à *déplacement rationnel* pour les grandes quantités ou des *marais portatifs* pour les petites quantités ou pour celles qui doivent voyager, marais dont nous avons donné la description en parlant de la conservation, réunissent toutes les conditions capables de remédier à la plupart des causes que nous avons dit déterminer la plupart des maladies, et nous avons indiqué toutes les expériences que nous avons faites et qui nous donnent le droit de penser que nous sommes aussi près que possible des meilleures conditions de conservation.

Toutefois s'il était prouvé que certaines maladies ne fussent pas contagieuses, nous donnerions comme le meilleur moyen à suivre quand les sangsues sont atteintes de maladie, le conseil de jeter dans des marais naturels ou artificiels toutes celles qui ont encore quelques chances d'échapper à la mort qui les attend. Car en les replaçant dans leur habitation naturelle, il est probable que celles qui ne seraient pas trop malades se rétabliraient.

Quoi qu'il en soit, nous terminons cet article en reproduisant deux moyens recommandés, l'un par Roder de Lenzburg, et l'autre par Richter, ce dernier, pour guérir les sangsues affectées de la maladie articulaire (étranglement), et recommandés tous deux par Herm. Haendess comme réussissant parfaitement.

Selon Richter, on place les annélides pendant douze heures dans un vase contenant 300 à 400 grammes d'eau acidulée de 5 à 6 gouttes d'acide sulfurique. Pendant ce temps, elles dégorgent une certaine quantité de matière muqueuse. En répétant le même traitement trois jours après, on peut observer que la plupart sont redevenues parfaitement saines (*Buchner's Repert.*).

Roder emploie à peu près la même méthode en substituant le chlore liquide à l'acide sulfurique.

Suivant Herm. Haendess, ces deux moyens sont efficaces contre toutes sortes de maladies. Cet auteur plonge les sangsues dans 36 onces d'eau contenant 5 gouttes de dissolution de chlore ou d'acide sulfurique. Ces animaux se remuent beaucoup et sécrètent une grande quantité d'un limon brun-verdâtre. En jetant une fois tous les huit jours la solution d'acide sulfurique dans le réservoir, sur 120 sangsues il n'en a perdu que 5. Herm. Haendess dit bien qu'il faut traiter les sangsues malades par la dissolution de chlore ou d'acide sulfurique, une fois par jour pendant huit ou dix jours; mais son mémoire ne dit pas combien de temps chaque jour il faut y tenir les sangsues. (*Archives de pharmacie* de Wackenroder et Louis Bley, février 1848.)

Dominé dit avoir essayé l'addition du chlore à l'eau des sangsues sans avoir obtenu les résultats indiqués par Roder et Haendess.

QUATRIÈME PARTIE.

DISTRIBUTION GÉOGRAPHIQUE ; ACCROISSEMENT, AGE ET LONGÉVITÉ ; EMPLOI MÉDICAL ET COMMERCE DES SANGSUES.

I. — DISTRIBUTION GÉOGRAPHIQUE DES SANGSUES.

Quoiqu'il soit très difficile d'avoir des renseignements exacts sur la distribution géographique des sangsues médicinales, néanmoins, nous pourrons, d'après certaines considérations, reconnaître qu'il est peu de lieux où ces animaux ne puissent se rencontrer. En effet, si l'on observe que les sangsues médicinales ont été trouvées en Norwège et en Russie (Brandt), d'une part, et en Italie et en Afrique de l'autre, on doit penser qu'entre ces deux extrêmes de températures locales, il y a une vaste échelle de température qui convient à l'organisation de ces annélides. Aussi peut-on assurer que les sangsues employées en médecine se trouvent sous presque toutes les latitudes, ainsi que sous presque toutes les altitudes, pourvu que dans ce cas il y ait des marais qui conservent leur eau et leur humidité toute l'année. C'est en effet ce que les voyageurs nous apprennent : les pays chauds ou froids, les bas-fonds et même les hauteurs en ont offert indistinctement (Moquin-Tandon). C'est ainsi que l'on trouve ces animaux en Russie, en Norwège, en Suède (Linné), en Danemarck (Müller), en Pologne, en Hongrie, en Gallicie, en Bohême, en Hollande, en Angleterre (Johnson), en Allemagne (Kuntzmann), en Suisse, en Sardaigne, en Corse, en Espagne, en Italie (Carena, Risso), en Grèce, en Algérie, dans les états Barbaresques, la Turquie, etc. On les trouve encore dans les deux Amériques, dans l'Archipel indien et dans l'Asie orientale et occidentale.

Or, si l'on observe que les marais du Sénégal, assez voisin de l'équateur, sont peuplés de sangsues, et qu'en remontant vers le pôle arctique ou de l'hémisphère boréal, jusqu'en Norwège, on rencontre aussi des sangsues, on trouve une étendue d'environ 50 degrés de latitude qui, multipliés par 25, nombre des lieues pour chaque degré, donne le chiffre de 1250 lieues, qui sont comprises entre les deux limites connues des températures extrêmes dans lesquelles les sangsues peuvent vivre et se reproduire. Encore ne comprenons-nous point les sangsues découvertes dans l'île de Ceylan par Knox, et dans les forêts de Batavia par Thunberg, ce qui ferait une centaine de lieues de plus à ajouter au chiffre précédent. Mais en nous en tenant au premier calcul qui se rapporte aux latitudes sous lesquelles les sangsues médicinales peuvent croître et se multiplier, on voit qu'il existe une vaste *bande isotherme* de 1200 lieues au moins de largeur, entourant notre hémisphère boréal, dans les marais de laquelle on peut rencontrer les sangsues.

Déjà l'on sait qu'en Chine les rivières du *Thio-Bay* (Shi-Ma), de *Lung-Ki* dans le Fokien, quand l'irrigation est exclusivement opérée par l'eau douce et par des ruisseaux supérieurs, sont remplies de sangsues. Ce fait se reproduit dans bien d'autres localités. Pendant un voyage en Cochinchine, J. Hedde eut l'occasion d'accompagner le docteur Boloru à la recherche de ces animaux. Les rivières des environs de Touvanne s'en trouvèrent tellement fournies, qu'en peu de temps on en fit une provision complète. Les sangsues sont extrêmement abondantes dans un grand nombre de rivières de la Chine. (*Agriculture de la Chine*, par J. Hedde).

On a pu lire (1850), dans le *Daily News*, qu'un bâtiment arrivé de Canton dans les docks de Londres avait à bord plusieurs paniers remplis de sangsues faisant partie de la cargaison. (*Journal de pharmacie*, décembre 1850).

Au Japon, Knorr a trouvé une espèce qui se tient sous l'herbe humide des bois, et qui, pendant la saison des pluies, incommode beaucoup les habitants (Moquin-Tandon), et Krusenstern a décrit une sangsue du Japon tellement grosse que dans la contraction elle a le volume d'un œuf de poule.

Comme ces animaux se retrouvent de l'autre côté de l'équateur, dans l'Amérique méridionale, au Chili (Gay), et à Batavia (Thunberg et J. Martin), il est très probable qu'il en existe aussi dans les marais d'une autre bande isotherme australe parallèle à celle de l'hémisphère boréal. D'après cela, il n'est point impossible que l'on en trouve un jour dans la Patagonie, la nouvelle Zélande et l'Australie qui, par leur position topographique, doivent appartenir à la bande isotherme australe dont nous venons de parler. Il en est de même de toute la partie sud de l'Afrique. On a dit qu'il n'y avait point de sangsues au Brésil, mais il est probable que des recherches ultérieures les y feront rencontrer. Nous ne prétendons pas dire que ces pays possèdent exactement les mêmes espèces ou variétés, mais des espèces très analogues, et capables de mordre la peau humaine.

La France, par sa position géographique, est un des pays les plus favorisés sous le rapport de sa température au point de vue de l'hirudoculture. Aussi tous les départements peuvent-ils espérer posséder un jour des marais à sangsues tout aussi productifs que ceux que l'on connaît dans les départements de la Gironde, des Deux-Sèvres, de l'Indre, d'Indre-et-Loire, de Loir-et-Cher, de la Loire-Inférieure, de Maine-et-Loire, du Calvados, de la Manche, de la Vendée, de la Corse, de la Sologne, etc. Les marais des départements de l'Ain et de l'Isère contiennent aussi des sangsues, et ces animaux ont parfaitement réussi dans les départements de la Charente (Bouniceau), de la Mayenne (Laigniez), de la Nièvre (Boudard), de Seine-et-Oise (Borne, Soubeiran), de la Seine, etc.

Habitations et stations. — Les sangsues habitent particulièrement les eaux douces des marais et des étangs, ou tout au plus les eaux peu courantes. On a remarqué que les hautes marées ont été suivies de l'apparition d'un plus grand nombre de sangsues dans les marais et les cours d'eau voisins, ce qui s'explique en observant que les sangsues fuient l'action de l'eau salée, et cela prouve que les marais que l'on croit épuisés ne le sont pas aussi complétement qu'ils le paraissent (J. Martin). Ces animaux préfèrent les eaux tranquilles et bourbeuses, et Gisler assure que les sangsues aiment beaucoup les eaux chaudes dans lesquelles, pour peu que le sol soit gras, elles prennent un très grand développement.

Pendant l'hiver, les sangsues s'enfoncent dans la terre ou la vase de leur marais, pour n'en sortir que vers la fin de mars ou le commencement d'avril. Quand vient l'été, elles s'enfoncent dans la terre pendant le jour ou bien elles se cachent à l'ombre des touffes de plantes de leurs marais, et sortent au contraire quand la fraîcheur est venue. Elles sortent même souvent de l'eau, particulièrement le soir, pour se glisser sur l'herbe humide qui borde leur marais. Pendant les grandes sécheresses, si ces marais ne possèdent pas un niveau d'eau constant, elles s'enfoncent dans la vase et ne reparaissent que lorsque l'eau y est revenue.

Quelques sangsues habitent dans les herbes humides des forêts, telles sont celles qui ont été observées à Batavia, par Tunberg; dans l'île de Ceylan, par Knox; au Chili, par Gay et au Japon, par Knorr. Suivant Gay, celles qu'il a observées au Chili ne se tiennent jamais dans l'eau ; elles rampent sur les plantes, les troncs d'arbres, montent sur les arbrisseaux et n'approchent jamais des rivières ou des marais. Il ne pouvait faire, dit-il, une herborisation sans avoir les jambes maltraitées par leurs piqûres.

Nous avons dit autre part que les sangsues conservées dans l'eau se tenaient le plus souvent attachées par les ventouses, de telle manière que la moitié antérieure de leur corps était hors de l'eau, tandis que la partie postérieure est dans le liquide.

Sangsues baromètres. — On a cru remarquer que les sangsues présentaient des mouvements ou des positions très différentes selon le temps qu'il devait faire. Ainsi, l'on a dit qu'à l'approche d'un grand vent les sangsues se mouvaient avec une très grande vitesse ; qu'un peu avant l'orage elles nageaient à la surface de l'eau, circonstance dont les pêcheurs profitent pour les saisir ; que par un temps nébuleux elles s'enfonçaient dans la terre, et quelques personnes sont encore persuadées que l'on peut, au moyen de ces observations, jusqu'à un certain point, prédire le temps qu'il fera. C'est ainsi qu'en 1774, un curé des environs de Tours annonça que l'on pouvait, au moyen des *sangsues*, connaître le temps que l'on devait avoir le lendemain. Plusieurs observateurs, entre autres Valmont de Bomare et Vitet, ont répété les expériences du curé de Tours sans obtenir les mêmes résultats. Malgré cela, au dire de Derheims, dans la Champagne, sur les confins de la Lorraine, on construit encore avec les sangsues des baromètres grossiers dont on fait un fréquent usage. On place cinq ou six sangsues dans un carafon avec une petite quantité d'eau. Une échelle de bois graduée sert à marquer les divers points d'élévation de ces animaux, d'après lesquels on prédit le temps. Enfin, dernièrement encore, Hooper Attrée a cherché à leur faire jouer le même rôle, mais en se basant sur d'autres observations. Suivant cet auteur : « 1° lorsque le temps est beau et serein, les sangsues restent sans mouvement, au fond du vase, roulées en spirale ; 2° lorsqu'il pleut dans la matinée ou dans l'après-midi, on les trouve en haut du vase où elles restent jusqu'à ce que le temps s'éclaircisse ; 3° s'il doit y avoir du vent, les sangsues s'agitent dans l'eau avec une grande rapidité, jusqu'à ce que le vent commence à souffler fortement ; 4° dans la gelée comme dans le beau temps, elles restent constamment au fond du vase, mais pendant la neige comme dans les temps pluvieux, on les voit remonter jusqu'au bord du vase ; 5° pour observer ces circonstances, il faut garder les sangsues dans une fiole ordinaire, de la capacité de deux onces, remplie d'eau aux trois quarts et bouchée avec de la toile percée de petits trous (*Union médicale*).

Pour se faire une idée du degré de confiance que l'on doit accorder à un pareil baromètre, il suffit d'observer, lorsqu'elles sont en certain nombre dans un bocal : 1° que les unes restent immobiles au fond du vase (allongées ou roulées en spirales), tandis que d'autres occupent des hauteurs très variables ; 2° que dans les mêmes temps (heures ou matinées), les unes s'agitent quand les autres sont parfaitement tranquilles. Il y a donc une exagération plus poétique que vraie dans l'opinion de Cowper, citée par Johnson : que l'instinct des sangsues est plus infaillible que tous les baromètres du monde.

Enfin, l'usage de ces animaux comme des *thermomètres sensibles* dont l'idée est due à Charles Bonnet, n'est pas plus heureuse que l'autre, et l'on peut se contenter des services que ces animaux rendent à la médecine sans en demander d'autres qui sont au-dessus des choses possibles.

II. — ACCROISSEMENT, AGE ET LONGÉVITÉ DES SANGSUES MÉDICINALES.

Un point important de l'histoire des sangsues est la connaissance de leur âge, ou mieux du temps qu'il faut à une sangsue sortant de son cocon ou embryophore pour arriver à cet âge adulte qui en fait une sangsue bonne pour l'usage médical.

Achard pense que les *Sangsues médicinales* peuvent être employées au bout d'un an. Selon Rejou, il ne faut pas moins de dix-huit mois à deux ans. Châtelain porte à cinq ans le temps qu'il faut à une jeune sangsue pour être propre à la succion. Selon Fleury, il faudrait huit ans, et Faber dit qu'il faut cinq à six ans pour qu'elle atteigne une taille moyenne, et sept à huit ans pour qu'elles soient aptes à la reproduction.

Il est très difficile, sans doute, de connaître exactement l'âge des sangsues, par la raison qu'il n'est point possible de prendre la sangsue sortant de l'œuf, de la placer dans un vase et d'en suivre le développement successif jusqu'à l'âge où elle devient commerciale. En effet, dans des vases toujours trop petits, bien que placés, en apparence, dans les meilleures conditions possibles, ou elles meurent bien avant leur entier développement, ou bien elles languissent et ne prennent pas un accroissement proportionnel à leur âge. Mais s'il est difficile de déterminer directement l'âge d'une sangsue arrivée à telle ou telle grosseur commerciale, pour les raisons que nous venons d'indiquer, on peut cependant très approximativement arriver, par un autre moyen, à déterminer l'âge des sangsues d'un bassin. Il suffit pour cela d'examiner les bassins tous les ans à l'époque de l'éclosion de la plus grande quantité de sangsues, qui est aux mois de juillet et d'août. On trouve alors des catégories de grosseurs que l'on reconnaît pour être celles qui ont été observées la première ou la seconde année. Quant à celles qui ont trois ans, on ne les reconnaît plus, car elles sont confondues avec les sangsues-mères desquelles elles proviennent. De semblables observations nous ont conduit à établir, de la manière suivante, le rapport de l'âge et de la grosseur des sangsues, nées et élevées dans les bassins de la Salpêtrière, en les faisant coïncider avec les grosseurs du commerce, indiquées par J. Martin.

	Poids.	Age.	Environ
Les filets, de.	0,38 à 0,45	18 à 20 mois.	1 an 1/2.
Les petites moyennes. .	0,62 à 0,75	20 à 22 mois.	1 an 3/4.
Grosses-moyennes. . . .	1,12 à 1,25	22 à 24 et 26 mois.	2 ans.
Grosses, premier choix.	2,05 à 3,00	30 à 36 mois.	3 ans.

Cependant, il faut ajouter que dans certaines expositions, certaines localités, la nature du sol, des eaux où vivent ces annélides, ainsi que l'abondance et l'espèce de nourriture et même le moment de l'année où ils naissent, ont une telle influence sur leur développement, qu'il est presque certain que dans certains endroits elles doivent atteindre leur état adulte plus tôt que dans d'autres : que dans le midi, par exemple, où la chaleur est plus grande, plus constante et d'une plus longue durée, les jeunes sangsues doivent croître plus vite que dans les pays plus septentrionaux. Il se pourrait même que dans la même localité, par des expositions solaires différentes, elles vinssent mieux dans tel endroit que dans tel autre.

Néanmoins, nous sommes à peu près convaincu que Châtelain, Faber et Fleury ont exagéré le temps qui était nécessaire à la jeune sangsue pour arriver à l'état adulte. Selon Vayson, des sangsues de six à huit mois sont très avides et attaquent avec furie les anguilles, les grenouilles et même les chevaux. Achard a donc pu dire une chose juste ou possible, mais Réjou nous paraît être le plus rapproché de la vérité.

Selon Ébrard, les jeunes *Sangsues médicinales*, au sortir de leur embryophore, pèsent de 5 à 12 centigrammes et ont une couleur rouge. Elles ne tardent pas à changer de couleur et à augmenter de volume. Elles deviennent d'abord jaunes, puis brunes et au bout d'un an elles pèsent de 7 à 8 décigrammes, à deux ans elles pèsent 2 grammes et quelques décigrammes, à trois ans elles ont un poids de 3 grammes et 5 décigrammes, à quatre ans ce poids est de 4 grammes et demi à 5, à la fin de la cinquième année ou au commencement de la sixième, elles pèsent 6 grammes.

C'est en plaçant, dans une pièce d'eau à part, des sangsues nouvellement écloses, qu'Ébrard a pu suivre les progrès que l'âge apporte chez les sangsues, et il a vu d'une autre façon ce que nous avions nous-même aperçu par une autre méthode. Sous ce rapport nous sommes à peu près d'accord, et nous pensons avec Réjou qu'à deux ans les sangsues peuvent avoir atteint la force de succion que l'on exige d'elles pour l'usage de la médecine.

Mais si nous sommes à peu près éclairé sur l'âge des sangsues, il n'en est pas ainsi de l'âge auquel elles sont propres à la reproduction, et sous ce rapport les avis sont très différents. Selon Faber, ce n'est qu'à l'âge de sept ou huit ans qu'elles sont aptes à se reproduire. Ébrard admet qu'elles commencent à poser à la fin de leur cinquième année ou au commencement de la sixième. C'est à peu près aussi ce qu'a reconnu Thomas, pharmacien, à Pont-Saint-Pierre (Eure). Reich assure que la faculté de reproduction se prononce dans la troisième année ou même plus tôt, et Bouniceau affirme que des sangsues qu'il a élevées en domesticité étaient propres à la reproduction à l'âge de vingt-deux mois environ.

Il est porté à croire que celles qui vivent entièrement libres mettent plus de temps à arriver à cet état de perfection et qu'il ne serait point étonnant qu'il y eût un retard de toute une année. Il est certain que l'époque de leur naissance, ainsi que la nature et l'abondance de la nourriture doivent influer beaucoup sur leur accroissement, et partant, sur le moment de leur aptitude à la reproduction. On sait que les sangsues nées en automne passent l'hiver sans prendre beaucoup d'accroissement, et que, par conséquent, il y a six mois qui se trouvent pour ainsi dire perdus pour leur croissance.

Enfin Élie Masson dit positivement que lorsqu'une jeune sangsue est bien traitée, elle est apte à la reproduction dès la première ponte qui suit son éclosion. Cette opinion nous paraît d'autant plus hasardée que nous savons qu'il y a des sangsues qui n'éclosent qu'à la fin de l'automne. Or, comme la pose des embryophores commence en mai ou juin, cela laisserait supposer que les sangsues sont capables de reproduction à six ou huit mois. C'est au moins une idée à laquelle l'esprit n'est pas encore fait (1).

Nous avons déjà dit autre part que l'accroissement des sangsues ne se faisait pas, comme chez la plupart des autres annélides (Lœwen et de Quatrefages), par l'addition de parties nouvelles, car si l'on examine attentivement une jeune *sangsue médicinale*, on trouve qu'elle offre le même nombre d'anneaux et deux ventouses ayant la même forme que les individus les plus âgés.

La durée de la vie de ces animaux n'est réellement pas connue. S'il était vrai que les sangsues missent sept ou huit ans (Fleury, Faber) et même neuf (Ébrard), pour atteindre leur *summum* de croissance, il est extrêmement probable que ces animaux auraient une longévité bien plus grande que celle qu'on leur suppose. Plusieurs personnes ont pu

(1) Toutefois Léon Busquet émet à peu près la même opinion dans son *Manuel de l'hirudiculture*, pages 28 et 73. Il dit que dans son marais d'exploitation il ne faut que *huit mois pour rendre la sangsue propre à se reproduire*.

conserver les mêmes sangsues, arrivées déjà à l'âge adulte, pendant quatre ou cinq ans. Derheims croit qu'elles ne peuvent vivre au delà de six ans. Une médecin de Bridport en a gardé deux pendant huit ans (Moquin-Tandon). Audouin et Moquin-Tandon portent leur vie possible de huit à douze ans. Johnson suppose qu'en liberté les sangsues peuvent vivre vingt ans au moins, et Ébrard est conduit à penser qu'elles prolongent leur vie bien au delà du terme assigné par Johnson. Il se fonde particulièrement sur la lenteur de leur accroissement, la longueur de leur digestion, la grosseur de quelques sangsues vaches, l'épaisseur et la dureté de leurs tissus.

Le journal de chimie médicale (1848) contient un article sur le moyen de multiplier et d'élever les sangsues, tel qu'il est pratiqué dans le Scinde (Inde anglaise), et qui, s'il était vrai, changerait bien nos idées sur ce sujet. Nous allons textuellement le rapporter ici.

« On prend environ douze sangsues bien saines et belles, et on les laisse se gorger sur un homme bien portant. On les place ensuite dans un vase d'argile dont les Indous se servent habituellement pour porter de l'eau. Ce vase a la capacité de deux gallons. On le remplit aux deux tiers d'un mélange de terre et d'argile noire desséchée, prise dans le lit de la rivière, auquel on ajoute quatre poignées de fiente de vache ou de chèvre, sèche, deux poignées de feuilles sèches de chanvre de l'Inde et deux onces d'assa fœtida. On y verse enfin de l'eau jusqu'à trois pouces du bord et on mêle le tout convenablement. On ferme alors le vase avec un couvercle en argile, qu'on soude au moyen d'une couche de fiente de vache et de terre, et on le place à l'ombre. Au bout d'*un mois environ* on le casse et l'on trouve disséminés dans l'argile environ trente cocons, de matière spongieuse, ayant à peu près la grosseur d'un œuf de merle. On les ouvre soigneusement et l'on trouve à l'intérieur un liquide albumineux dans lequel nagent de dix à quinze jeunes sangsues qu'on dépose dans un vase plus petit. Elles restent dans ce vase, qui contient de l'eau et du sucre, pendant dix jours et plus, on les nourrit de sang humain, et au *bout de deux ou trois mois on peut s'en servir dans les hôpitaux*. Les sangsues qui ont servi à la multiplication sont retirées de l'argile, jetées dans l'eau, et peuvent de nouveau, après quelques jours, être employées soit pour multiplier, soit pour tirer du sang. (Sparks, membre de la Société pharmaceutique de la Grande-Bretagne). Lettre datée de Kurrachée (Scinde), 1er août 1846. L'auteur affirme avoir assisté, en personne, aux différentes opérations décrites. »

Cet article est de nature à faire naître plus d'un genre de réflexions. D'abord il faut observer que l'espace d'un mois paraît suffire à l'accouplement, à la pose de l'embryophore et à son incubation. Or, si l'on se souvient que nous avons dit que les observateurs avaient admis que la gestation était de trente à quarante jours, et qu'il fallait vingt-cinq à vingt-huit jours pour arriver à l'éclosion, on trouvera qu'il y a une différence de moitié à peu près entre le temps qu'il faut dans l'Inde et celui qu'il faut en Europe pour conduire aux mêmes résultats. Il faudrait donc admettre que le climat fait développer ces animaux moitié plus vite, ce qui ne répugnerait point à notre idée ; mais alors il faudrait admettre aussi qu'à trois mois elles ont la force de celles que nous savons avoir dix-huit mois ou deux ans, puisqu'elles peuvent être employées dans les hôpitaux ; dans ce cas, la croissance ne serait plus doublée seulement, elle serait sextuplée ou même octuplée. Enfin si la vie marche si vite que nous l'admettons ici, on voit que ce n'est plus vingt ans, comme le suppose Johnson, ni huit et douze, comme le paraît admettre Moquin-Tandon, mais quelques années seulement qu'il faudrait assigner à la longévité de la sangsue dans ces pays.

Maintenant comment expliquer l'usage de la fiente de vache ou de chèvre, des feuilles sèches de chanvre indien et de l'assa fœtida? Probablement en admettant que la fiente agit comme corps qui donne de la porosité à la terre ainsi que les feuilles de chanvre ; et que celles-ci, ainsi que l'assa fœtida, agissent comme excitant à la manière des aphrodisiaques.

Nous le répétons, il est difficile de suivre exactement la croissance naturelle des sangsues. On arrivera bien à reconnaître, en hirudoculture, combien il faut de temps à telle sangsue placée dans telle circonstance donnée pour avoir tel poids et être avec avantage employée en médecine; mais ce que l'on ne saura peut-être pas sûrement, c'est l'âge auquel elle peut parvenir dans les conditions de nature. Nous croyons, avec Bouniceau, que les sangsues élevées par les moyens qui sont à notre disposition croissent plus vite, et, par cela même, il se pourrait que leur longévité fût proportionnelle à cette croissance et que, par conséquent, dans l'état naturel, elles vécussent plus longtemps que dans nos marais artificiels.

Nous avons vu autre part que ces sangsues pouvaient demeurer fort longtemps sans prendre de nourriture. Il est évident qu'alors elles ne peuvent augmenter de poids : au contraire, Vitet, Johnson et plusieurs autres observateurs ont reconnu qu'elles diminuaient de volume. Il semble alors que la dépense de la vie, chez elles, soit suspendue. Audouin arrive à la même conséquence en partant d'autres considérations; car, selon lui, l'abstinence et le défaut de ponte en captivité suffisent pour prolonger leur existence; absolument comme, chez les insectes, il arrive que la privation de nourriture et d'accouplement les font vivre bien au delà de leur vie ordinaire, et, pour toutes ces raisons, nous ne répugnons pas à admettre l'idée de Johnson ou d'Ébrard, qui porte la vie de ces animaux à vingt ans et plus, surtout lorsque ces animaux sont placés dans leur milieu naturel et dans un pays tempéré comme l'Europe. Nous avons cru nous apercevoir que l'hiver ces animaux croissaient peu, sans doute parce que leur digestion était peu active, tandis qu'en été leur digestion et leur croissance sont bien manifestes. Il est clair que dans les pays chauds où l'été est long et bien prononcé, où la vie se dépense vite, la longévité doit être de courte durée;

tandis qu'au contraire, dans les pays froids, où la vie et la croissance sont lentes, la longévité doit être beaucoup plus étendue.

III. — EMPLOI DES SANGSUES.

Les *Sangsues*, c'est-à-dire les espèces appartenant au genre Hirudo, sont les seuls hirudinés qui puissent être employés en médecine. Quelques auteurs ont écrit que la sangsue noire (*Hirudo sanguisuga*, L.), la sangsue vulgaire (*Hirudo octoculata*) et la sangsue aplatie (*Hirudo complanata*) étaient indistinctement employées. C'est une erreur qu'il convient de relever. La sangsue noire n'étant autre que l'*Aulastoma vorax* (1), la sangsue vulgaire, que la *Néphélis octoculata*, et la sangsue aplatie, que la *Glossiphonia sexoculata*, il est tout à fait impossible qu'elles puissent être employées, car elles ne peuvent percer la peau de l'homme. La dernière, surtout, n'est même pas mêlée aux sangsues du commerce, sa couleur et sa petite taille ne permettant pas qu'on puisse la confondre avec les sangsues médicinales. Les deux autres se trouvent quelquefois mêlées aux vraies sangsues; mais elles ne sauraient remplacer la vraie sangsue, puisque l'aulastome a des denticules trop obtus pour entamer la peau, et que la seconde n'a pas même de mâchoires.

Virey, craignant que les sangsues ne vinssent à manquer, et blâmant la pratique de la réapplication, a avancé que l'on pourrait plutôt recourir à l'emploi de la sangsue de cheval (*Hæmopis sanguisuga*), et Gisler assure qu'elle est employée dans le nord de l'Europe (Moquin-Tandon). Cette espèce, en effet, présente des denticules plus pointus que l'aulastome;

(1) Chevallier a écrit quelque part, il y a une trentaine d'années, qu'en marchant nu-jambes dans la petite rivière des Gobelins il avait été mordu par la sangsue noire (sans doute l'Aulastome); que les morsures de cet annélide étaient extrêmement douloureuses et que leur guérison a été extrêmement lente. La peau avait été comme déchirée et non piquée, comme elle aurait dû l'être par une *Sangsue médicinale*.

mais l'expérience a prouvé qu'ils n'étaient pas assez tranchants pour percer la peau, et qu'ils ne pouvaient inciser que les muqueuses. On ne pourrait donc tout au plus s'en servir que pour des applications de ce genre, et encore les dangers graves qu'elles présenteraient doivent-ils les faire rejeter de la pratique.

Nous avons donné autre part l'historique de l'emploi des sangsues en médecine, ainsi que la manière dont elles font leur piqûre (pages 12 et 164). Il nous semble, d'après ce que nous avons dit, que l'action de la sangsue peut, jusqu'à un certain point, être comparée à celle d'une ventouse scarifiée. Mais tandis que la ventouse scarifiée agit pour ainsi dire *brutalement* sur les tissus, la sangsue n'agit que sur les vaisseaux capillaires et respecterait au besoin certains organes que ne respecterait pas autant le scarificateur. Les vaisseaux que la sangsue mord le plus ordinairement sont les veines, puis les artères; mais elle n'attaque que les artérioles superficielles, et encore s'y attache-t-elle rarement (Vitet). Cette sorte de saignée est plus douce et doit donner des résultats un peu différents de ceux d'une saignée faite sur des vaisseaux plus gros. Ce n'est pas qu'une forte sangsue ne soit capable de percer un assez gros vaisseau, et alors produire l'effet d'une saignée générale; mais comme d'ordinaire on choisit, pour l'application, des parties où les gros vaisseaux ne sont pas trop près de la peau, cet accident n'est pas à craindre (Rochette). Selon Vitet, la saignée par les sangsues affaiblit beaucoup moins que la saignée avec la lancette, à égale quantité de sang tiré.

Les effets produits par l'action des sangsues varient selon le nombre de celles qui mordent et suivant la quantité de sang tiré. Le plus ordinairement, l'effet produit sur la partie consiste en une légère augmentation de chaleur, un léger prurit et un peu d'engourdissement; le malade éprouve un sentiment de faiblesse proportionnel à la quantité de sang qu'il a perdu; il a parfois de légers étourdissements; puis il se sent mieux et ses idées deviennent plus gaies et plus lucides, et si le remède a combattu victorieusement le mal, il ne tarde pas à en ressentir les bons effets (Rochette).

Il est bien rare que l'application des sangsues faite convenablement ait produit de mauvais effets. Cependant nous pensons que ce remède doit être employé avec prudence, car la science a enregistré plusieurs cas où l'application inopportune de sangsues a été suivie d'accidents fâcheux.

A. — *Application des sangsues.*

Quoiqu'en apparence rien ne soit plus facile à faire qu'une application de sangsues, néanmoins il faut reconnaître que cette opération exige des soins et une grande habitude pour qu'elle réussisse parfaitement.

Les sangsues peuvent être appliquées sur toutes les parties du corps, à l'exception de la paume des mains, de la plante des pieds et du trajet des artères ou des grosses veines sous-cutanées. Toutefois il n'est pas indifférent de les appliquer sur telle ou telle partie, et généralement on choisit de préférence les régions de la peau qui offrent le moins d'épaisseur et qui présentent un système capillaire très développé, telles que les tempes, le cou, la face interne et supérieure des cuisses, l'épigastre, etc. Lorsque l'application doit être faite sur une femme, on cherche autant que possible à la faire sur des parties de la peau qui ne restent pas à découvert, afin de dissimuler les taches blanchâtres et longtemps apparentes que laisse la morsure de ces annélides. C'est dans ce but que H. Cloquet recommande d'éviter l'application des sangsues au cou, au visage, au dos de la main, à l'avant-bras, ainsi qu'à la partie antérieure et supérieure de la poitrine. Pareillement, lorsque sous la peau se trouve un tissu cellulaire lâche, capable d'une facile infiltration, comme les paupières ou le scrotum, il faut, autant que possible, éviter d'y appliquer des sangsues, ou tout au moins ne les appliquer qu'avec prudence, car, dit-on, la gangrène peut être à craindre. Cependant quelques praticiens affirment que le gonflement qui se produit alors est bien moins dangereux qu'on ne le pense, et que sa résolution est rapide (Gerdy, Jamain).

Les sangsues peuvent encore être appliquées sur les membranes muqueuses : au col de la matrice, dans le rectum, la gorge, sur les gencives, etc.; mais il faut prendre les plus grandes précautions pour que ces annélides ne puissent pénétrer trop avant dans ces organes.

Enfin, lorsqu'il s'agira d'appliquer des sangsues à un malade, le médecin aura toujours soin de consulter préalablement son âge, sa constitution, son sexe, la vascularité et la finesse de sa peau ; le degré de sensibilité et d'irritabilité de la partie mordue, la saison, le degré de chaleur (Vitet), et même la grosseur et l'espèce de sangsue avant d'en indiquer le nombre : la grosseur, parce qu'il est parfaitement établi que toutes ne prennent pas une égale quantité de sang ; l'espèce, car il est bien prouvé que, toutes choses égales d'ailleurs, il y a des espèces qui pompent moitié moins de sang que d'autres. Enfin il n'oubliera pas d'indiquer le temps qu'il désire que les sangsues tirent ou que les plaies saignent, sans cela il s'exposerait à faire naître de graves accidents chez les malades.

1° Choix des sangsues. — Le choix des sangsues est le premier soin que l'on doive prendre avant toute application. On choisira de préférence les espèces appartenant au genre *hirudo*, et parmi elles, les sangsues *grises* ou *vertes* ou celles que l'on désigne dans le commerce sous les noms de sangsues *landaises* et *hongroises*. Ces deux dénominations s'appliquent aux sangsues grises ou vertes, selon qu'elles sont tirées les premières des marais de la France, particulièrement du département des Landes ou de la Gironde; les secondes des marais de la Hongrie. Les sangsues *géorgiennes* ressemblent beaucoup aux sangsues grises : elles sont aussi de bonne qualité. Quant aux *syriennes*, elles sont de qualité inférieure. Sous le nom de *dragons*, le commerce vend des sangsues peu estimées qui viennent de l'Algérie et du Maroc, que l'on n'emploierait qu'autant que l'on ne pourrait pas s'en procurer d'autres : elles appartiennent également au genre *Hirudo*. Toutefois celles de nos possessions d'Afrique fonctionnent bien et se conservent avec assez de facilité (Horliac et A.-Ph. Laurens).

Enfin on rejettera de l'usage celles qui sont connues sous le nom de *Sangsues bâtardes*, et qui ne peuvent être d'aucun usage, puisque ce sont des individus appartenant à des espèces de qualités inférieures ou aux genres *Néphélis*, *Aulastoma* et *Hæmopis* (J. Martin). Ce serait donc perdre son temps que de chercher à les faire prendre, et, pendant ce temps, la maladie du patient pourrait faire de graves progrès.

On considère comme meilleures celles qui, vives et agiles, sont de grosseur moyenne et nouvellement pêchées; quand on les presse légèrement dans la main, elles se contractent fortement et font l'*amande* ou l'*olive*. On prétend que les plus estimées sont celles qui ont été récoltées dans une eau vive et courante; on dit qu'elles prennent avec plus de rapidité et qu'elles tirent plus de sang que celles des marais : ce qui peut être vrai, mais ce que l'on doit attribuer plutôt à un état de jeûne plus grand chez les premières qu'à une particularité de variété.

Voici, d'après J. Martin, les caractères d'une bonne sangsue : « Une sangsue de bonne qualité est très élastique. On triple la longueur qu'elle prend, dans sa marche ordinaire, en la tirant d'une manière suffisante par ses extrémités. Les points où il faut la saisir sont les rétrécissements des ventouses. On fixe la peau, qui tend à glisser, avec la face palmaire du pouce, sans cependant exercer une pression qui puisse écraser les chairs. Après cette traction, l'animal revient sur lui-même et ne paraît avoir été nullement blessé. Ce caractère ne convient pas à une espèce de sangsue d'un bon usage officinal que l'on tire de Turquie. Elle a le corps plus ramassé; son épaisseur musculaire est plus considérable, et, même dans l'état de vacuité, elle conserve sous la pression plus de volume relativement que, soit l'officinale, soit la médicinale de France et de Hongrie. Entre les individus de même espèce et sortant du même marais, on trouve aussi des différences remarquables sous le rapport de l'épaisseur des chairs, etc.

» En la voyant marcher, on reconnaît aussi une sangsue de bonne qualité, à la vigueur et à la rapidité de ses contractions, à la quantité de recouvrements qu'opère chaque anneau l'un sur l'autre; à la certitude de sa marche, qui dépend surtout de la précision avec laquelle s'appliquent les ventouses. Elle est agile et ne reste pas au fond des vases. Lorsque des sangsues sont d'un bon choix, elles doivent toutes prendre, si on les applique avec les soins convenables, tels que nous les indiquons un peu plus loin.

» En examinant le corps d'une sangsue de bonne qualité, à l'état de repos, on voit que les segments se recouvrent de manière à faire disparaître entièrement les intervalles qui les séparent, à moins que la sangsue n'ait pris accidentellement une forme allongée. Plus elle se pelotonne sur elle-même, plus elle est vigoureuse. Un signe de bonne qualité est l'effilement de la partie antérieure de leur corps, relativement à la partie postérieure. Un autre caractère consiste encore dans la dépression ou l'aplatissement du corps. Sous la main, au toucher, on sent également que les contractions s'exercent avec plus ou moins de vigueur. On conçoit que la faculté de rapprocher les anneaux, que l'élasticité du corps, que la forme aplatie de l'animal, ne peuvent exister que si son tube intestinal est vide ou à peu près vide. On reconnaît d'ailleurs cet état de vacuité en exerçant entre les doigts une pression sur le corps de la sangsue. »

Au contraire, une sangsue qui reste molle par une légère pression, qui paraît engourdie, qui se meut lentement, qui change d'épiderme, qui n'est pas à jeun, qui est ou trop petite ou trop grosse, est une sangsue qui doit être bannie de l'usage, même lorsqu'elle appartient au genre *Hirudo*.

C'est encore à J. Martin que nous empruntons les caractères suivants pour compléter ce que nous avons à dire sur les sangsues de mauvaise qualité :

« La mauvaise qualité des sangsues dépend, lorsque l'espèce est bonne, de leur état de plénitude qui tient à deux causes : à ce qu'elles ont été gorgées de sang depuis qu'elles sont sorties du marais, ou à ce qu'elles se sont nourries récemment dans le marais. Par contraste avec les sangsues vides, les sangsues gorgées sont paresseuses, restent au fond des capacités qui les contiennent, s'allongent beaucoup moins et offrent des anneaux distants ; ce qui leur ôte l'apparence veloutée que présentent les sangsues vides. » Nous avons donné plus loin les moyens de reconnaître la présence du sang dans le corps de ces animaux.

On a dit que les sangsues des marais faisaient des piqûres qui étaient suivies d'une légère inflammation ou de petits boutons qui viennent autour de la plaie et durent trois ou quatre jours : cela peut être vrai quand on les applique immédiatement après leur sortie des marais. Cet inconvénient n'est plus à craindre quand elles ont été conservées quelques jours dans l'eau claire. Voilà sans doute pourquoi quelques auteurs recommandent de les conserver quelque temps dans l'eau claire avant leur application. « *Oportet autem ipsas in aquam tepidam et puram, in vase lato magnoque injicere, ut commotæ virus abjiciant.* » (Ald.) Certains auteurs ont pensé qu'il fallait les garder ainsi pendant quarante jours (Lieut., *Mat. méd.*).

Quelques personnes ont recommandé de laisser ces animaux hors de l'eau pendant plusieurs heures avant leur application. Cette précaution est plutôt nuisible qu'utile : 1° parce que les sangsues ordinaires, qui ne vivent que dans l'eau, n'y trouvant aucune nourriture, sont parfaitement à jeun, et ce n'est pas quelques heures de plus ou de moins hors de l'eau qui développent leur appétit ; 2° les sangsues hors de l'eau sécrètent une quantité plus grande de mucosité. Cette sécrétion non habituelle les fatigue plutôt qu'elle ne leur donne de la force, et les rend quelquefois assez faibles pour les empêcher de prendre. Aussi est-on généralement d'avis que les sangsues bien vives qui sortent de l'eau pure peuvent être immédiatement appliquées, pourvu qu'elles ne soient pas depuis trop longtemps hors des marais ou affaiblies par un trop long jeûne, et l'on se contente de les essuyer avec un linge sec : elles prennent alors très facilement.

2° Modes d'application. — Après avoir choisi la place où l'on doit appliquer les sangsues, on commence par la laver pour enlever toute trace de sueur. Si elle était enduite de matière grasse, visqueuse, acide et odorante, il faudrait la savonner avec soin en prenant ensuite la précaution de ne pas laisser de trace de la matière alcaline du savon, par un lavage suffisant. Un bain général ou local est d'un usage avantageux. Presque toujours les sangsues prennent alors très facilement.

L'idée de mouiller la place avec du sang ou de l'eau sucrée est déjà ancienne, car on trouve dans Aétius le passage suivant : « *Pars cui applicandæ sunt nitro fricari debet, dulcissimaque lavari aqua, deindè sanguine illini ; promptiùs apprehendent.* » La recommandation d'humecter la place avec un peu de sang paraît utile pour faire prendre les sangsues paresseuses ; mais l'emploi de l'eau sucrée est plutôt nuisible qu'utile : il en est de même du jaune d'œuf ou du lait que pareillement on a conseillé. La sangsue n'étant avide que de sang, il n'y a véritablement que ce fluide qui soit capable de l'exciter à mordre. On peut encore favoriser l'application en frottant la partie avec du drap ou de la flanelle, jusqu'à ce qu'une légère rougeur y ait été déterminée.

Cette opération est utile surtout lorsque la peau est pâle et froide. Si elle était dure, il serait bon de la couvrir un moment avec une compresse d'eau chaude ou un cataplasme émollient sans odeur (son, pain, fécule).

Enfin, si la partie où doit se faire l'application était recouverte de poils, on la raserait ; car ces productions gêneraient l'adhérence des lèvres de l'animal et l'empêcheraient de mordre.

Quand la partie est préparée ainsi que nous venons de le dire, le plus ordinairement on met les sangsues dans un verre ou un pot, dans une petite cage de toile métallique, dans un tube de cristal ou même dans le creux de la main, recouverte d'un linge; on les place ainsi directement en contact avec la peau, et on les maintient dans cette position jusqu'à ce qu'elles aient toutes pris. Un procédé qui réussit bien se pratique ainsi : On prend un verre assez grand pour contenir toutes les sangsues, on y met un linge qui appuie sur les parois internes du verre en y formant une cavité; c'est dans cette cavité que l'on met les sangsues. Ceci fait, on retourne le verre sur la partie désignée et l'on tire peu à peu les quatre coins du linge, de manière à en diminuer la cavité, de sorte que bientôt les sangsues se trouvent en contact très immédiat avec la peau et ne tardent pas à la mordre.

Un journal anglais (*the Lancet*) décrit la méthode suivante pour obtenir des piqûres instantanées : Mettre les sangsues dans un verre que l'on remplit à moitié d'eau froide et que l'on retourne adroitement pour l'appliquer sur la partie qui doit recevoir les sangsues. Il semble alors au malade qu'il ne reçoit qu'une seule morsure. Quand elles sont toutes attachées, on soulève le verre avec précaution et l'on reçoit l'eau à la partie déclive avec une éponge ou des linges (*Abeille médicale*).

L'application à la main au moyen d'une toile est certainement la plus simple, la plus commode et la plus expéditive; c'est celle qui est suivie par toutes les personnes qui savent poser les sangsues. Le linge ou la toile métallique présentent cet avantage sur les autres cavités, que les sangsues ne pouvant s'y fixer parce qu'elles ne peuvent opérer le vide entre le tissu et leur ventouse, elles sont forcées de se fixer sur la peau qu'elles ne manquent pas alors de mordre. Le conseil, suivi d'ailleurs assez souvent, de mettre les sangsues dans des verres contenant de la bière, du vin ou autre substance qui répugne à l'organe du goût des sangsues, et la proposition de Bourgeois de placer les sangsues dans l'intérieur d'une pomme, sont susceptibles d'une explication analogue. Les sangsues ne pouvant adhérer à des parois acides ou enduites de liqueurs alcooliques, se trouvent naturellement conduites à adhérer à une peau sans goût et sans odeur, et, partant, à la percer.

D'après Boursier, on est sûr d'obtenir une application immédiate quand on les plonge dans un mélange de deux parties de vin et d'une partie d'eau.

En Chine, on se sert d'un morceau de bambou dans lequel on introduit les sangsues avant de les appliquer sur l'endroit désigné pour être saigné.

Bdellophores ou *porte-sangsues.* — Bruninghausen a fait un bdellophore de la manière suivante : Il a choisi un tube de verre blanc de 13 à 14 centimètres de longueur, sur 10 à 15 millimètres de largeur. Les deux extrémités ouvertes sont polies. On place la sangsue dans ce tube, et à l'aide d'un piston on la pousse jusqu'à l'endroit où elle doit se poser. De la Roche et Brewer ont modifié cet instrument en faisant un trou au piston, afin d'entretenir la communication entre l'air extérieur et l'intérieur du tube. Le bdellophore de Löffler est tout simplement un cylindre d'os creux, divisé à l'intérieur en deux cavités longitudinales. L'annélide est introduit dans ce cylindre et s'y maintient par la pression des deux parties qui entrent, à la manière d'un porte-crayon, dans un autre cylindre plus large et beaucoup moins long (Schwilgué, *Mat. médicale*).

On a cru remarquer que les sangsues s'attachent plus promptement dans un air raréfié, et cette observation a servi de base à la construction d'un appareil dont Derheims donne la description et que nous devons faire connaître ici. « Cet appareil se compose d'une partie de tube de verre d'un égal diamètre en tous sens, constamment de plus d'un pouce, ou d'un petit verre à liqueur dont on a enlevé le fond, et d'une boîte mince de métal qui y est adaptée, de manière à former une autre partie du tube. Cette boîte, assez allongée, a le fond qui communique au tube de verre percé de petits trous; l'extrémité qui fait saillie au dehors de ce tube est munie d'un couvercle qui s'emboîte parfaitement, ou mieux encore qui s'adapte à la boîte au moyen de quelques pas de vis. Le tout ainsi disposé, le fond percé de trous de la boîte de métal sert aussi de fond au godet que forme la partie du tube de verre.

» Lorsqu'on veut se servir de cet instrument pour appliquer les sangsues, on dépose un certain nombre de ces animaux dans le godet de verre; on applique celui-ci à l'endroit prescrit en appuyant un peu, et au même instant on introduit dans la boîte quelques mèches de papier enflammées : le couvercle se met aussitôt sur la boîte.

» L'effet ordinaire de la ventouse étant produit, c'est-à-dire le godet qui renferme les sangsues étant solidement fixé, ces vers s'appliquent aussitôt. »

Cet appareil compliqué et d'un usage difficile est aujourd'hui complétement inusité. D'ailleurs, plusieurs observateurs avaient reconnu que les sangsues fixent bien leur ventouse orale, mais que rarement elles mordent, quoique choisies parmi celles qui étaient le plus propres à la succion (Derheims).

Chevallier a imaginé aussi un bdellophore au moyen duquel on peut facilement appliquer plusieurs sangsues. Il consiste en un certain nombre de tubes de verre dans chacun desquels on met une sangsue.

Ces instruments sont la plupart très utiles quand il s'agit d'appliquer les sangsues sur les membranes muqueuses des cavités naturelles ou dans leur voisinage, et que l'on craint que les sangsues ne s'y introduisent; alors on doit les appliquer une à une. Dans ce cas, ou bien on se sert d'un tube de verre, d'un cylindre de bois ou d'une carte roulée; ou bien on les saisit l'une après l'autre entre le pouce et l'index, on dirige sa ventouse orale sur le point qui doit être mordu, et quand elle est bien en train de sucer, on pose doucement la ventouse anale en l'approchant de la ventouse antérieure. On peut encore commencer par fixer la ventouse anale à environ 1 centimètre du point que l'on veut faire mordre, après quoi on cherche à y appliquer la ventouse orale. Osborn, de Dublin, a conseillé de les traverser d'un fil à 8 ou 12 millimètres de leur extrémité postérieure pour les retenir facilement au dehors, lorsqu'on devait les appliquer sur les muqueuses de la cavité buccale. Un fil simplement attaché à la naissance de la ventouse anale nous semble suffire, et il n'est pas nécessaire de les transpercer, ainsi que le recommande Osborn. Enfin, s'il s'agit de les placer au col de l'utérus, on met cette partie à découvert au moyen du spéculum et on les dirige ensuite par le canal de l'instrument.

Les sangsues s'appliquent d'autant plus facilement que la peau est plus fine, plus souple et que les sujets sont plus jeunes. Voilà pourquoi chez les femmes ou les enfants les sangsues mordent toujours avec promptitude : elles tirent beaucoup plus de sang en peu de temps, et leurs plaies saignent plus abondamment. Chez les hommes et les vieillards, au contraire, elles prennent moins facilement; leur morsure est plus petite, moins profonde, et le sang coule avec moins d'abondance.

Malgré toutes les précautions que nous venons de conseiller de prendre, il est quelques sangsues qui refusent obstinément de mordre. Dans ce cas, mais seulement quand il y a urgence, on peut, avec une lancette, faire de petites piqûres qui donnent issue à une gouttelette de sang. Celles qui ne prendraient pas alors devraient être considérées comme étant de mauvaise nature.

Enfin, il est inutile de chercher à appliquer des sangsues aux malades qui suivent un traitement sulfureux; car l'exhalation cutanée les empêcherait de prendre.

3° Soins a prendre pendant l'application. — Lorsque les sangsues sont en train de sucer, il est important de les laisser tranquilles, autrement elles tomberaient et ne prendraient plus, ou du moins elles ne reprendraient que fort difficilement. Au bout d'une heure environ, plus ou moins, elles sont bien gorgées; alors elles se détachent d'elles-mêmes et tombent en laissant une plaie trifide de 1 à 2 millimètres de profondeur et qui continue à saigner.

Afin de faire que la même sangsue tire une plus forte quantité de sang, divers praticiens ont conseillé de couper la sangsue pendant qu'elle est en action ; les uns par le milieu du corps, les autres seulement vers la partie postérieure : le sang coule alors, dit-on, comme dans une saignée. Ce conseil est on ne peut plus mauvais : d'abord parce qu'il empêche la sangsue de continuer son action ; elle tombe et la plaie donne bien moins de sang que si on l'eût laissée tranquille ; ensuite parce qu'une sangsue ainsi mutilée est à jamais perdue. Quelques auteurs ont conseillé de ne faire qu'une seule incision sur le dos, mais l'expérience n'a pas parlé complétement en faveur de ce procédé, qui présente, en outre, une assez grande difficulté dans son exécution. Piégu a cependant obtenu des résultats pratiques assez satisfaisants : il avait indiqué à une infirmière de la Salpêtrière l'endroit où il fallait inciser le dos, et elle était arrivée à un degré d'habileté telle, que la sangsue, le plus souvent, continuait à sucer. Mais les incisions que l'on fait aux sangsues sont, dit-on, très difficilement guérissables, et l'on se trouve ainsi perdre des animaux qui peuvent, comme nous le verrons plus loin, rendre encore de nombreux services par leur réapplication ou par leur reproduction. D'ailleurs, nous allons voir qu'une sangsue qui tombe laisse une ouverture par où s'échappe une quantité de sang d'autant plus grande, que les soins sont mieux dirigés vers ce but.

Quelquefois même on trouve utile d'arrêter la succion des sangsues, et pour y arriver on use de divers moyens. C'est ainsi que l'on a coutume de les saupoudrer de sel, de tabac, de cendres; quelques auteurs ont conseillé le vinaigre, le vin, le jus de citron, le nitrate d'argent, l'urine, etc. Aldrovande parle de l'aloès pulvérisé, de la laine et de la soie brûlées. Enfin on peut encore arrêter leur action en leur pinçant la queue. Tous ces moyens, quelque bons qu'ils soient, ne valent pas la chûte naturelle des sangsues; car les irritants que l'on emploie agissent toujours sur ces animaux en leur faisant dégorger une certaine quantité du sang qu'elles ont avalé et auquel peuvent se trouver des substances capables d'irriter et d'enflammer la piqûre. Si l'on tenait absolument à faire tomber une sangsue, le meilleur moyen serait encore de soulever doucement la lèvre supérieure avec la lame d'un canif, de manière à faire entrer l'air entre la peau et la ventouse.

Les personnes auxquelles on applique des sangsues ressentent de temps à autre, pendant la succion, des douleurs très vives, mais très courtes, isolées les unes des autres et quelquefois un peu lancinantes, que S. Bonnet a comparées à une étincelle électrique qui traverserait la plaie de dehors en dedans, et qu'il faut sans doute attribuer au jeu des mâchoires sur les fibres nerveuses pendant la succion.

On assure que les piqûres faites dans l'eau sont bien moins douloureuses, et qu'elles font souvent moins de mal que la piqûre d'une puce.

Selon Vitet, cette succion détermine aux environs de la blessure une rougeur et une tuméfaction à peine sensibles dans les premiers temps, mais très visibles vers la fin de la succion.

Pour éviter que la douleur n'augmente par le poids des sangsues à mesure qu'elles se remplissent, il faut appuyer leur corps et leur ventouse anale sur un coussinet, de manière que tout leur poids ne tire plus sur la plaie (Vitet).

4° Soins a prendre après l'application. — Lorsqu'après la chute naturelle des sangsues on veut entretenir l'écoulement du sang, on recouvre les piqûres d'un cataplasme émollient quelconque, en ayant soin de choisir pour le faire des farines fraîches et pures, afin d'éviter l'inflammation des plaies. On peut encore se servir de compresses imbibées d'eau tiède que l'on renouvelle de temps à autre, ou bien encore plonger les morsures dans un bain, ou diriger sur elles de l'eau en vapeur, ou enfin poser une ventouse au-dessus d'elles. Mais le bain et le cataplasme sont les deux moyens le plus fréquemment employés et desquels on tire ordinairement de grands avantages.

Quand, au contraire, on veut arrêter l'écoulement du sang, le plus souvent on recouvre les piqûres avec de l'amadou ou du linge brûlé que l'on fixe solidement à l'aide d'une bande de toile. On emploie encore assez communément les toiles d'araignée ou la charpie de toile fine. On se sert quelquefois aussi de poudres de tan ou de plâtre, de bois vermoulu et de râpure de vieux feutre (Derheims). Toutes ces substances agissent en retenant sur les plaies une certaine quantité de sang qui, en se coagulant, forme un petit tampon qui obstrue les blessures.

Quand ces moyens ne réussissent pas, on a recours à la térébenthine ou à des poudres plus ou moins hémostatiques de colophane, de résine de pin, de sang-dragon, ou bien encore aux poudres de gomme arabique, de tabac, d'alumine, de terres argileuses ou autres poudres absorbantes qui, en s'agglomérant par la chaleur ou faisant pâte avec le sang, obstruent l'orifice des morsures. Lastelle recommande le sous-carbonate de fer comme un des meilleurs moyens pour arrêter l'écoulement du sang; et W. Eccles, de Londres, conseille l'usage du *matico*, plante astringente.

On a aussi, souvent avec succès, fait usage de liquides acides qui vont coaguler le sang dans la plaie même, qui se trouve ainsi bouchée comme par les moyens précédents. C'est dans ce but que l'on peut employer le vinaigre, l'acide sulfurique affaibli, la dissolution de sulfate d'alumine et de potasse, l'alcool, ou certaines teintures (baume du commandeur, teintures de quinquina, ratanhia, etc.) Les dissolutions de sulfates de fer, de cuivre, de plomb, agissent à peu près de la même manière, en y aidant encore sans doute par leurs propriétés astringentes ou styptiques.

Le perchlorure de fer liquide, les eaux hémostatiques de Brocchieri et de Pagliari sont quelquefois employés aux mêmes usages.

L'emploi moins fréquent de compresses de toile fortement chauffées ou d'un petit sac de son bien chaud ne réussit bien, sans doute, qu'autant que la chaleur sera assez forte pour coaguler le sang.

Tous les moyens que nous venons d'indiquer sont parfois insuffisants. Alors on a recours à la compression, à l'introduction forcée d'un petit morceau de papier mâché (de Lens) ou d'amadou coupé en fragments (Carré), à l'application de fragments de caoutchouc fondu et maintenu à l'aide de sparadrap (Berthold de Gœttingue); à la cautérisation avec le nitrate d'argent fondu ou avec une épingle ou un stylet de fer rougi que l'on introduit dans la plaie. On peut encore avoir recours à la suture, suivant le conseil qu'en a donné Lowenhard.

On peut aussi faire usage de petits ronds de carte de la largeur d'un centime, que l'on applique sur la peau après l'avoir lavée; on les maintient avec les doigts pendant une ou deux minutes, et l'on prend garde d'emporter la carte en retirant les doigts (W. Gosset, de Londres).

Carré, pharmacien à Bergerac, a indiqué la méthode suivante comme réussissant bien, même lorsque la compression ne réussit pas et pour éviter l'emploi de moyens plus violents et plus douloureux. Il coupe ou déchire l'amadou en fragments de la grosseur d'une tête d'épingle. De la main gauche il essuie avec le doigt la piqûre qu'il veut arrêter, et il appuie en la tirant légèrement sur l'un des côtés pour la rendre béante; alors, de la main droite il ajuste rapidement l'amadou dans la piqûre, qu'il abandonne à elle-même pour qu'elle se contracte. Il maintient l'amadou avec le bout des doigts jusqu'à ce que toutes les piqûres soient bouchées, et il les tamponne avec un linge, afin que l'amadou ne soit pas expulsé par le sang qui arrive. (*Répert. de pharm.*, janvier 1849.)

On a imaginé un instrument qui saisit et comprime les plaies des sangsues, mais dont l'usage n'est pas très commode. Il vaut mieux, ainsi que le font quelques chirurgiens, se servir d'un fil de fer courbé en pince et dont les bouts sont un peu aplatis (Moquin-Tandon).

Enfin W. Saxton, de Londres, conseille de traverser la peau, par-dessous la morsure, avec une aiguille fine, puis d'entourer cette aiguille d'un fil de soie, de manière à former l'espèce de suture connue en chirurgie sous le nom de *sutura circumvoluta*.

Peu de temps après la chute des sangsues, les bords et les environs de la morsure sont tuméfiés et tendus; les vaisseaux sanguins sont dilatés, et à mesure que l'on s'éloigne du moment de la succion, la tuméfaction, la chaleur, la rougeur et la tension augmentent depuis douze heures jusqu'à quarante-huit heures; les artères continuent à battre avec plus de force que celles des parties éloignées. Puis la plupart de ces symptômes diminuent peu à peu; les environs de la morsure prennent une teinte violacée qui passe à la couleur jaune; celle-ci s'efface par degrés insensibles, quelquefois au bout d'une quinzaine de jours seulement. Enfin, quand le caillot et la coloration dont nous venons de parler ont disparu, on trouve à leur place une cicatrice triangulaire qui, quelques mois après, paraît plus blanche que le reste des téguments, et se maintient ainsi pendant un grand nombre d'années (Vitet).

Lorsqu'après l'application des sangsues il survient une inflammation, on la traite par des émollients. Quelquefois il se produit quelques points de suppuration, et même des érysipèles peuvent se développer, mais on a constaté que ces accidents n'avaient rien de dangereux. Néanmoins l'application répétée du vinaigre, d'une solution de chlorhydrate d'ammoniaque, ou des embrocations faites avec parties égales d'acétate d'ammoniaque et d'alcool camphré avec un centième de teinture d'opium, ont été employées avec succès. Enfin, s'il se produisait quelques engorgements indolents, comme cela arrive parfois chez les lymphatiques, on les traiterait par les liniments résolutifs ou les substances aromatiques.

Les piqûres fatiguent souvent beaucoup par leur démangeaison; on emploie pour les faire cesser les émollients et les opiacés, mais ces moyens sont quelquefois incertains : alors, suivant le conseil de S. Bonnet, on pourrait appliquer de nouvelles sangsues.

5° Dangers que présente l'application des sangsues. — Nous n'avons pas à nous occuper ici des dangers que présente sur un malade une application inopportune de ces animaux, mais seulement examiner si les sangsues par elles-mêmes sont à redouter, soit parce qu'elles pourraient être considérées comme venimeuses, ou parce qu'elles pourraient laisser dans la plaie qu'elles font des corps étrangers capables de déterminer des accidents.

Dioscoride dit qu'il y a du danger à avaler les sangsues, et conseille, dans ce cas, la saumure ou des feuilles de serpitium ou de bette avec du vinaigre. Pline dit aussi que si les éléphants avalent quelques sangsues, leur piqûre cause à ces animaux des souffrances très vives qu'il attribue à l'action mécanique qui précède la succion. Celse dit aussi : « *Si sanguisuga epota est, acetum cum sale bibendum est.* » Ainsi, même à l'époque où vivaient ces trois savants, la sangsue n'était pas considérée comme venimeuse, et nous ne sachions pas que depuis on ait eu l'idée de la faire passer pour telle. Toutefois Pline raconte qu'un chevalier romain, Messalinus, mourut pour s'être appliqué des sangsues au genou, mais sans donner des détails qui puissent faire croire que la mort dût véritablement être attribuée aux sangsues. Ce qu'il y a de certain, c'est que cet auteur pensait que ces annélides, dans quelques circonstances, ne pouvaient plus détacher leur ventouse de la peau qu'elles avaient entamée, et Weser dit qu'arrachées avec force, lorsqu'elles sont appliquées, elles peuvent laisser la tête ou les mâchoires « *dentes aut capites* », ce qui produit des ulcères difficiles à guérir.

Les blessures faites par les sangsues sont quelquefois si douloureuses et si longues à guérir, que des plaintes ont été portées au préfet de police qui a dû consulter à cet égard le conseil de salubrité de Paris. Pelletier et Huzard fils, nommés pour s'occuper de cette question, ont adressé à l'Académie royale des sciences un mémoire qui a été l'objet d'un rapport fait par Latreille et Duméril. L'Académie a adopté (janvier 1825) les conclusions de ce rapport, qui portait surtout sur les deux questions suivantes :

1° Quelle est la cause qui, dans certains cas, rend fort

difficiles à guérir les petites plaies produites par ces animaux?

2° Quelles sont les circonstances qui font que certaines sangsues ne piquent pas la peau sur laquelle on les applique?

Nous avons autre part fait connaître ces circonstances; il est donc inutile d'y revenir.

Il résulte de toutes les recherches qui ont été faites par les auteurs du mémoire, que la nature de la maladie ou le tempérament du malade sont autant de causes qui font que les plaies peuvent s'envenimer. Mais Vitet a remarqué que lorsque l'on tourmente les sangsues, qu'on les presse entre les doigts, qu'on leur jette du sel, des acides, des alcalis ou des liqueurs alcooliques sur le corps, elles vomissent les matières contenues dans leur estomac, auxquelles parfois se trouvent des matières animales en putréfaction. Pelletier et Huzard, qui ont reconnu la vérité de ces observations, admettent que c'est aussi une des causes qui déterminent l'inflammation des morsures et leur lente guérison. Derheims dit avoir appliqué cette matière en putréfaction en quantité très faible sur des plaies faites par des sangsues bien choisies et bien saines, et qu'une inflammation considérable s'était déclarée, tandis que d'autres piqûres faites par les mêmes sangsues, mais sur lesquelles la matière putrescible n'avait pas été mise, se sont très promptement cicatrisées.

Derheims avance que les dents des sangsues sont si flexibles qu'elles se brisent facilement, et qu'elles restent dans la plaie à peu près comme l'aiguillon d'une guêpe, lorsque l'on cherche à les détacher brusquement; « alors, dit-il, les dents qui restent dans la plaie y déterminent une inflammation difficile à guérir. » Mais nous avons vu que cet auteur ne s'était pas fait une idée exacte de la nature des dents, et quoi qu'il y ait encore bon nombre de médecins qui partagent cette erreur, il faut reconnaître pourtant que toutes ces assertions reposent sur des faits mal observés. En effet, les mâchoires des sangsues sont si fortement attachées à la bouche, qu'il n'est pas possible qu'elles les laissent dans les plaies, soit qu'on arrache ces animaux au moment où ils mordent avec le plus de force, soit qu'on les oblige à se détacher au moyen du sel ou du tabac mis sur leur peau (Vitet); et si parfois les morsures s'enflamment et suppurent, il est mieux de l'attribuer à la disposition inflammatoire de quelques maladies, ou à l'altération de la peau dans les affections cancéreuses (Mayor), ou à l'introduction dans la plaie de matières étrangères provenant soit de la sangsue elle-même, soit de cataplasmes que l'on pose sur les plaies après la chute des sangsues.

Les plus grands dangers que puissent présenter les sangsues naîtraient de leur introduction dans les ouvertures naturelles du corps. Celse, Dioscoride, Pline, Zacutus Lusitanus et un grand nombre d'autres écrivains anciens et modernes, ont indiqué les accidents qui surviennent à la suite de cette introduction.

Les sangsues ne sont pas les seuls hirudinés auxquels on doive attribuer ces sortes d'accidents, car la sangsue de cheval (*Hæmopis sanguisuga*) est celle qui les cause le plus souvent. C'est surtout par les voies digestives que ces animaux s'introduisent; alors ils se fixent soit au gosier, soit au pharynx ou à l'œsophage, ou bien ils pénètrent jusque dans l'estomac, et, au dire d'Aulagnier, de Bégin, de Guyon, etc., ils peuvent déterminer les plus graves maladies. Dans ce cas, il faut chercher à les retirer au moyen de pinces, ou recourir à l'usage de l'eau salée ou vinaigrée. Le vin, en pareil cas, a été conseillé par Double, et, selon Lalouette, les habitants de la campagne, en Bourgogne, avalent un breuvage fait avec 100 grammes de vin, 100 grammes d'eau et 4 grammes de sel. Enfin quelques auteurs, avec Zwinger, ont recommandé l'emploi des vomitifs.

Lorsque ces animaux se sont introduits dans le larynx, les fosses nasales, le rectum ou le vagin, on se sert d'injections ou de lavements salés ou acidulés. Enfin, s'ils pénétraient dans les voies aériennes, on ferait usage de fumigations irritantes, et même on pratiquerait la trachéotomie, si le danger était imminent (Moquin-Tandon).

6° QUANTITÉ DE SANG SUCÉE PAR LES SANGSUES. — Les sangsues présentent, dans l'usage que l'on en fait en médecine, des inconvénients qui résultent de l'incertitude où l'on est toujours de savoir au juste la quantité de sang qu'elles peuvent absorber. Il n'est évidemment pas indifférent de tirer d'un individu une quantité de sang qui peut différer du simple au double, et pourtant c'est à quoi l'on est exposé par l'usage des sangsues. Tous les médecins sont tellement pénétrés de cette vérité, que depuis longtemps déjà ils ont cherché à établir la quantité de sang que telle ou telle sangsue pouvait absorber. Tyson a comparé la sangsue au ver à soie qui dévore en une journée un poids de feuilles plus grand que celui de son corps, et en parlant de la sangsue, il dit que c'est un animal qui *mange plus pesant que lui dans un seul repas*.

Rai paraît être le premier qui ait cherché à établir le rapport du poids de la sangsue avec le poids du sang absorbé, et il prétend qu'une sangsue médicinale pesant 3 grammes environ peut sucer à peu près 6 grammes de sang. D'après S. Bonnet, les sangsues prennent en moyenne de 6 à 9 grammes de sang, et comme il s'en écoule autant après leur chute, quand la plaie est abandonnée à elle-même au contact de l'air, il en résulte que chaque sangsue fait perdre au malade 12 à 18 grammes de sang. Selon Dillenius, une sangsue de taille ordinaire absorbe de 7 à 11 grammes. Cette quantité serait de 9 à 10 grammes, d'après Valmont de Bomare; de 12, suivant Bach; de 12 à 25, au dire de Johnson; de 25 environ, selon Weser. Vitet dit qu'elles en sucent jusqu'à 30 et même 45 grammes, mais en général il évalue à 30 grammes le sang qui sort de chaque piqûre faite par une sangsue vigoureuse et affamée qu'on laisserait saigner environ deux heures ou deux heures et demie; enfin Derheims assure aussi qu'une sangsue de moyenne grosseur pesant 4 grammes tire 28 à 30 grammes de sang.

Braun admet qu'une petite *Sangsue médicinale* suce trois fois son poids de sang et une adulte deux fois seulement.

La question nous paraît assez importante pour que nous rapportions ici les résultats suivants extraits d'une lettre d'Alphonse Sanson, adressée à Chevallier :

« J'ai pris 40 sangsues chez M. J. Martin. Il y en avait 10 grosses, 10 moyennes, 10 petites-moyennes et 10 de celles que l'on appelle des filets.

Le poids de dix grosses égalait. . . . . . . 30 grammes.
Celui des grosses-moyennes. . . . . 12 gr. 50
Celui des petites-moyennes. . . . . 7 gr.
Celui des filets . . . . 5 gr.

D'où le 1,000 de grosses égale. . . . . . . 3 kilogrammes.
Celui des grosses-moyennes . . . . 1 kil. 250
Celui des petites-moyennes. . . . . 0 kil. 700
Celui des filets. . . . . 0 kil. 500

» Il résulte encore que :

Le poids d'une grosse sangsue égalait. . . . 3 grammes.
Celui d'une grosse-moyenne. . . . . 1 gr. 25
Celui d'une petite-moyenne. . . . . 0 gr. 70
Celui d'un filet . . . . 0 gr. 50

» J'ai fait appliquer en ma présence un nombre égal de sangsues prises dans chacune des catégories ci-dessus et les ai pesées lorsqu'elles se sont spontanément détachées. Les résultats obtenus ont été les suivants :

CATÉGORIES QUANT AU VOLUME.	NOMBRE	POIDS avant L'EXPÉRIENCE.	POIDS après L'EXPÉRIENCE	DIFFÉRENCE ou poids DU SANG ABSORBÉ.
		gram.	gram.	gram.
Grosses.	10	30,00	190,00	160,00
Grosses-moyennes.	10	12,50	96,00	83,50
Petites-moyennes .	10	7,00	40,00	33,00
Filets	10	5,00	24,12	19,12

» Ainsi, la quantité moyenne de sang absorbé par une grosse sangsue a été de 16 grammes, ce qui établit le rapport suivant entre la quantité de sang absorbé et le poids de la sangsue :

Les grosses ont absorbé. 5,33 ou 5 fois 1/3 leur poids environ ;
Les grosses-moyennes. . 6,69 ou près de 7 fois leur poids ;
Les petites-moyennes. . 4,7 ou environ 4 fois 2/3 leur poids ;
Les filets . . . . 3,8 ou 3 fois 4/5 leur poids.

Moquin-Tandon a expérimenté sur 20 sangsues de chacune des catégories suivantes :

20 sangsues.	Poids des 20.	Sang absorbé.
Petites.	11	27
Petites-moyennes.	15	61
Grosses-moyennes.	29	150
Grosses.	58	295

Ce qui donne à peu près le rapport suivant :

Les petites ont absorbé. . . . . 2 fois 1/2 leur poids.
Les petites-moyennes. . . . . . 4 fois.
Les grosses-moyennes . . . . . 5 fois 1/2.
Les grosses. . . . . 5 fois 1/11.

D'après cela, on peut reconnaître que chaque grosse sangsue tire en moyenne 15 grammes. Selon Alph. Sanson, la quantité de sang sucé serait de 15 grammes 3/4, et l'auteur de la *Cinquième lettre alsacienne* dit qu'elle est de 16 grammes. Si les sangsues prenaient et se gorgeaient toutes d'une manière aussi régulière, on pourrait savoir à peu de choses près combien on doit appliquer de sangsues pour tirer une quantité donnée de sang. Malheureusement il n'en est pas ainsi, parce qu'il est à peu près impossible de tenir compte de toutes les circonstances qui s'opposent à ce qu'une sangsue prenne et se gorge bien. Cependant en appelant l'attention des praticiens sur toutes les circonstances qu'il nous est donné de connaître, on peut, jusqu'à un certain point, restreindre les plus fâcheuses, et partant avoir des données plus certaines sur le nombre de sangsues à appliquer, eu égard à la quantité de sang que l'on veut tirer.

On sait, par exemple, que toutes les sangsues, à poids égal, ne tirent pas la même quantité de sang, et qu'il y a des espèces ou des variétés qui sont plus avides que d'autres ; en voici la liste, d'après l'ordre de leur plus grande avidité connue :

La sangsue grise, dite *hongroise;*
— — *landaise;*
— verte;
— obscure ;
— truite, dite *dragon ;*
— mysomélas;
— du Sénégal.

La sangsue *hongroise* et la sangsue *landaise* nous ont paru tirer à peu près la même quantité de sang; toutefois, avec un léger avantage en faveur de la sangsue hongroise. Selon Moquin-Tandon, la variété *verte* absorbe plus que la variété *obscure*, et la sangsue *truite*, comparée à la sangsue médicinale, suce dans le rapport de 6 à 7. La sangsue mysomélas, comparée à la sangsue médicinale par Sérullas, a donné le rapport de 1 à 2, qui est aussi celui qui a été établi pour la sangsue du Sénégal. Voilà pour ce que l'on sait touchant l'avidité plus ou moins grande des espèces ou des variétés.

Relativement à la même espèce ou la même variété, on a pu remarquer qu'il y en avait qui prenaient immédiatement, tandis que d'autres ne prenaient qu'au bout d'un temps plus ou moins considérable, et, en général, celles qui prennent le plus tôt sont aussi celles qui absorbent davantage. Il est donc extrêmement probable qu'il y a des moments ou des jours où, toutes choses égales d'ailleurs, l'appétit d'une même sangsue est plus développé, et telle sangsue qui ne prend pas bien un jour aurait beaucoup mieux mordu la veille ou le lendemain. Il y a donc une disposition particulière de l'animal que nous ne sommes pas maîtres de faire naître ou de suspendre, et qui sera pour la pratique un grave sujet de déception.

Maintenant nous observons que les sangsues nourries ne prennent pas aussi bien que les sangsues affamées ; mais celles qui ont subi un trop long jeûne prennent peut-être moins bien encore. Comment saisir la limite qui sépare ces deux différences extrêmes? Heureusement que, par cela même que la digestion de ces animaux est très lente, le développement, puis la perte de leur appétit sont très lents aussi et que l'échelle entre la nourriture et l'extrême jeûne est assez étendue pour que l'usage que l'on fait de ces animaux ait pu les faire employer dans l'intervalle de ces deux limites.

Nous avons pu voir que le parcage et la purification ont pour effet de laisser les sangsues sans nourriture pendant un temps plus ou moins long, de sorte que lorsqu'elles arrivent dans les magasins de détail, à moins qu'elles n'aient été gorgées par fraude, elles sont dans un état de vacuité qui fait qu'elles pourraient alors très bien mordre; mais quand on les conserve trois, quatre, cinq ou six mois dans de l'eau pure, elles perdent de leur poids, elles s'affaiblissent et subissent très probablement un commencement de maladie qui, plus tard, se développera et les fera mourir, alors que le praticien le plus habile n'y reconnaîtra rien. Eh bien! ces sangsues ne prendront pas bien, ou si elles mordent, ce sera sans vigueur, elles se gorgeront mal, et, comparées à d'autres sangsues de même variété qui sortent des marais, elles paraîtront bien certainement de qualité inférieure. Quelles conclusions tirer de cette petite discussion? les voici : il nous semble que chaque pharmacien, chez qui seulement on devrait pouvoir prendre les sangsues, devrait avoir un petit marais artificiel où il jetterait les sangsues qu'il conserve depuis quelque temps et qui devraient être considérées comme trop faibles pour l'usage; rendues à leur milieu naturel, elles se fortifieraient, et repêchées plus tard, elles se retrouveraient dans les conditions des excellentes sangsues.

Au reste, en choisissant les sangsues comme nous l'avons dit précédemment, on diminuera encore les circonstances d'une application incertaine, quant à la quantité possible de sang tiré.

Si toutes les sangsues se gorgeaient toujours proportionnellement à leur poids, on se trouverait bien de suivre le conseil de Moquin-Tandon, qui consiste à prescrire un poids donné de sangsues; mais tout ce que nous venons de dire fait aisément reconnaître que l'on pourrait bien souvent être induit en erreur. Ce savant nous paraît dire une chose plus utile en ajoutant : « Si l'on voulait déterminer beaucoup de points d'irritation et prendre peu de sang, on donnerait des sangsues de petite taille, et l'on se servirait des grosses et surtout des grosses-moyennes, quand on voudrait agir d'une manière absolument contraire. »

Si enfin le médecin tenait à tirer d'un malade une quantité précise de sang, il lui serait possible d'arriver à ce résultat de la manière suivante : il commencerait par mettre en pratique cette maxime bien connue : *qui peut le plus, peut le moins*. Par conséquent, il débuterait par faire appliquer, après les avoir pesées, un nombre de sangsues plus grand que celui qu'il supposerait être strictement nécessaire. En les pesant de nouveau, dès qu'elles seraient détachées, il aurait une différence qui indiquerait un premier poids de sang tiré; d'un autre côté, il recueillerait dans un vase le sang qui s'échappe des morsures, il le pèserait et il arrêterait la sortie du sang aussitôt que la quantité qu'il voulait extraire se trouverait complétée par l'écoulement. Au lieu de vase, il pourrait se servir de compresses sèches ou mouillées avec de l'eau chaude, mais parfaitement exprimées et dont on aurait pris le poids auparavant pour qu'en les pesant ensuite on pût reconnaître le poids du sang qui les imbibe. Heureusement que l'on n'est pas obligé de porter l'exactitude jusque-là (Vitet), et pourvu que l'on ait soin de tenir compte de l'âge, du sexe, du tempérament du sujet, ainsi que de la partie où elles doivent être appliquées, on n'a plus qu'à désigner le nombre, la grosseur et l'espèce de sangsue et le temps que les morsures doivent être entretenues saignantes après la chute de ces annélides.

7° NATURE DU SANG ABSORBÉ PAR LES SANGSUES. — Le sang

absorbé par les sangsues est-il le même que celui qui provient de la saignée? Quoique les auteurs que nous avons compulsés ne nous paraissent aucunement avoir traité cette question, nous croyons cependant qu'il existe quelques observations qui peuvent permettre de la résoudre plus ou moins complétement.

On a depuis longtemps remarqué que le sang ne subissait aucune modification dans les poches stomacales des sangsues (Spix, Oken, Thomas, etc.) et qu'il ne se corrompait pas (Morand), et depuis que l'on s'est mis à pratiquer en grand le dégorgement de ces animaux, on a pu s'assurer que ce sang possédait des propriétés que ne présente pas celui que l'on tire d'une veine; ainsi, tandis qu'il se fait un départ du cruor et du sérum dans le sang extrait d'une veine, le sang qui a passé par le canal digestif de la sangsue se trouve tellement modifié, qu'il reste toujours fluide, homogène, sans coagulation, et le sérum reste toujours intimement uni au cruor.

Le temps nécessaire à cette modification est réellement inappréciable, ainsi que nous l'avons observé. Nous avons soumis au dégorgement des sangsues aussitôt après leur chute, et le sang ne s'est jamais coagulé, même après vingt-quatre ou quarante-huit heures. Nous avons fait faire des incisions sur le dos de ces annélides pendant leur application, et le sang qu'elles absorbaient, recueilli dans un vase, ne s'est pas coagulé plus que celui que nous avions obtenu par le dégorgement : il était seulement plus liquide et plus vermeil. Au contraire, celui qui s'échappait de la blessure ne tardait pas à former un caillot assez dense. Il est possible que ces observations que, pressé par le temps, nous n'avons pas pu répéter suffisamment, aient besoin d'être faites de nouveau ; mais il n'en reste pas moins acquis pour la science ce fait certain, que le sang obtenu par le dégorgement des sangsues est très modifié et bien différent, quant à la coagulation, de celui obtenu même de la morsure libre de ces animaux. A quoi tient donc cette modification? Faut-il l'attribuer, comme nous l'avons dit autre part (1), à une action catalytique de la muqueuse de l'estomac de ces hirudinés? ou bien à des matières qui se trouvent dans l'estomac même ou qui seraient sécrétées par les poches digestives? ou bien encore vaut-il mieux admettre que la sangsue tire avec le sang des liquides animaux qui posséderaient eux-mêmes la propriété de rendre le sang incoagulable? Le mouvement du sang dans les veines et dans les artères suffit pour entretenir sa fluidité et son homogénéité, et l'on serait en droit de penser que le mouvement péristaltique des estomacs de la sangsue pourrait avoir sur le sang un effet analogue; mais lorsque le sang est sorti par dégorgement d'une sangsue, le mouvement cesse et le sang devrait se séparer, et c'est ce qu'il ne fait pas. Évidemment il y a là un point de la question à éclairer.

En attendant, nous pouvons toujours constater que le sang tiré par une sangsue ne doit pas être formé seulement par le sang veineux; car la sangsue coupe quelquefois en même temps que les rameaux déliés des veines, des artérioles (Vitet) qui doivent, par succion surtout, donner une assez grande quantité de sang artériel. Les vaisseaux lymphatiques sont assez répandus dans toutes les parties du corps pour qu'il soit permis de penser que la lymphe entre quelquefois pour une quantité plus ou moins considérable dans le sang absorbé par une sangsue. Enfin, entre les vaisseaux veineux, artériels et lymphatiques, il y a une masse plus ou moins grande de tissu cellulaire baigné par une matière fluide qui pourrait bien aussi, quoiqu'en petite quantité, se retrouver dans le sang tiré par une sangsue. D'où il résulte que, tandis que la saignée n'agit que sur les veines, les sangsues peuvent quelquefois agir simultanément sur des ramuscules veineux, artériels et lymphatiques, et sous ce rapport agir d'une manière bien différente de la saignée.

Toutefois O. Reveil a avancé que le sang des capillaires tiré par les sangsues a absolument la même composition que

(1) Voyez *Digestion*.

le sang veineux, et qu'obtenu par le dégorgement de ces animaux, il était seulement exempt de fibrine.

Bdellomètres. — Les ventouses scarifiées peuvent avoir un effet plus ou moins analogue à celui des sangsues, et, sous ce rapport, on peut, jusqu'à un certain point, les assimiler à ces instruments qui ont pris les noms de *Bdellomètre* (Sarlandière), *Sangsue artificielle* (*artificial Leech*) des Anglais, *Sangsue mécanique* ou autres. Ces instruments, qui varient par leur forme ou leur grandeur, se ressemblent à peu près tous sous le rapport mécanique. Comme exemple de l'un d'eux, nous donnons la description de l'*artificial Leech*. Cet instrument est formé d'une ventouse de verre, surmontée d'un corps de pompe de cuivre avec un piston de même métal et garni de petites lancettes de damas, à détentes qui produisent une plaie trifide comme celle des sangsues. On a tour à tour essayé de faire réussir l'usage de ces instruments; mais, comme ils ne remplissent que fort imparfaitement les fonctions des sangsues, ils ont été aussitôt abandonnés, et l'emploi de ces animaux reste toujours à peu près le même.

Voici, d'après Vitet, les avantages et les inconvénients comparatifs de la ventouse scarifiée avec les sangsues (1).

« Les effets de la ventouse scarifiée approchent beaucoup plus des effets de la sangsue que ceux de la saignée par la lancette; cependant les effets de la ventouse et ceux de la sangsue diffèrent entre eux :

» 1° La douleur produite par les scarifications, faites avant l'application de la ventouse, n'est pas de si longue durée que la douleur par les morsures des sangsues;

» 2° La tuméfaction des téguments est plus considérable et plus douloureuse pendant l'action de la ventouse que durant la succion de la sangsue;

» 3° Tant que la ventouse agit, le sang sort ordinairement en plus grande abondance des plaies que des morsures pen-

(1) *Traité de la sangsue médicinale*, par Louis Vitet (1809), pages 330 et suivantes.

dant la succion des sangsues ; mais aussitôt que la ventouse est enlevée, le sang coule ordinairement en plus petite quantité des plaies que des morsures des sangsues après leur chute; à moins que les lancettes à scarification n'aient entamé des veines considérables ;

» 4° Dès que la ventouse est séparée des téguments, la portion ventousée perd de sa chaleur, de sa rougeur, et principalement de son gonflement ; au contraire, après la chute des sangsues, la tuméfaction, la chaleur et la rougeur des bords des morsures et des environs s'accroissent ;

» 5° Pendant l'action de la ventouse, ses bords compriment avec force la partie des téguments à laquelle la ventouse adhère, au lieu que les sangsues, en mordant ou en suçant, n'exercent sur les téguments aucune espèce de compression par leur queue et n'empêchent point le sang de se porter en grande quantité et avec vélocité dans les vaisseaux qui avoisinent les morsures ;

» 6° L'irritation causée par les sangsues se soutient beaucoup plus longtemps après leur chute que l'irritation produite par les scarifications et la ventouse ;

» 7° La quantité de sang tirée par les ventouses peut être fixée : la quantité de sang tirée par les sangsues n'est pas toujours soumise à la volonté du praticien. Souvent ces insectes sucent peu de sang, et, après leur chute, il ne sort des morsures qu'une petite quantité de sang, lorsqu'il en faudrait une évacuation abondante.

» Enfin, les ventouses scarifiées, pendant tout le temps de leur action, raniment davantage les forces vitales et musculaires que les sangsues; mais, après la morsure et la succion des sangsues, les forces vitales et musculaires se soutiennent plus longtemps au degré qu'elles viennent d'acquérir qu'après l'éloignement des ventouses. »

Il est aisé de reconnaître que tous les avantages et tous les inconvénients, que nous venons de reconnaître à la ventouse scarifiée, doivent aussi se retrouver dans tous les bdellomètres.

B. — *Réapplication des Sangsues.*

On a été longtemps dans l'usage de jeter comme inutiles les sangsues qui avaient déjà servi, parce que l'on avait reconnu qu'elles ne pouvaient plus reprendre. C'est qu'en effet les sangsues gorgées n'ont plus cet appétit vorace qui les caractérise, et alors elles sont toujours dans un état d'engourdissement très prononcé ; c'est qu'aussi elles mettent un temps très long pour digérer le sang qu'elles ont absorbé et que, pour cela, leur repos dans la terre est à peu près indispensable; c'est qu'enfin lorsque l'on cherche à garder dans l'eau les sangsues gorgées, ou bien elles meurent le plus souvent au bout de quelque temps, ou bien elles exigent des soins constants que l'on ne peut pas toujours leur donner.

Depuis longtemps pourtant on a pu observer que, dans les campagnes ou les petites villes de nos départements, on conserve avec soin les sangsues qui ont servi pour les prêter ou les louer, et dans les Basses-Alpes, la Haute-Garonne (Moq.-Tand.), la Normandie, etc., on voit souvent les sangsues aller ainsi porter leur service de maison en maison. Mais c'est surtout dans les colonies et au Brésil où les sangsues sont d'un prix très élevé que cet usage se trouve généralement répandu.

Par ces exemples, il est démontré que les sangsues peuvent servir plusieurs fois, et depuis quelque temps déjà la réapplication des sangsues se pratique journellement dans beaucoup d'hôpitaux civils et militaires, et l'administration a trouvé, dans les moyens employés pour faire resservir ces annélides, des économies véritablement très importantes.

Mais la réapplication n'est possible qu'autant que la faim se fait sentir chez ces animaux, et ce sentiment ne revient que lorsque leur estomac ne contient plus ou presque plus d'aliments. Pour arriver à ce but, la nature emploie la digestion, et l'art emploie le dégorgement. C'est donc sous ces deux points de vue qu'il convient d'examiner cette question importante.

1° *Digestion.*

Nous avons déjà traité de la digestion sous le rapport physiologique, page 174 ; nous n'en parlons ici que comme moyen d'arriver à la réapplication des sangsues.

Quand les sangsues sont gorgées, si on les remet dans des marais naturels ou artificiels, elles s'enfoncent dans la terre pour y digérer tranquillement, et ce n'est que très longtemps après, six ou huit mois, dit-on, qu'elles ont complétement digéré et qu'elles sont bonnes à la réapplication. Pour arriver facilement à ce but, Pallas a conseillé, un des premiers, de les placer dans des bassins construits tout exprès pour les faire digérer, et dont les modes de construction sont les mêmes que ceux dont nous avons déjà parlé (1). Pour éviter l'action irritante du sable et de la cendre à l'aide desquels on faisait dégorger les sangsues, cet auteur conseille de les placer dans de l'argile continuellement humectée par un filet d'eau. A l'aide de ce moyen, il a fait servir plusieurs fois ces annélides. Mais pour obtenir des résultats aussi heureux que possible, il faut observer que ces animaux ne sont ni essentiellement aquatiques, ni exclusivement terrestres, et, pour cette raison, il faut construire pour eux des petits marais artificiels où ils puissent, selon leur besoin, se trouver dans l'eau ou dans la terre. Nous avons donné, à l'article *Conservation*, la description d'un petit *marais portatif* que l'on pourrait très avantageusement employer pour cet objet.

Selon Bouchardat, qui s'est particulièrement et avec succès occupé de cette question, la meilleure méthode à suivre, consiste à placer les sangsues gorgées, pendant cinq ou six mois, dans des réservoirs glaisés et de les conserver, pendant un autre mois, dans de l'eau pure.

En 1825, à l'hôpital militaire de Bayonne, on a mis dans

(1) Voyez *Construction des marais et réservoirs.*

un bassin 9,245 sangsues ayant servi aux mois de juin et juillet, et, vers la fin de l'année, 7,145 sangsues de bonne qualité ont pu être réappliquées.

Le 1er avril 1831, Chatelain a mis 12,000 sangsues gorgées dans un bassin peuplé de plantes aquatiques et alimenté par un mince filet d'eau. Quatre mois et demi après, le bassin fut vidé et l'on retira 4,600 individus se roulant en olive et très propres à être réemployés, quoiqu'ils teignissent encore en rouge l'eau dans laquelle on les conservait.

Selon Lacartène (1841), l'hôpital de Metz possédait un vivier dans lequel on pêchait en moyenne 16 à 18,000 sangsues par an. C'est dans ce vivier, qui avait la plus grande analogie avec les marais ou les étangs, que l'on jetait les sangsues gorgées. Mais, malgré tous les soins que l'on donnait à ces animaux, on ne pouvait en pêcher au plus qu'un tiers.

Lesson dit aussi qu'à Rochefort deux bassins construits en pierre de taille, garnie de chaux hydraulique, contenant au fond une couche d'argile et plantés de végétaux, ont, en deux ans, payé les dépenses de l'établissement.

Bouchardat et Soubeiran ont déposé successivement 6,500 sangsues dans un bassin de 2m,50 carrés, ayant 30 centimètres de profondeur, et rempli en partie d'argile blanche, onctueuse, réduite en pâte molle. Le sol et l'argile avaient une certaine pente qui permettait à l'eau qui arrivait par intervalle à sa surface de s'écouler par un trop-plein grillé placé à la partie la plus déclive, de sorte que l'argile était humectée sans être couvert d'eau, excepté dans la partie basse. Chaque jour les sangsues mortes étaient enlevées. L'expérience, commencée en décembre et terminée en juin, les sangsues, que l'on retira de l'argile, furent trouvées très vives : elles teignirent immédiatement l'eau en vert, et, au bout de deux ou trois jours, elles étaient supérieures en qualité aux meilleures sangsues du commerce; elles prenaient toutes très promptement et restaient plus longtemps attachées sur les malades. Cependant ce procédé a été abandonné pour le dégorgement immédiat. (*Journal de pharmacie et de chimie*, t. XI.)

C'est d'après un système à peu près semblable, et qui a très bien réussi, que le dégorgement des sangsues a été appliqué aux hôpitaux militaires de Bordeaux et de Toulouse par Meurdefroy ; à Douai et à l'hôpital d'Angers où, dit-on, les résultats sont des plus satisfaisants.

Enfin Granal, pharmacien militaire, convaincu que le dégorgement naturel est préférable au dégorgement artificiel, a fait construire des viviers dans le département des Basses-Pyrénées et en Afrique (1) où il a déposé des sangsues gorgées après les avoir laissées dans des baquets de bois où se trouvait de la terre glaise et de l'eau, celle-ci étant renouvelée toutes les quarante-huit heures. Les résultats obtenus ont été des plus heureux, et dans le vivier des Basses-Pyrénées, il avait même pu remarquer la présence de quelques cocons. Après avoir mis dans ce vivier 1000 sangsues, au bout d'un an, il en a retiré 850, sans nuire à la reproduction.

Moquin-Tandon conseille de diviser les viviers en sept ou huit compartiments, de manière à jeter méthodiquement chaque mois les sangsues gorgées dans chaque compartiment. De cette façon on peut pêcher celles du premier compartiment pendant qu'on remplit le dernier d'individus nouvellement gorgés, et tandis que le mois suivant on pêche dans le second compartiment, on remplit le premier par de nouvelles sangsues gorgées et ainsi de suite. C'est la méthode qui est depuis dix ans employée à la Salpêtrière ; seulement le nombre des compartiments est réduit à trois comme étant suffisant pour les besoins de l'établissement.

Ce moyen d'arriver à la réapplication présente pour inconvénients : 1° le besoin où l'on est d'attendre très longtemps avant de pouvoir employer de nouveau ces annélides ; 2° une mortalité ou une perte relativement très grande. Toutes les observations font reconnaître, en effet, que l'on n'obtient

(1) A l'hôpital de Batna, dans la province de Constantine.

guère que le tiers des sangsues gorgées, et s'il y a eu quelques exceptions favorables pour quelque établissement, cela tient peut-être à ce que les sangsues n'étaient pas parfaitement gorgées. On sait que, pour les raisons que nous avons indiquées précédemment, dans une application de sangsues, il y en a souvent la moitié qui mordent et qui tombent plus ou moins longtemps après sans être gorgées comme le sont les autres. Dans cet état incomplet de gorgement, elles sont moins disposées aux maladies et ce sont elles qui viennent les premières à l'appel qu'on leur fait quand vient le moment de les pêcher.

Cette manière de voir est aujourd'hui si bien reconnue que quelques personnes, avant de les mettre dans les marais ou réservoirs, les font en partie dégorger par l'un des moyens que nous indiquerons plus loin, et nous sommes convaincu que, lorsque ce *demi-dégorgement* est bien fait, il doit donner d'excellents résultats.

2° *Dégorgement.*

Il y a déjà fort longtemps que l'on connaît la facilité avec laquelle les sangsues vomissent le sang qu'elles ont absorbé, et l'on a dû en faire l'observation dès que l'on a pu voir une sangsue gorgée être en contact avec une poudre absorbante ou irritante. Dès qu'en effet les sangsues gorgées se trouvent sur de la cendre, du sable fin, de la sciure de bois, de la poussière, etc., on les voit aussitôt se contracter et rendre la plus grande partie du sang qu'elles ont avalé, et c'est sur cette propriété que ces animaux possèdent que l'on a basé les procédés de dégorgement presque généralement mis en usage aujourd'hui.

Le dégorgement des sangsues se faisait en petit depuis très longtemps avant qu'il devînt un moyen général de tirer parti de ces animaux. C'est à J. Duval que l'on doit les premiers essais en ce genre dans les hôpitaux, puis à Pistorius, qui fut le continuateur de J. Duval; mais ces deux auteurs ayant tenu secret leur procédé, on peut dire que c'est à Soubeiran et à Bouchardat que revient l'honneur de l'idée du dégorgement en grand dans les hôpitaux de Paris. C'est par la pression ménagée que ces auteurs ont commencé leurs expériences qui, à l'Hôtel-Dieu, ont présenté les plus heureux résultats. A peu près en même temps et par un procédé analogue, Leconte (de Reims) établissait un service régulier à l'Hôtel-Dieu de cette ville.

Les procédés les plus anciennement connus sont ceux qui consistent à rouler les sangsues dans de la cendre, du sel, du tabac, ou à les plonger dans de l'eau de mer, des dissolutions de sel marin ou d'alun ; ou bien encore dans des acides affaiblis, du vinaigre, ou enfin dans une infusion d'absinthe (Moquin-Tandon).

Johnson dit avoir fait servir quatre fois de suite la même sangsue, après l'avoir dégorgée à l'aide d'un peu de vinaigre appliqué sur sa ventouse orale.

Robert Dick conseille de dégorger les sangsues en mettant sur leur dos une pincée de poudre d'ipécacuanha.

J. Martin dit de les placer sur un tamis et de les exposer à l'action de la vapeur d'eau chaude.

Faber a recommandé l'usage du bicarbonate de soude.

Tous ces moyens sont mauvais. Les substances irritantes rendent toujours l'animal très malade ; on en perd ainsi un très grand nombre, et le dégorgement étant imparfait, il est bien rare que les sangsues puissent avantageusement être réappliquées.

La poussière, la sciure de bois, la poudre de charbon sont déjà des moyens plus doux qui ont encore été souvent employés ; mais ce n'est qu'incomplétement aussi qu'ils opèrent le dégorgement, et pour cette raison, ils sont à peu près abandonnés.

Aujourd'hui les procédés de dégorgement les plus en usage sont au nombre de cinq, savoir : 1° dégorgement par la solution de sel marin ; 2° par le charbon en pâte sèche ; 3° par le vin ; 4° par l'incision ; 5° par la pression.

1° PAR LE SEL MARIN. — Quelques personnes, suivant le conseil de Chatelain, plongent ces animaux dans une dissolution faite avec une partie de sel marin et dix parties d'eau pendant trois ou quatre minutes, en ayant soin, par un mouvement giratoire, d'empêcher les sangsues d'échapper à l'action du liquide. Au bout de ce temps, on jette le liquide teint en rouge par un premier dégorgement, et l'on met les sangsues dans une nouvelle quantité de solution saline dans laquelle se fait un second dégorgement. Les sangsues bien lavées sont ensuite jetées dans de l'eau pure que l'on renouvelle souvent, ou mieux encore, placées dans un réservoir contenant une couche d'argile arrosée par une eau courante. Chatelain dit qu'au moyen de ce procédé, il n'a perdu que 250 sangsues sur 2000 dans l'espace d'un mois et demi.

On a conseillé d'employer l'urine, qui agit très probablement comme une dissolution de sel marin; mais ce moyen, répugnant par lui-même, n'est pas suivi d'effets toujours constants (Ébrard).

2° PAR LE CHARBON EN PATE SÈCHE. — Pour bien réussir, suivant Chéron, les sangsues doivent être placées sur une pâte sèche de charbon pulvérisé; bientôt elles se contractent et rendent le sang qu'elles ont absorbé. On les lave, on les met dans de l'eau pure avec une assez grande quantité de charbon ; elles y terminent leur dégorgement, et vivent alors parfaitement. 1040 de ces animaux, appliqués du 1er septembre au 15 octobre, ont subi ce traitement et ont pu être réappliqués le 1er novembre suivant, époque à laquelle on n'en avait perdu que 199. On a de nouveau dégorgé ces sangsues par le même procédé et, le 23 décembre, on a pu les appliquer encore, en constatant toutefois une perte de 222.

3° PAR LE VIN. — Le conseil de santé de la marine de Rochefort a, d'après Réjou, considéré l'emploi du vin rouge ou blanc comme un excellent moyen de faire dégorger les sangsues.

Lauriani a donné le conseil de plonger ces animaux dans du vin pur. A peine, dit cet auteur, ces animaux se trouvent-ils au contact du liquide, qu'ils vomissent en un moment le sang qu'ils avaient absorbé. Dès que les sangsues sont dégorgées, on les place dans de l'eau pure que l'on renouvelle toutes les vingt-quatre heures.

Gaultier de Claubry et Foy ont essayé le dégorgement avec des vins blancs et rouges (Bordeaux, Beaune, Mâcon, Volnay), et ils ont reconnu que ces animaux ne rendaient que la moitié du sang qu'ils contenaient et mouraient le quatrième ou cinquième jour après, et souvent instantanément.

Cependant Boursier affirme avoir souvent fait réappliquer des sangsues qui avaient servi huit, quatre et deux jours auparavant. Après les avoir soumises à l'immersion dans un mélange de 2 pintes de vin et de 1 pinte d'eau, elles rejetaient le sang qu'elles contenaient et se trouvaient ainsi en état de fonctionner comme si elles n'avaient jamais servi.

Selon Ébrard, l'immersion de ces annélides dans un mélange de parties égales d'eau et de vin leur fait rendre aussitôt quelques gouttes de sang, mais le dégorgement est lent à s'accomplir et ces animaux restent longtemps sous l'influence du vin, qui les rend malades pendant plusieurs jours. Nous verrons que le même auteur recommande l'usage du vin pour déterminer la facile sortie du sang par la pression.

La bière, qui a été recommandée par plusieurs personnes, paraît agir à peu près à la manière du vin.

Le vin est formé d'alcool, de tartre, de tannin et de matière colorante. L'eau alcoolisée, la dissolution de tartre et la dissolution de tannin paraissent agir sur les sangsues à peu près de la même manière, tandis qu'un décocté de bois de campêche ne leur fait éprouver aucune convulsion (Gaultier de Claubry et Foy).

4° Par l'incision.—En 1825, Petit-Ferdinand avait avancé que lorsque l'on fait une légère incision sur le dos des sangsues gorgées, la plus grande partie du sang qu'elles ont absorbé s'écoule et elles peuvent, au bout de quelque temps, être réappliquées. En 1843, Olivier (de Pont-de-l'Arche) a fait revivre cette idée, et dans un Mémoire récompensé par la

Société d'encouragement, qui lui accorda un prix de 300 francs, il dit que l'on peut, sans danger pour la vie de ces animaux, leur pratiquer des incisions assez larges pour livrer passage au sang sucé, et de cette façon les rendre aptes à une nouvelle application. Pour arriver à ce résultat, Olivier enfonce perpendiculairement ou obliquement, vers le milieu du dos, un peu sur le côté et d'avant en arrière, dans l'intervalle des deux anneaux, la lame fine d'un canif, d'une lancette ou d'un scalpel de façon à pratiquer une ouverture de 2 millimètres à peu près. On plonge l'animal dans l'eau maintenue à une température de 20 à 30 degrés centigrades, et, par une légère pression, on facilite la sortie du sang. La plaie reste huit à dix jours à se fermer et l'on peut réappliquer les sangsues avant même que les plaies soient complétement cicatrisées. 35 de ces sang ues, dégorgées six fois par ce procédé, ont fait le service de 183, bien que 11 soient mortes et que 4 aient été perdues.

Une commission a été chargée d'examiner ce procédé de dégorgement et elle a reconnu que la réussite était plus certaine lorsque l'incision était faite après le soixante-deuxième anneau de la sangsue, qui correspond à l'origine des deux grandes poches stomacales. Ce procédé a été mis en pratique au Val-de-Grâce et vient tout récemment d'être appliqué par Soubeiran aux sangsues de quelques hôpitaux, qui arrivent à la pharmacie centrale pour y être dégorgées et placées dans les bassins.

Ce procédé paraît être assez bon, car il est recommandé par quelques auteurs et, entre autres, par Ébrard, qui dit qu'il est d'une prompte exécution, nuit peu aux sangsues et les rend bientôt aptes à une nouvelle application. Cet auteur conseille de pratiquer l'incision sur la ligne médiane du ventre, 4 millimètres en arrière de l'orifice du vagin. Opérée sur les côtés du corps, comme le veut Olivier, elle tombe le plus souvent dans les poches stomacales et la paroi interne de l'estomac fait hernie et gêne la sortie du sang; d'où résulte la nécessité de plusieurs incisions. Quand l'opération est faite dans la première partie, les lèvres de la plaie se réunissent plus promptement ; il n'y a jamais de nodosités inflammatoires (Ébrard). Dans cette manière d'opérer, on coupe le grand cordon nerveux ; mais, selon Ébrard, cette section n'est jamais suivie d'accidents.

5° Par la pression ou a la main.—L'idée du dégorgement des sangsues par la pression entre les doigts se trouve indiquée par Vitet et rapportée par Derheims. Cette méthode, conseillée par Johnson, puis par J. Martin et examinée par Huzard, qui l'a considérée comme dangereuse pour l'animal, a été exécutée à l'Hôtel Dieu de Paris et recommandée par Soubeiran et Bouchardat, puis par Herz de Wartzbourg, Delayens et Bonnet. Aujourd'hui elle est mise en pratique dans les hôpitaux civils sur un grand nombre de sangsues qui ont déjà servi.

On peut, en effet, dégorger les sangsues, en les pressant avec les doigts à plusieurs reprises, en allant de la ventouse anale à la bouche. Mais Huzard a parfaitement observé qu'il est des sangsues qui ne se dégorgent pas par ce moyen, les sphincters de l'estomac et de l'œsophage ne permettant pas au sang de revenir par la ventouse orale ; c'est pourquoi on est obligé d'avoir recours à un moyen qui dispose les sangsues au dégorgement (Soubeiran, Bouchardat, Ébrard, Laforge). Ce moyen consiste à plonger les sangsues dans une dissolution de sel marin, ou mieux, dans un mélange d'eau et de vin (Ébrard). Voici comment ce procédé s'exécute.

On prépare une solution de sel marin faite au 1/10e selon les uns, au 1/8e ou au 1/6e selon les autres. On en met une certaine quantité dans un vase qui plonge dans une eau maintenue à 30, 40 ou 45 degrés ; on y plonge quelques sangsues, et au bout d'une seconde ou deux, après quelques contractions, on leur voit rendre une certaine quantité de sang par la ventouse orale. Alors on les saisit de la main gauche par l'extrémité postérieure et, les tenant plongées dans de l'eau tiède ordinaire, on les presse doucement entre le pouce et l'index en dirigeant ces doigts de la ventouse anale à la bouche, et en prenant garde de blesser les organes sexuels, ce qui se pratique en pressant plus doucement la ceinture. Elles rendent de cette manière, sans effort, et pour ainsi dire sans fatigue, tout le sang qu'elles ont absorbé. Cependant il faut dire que ce procédé exige une intelligence et des soins particuliers, et, moyennant ces conditions, on arrive à en dégorger de 80 à 100 par heure. Les sangsues, ainsi dégorgées, sont jetées dans de l'eau fraîche que l'on a soin de renouveler chaque jour et elles peuvent être employées de nouveau au bout de huit à dix jours. Quand elles ont été réappliquées, on les dégorge une seconde fois pour être appliquées de nouveau, et lorsqu'elles paraissent fatiguées, on les porte dans de petits marais (Soubeiran et Bouchardat).

Malgré l'immersion dans l'eau salée, il est quelques sangsues qui présentent quelque difficulté à rendre le sang qu'elles ont pris. Il est bien important alors de ne pas forcer le dégorgement, car sans cette précaution on déchire les sphincters de l'estomac et de l'œsophage : alors on voit le sang sortir par un gros jet et l'on peut présumer que la sangsue est perdue. Lorsqu'elle présente quelque difficulté dans l'émission du sang, nous la mettons de côté, dans l'eau, et le lendemain ou quelques heures après, elles se prêtent plus facilement au dégorgement. On arrive aussi à les faire dégorger tout de suite en les maniant quelques instants sous l'eau chaude. C'est sans doute pour cette raison que Delayens a recommandé la pression en deux temps, laquelle s'exécute de la manière suivante: on commence par presser la sangsue par le milieu du corps de manière à lui faire rendre quelques gouttes de sang, et quand ce premier dégorgement a eu lieu, on recommence la pression en partant de la ventouse anale pour la diriger vers la bouche. Ce conseil est excellent.

Un homme qui entend bien le dégorgement par cette méthode ne le fait jamais du premier coup : il promène toujours trois fois, et même quatre, ses doigts d'arrière en avant de l'animal ; car il ne tarde pas à reconnaître qu'il blesse la sangsue quand il agit différemment. Quelquefois, et c'est même ce qui lui arrive le plus souvent, il imprime à ses doigts une série de petits mouvements pendant lesquels l'animal est alternativement pressé plus ou moins doucement.

Lorsqu'une sangsue est fortement gorgée, il y a avantage à la presser par les côtés. Cette pratique est alors facile et l'on blesse moins les parties génitales ; mais dès qu'elle n'est plus pleine, comme l'opération est alors difficile, sinon impossible, on la presse, comme nous l'avons dit, en s'arrangeant de manière que le pouce soit placé sur son dos. Le pouce étant le doigt qui offre le plus de résistance pendant le dégorgement, il est mieux de le promener sur le dos que sur le ventre.

Selon Ébrard, un mélange d'eau et de vin est de beaucoup préférable à l'eau salée : il ne manque jamais de déterminer tout de suite le relâchement des sphincters de l'estomac, tandis que l'eau salée tarde souvent à produire cet effet et reste même quelquefois sans action. Le même auteur blâme l'usage de l'eau ou de la dissolution chaudes comme causant plus d'embarras et augmentant les chances de nuire à la sangsue ; la chaleur ayant, dit-il, une influence délétère sur ces animaux.

Il y a déjà longtemps que nous avons abandonné la dissolution chaude pour la dissolution froide ; car nous avons reconnu qu'avec cette dernière les sangsues sont bien plus agiles et plus fortes, quand, après le dégorgement, elles se trouvent dans l'eau fraîche, et elles nous ont paru se conserver mieux.

On recommande généralement de faire le dégorgement dès que les sangsues sont tombées, et cette précaution nous paraît une chose excellente ; mais il est souvent impossible de le faire aussitôt, et, dans ce cas, on s'expose à la perte d'un plus grand nombre de ces annélides. Nous avons reconnu que, mises dans de l'eau avec une certaine quantité de charbon concassé, les sangsues pouvaient rester vingt-quatre et même quarante-huit heures sans inconvénient, et qu'elles étaient alors plus faciles à dégorger : 1° parce que le charbon dans lequel elles se blottissent les conserve plus saines et plus vigoureuses, et que, par conséquent, elles supportent mieux le dégorgement ; 2° parce que, mieux débarrassées par le charbon des mucosités qui les enveloppent, elles glissent moins entre les doigts : il ne faut pas autant les serrer de la main gauche, ce qui les fatigue bien moins.

Dans une série d'expériences faites à diverses reprises, nous avons obtenu les résultats suivants :

811 sangsues conservées vingt-quatre heures sans charbon ont donné un total de 70 mortes avant le dégorgement = 1/11 + 41/70 ; 1126 sangsues conservées vingt-quatre heures avec du charbon ont donné un total de 33 mortes avant le dégorgement, ce qui fait à peu près 1/34ᵉ. Ces expériences faites simultanément, à la même époque et souvent comparativement sur le même nombre de sangsues de mêmes provenances, ont toujours donné des résultats analogues.

L'heureuse influence du charbon, si marquée dans ces expériences, ne se fait pas sentir sur le dégorgement seulement, car elle se retrouve encore, jusqu'à un certain point, dans la conservation des sangsues. En effet, dans deux expériences comparatives au milieu de circonstances semblables, 126 sangsues dégorgées, après avoir subi l'action préalable du charbon, ont, au bout de trois mois, éprouvé une perte de 60 sangsues, ce qui est un peu moins de moitié ; tandis que 115 sangsues dégorgées sans avoir subi l'action préalable du charbon ont donné, pour le même temps une perte de 71 sangsues, chiffre qui se rapproche des deux tiers (1).

Le dégorgement à la main, fait en 1845 dans plusieurs hôpitaux civils de Paris, a procuré à l'administration, comparativement aux années précédentes, une économie de 103,000 sangsues. A raison de 208 francs le mille, elle forme une somme de 21,424 francs. En soustrayant de cette somme 1,938 francs de main-d'œuvre, on trouve que l'administration a fait un bénéfice net de 19,486 francs (*Journal*

(1) Il ne faut pas perdre de vue que toutes nos expériences ont été faites sur des sangsues qui avaient déjà servi plusieurs fois et qui, par conséquent, étaient dans de plus mauvaises conditions de conservation que si elles n'avaient servi qu'une seule fois.

de la Société d'encouragement, 10 octobre 1846). Selon Soubeiran et Bouchardat, 100 sangsues ont fourni, après plusieurs dégorgements et réapplications successifs, 230 piqûres.

Il paraît certain qu'aujourd'hui cette économie s'élève pour Paris seulement à une somme annuelle de 30,000 francs au moins.

Lorsque le dégorgement à la main est fait d'une manière habile, les mêmes sangsues peuvent être réappliquées cinq fois (Soubeiran et Bouchardat); huit, quatorze et même vingt-deux fois (Simon Bonnet).

On a généralement recommandé de laisser reposer les sangsues dégorgées pendant huit ou dix jours avant de les réemployer; mais cette méthode présente des inconvénients qu'il est bon de signaler. Pendant cet espace de temps, en été surtout, il arrive que des sangsues, qui auraient pu être utilisées, sont frappées de maladies et meurent sans aucun avantage pour l'application; tandis que deux, trois, etc., jours après le dégorgement, elles eussent pu pratiquer une bonne saignée. La seule précaution à prendre consiste à ne délivrer pour être appliquées que celles qui se tiennent attachées aux parois du vase, qui se contractent bien en olive, qui, en un mot, présentent tous les caractères d'une sangsue bien vive et bien portante.

Nous avons conservé les notes de nos opérations sur le dégorgement des sangsues depuis 1848, et nous avons fait le relevé des sangsues que nous avons dégorgées et réemployées tous les ans jusqu'à 1853 inclusivement. En voici le tableau:

	1848	1849	1850	1851	1852	1853
Dégorgées . .	38,010	58,826	59,628	41,405	39,944	33,237
Réemployées.	18,778	35,770	31,285	20,458	21,534	16,225

Le dégorgement a été à la Salpêtrière, pour la moyenne de ces six années, de 45175, et la moyenne des sangsues réappliquées a été de 24,341 ; comme on le voit, c'est plus de moitié. Si nous avions récolté toutes celles que l'on a placées dans les bassins ; si le dégorgement avait toujours été fait avec tous les soins qu'il exige; si des réparations forcées aux bassins, faites avec la chaux, ainsi que des froids trop intenses, n'étaient pas venus augmenter la mortalité, nous ne posons pas en doute que l'on eût pu en faire resservir les deux tiers. Cependant ces sangsues gorgées, qui nous étaient fournies par les hôpitaux voisins (Bicêtre, la Pitié, Saint-Antoine, Sainte-Marguerite), étaient bien souvent gorgées pour la seconde ou la troisième fois, et peut-être plus, puisqu'une grande partie de celles que ces hôpitaux employaient n'étaient autres que celles que nous leur fournissions après le dégorgement et que depuis dix ans la Salpêtrière n'a tiré de la pharmacie centrale tout au plus que 1000 sangsues neuves. En admettant que la moyenne des sangsues dégorgées et réemployées pour les quatre années qui précèdent 1848, soit aussi de 24,000, on voit que le dégorgement, fait à la Salpêtrière depuis dix ans, n'a pas fourni à l'administration moins de 240,000 sangsues réapplicables.

Mais les sangsues dégorgées sont-elles tout aussi bonnes pour l'usage? en d'autres termes, prennent-elles et se gorgent-elles aussi bien? Les observations ont conduit à cette opinion généralement admise, que les sangsues prennent et se gorgent tout aussi bien après qu'avant leur gorgement.

Lorsque l'administration a dû se servir des sangsues dégorgées, elle a voulu s'assurer avant de la quantité de sang qui était absorbée dans une seconde application. Des expériences faites par une commission (Orfila, Serres et Soubeiran) ont prouvé que les sangsues dégorgées et reposées absorbent autant de sang que les sangsues prises dans le commerce.

S. Bonnet dit positivement qu'il lui est arrivé d'appliquer les mêmes sangsues à quelques heures de distance et d'obtenir, par la seconde opération, une morsure aussi prompte et un gorgement aussi complet que si ces animaux eussent été nouvellement tirés du marais. Ébrard dit aussi que les sangsues dégorgées à la main, après leur immersion dans l'eau et le vin, piquent après un repos de quelques heures, et que celles qui ne prennent pas font exception à la règle. Pour compléter ces observations, nous allons rapporter les expériences que nous avons faites à ce sujet il y a déjà quelques années et que nous extrayons de notre mémoire (*loc. cit.*).

« Ces expériences sont de nature à démontrer que le dégorgement à la main ne les fatigue pas beaucoup. Toutefois, il en est un certain nombre qui ne tardent pas à succomber, non pas à l'action du dégorgement, mais certainement à la maladie qui suit de près une ingestion trop forte de sang. Aussi est-il utile, dans l'expérience qui va suivre, d'en éliminer un certain nombre qui, déjà malades par le gorgement, n'auraient pu se prêter aussi bien à la réussite de l'expérience.

» J'ai fait choix de 100 sangsues, pesant ensemble 176 grammes; je me suis efforcé de les prendre le plus semblables possible en grosseur et en vivacité; je les ai fait appliquer à divers malades avec recommandation de les laisser se gorger complétement, ou, si l'on aime mieux, de les laisser tomber d'elles-mêmes. Revenues et pesées de nouveau, elles pesaient ensemble 590 grammes, ou, en moyenne, un peu moins de 6 grammes chacune. Alors on les a dégorgées avec tout le soin que nécessitait l'expérience et on les a laissées se reposer pendant vingt-quatre heures. Au bout de ce temps, on a choisi les 50 plus vives, celles qui faisaient le mieux l'olive, et on les a appliquées de nouveau. Ces sangsues, qui pesaient 88 grammes après ce dégorgement, sont revenues, offrant ensemble, après la seconde application, le poids exact de 295 grammes, c'est-à-dire ayant absorbé, cette seconde fois, une quantité de sang tout à fait semblable à la première.

» Ces expériences, qui ont été répétées plusieurs fois, et qui ont donné des résultats analogues, prouvent trois choses, savoir : la première, que le dégorgement à la main ne fatigue presque pas les sangsues: la seconde, que le dégorgement à la main se fait tellement bien qu'il ne reste plus de sang dans la sangsue bien dégorgée ; la troisième, enfin, que la sangsue agit presque mécaniquement, et qu'une fois appliquée, elle se gorge ou plutôt elle se remplit de sang tout à fait comme le ferait un vase. »

Granal a compris que nous n'avions pu réappliquer que 50 sangsues sur les 100 dont nous venons de parler. Il importe de détruire cette idée. Nous avons dit que nous n'avions employé que les 50 plus vives afin de nous placer dans les meilleures conditions qu'exigeait le but de l'expérimentation. Nos calculs portent à un tiers environ la perte que le dégorgement à la main fait subir à ces animaux, lorsque cette opération est bien faite.

A la Salpêtrière, c'est un homme auquel nous avons reconnu le plus d'intelligence qui est chargé du soin et du dégorgement des sangsues; c'est lui qui les délivre, et il a toujours la précaution de ne choisir, pour l'application, que celles qui sont attachées aux parois des vases, qui sont vives et qui font bien l'olive. Il tient, en général, peu compte de l'intervalle qui sépare le dégorgement de la remise en service. Toutes celles qui sont flasques, lentes ou nouées sont mises à part pour être jetées dans les bassins. Nous avons pu remarquer des sangsues qui étaient ainsi appliquées quatre et cinq fois dans l'espace d'une quinzaine de jours avant d'avoir perdu cette énergie de contraction qui est le signe certain d'une bonne application.

J. Martin dit que l'on peut également diriger le sang vers l'orifice de l'anus, mais qu'il en résulte des déchirures. Nous ne sachions pas que ce procédé ait jamais été employé. Dans tous les cas, le moindre inconvénient qu'il présenterait serait encore la trop forte pression exercée sur la bouche pendant le dégorgement, ce qui l'empêcherait de prendre au moins de longtemps.

Enfin, Tournal de Narbonne a donné le conseil de dégorger les sangsues en les retournant à la manière d'un doigt de gant. Pour cela, il se sert d'un petit stylet de bois, à pointe arrondie, qu'il appuie contre la ventouse anale et qu'il pousse de manière à le faire sortir par la bouche de l'animal, en continuant de le rabattre sur le stylet, de sorte que la sangsue est complétement retournée, les téguments extérieurs étant devenus intérieurs et le tube digestif se trouvant alors extérieurement. L'animal lavé est ensuite retourné de nouveau, mais en sens contraire, et se trouve ainsi avoir repris sa position normale. Selon l'auteur de cette expérience, plus curieuse que praticable, l'annélide ne paraît pas souffrir beaucoup, puisqu'il prétend qu'il est propre à être immédiatement réappliqué. Il nous paraît à peu près impossible que le corps de ces animaux, ainsi que le stylet, passent par les sphincters de l'estomac et de l'œsophage sans produire de graves déchirures, et nous croyons avec Moquin-Tandon que ces animaux ne sauraient être retournés sans déchirures nombreuses et profondes, et sans un bouleversement de toute leur économie; et s'ils reviennent à la santé, ce n'est qu'au bout d'un temps très considérable. D'ailleurs, il est évident que ce procédé ne saurait être pratiqué en grand (Guibourt).

Malgré les inconvénients que nous venons de signaler, J. Martin insiste sur ce procédé qu'il regarde comme le moyen de dégorgement le plus complet, mais qui, dit-il, ne peut réussir sans nuire à l'animal qu'autant qu'on a déjà acquis une certaine adresse dans cette petite opération.

3° *Innocuité des sangsues dégorgées.*

Les sangsues dégorgées présentent-elles quelques dangers dans leur réapplication? Telle est la question qu'il s'agit de résoudre ici. Bien que de temps immémorial la coutume soit établie dans les petites villes ou les campagnes de nos départements de faire resservir les sangsues, cependant, naguère encore, les médecins et les pharmaciens se sont préoccupés de cette question, et Henry, Virey et Chevallier, par des observations publiées dans plusieurs journaux, ont fait connaître que des piqûres de sangsues dégorgées avaient été suivies de vives inflammations, de boutons, de chancres et même, d'après Martin Solon et Barth, d'escarres gangréneuses. Ces observations les ont portés à se prononcer contre le réemploi des sangsues, et cette opinion a été partagée par un grand nombre de praticiens, parmi lesquels nous citerons Blandin, Devergie, Fouquier, Louis, Marjolin, Sanson, etc.

Cependant Vitet, dans son *Traité de la Sangsue médicinale*, dit, page 185 : « Faites mordre à la cuisse ou au bras, ou au bord de l'anus d'un homme sain, des sangsues qui ont déjà mordu des galeux, des vénériens, des dartreux, des personnes attaquées de petite vérole ou de rougeole, ou de fièvre scarlatine, elles ne communiquent aucune de ces maladies.»

Depuis lors, Pallas, Chatelain, Bouchardat, Soubeiran, Simon, Domanget, Otto et bon nombre d'autres observateurs sont venus tour à tour appuyer les idées de Vitet.

Pallas a fait sur lui-même des expériences très concluantes. Il s'est appliqué des sangsues qui s'étaient gorgées sur un bubon à l'aine et sur les bords d'un ulcère vénérien, après les avoir lavées et conservées quelques jours seulement dans la terre humide, et aucun accident ne s'est manifesté. Simon a fait des expériences analogues et a obtenu le même résultat. Domanget a aussi essayé avec les sangsues qui avaient mordu sur la peau d'un varioleux, sur un phlegmon, sur un érysipèle et sur le contour d'une dartre (Moquin-Tandon).

Mais pour que la réapplication ne soit certainement suivie d'aucun accident, il est clair qu'il faut ou que la digestion soit complète ou à peu près, ou que le dégorgement soit bien fait, et que les sangsues soient bien lavées. Des sangsues qui viendraient de mordre un bubon syphilitique et qui, sans être lavées convenablement, seraient appliquées sur une personne saine, seraient très probablement capables de communiquer l'affection vénérienne. Aussi ne viendra-t-il jamais à l'idée de personne de conseiller l'emploi des sangsues dans de pareilles conditions.

Selon Moquin-Tandon, « comme la prudence est une des vertus les plus utiles à la thérapeutique, on pourrait rejeter toutes les sangsues qui ont sucé les syphilitiques, les galeux, les cancéreux, et ne porter dans les bassins de digestion que celles qui ont été appliquées aux blessés, aux fiévreux, aux apoplectiques, aux péripneumoniques et à tous les malades dont les affections ne présentent ni un sang trop corrompu, ni un caractère éminemment contagieux. »

Bien que nous soyons convaincu que ces précautions deviennent inutiles lorsque les sangsues sont bien dégorgées, même pour celles qui ont été appliquées à des syphilitiques, cancéreux ou autres, nous sommes trop partisan des sages idées pour ne pas être du même avis que le savant auteur de la *Monographie des Hirudinés*.

Voilà, quant à nous, comment nous sommes porté à ne pas croire à l'inoculation des maladies par les sangsues. Nous espérons n'être pas dans l'erreur en disant que : tandis qu'une sangsue suce ou aspire pour former le mamelon d'abord et ensuite absorber le sang, tandis que les vaisseaux déchirés expulsent eux-mêmes par plénitude ou contraction le sang qui s'écoule avec assez de force et d'abondance, même après la chute des sangsues, notre esprit ne saurait concevoir que les tissus mordus pussent absorber en même temps des matières virulentes, s'il en existait dans le tube digestif de ces annélides.

Puisque d'ailleurs on sait que les mouvements alternatifs de contraction et de dilatation des anneaux de la sangsue pendant la succion ont pour effet de pousser le sang de l'œsophage vers les parties postérieures du tube digestif, nous ne comprenons pas qu'un médecin, qui a écrit sur les sangsues, ait pu dire que : « tout rendait au contraire probable que, dans les mouvements alternatifs de la succion, elles réappliquent, au contact de la plaie qu'elles forment, le sang qu'elles renferment encore en nature dans leur tube digestif. »

Aujourd'hui l'innocuité des sangsues qui ont déjà servi est parfaitement reconnue, surtout depuis que les hôpitaux de Paris pratiquent le dégorgement sur une grande échelle, et qu'une quinzaine d'années de cet usage a fait voir qu'aucun accident de ce genre ne s'était présenté. Aux hôpitaux de

Lourcine et du Midi, où les sangsues qui ont servi sont appliquées à de nouveaux malades, on n'a pas un seul exemple que la communication des maladies qu'on y traite ait aggravé l'état du malade (Soubeiran). Il est vrai que l'administration a pris la sage mesure de ne pas faire servir, au dehors des établissements spéciaux pour les maladies cutanées ou syphilitiques, les sangsues qui ont servi aux malades de ces établissements. Au surplus, on pourrait encore, par excès de précautions, faire servir à la reproduction les sangsues ayant mordu de pareils malades, en les plaçant dans des marais naturels ou artificiels.

Enfin, un immense et imposant témoignage est chaque jour donné par l'expérience des principaux hôpitaux de France. Paris, Bordeaux, Toulouse, Bayonne, Rennes, Douai, Metz, Rochefort, Angers, etc., attestent que l'usage des sangsues dégorgées est pratiqué depuis longtemps sans aucun inconvénient (Soubeiran).

IV. — COMMERCE DES SANGSUES MÉDICINALES.

Le commerce des sangsues doit être envisagé sous différents points de vue que nous devons successivement étudier, tels sont : le *commerce proprement dit;* l'*importation;* l'*exportation;* le *prix;* la *nature des espèces commerciales ou marchandes;* leur *falsification;* leur *transport.*

1° *Commerce proprement dit.*

Depuis que l'usage des sangsues a atteint le chiffre exorbitant que nous lui connaissons, ces animaux sont devenus le sujet d'une branche importante de commerce dont la valeur n'est pas absolument connue. Nous avons donné autre part le tableau des importations, et nous avons reconnu qu'il était bien au-dessous de la réalité. En effet, nous avons fait voir que les calculs portaient le chiffre probable de la consommation annuelle à 28 ou 30 millions. C'est aussi l'opinion de

Vayson, fondée surtout sur la mortalité considérable qui a toujours lieu parmi celles que l'on conserve hors des marais. Si avec cet auteur nous observons que le prix moyen est de 200 fr. le mille, nous pouvons calculer que ces animaux représentent une valeur de 6 millions, sur laquelle roule le commerce des sangsues. Toutefois, au dire des marchands en gros, cette somme serait bien moins considérable.

Il y a une cinquantaine d'années, la France pouvait, et au delà, suffire à sa consommation. Mais bientôt les pêches mal entendues, ainsi que l'usage plus fréquent de ces annélides, épuisèrent d'abord les marais du centre, puis ceux du nord et du midi. On fut donc forcé d'aller les chercher à l'étranger, et les pays circonvoisins, la Suisse, la Belgique, l'Espagne, les États sardes, la Grèce, les États barbaresques, l'Algérie, se sont eux-mêmes trouvés tour à tour épuisés, et l'on a été dans la nécessité d'aller chercher ces annélides beaucoup plus loin encore.

Pendant longtemps nos départements avaient cessé d'en produire des quantités appréciables. La Bretagne seule, surtout le département du Finistère, avait encore le secret d'une pêche assez productive (de Planey). D'après Audouin, les paysans, pendant la bonne saison, trouvaient le moyen d'en apporter chaque jour, à Nantes, jusqu'à cinquante mille, d'où on les expédiait par centaine de mille pour Paris. Le département du Cher en produisait aussi beaucoup, et, selon Audouin, un pharmacien de Moulins put, en 1820, en expédier cent trente mille à un droguiste de Paris. Dans tous les autres départements, les pêches étaient loin de suffire aux besoins de la population. Mais depuis quelques années, depuis que l'hirudoculture, arrivée à des résultats certains, a pris une certaine extension, surtout dans quelques départements du centre, de la Gironde et des Landes, la pêche active recommence, et ces départements, naguère encore obligés d'en tirer des autres pays pour satisfaire à leur consommation, sont en mesure aujourd'hui d'en fournir des quantités importantes aux départements circonvoisins. Le département de la

Gironde seul en fournit plusieurs millions (Vayson), quatre millions (Él. Masson), sept millions cinq cent mille (L. Busquet). Au dire de A.-Ph. Laurens, ses seuls marais de Parempuyre (Gironde) en fournissent annuellement au commerce de sept à huit cent mille; et il espère arriver bientôt au chiffre de un million.

L'Espagne et le Portugal, qui nous en fournissaient, sont maintenant obligés d'avoir recours aux sangsues étrangères. Il en est de même de l'Italie. La Toscane exporte bien encore quelques sangsues, mais elles sont jugées d'une qualité inférieure.

La Bohême, qui nous en a fourni pendant longtemps, ne possède plus que des marais épuisés. La Hongrie elle-même, si riche en vastes marais à sangsues, commence à s'appauvrir de ces animaux, de sorte que les marchands vont faire leur provision jusque sur les frontières de la Russie et de la Turquie, dans la Pologne et autres pays du nord de l'Europe.

La Grande-Bretagne était autrefois riche de sangsues; aujourd'hui elle est forcée d'avoir recours à la France, à l'Allemagne et au Portugal. C'est par Bordeaux, Stettin, Hambourg et Lisbonne que se font ordinairement les envois. Hambourg et Stettin lui en expédient chaque mois cent cinquante mille au moins (Price). D'après Johnson, on calcule qu'à Londres il se consomme une centaine de sangsues étrangères pour une seule sangsue anglaise. Toutes les sangsues qui vont en Angleterre n'y sont pas consommées; une assez forte quantité de ces annélides est expédiée en Amérique et aux Indes.

Jusqu'à présent il ne paraît pas que l'on ait trouvé des sangsues dans nos colonies d'Amérique; il en résulte pour l'exportation une branche de commerce assez active. Malheureusement leur conservation, surtout à la Martinique, y est très difficile (Achard), à cause de la fatigue qu'elles éprouvent pendant le voyage, et aussi du changement de climat. Achard prétend qu'elles sont bien moins sujettes à mourir au bout de huit ou dix mois de séjour.

« Aujourd'hui, selon J. Martin, le commerce tire des sangsues de Hongrie, de Bosnie, de Servie, de Valachie, du bas Danube, par les villes de Semlin, Essegg, Métrovili, Pesth et Gross-Goritza, près d'Agram en Croatie, et encore les pêches de ces contrées sont-elles insuffisantes.

» Les sangsues provenant de ces localités pénètrent en France par Kehl, après avoir traversé l'Allemagne et le duché de Bade.

» La Bulgarie, la Moldavie, la Dalmatie, l'Albanie, la Grèce, l'Anatolie et la Caramanie, qui comprennent Affim-kaiasar, Kaïsari, Konir, etc.; la Macédoine, et en particulier les environs de Salonique, où se trouvent Sorec, Siapia, Be-talia, Haritza, Varna, Galasniup, Yedim, et diverses autres localités de l'intérieur de l'empire turc, comme Brusse, Senope, Rokas, Sivas, etc., dont le marché se tient à Constantinople; dans le pachalik de Tarsus; la Russie, sur les bords du Volga; la Géorgie, la Perse elle-même, en récoltent qu'elles nous font parvenir par la voie d'Alto-Ochova, où débarquent tous les huit jours les bateaux du Danube, d'Angora, de Smyrne, de Constantinople, de Tunis, de Trieste, de Turin, d'où elles entrent en France.

» Par la Baltique, il en vient qui ont pour origine la Russie et la Pologne. Ces expéditions sont dirigées sur Hambourg, d'où elles alimentent les marchés de Londres, de Hollande, de Belgique et de France. Marseille en reçoit aussi qui proviennent de la Grèce, de l'Anatolie, de la Syrie, et surtout de l'Afrique ou de l'Égypte. Tunis, l'Algérie, le Maroc et les possessions françaises du Sénégal offrent des marais peuplés de ces annélides.

» C'est auprès de Constantine, de Bone, de Philippe-ville, que l'on a exploité, dans l'Algérie, des pêches de sangsues.

» On a reçu de Hambourg des sangsues venant de Batavia (colonie hollandaise), lesquelles sangsues ont été dirigées de Hambourg sur Londres.

» Des expéditions sont aussi venues de la basse Arabie. »

Voici le tableau des sangsues tirées de l'étranger depuis 1848 jusqu'en 1852 inclusivement.

Tableau des principales provenances.

ANNÉES	TURQUIE.	ANGLETERRE	ESPAGNE.	ALLEMAGNE.	PAYS DIVERS	TOTAUX.
1848	3,201,000	1,367,000	1,304,000	1,254,000	2,760,000	9,886,000
1849	3,968,000	2,342,000	0,849,000	1,583,000	2,367,000	11,109,000
1850	4,664,000	3,151,000	0,053,000	2,250,000	1,648,000	11,766,000
1851	4,465,000	0,372,000	0,000,000	0,855,000	1,770,000	7,462,000
1852	5,104,000	0,843,000	0,405,000	1,781,000	2,273,000	10,415,000

Depuis une trentaine d'années, Paris est devenu le centre du commerce des sangsues. Des bassins ou réservoirs immenses, ou des fosses ont été d'abord établis par Gallois à Aubervilliers (Seine); puis par J. Martin, à Gentilly, où ce négociant dépose les sangsues qui lui arrivent et qui ne doivent pas être immédiatement débitées. Il y avait aussi des bassins à Saint-Denis, mais ils sont comblés, et ceux de Gallois ne servent plus au commerce des sangsues ; il n'existe que ceux qui sont établis à Gentilly (J. Martin).

C'était même autrefois sur Paris que l'on dirigeait toutes les sangsues du commerce ; mais depuis quelques années elles ont pris d'autres directions, et l'on trouve dans diverses localités des réservoirs où l'on fait reposer les sangsues. C'est particulièrement à Strasbourg que se trouvent le plus grand nombre de ces réservoirs ou étangs établis au nombre de quarante-six, hors de la porte de l'hôpital, à une petite distance de la ville (Chevallier). Ces bassins sont la propriété de M. Coyard, et servent à recevoir les sangsues appartenant à la compagnie Laurens et Vauchel de Paris, Coyard de Strasbourg, Ritton de Lyon et Coste de Trieste.

L'auteur de la *Cinquième lettre alsacienne* dit que la construction de ces réservoirs et la direction de l'établissement ont placé M. Coyard dans la position d'*avoir*, *pour ainsi dire*, *le monopole du commerce des sangsues;* de sorte que toutes les parties de la France seraient tributaires de ce négociant. Selon J. Martin, cette association avait véritablement l'intention de monopoliser le commerce des sangsues ; mais, grâce à quelques hommes de cœur, la réalisation de ce projet qui menaçait de se produire ne s'est point opérée. C'eût été la chose la plus fâcheuse pour la pratique médicale, en ce que les sangsues eussent été toujours de mauvaise nature et leur prix eût été encore plus élevé.

2° *Importation.*

La quantité de sangsues qui arrive en France est considérable, mais difficile à déterminer d'une manière exacte. D'après Charpentier, nous ne recevrions pas moins de 40 à 50 millions de sangsues étrangères ; mais il est extrêmement probable que ce chiffre est exagéré. Nous avons donné, page 254, le tableau de l'importation communiqué par l'administration française. On peut calculer que de 1827 à 1844 la france a reçu 500 millions de sangsues qui, divisés par 18, le nombre des années, donne pour moyenne 28 millions à peu près en nombres ronds. En ajoutant ce qui est introduit en fraude, on voit que l'on peut évaluer à près de 30 millions le chiffre des sangsues étrangères importées en France.

En observant, avec J. Martin, que le relevé officiel des sangsues importées en France, en 1844, constate que dans le cours de cette année il est entré 15,224,673 sangsues, et que, comme la douane estime qu'un mille de sangsues pèse 2 kilogrammes, tandis que le mille ne pèse réellement, terme moyen, que 1 kilogramme, on voit qu'il est entré en France, en 1844, 30,449,346 sangsues, offrant un poids de 3,449 kilogrammes 346 grammes (J. Martin).

Comme on le voit, on peut regarder comme très approché de la vérité le chiffre de 30 millions pour représenter l'importation de ces annélides. Selon J. Martin, cette quantité serait plus forte ; car, dit-il, dans le calcul que nous venons de faire, nous ne comprenons pas les sangsues introduites en France en dehors de la surveillance de la douane (1).

Enfin nous ajouterons à ces observations que si l'on veut compter les sangsues des pêches indigènes qui, selon J. Martin, avec les sangsues introduites par fraude, compensent et au delà, surtout depuis quelques années, les exportations et la mortalité des sangsues importées, nous arriverons à constater que la France emploie à elle seule au moins 30 millions de sangsues, sans compter les sangsues que l'on fait servir un plus ou moins grand nombre de fois.

Il faut observer, toutefois, que le chiffre des importations a diminué un peu, car le tableau officiel donne, pour les années :

1847.	11,790,840	1850.	11,766,000
1848.	9,903,398	1851.	7,389,000
1849.	11,112,000	1852.	10,415,000

Ce qui fait, d'après le calcul précédent, de 20 à 25 millions de sangsues environ qui, chaque année, arrivent en France.

3° *Exportation.*

La quantité de sangsues exportée est de beaucoup inférieure à celle de l'importation. Le tableau suivant donnera les résultats de cette exportation.

Il a été exporté en :

	Sangsues.	Valeur.		Sangsues.	Valeur.
1827. . .	196,000	5,908 fr.	1832 . . .	1,895,300	56,859 fr.
1828. . .	292,800	8,784	1833 . . .	868,059	26,059
1829. . .	503,906	15,117	1834 . . .	879,100	26,373
1830. . .	739,250	22,177	1835 . . .	1,236,096	37,096
1831. . .	1,242,100	37,263	1836 . . .	1,009,445	30,283

(1) D'après L. Busquet, les 30 millions probablement consommés en France auraient une autre origine et seraient en grande partie fournis par nos marais. « En 1851, dit-il, nous en avons reçu 13,058,500, et nous en avons exporté 5,731,000; d'où il suit que, sur la quantité de celles qui ont été importées, nous en avons retenu 7,327,500 pour notre propre consommation ; et puisque nous en consommons 30 millions, notre production doit être de 22,672,500 sangsues, dont le tiers environ nous paraît devoir être fourni par le département de la Gironde.

De 1837 à 1846 le chiffre de l'exportation a été en moyenne, annuellement, de 3,145,748 sangsues; mais depuis il a baissé considérablement, puisque l'exportation n'a plus été :

En 1847, que de.	1,557,660
En 1848, que de.	1,207,060
En 1849, que de.	1,338,000
En 1850, que de.	1,802,000

Toutefois on peut remarquer que l'exportation a augmenté d'importance, et que tandis qu'elle ne figurait en 1827 que pour 196,000 sangsues d'une valeur de 5,908 francs, elle a été, en 1850, de 1,802,000, dont la valeur n'est pas moins de 270,300 fr.

C'est à l'Espagne, l'Angleterre, le Brésil, les États-Unis, la Martinique, la Guadeloupe, que s'adressent les plus fortes quantités de sangsues exportées; mais il en est expédié aussi au Chili et au Pérou (J. Martin).

Nous ne pouvons mieux faire que de rapporter ici les réflexions de Vayson sur la question qui nous occupe :

« Il y a dans cette question de l'exportation des sangsues tout un avenir de prospérité pour cette industrie et pour notre marine, et nous espérons que la marche ascendante qu'elle a suivie depuis quelques années sera pour nos éleveurs un avertissement et un encouragement qui ne seront pas perdus. Un article d'exportation qui, en 1836, ne dépassait pas la somme minime de 26,609 fr., et qui, quatorze ans après, en 1850, a atteint le chiffre de 270,300 fr., mérite qu'on s'en occupe, surtout si l'on se persuade que ce chiffre peut être décuplé dans quelques années, lorsque des moyens plus parfaits de transport et la qualité supérieure des sangsues permettront à nos capitaines d'emporter sans danger ces précieux annélides dans les colonies les plus éloignées. Les efforts de tous doivent tendre vers ce but. »

4° *Prix des sangsues.*

Fée nous apprend qu'il y a une cinquantaine d'années les

sangsues ne valaient en France que de 12 à 15 fr. le mille, et que déjà, en 1815, on les payait de 30 à 36 fr., et même plus en hiver. Un peu plus tard, ces animaux atteignirent le prix de 60 fr. le mille (Fleury). Mais c'est surtout sous l'influence de la doctrine médicale de Broussais que l'usage des sangsues fit des progrès énormes, et qu'alors ces annélides augmentèrent successivement de prix et ne tardèrent pas à valoir, à Paris, 150, 200 et même jusqu'à 280 fr. le mille.

Cependant Regnard de Chaumont (Haute-Marne) écrivait, en 1841, qu'il y a une douzaine d'années les sangsues étaient si communes dans les pays qu'il habite, qu'on ne les payait que 25 à 30 centimes le cent (Chevallier).

Plus tard, la consommation de ces annélides diminua considérablement, et malgré les quantités considérables qui ont été versées dans le commerce, leur prix est toujours resté relativement très élevé, puisqu'en 1844 elles valaient encore de 150 à 250 fr. le mille.

Il y a une dizaine d'années, suivant J. Martin, le filet se vendait à Paris, en gros, 180 fr. le kilogramme, contenant 2,400 à 2,600 individus; la petite-moyenne, 130 fr. le mille; la moyenne, 235 à 240 fr.; la grosse, 280 fr., et la vache, 220 fr. La sangsue dite *dragon*, dont la valeur commerciale est moindre, se vendait : le filet, 90 fr. le kilogramme; la petite-moyenne, 130 fr. le mille; la moyenne, 150 fr., et la grosse, 180 fr. (Chevallier).

En 1845, le filet valait à Toulouse, de 130 à 135 fr. le kilogramme, mais il était peu demandé. La petite-moyenne de Hongrie se vendait 110 fr. le mille; la grosse-moyenne, 240 fr.; la grosse, 300 fr.; la grosse-moyenne, dite *dragon*, coûtait 170 fr. (Moquin-Tandon).

En 1849 et 1850, l'administration des hôpitaux civils de Paris a acheté les sangsues à raison de 160 fr. le mille, pesant 2 kilogrammes; et en 1851, elle a payé les mêmes sangsues 240 fr.

Aujourd'hui le cours s'établit, en France, selon la grosseur, la qualité des sangsues et les saisons, en variant de 140 à

190 fr. le kilogramme (A.-Ph. Laurens, *Mémoire sur l'hirudiniculture*, 1854).

Depuis cette époque, et malgré la concurrence, ces prix se sont maintenus, sauf quelques variations à peu près insignifiantes. Et même, tandis que de 1827 à 1832 les sangsues étaient payées 15 ou 20 centimes la pièce, au détail; elles se sont vendues depuis, 30, 40, 50 et quelquefois même 60 centimes.

En Hongrie, les sangsues valaient, en 1830, 1 fr. le kilogramme, et dans les dix années suivantes, ces prix ont graduellement atteint le chiffre de 90 à 120 fr. le kilogramme (A.-Ph. Laurens).

En Prusse, les sangsues valaient, il y a une dizaine d'années, de 27 à 40 fr. le mille. La même quantité, en Russie, ne valait pas plus d'un rouble d'argent (5 fr. environ). En Danemarck, on les vendait, dans les pharmacies, à raison de 30 centimes la pièce. En Pologne, le prix de ces annélides n'était que de 4 à 8 fr. le demi-kilogramme, et les marchands les revendaient le double (Faber). Il est extrêmement probable qu'elles ont varié de prix.

En Angleterre, les sangsues valent un schelling, un schelling et demi et quelquefois plus (le schelling valant à peu près 1 fr. 10 cent. de notre monnaie).

Au Brésil, les sangsues d'Europe se louaient, en 1826, une piastre (5 fr. environ de notre monnaie). Le marchand les faisait dégorger pour les louer de nouveau (Puymaurin). Enfin, en Amérique et aux Indes, on a assuré que les sangsues se sont vendues 3 et 5 fr., et même jusqu'à une guinée (H. Cloquet).

Dans le commerce, les sangsues dites *syriennes*, ou celles de l'Algérie et du Maroc, ont une valeur beaucoup moindre que les *hongroises*, les *landaises* et les *géorgiennes*.

D'après un calcul de Fée, que nous avons rapporté ailleurs, en supposant le prix des sangsues de 50 fr. le mille, en moyenne, on aurait une somme de 5 millions de francs pour représenter le commerce de ces animaux en France. Mais

Fée calcule sur une consommation d'environ 100 millions de sangsues, qui est à peu près le triple de celle que nous avons vu être fournie par l'importation. Comme aujourd'hui les sangsues ne se vendent plus seulement 50 fr., mais de 200 à 250 fr. le mille, il en résulte une somme plus importante encore de 6 à 7 millions de francs pour les 30 millions possibles de sangsues employées. Enfin, pour ne rien exagérer, et en nous en tenant au chiffre le plus bas de l'importation, qui est, d'après les considérations que nous avons indiquées, de 20 à 25 millions par année, nous trouvons que le commerce des sangsues ne roule pas sur une somme inférieure à 5 ou 6 millions de francs.

L'auteur de la *Cinquième lettre alsacienne*, supposant que la consommation annuelle était de 12 millions de sangsues, et les calculant à 25 centimes la pièce, avait établi le chiffre de 3 millions de francs, qui était évidemment au-dessous de la vérité.

Ainsi ce seul article de notre matière médicale nous rend tributaire de l'étranger pour une somme de 4 millions, au moins, que l'hirudoculture est appelée très prochainement à conserver à la France.

Les sangsues, d'abord classées par l'administration des douanes parmi les substances médicinales, sont actuellement comprises parmi les animaux vivants.

En vertu de la loi du 7 mars 1817, les droits de douane ont été tarifés à 1 franc le mille pour l'importation, et à 50 centimes pour l'exportation. Mais, à partir de 1838, on a cessé de percevoir le droit d'exportation d'après le nombre, de sorte qu'au lieu d'appliquer la taxe de 50 centimes par mille, on les a liquidées à raison de 25 centimes pour 100 francs de valeur. On est revenu maintenant à l'assiette de la taxe sur le nombre (Moquin-Tandon).

La douane française fait, au petit pont du Rhin, une distinction pour les grosses sangsues, et, admettant que 4 kilogram. représentent mille de celles-ci, elle n'exige que 1 fr. par 4 kilogrammes d'un choix de grosses sangsues. Cette distinction n'est pas faite par la douane de Pont-Beauvoisin, etc., où, sans distinction de volume, on fait payer 1 fr. à chaque poids de 2 kilogrammes. Pourquoi n'y a-t-il pas uniformité dans les mesures de la douane? (J. Martin.)

De 1827 à 1842, l'importation a donné au gouvernement 613,703 fr., et l'exportation 6,911, dont la somme est de 620,614 fr. Ce qui fait, en moyenne, 38,788 fr. par an (Moquin-Tandon).

En Angleterre et en Hollande, les droits d'entrée se paient par *sac;* il en résulte qu'au risque d'en perdre un grand nombre, on les enferme par milliers dans un grand sac, soit en masse, soit enfermés d'abord dans de plus petits (L. Busquet).

5° *Espèces commerciales ou marchandes.*

Le commerce connaît plusieurs races de sangsues qui sont désignées sous des noms qui rappellent leur pays ou leur couleur générale. C'est ainsi qu'il connaît la *Sangsue grise*, la *verte*, la *blonde*, la *brune*, à cause de la couleur générale de leurs téguments. Parmi elles, il distingue encore la *Sangsue hongroise* qui n'est autre que la sangsue verte ou grise qui croît naturellement dans les marais de la Hongrie, de la Turquie et de la Grèce (Vayson); la *Sangsue landaise* qui est aussi la sangsue verte ou grise, tirée des marais de la France, particulièrement des départements des Landes, de la Gironde, ou autres départements voisins; les *Sangsues syriennes*, *géorgiennes*, *turques*, qui sont des sangsues venues dans les marais des pays desquels elles empruntent leur nom. Sous le nom de *Sangsues fleuries* ou *demoiselles*, on désigne dans le commerce une espèce qui vient de Bordeaux (J. Martin,). La *Sangsue truite* (*Hirudo troctina*, Johns), vulgairement connue sous le nom de *dragon*, est aussi une espèce commerciale, tirée de l'Afrique, particulièrement de l'Algérie, de la Barbarie et du Maroc. Le commerce désigne encore, sous le nom de *Sangsues bâtardes*, des variétés de qualité inférieure auxquelles se trouvent mêlées des *Aulastomes*, des ***Hæmopis*** et des *Néphélis*. Il connaît aussi, sous le nom de *Sangsues bâtardes brunes*, *bâtardes claires*, *bâtardes blondes*, *Chalans*, des espèces de qualité tout à fait inférieure, quoique appartenant réellement au genre *Hirudo*. La dernière dénomination est particulièrement donnée aux variétés tirées des départements du Calvados et de la Manche (J. Martin). Les *syriennes*, quoique désignées sous le nom de *Sangsues bâtardes étrangères*, sont reçues dans le commerce, mais à 45 pour 100 au-dessous de celles de la *Turquie* (L. Busquet). Toutes ces sangsues, à l'exception de l'*Hirudo troctina*, et surtout des *Aulastomes*, des *Hæmopis* et des *Néphélis*, ne sont, suivant Moquin-Tandon, que des variétés, souvent peu tranchées, de l'*Hirudo medicinalis*.

Enfin, le commerce connaît encore, sous le nom général de *Sangsues du Levant*, les espèces commerciales que nous avons désignées sous les noms de *hongroises*, *géorgiennes*, *syriennes*, etc., et sous celui de *Sangsues de Corse*, une sangsue brune qui vient de ce pays. Ce n'est pas, en effet, une raison pour que les sangsues du Levant proviennent toutes de cette partie du monde, car on comprend sous ce nom toutes celles dont la couleur générale se rapproche de celle des sangsues du Levant, quelle que soit leur provenance (Horliac).

Sous le rapport de leur volume ou de leur poids, le commerce les divise en cinq catégories, ainsi qu'il suit : 1° les *filets* ; 2° les *petites-moyennes ;* 3° les *grosses-moyennes ;* 4° les *grosses ;* 5° les *vaches*.

Les filets se vendent au poids. Ils sont peu employés en médecine, parce que le sang qu'ils peuvent tirer est trop peu considérable, et leur piqûre trop petite et peu profonde.

Toutefois, on les emploie depuis quelque temps, particulièrement pour les enfants ou pour les femmes qui ne veulent aucune trace de piqûres, ou bien encore dans quelques maladies, pour déterminer un point d'irritation (J. Martin).

Les petites-moyennes se vendent au poids ou au mille. On les emploie en médecine plus souvent que les filets. Elles pompent assez, et leur piqûre émet assez de sang.

Les grosses-moyennes sont celles qui sont le plus communément employées. Elles se vendent aussi au mille; elles sont dans toute leur force; elles se gorgent bien, et leurs piqûres sont vives et profondes.

Les grosses se vendent pareillement au mille. Elles ont toutes les qualités des précédentes.

Quant aux sangsues vaches, elles se vendent aussi au mille, mais elles sont peu employées en médecine. Elles ne sucent pas en raison de leur volume. On préfère les laisser dans les marais pour la reproduction.

En général, celles qui pèsent plus de 2 grammes sont vendues au mille, tandis que celles qui ont un poids moindre se vendent au poids.

Toutes ces sangsues, réunies ensemble par portions égales, sont appelées *Sangsues en race*, et vendues au poids ou au mille, à volonté. Au contraire, celles que l'on nomme *Sangsues de premier choix* ou *d'écart*, parce qu'elles ont été retirées des sangsues en race, sont toujours vendues au mille.

Les sangsues landaises s'achètent ou se vendent au mille, grosses, moyennes ou petites-moyennes, et jamais en race (A. Ph. Laurens).

Suivant J. Martin, le rapport du poids au volume des sangsues a été établi de la manière suivante :

		kil.
1000 sangsues	filets pèsent en moyenne.	0,385 à 0,450
—	petites-moyennes (3e choix). . . .	0,625 à 0,750
—	grosses-moyennes (2e choix). . . .	1,125 à 1,250
—	grosses (1er choix).	2,500 à 3,000
—	vaches	4,500 à 12,000

Ces poids et ces grosseurs n'ont rien de bien fixe, mais suffisent néanmoins pour les besoins du commerce. Il en est de même de la longueur que quelques auteurs ont cherché à rapporter au volume. Selon J. Martin :

La grosse sangsue s'allonge de 12, 13, 14 et 18 centimètres.
La moyenne, de . . . . 10, 11 et 12 centimètres.
La petite-moyenne, de . . . . 8 à 9 centimètres.

Il en est dont le corps, plus charnu, s'allonge moins à volume égal, quoiqu'il soit parfaitement vide (J. Martin).

Moquin-Tandon parle d'une sangsue trouvée dans les environs de Bordeaux, dont le poids était de 33 grammes 40 centigrammes, et qui présentait une longueur de 25 centimètres.

Voici, suivant A. Ph. Laurens, les poids qui ont été adoptés pour les *Sangsues landaises* :

« Les vaches peuvent être rangées dans les mêmes poids que celui des étrangères.

» Le poids du premier choix est ordinairement de 3 à 4 kilogrammes (le mille).

» Celui des moyennes, deuxième choix, de 2 kilogrammes environ.

» Celui des petites-moyennes, troisième choix, de 1125 à 1250 grammes.

» Les fournitures aux hôpitaux civils, maritimes et militaires, ont lieu en vertu d'un marché formé au millier, lequel doit peser au minimum un poids fixé (A. Ph. Laurens). »

6° *Falsifications.*

Il semblait que la nature de cet agent thérapeutique devait le faire échapper à la falsification, qui malheureusement atteint chaque jour plus de marchandises. Les sangsues se vendant à la grosseur ou au poids avec des prix proportionnels, la cupidité a trouvé, dans le gorgement de ces animaux, l'occasion de ne pas rester inactive.

En 1792, déjà, Vauquelin avait dit que le gorgement des sangsues se faisait avec des caillots, qu'alors elles paraissaient plus grosses et se vendaient mieux. Plus tard, Henry a fait connaître que certains marchands ont l'habitude de gorger les sangsues avec du sang de veau, de bœuf ou de mouton. De cette façon, ils font passer les filets à l'état de petites-moyennes, les petites-moyennes à l'état de grosses-moyennes.

L'opération du gorgement se fait simplement en mettant les sangsues dans du sang le plus frais possible (quoiqu'elles absorbent aussi le sang coagulé), de manière à leur en faire prendre de 40 à 50 pour 100 (Montaut, Perrine) : c'est le procédé usité dans les magasins. Lorsqu'on veut pratiquer le gorgement en grand dans les marais, on dépose de distance en distance de la chair musculaire ou des caillots de sang. On répète cette opération trois ou quatre fois en été. Quelquefois on les pêche pour les gorger, et on les replonge dans le marais après l'opération (J. Martin).

D'après O. Briffaut, les paysans de la Brenne (Indre) connaissaient le gorgement depuis longtemps. Ils le pratiquaient de la manière suivante :

Éloignés des villes, et ne pouvant avoir du sang de veau, de bœuf ou de mouton, ils étouffaient une volaille, l'ouvraient et plongeaient dans ses entrailles encore fumantes les sangsues qu'ils voulaient grossir. Après deux ou trois opérations de ce genre, les moyennes étaient devenues grosses et les filets moyennes. Cette méthode est encore employée aujourd'hui.

La pratique du gorgement se fait maintenant presque partout, puisqu'elle s'opère, selon J. Martin, à Smyrne, Labadie, Lyon, Meilloud par Issoire, Strasbourg, Nancy, Marseille, Colmar, etc. Toutefois Chevallier, qui a examiné les sangsues qui arrivent de Trieste, les a toujours trouvées pures de sang, et MM. Montaut et Dominique Perinne lui ont attesté, le premier, que ces annélides ne sont jamais gorgés quand ils doivent voyager, et, le second, que ceux qui sont gorgés se conservent mal (Chevallier).

Il est presque inutile de faire observer qu'une sangsue plus ou moins gorgée prend avec plus ou moins d'avidité, tire d'autant moins de sang que le gorgement est plus complet, et qu'il en est même qui refusent de mordre. Comme il est assez difficile de reconnaître immédiatement la fraude, surtout lorsque, légèrement gorgées, elles ont conservé une certaine vivacité, il s'ensuit que l'on croit avoir acheté des sangsues de bonne qualité, alors qu'arrivé près du malade, on s'aperçoit, toujours trop tard, que les sangsues ne valent rien. Il y a véritablement fraude ; car, suivant l'expression de

Magendie : *Ce sang faisant partie de la sangsue, soit comme poids, soit comme volume, est vendu au même prix que l'animal : c'est en cela que consiste le profit de la fraude.*

Cette fraude a donné lieu à l'avis officiel suivant, publié, en 1846, par le préfet de police :

« Il arrive quelquefois, malgré la surveillance de l'administration, que les sangsues vendues au public ont été préalablement gorgées de sang, afin d'en augmenter le volume et le poids.

» Cette fraude est doublement préjudiciable : d'abord, parce que la valeur des sangsues dans le commerce est en raison de leur poids et de leur volume, qui se trouvent ainsi artificiellement augmentés.

» En second lieu, parce que les sangsues gorgées, quelle que soit l'origine du sang introduit dans le tube digestif, ne prennent pas lorsqu'on les applique sur la peau, ou ne tirent, lorsqu'elles prennent, qu'une quantité très minime de sang, ce qui peut, dans des cas graves où une médication active devient urgente, compromettre sérieusement l'existence des malades.

» Ce gorgement, soit qu'il ait été opéré artificiellement, soit qu'il résulte des conditions naturelles dans lesquelles, par exception, la sangsue aurait pu se trouver, se reconnaît facilement de la manière suivante :

» On saisit la sangsue que l'on veut examiner par l'extrémité postérieure, qui est la plus grosse, entre le pouce et l'index de l'une des deux mains ; en la pressant convenablement d'arrière en avant, entre deux doigts de l'autre, le sang contenu dans le tube intestinal reflue vers l'extrémité antérieure et y forme un bourrelet plus ou moins volumineux, selon la quantité de sang ingéré.

» Si la pression est forte, le sang ressort de lui-même par la bouche de la sangsue.

» Ce procédé ne laisse aucune incertitude, à la condition seulement que la pression n'aura pas été assez forte pour déchirer les tissus soumis à l'expérience.

»En portant à la connaissance du public les renseignements qui précèdent, et qui lui ont été fournis par l'École de pharmacie et par le conseil de salubrité, le pair de France, préfet de police, croit devoir ajouter que les mesures les plus sévères sont prises pour la recherche et la saisie des sangsues gorgées de sang, et pour la poursuite des auteurs de cette fraude devant les tribunaux. »

Bien des fois déjà des poursuites, suivies de condamnations, ont été dirigées contre quelques marchands.

En 1847, dans l'une de ces affaires, l'avocat général Berryat-Saint-Prix a fait remarquer que les sangsues n'étaient pas destinées seulement à des observations scientifiques, mais pour opérer des saignées; qu'elles devaient être considérées comme des machines vivantes à saignée dont la nature était d'être vides pour pouvoir fonctionner, et que, de cette façon, les marchands qui les livraient gorgées trompaient sur leur nature et non sur leur qualité. Dans cette même affaire, les professeurs Magendie et Valenciennes, de l'Académie des sciences, et le docteur Sanson, nommés experts, ont conclu que les sangsues gorgées de sang ne doivent pas être livrées au commerce, soit que ce sang provienne du gorgement dans les marais, soit qu'il provienne du gorgement artificiel dans les magasins, attendu que les conséquences pratiques sont exactement les mêmes.

Malheureusement on a prétendu, peut-être avec raison, que les sangsues qui avaient longtemps voyagé, ou qui étaient depuis longtemps hors des marais, avaient besoin de l'administration d'une certaine quantité de sang pour les empêcher de mourir d'inanition.

Cette assertion n'est pas acceptable : les sangsues gorgées voyageant difficilement, on éprouve des pertes. Les sangsues vierges supportent mieux le voyage (Chevallier). Cette manière de voir est conforme à l'opinion de Derheims, qui affirme que les sangsues pêchées dans les mares, et qui contiennent du sang, meurent dans la proportion d'un tiers; tandis qu'elle n'est que de 1/20e pour les sangsues qui ne contiennent pas de sang. Néanmoins Bosc assure que, pour conserver ces animaux, il faut leur donner de temps en temps des caillots de sang. Dans tous les cas, la quantité de sang doit être faible, et l'on ne peut vendre comme vides celles qui sont ainsi gorgées.

Il y a aussi falsification ou fraude, lorsque, par exemple, à 100 sangsues vendues comme grosses, on mêle 20 sangsues moyennes gorgées; à 100 moyennes, 20 petites, etc. (J. Martin).

Il y a encore falsification dans la substitution, aux sangsues neuves, de sangsues qui ont été dégorgées par un moyen quelconque, et dont l'énergie vitale est singulièrement diminuée par l'action même du mode à l'aide duquel le dégorgement a été fait.

Enfin la falsification s'exerce encore en mêlant à des sangsues de bonne qualité des sangsues bâtardes, ou des hirudinés appartenant à des genres autres que le genre *Hirudo*, ainsi que nous l'avons déjà dit.

Toutes ces falsifications sont aujourd'hui parfaitement prouvées, surtout par les publications de Chevallier et de J. Martin.

Toutefois Cottereau, dans sa *Note sur les sangsues qui sont livrées au commerce*, paraît être très disposé à n'y pas croire. Selon cet auteur, la falsification par les sangsues bâtardes (*Hæmopis*, *Nephelis*, *Aulastoma*) ne peut passer inaperçue aux yeux des personnes qui se livrent spécialement à ce commerce.

Il faut être bien habitué au maniement des sangsues pour distinguer tout de suite une Aulastome, une *Hæmopis* de certaines espèces de *sangsues médicinales* qui ont à peu près la même robe. Le seul caractère sérieux consiste dans les denticules, ou dans les mâchoires; mais justement c'est un caractère qu'il n'est pas facile d'aller examiner : 1° à cause de leur petitesse; 2° à cause de leur profondeur; 3° à cause des mouvements de l'animal qui se prête peu à l'observation. Quant à la flaccidité du corps ou à leur non-contraction en olive, elles peuvent, jusqu'à un certain point, se retrouver dans les espèces médicinales malades et être ainsi une cause d'erreur. Il y a donc une extrême difficulté à distinguer cette sorte de fraude, et nous le répétons, par les procédés indiqués jusqu'à présent, il est difficile que l'homme même le plus expérimenté ne laisse pas passer inaperçu un certain nombre de ces fausses sangsues dans une masse de *sangsues médicinales*.

Tous les jours, les pharmaciens et les préposés des hôpitaux, qui manient un grand nombre de sangsues, se laissent tromper par ce procédé frauduleux (J. Martin).

Si les pharmaciens et les préposés des hôpitaux, qui manient un grand nombre de sangsues, se laissent tromper, qu'arrivera-t-il donc aux personnes qui n'ont fait aucune étude de cet objet, et qui, cependant, s'établissent marchands de sangsues ? Cette observation a été prise en considération par la Société de pharmacie de Bruxelles, qui a émis l'avis que *la vente des sangsues devrait être interdite aux personnes étrangères à l'art de guérir*. Malheureusement pour cette idée très raisonnable, la commission médicale chargée de la faire valoir auprès du procureur du roi n'a trouvé dans ce magistrat qu'un homme qui n'a voulu voir dans les sangsues qu'un instrument de chirurgie dont il ne pouvait interdire la vente aux personnes étrangères à l'art de guérir.

Méthode pour reconnaître les fausses sangsues mêlées aux sangsues médicinales. — Mais si jusqu'à ce jour on n'a donné aucune méthode propre à faire reconnaître la présence des *Aulastomes*, des *Néphélis* et des *Hæmopis* parmi les sangsues, nous croyons toutefois que l'Aulastome et la Néphélis peuvent certainement être reconnues par leur anus assez large, et en croissant chez la première et très apparent chez la seconde, tandis que celui des Sangsues et des Hæmopis est difficile à observer; mais le besoin d'employer une loupe et le temps qu'il faudrait passer à distinguer ces annélides par ce caractère rendent l'opération au moins très difficile. Voici la méthode que nous proposons pour simplifier la recherche des Aulastomes, des Néphélis et des Hæmopis dans une masse de sangsues. On commence par mettre à sec les annélides pendant quelques heures, au bout desquelles les Néphélis, ne pouvant pas vivre sans eau, sont trouvées toutes mortes. Cela fait, on met les survivantes dans de l'eau avec quelques jeunes lombrics dont on connaît le nombre, et si, au bout de quelques heures, on s'aperçoit que ce nombre a diminué, on est sûr de la présence des Aulastomes, et alors la recherche à l'aide du caractère que présente l'anus devient plus facile. Dans le cas contraire, on n'a affaire qu'à des Sangsues ou à des Hæmopis dont les caractères sont malheureusement peu tranchés. Cependant, avec de l'habitude, en pressant dans les doigts une Hæmopis, on parviendra à la distinguer de la Sangsue par son *extrême mollesse*, qui est telle, que l'*on croirait l'animal mort* (Moquin-Tandon), tandis que la Sangsue *se contracte fortement en olive*, ou tout au moins arrivera-t-on à ne plus la confondre qu'avec des sangsues malades ou de très mauvaise qualité.

Quant à la mise en vente de sangsues qui ont déjà servi, nous n'oserions pas affirmer qu'elle n'a pas lieu, malgré la difficulté que présente le dégorgement pour les personnes qui n'ont pas l'habitude de le pratiquer. Selon Chevallier, on a pu voir dans plusieurs rues de Paris des affiches portant ces mots : *Ici on achète les sangsues pleines qui ont servi*, ou bien : *On achète ici, au prix de 5 centimes, les sangsues qui ont servi*. L'autorité ayant fait défendre ces affiches, on substitua à l'annonce : *Ici on achète les sangsues qui ont servi*, ou plus simplement : *Ici on achète les sangsues*. C'est évidemment se jouer de l'autorité (Chevallier). Il est donc plus que probable que les sangsues gorgées sont encore achetées pour être dégorgées, puis revendues mélangées à des sangsues neuves, et la surveillance la plus active ne saurait, à notre avis, prévenir cette espèce de fraude. A la vérité, J. Martin a donné les caractères à l'aide desquels on pouvait jusqu'à un certain point reconnaître les sangsues dégorgées; mais, pour cette espèce de fraude comme pour l'autre, on peut dire qu'il n'existe aucun caractère tranché qui puisse tout de suite laisser reconnaître une sangsue dégorgée de la sangsue neuve. Néanmoins, comme il peut être utile de connaître ces caractères, nous allons les extraire du travail de ce négociant.

« Les sangsues dégorgées, dit-il, offrent des rides et une flexibilité dans les téguments qui accusent qu'elles ont été soumises à une distension considérable et que leurs tissus ne sont pas encore revenus à leur état primitif. La ventouse orale est gonflée et blanchâtre. On sent que le tube intestinal, dont les parois s'appliquent immédiatement l'une sur l'autre, offre une cavité large ; que l'épaisseur de la chair qui constitue leur corps est diminuée. Elles conservent plus ou moins de vivacité, suivant les moyens qui ont été employés pour les dégorger. Lorsque le moyen employé n'a été qu'une pression convenable, elles n'ont qu'un peu de mollesse et de lenteur dans les mouvements. Les sangsues dégorgées sécrètent un mucus abondant. Lorsqu'elles ont été soumises à l'action d'irritants, elles paraissent plus fatiguées. Elles prennent mieux que les sangsues artificiellement gorgées depuis peu de temps, mais leur piqûre est moins profonde. »

Malgré ces caractères, J. Martin a grand soin de dire que, cependant il faut, pour distinguer les sangsues dégorgées des sangsues neuves, une grande habitude et un tact que n'acquièrent même jamais certaines personnes, et nous sommes complétement de son avis ; car nous sommes persuadé qu'il est telle sangsue qui, bien dégorgée, paraît plus vive, plus active que certaines sangsues neuves, et qui, dans l'application présentera des avantages incontestables sur celle qui n'a jamais servi. Pour nous donc, la fraude consisterait moins dans la vente d'une sangsue dégorgée que dans la vente d'une sangsue qui a perdu par le dégorgement une partie de son énergie vitale. Il est évident, en effet, que le dégorgement ne saurait être pratiqué indéfiniment, quelque parfait qu'il soit, et qu'au bout de plusieurs dégorgements qui peuvent aller, si l'on veut, jusqu'à dix ou douze, selon le degré de vitalité ou la facilité de dégurgitation de l'animal, il faut nécessairement que l'animal meure. Or, c'est de cette façon seulement que nous entendons dire que la sangsue qui a déjà servi a perdu une partie de son énergie vitale et qu'au lieu de pouvoir servir, après un nouveau dégorgement, elle est peut-être arrivée au moment où un dégorgement nouveau la fera périr.

Selon Cottereau, la fraude par le gorgement, dans le but de faire passer les sangsues à une classe supérieure en volume ou en poids, n'est pratiquée que par de petits marchands ambulants ou autres. Mais que de là à l'exécution de cette fraude sur une grande échelle, et par des maisons honorablement posées dans le commerce, il y a une distance immense à franchir. Nous avons pris un assez grand nombre de renseignements auprès des marchands de sangsues, et tous ils assurent que le gorgement s'opère d'une manière générale, et cela même par ceux qui les reçoivent directement des marais.

Les observations de Magendie, de Sanson, ainsi que les expériences de J. Martin, établissent que les sangsues du commerce contiennent de 25 à 45 pour 100 de leur poids de sang. Cette fraude, connue depuis longtemps dans les hôpitaux de Paris, a plusieurs fois donné lieu au refus des livraisons des fournisseurs soumissionnaires, et, livrées comme vierges, ces sangsues contenaient un cinquième, un quart et même plus de la moitié de leur poids de sang, provenant d'animaux mammifères (Magendie). Il n'est donc pas possible de nier la fraude par ce moyen.

Maintenant voici ce que nous lisons dans une lettre adressée au rédacteur en chef du *Moniteur des hôpitaux* par Laignez, pharmacien :

« Dans un voyage que je fis, en 1839, en Hongrie pour étudier tout ce qui est relatif à l'élève des sangsues, je visitai plusieurs vastes marais de cette contrée ; je me mis en relation avec des pêcheurs nomades des plus renommés ; j'acquis la conviction que ces pêcheurs livraient leurs sangsues à des juifs dans un état de grosseur très convenable pour la succion, mais que ces derniers leur faisaient prendre du sang, pour en faire ce qu'on appelle en France du *premier cours*.

Ainsi, *un mille*, qui aurait pesé à l'état naturel 2 kilogrammes, prenait le poids de 3 kilogrammes après avoir passé par les mains des marchands; puis, en arrivant en France, elles subissaient un nouveau gorgement qui élevait leur poids à 3 kilogrammes 500 grammes. Ainsi remplies de sang, elles périssent en quantité pendant la chaleur de nos mois de juin, de juillet et d'août, et cette mortalité fait la ruine du marchand en détail. Je ne crois pas qu'il y ait d'expressions assez fortes pour flétrir les *gorgeurs!* » (Laignez.)

Enfin, nous ne devons pas quitter la question du gorgement des sangsues sans dire un mot de l'accusation portée contre les éleveurs par quelques personnes qui prétendent qu'ils prennent prétexte de l'élève des sangsues pour ne faire que gorger ces annélides. Bien que nous l'ayons entendu dire par des hommes honorables, nous espérons encore qu'ils ont été trompés, et que ceux qui prennent aujourd'hui le nom d'éleveurs n'ont point recours à cette pratique qu'aucun nom ne saurait suffisamment flétrir. Nous regrettons infiniment de trouver, dans un travail que tous ceux qui s'occupent de sangsues doivent avoir entre les mains le récit suivant : « Une société scientifique de province aurait délivré un prix pour la reproduction des sangsues à une personne qui aurait fait voir à la commission nommée par cette société, d'abord de grosses sangsues (des *pères* et des *mères*) placées dans un bassin. Puis des cocons récoltés dans un marais voisin et placés dans le bassin auraient été signalés à l'attention des juges du concours. Bientôt après, on leur aurait montré de très petits filets tirés de la maison de J. Martin, et qui auraient paru aux membres de la commission la preuve d'une reproduction évidente. Plus tard, et successivement, des petites sangsues, puis des petites-moyennes, puis des grosses-moyennes, tirées de la même maison et montrées aux juges, les auraient convaincus que les sangsues se sont formées et développées dans le courant d'une année : ce qui lui aurait valu une médaille. » (*Histoire pratique des sangsues*, de J. Martin, p. 102.) Si nous avons rapporté cette anecdote, c'est moins pour blâmer les juges, qui ont été pris de bonne foi à cette manœuvre, comme l'auraient été bien d'autres, que pour flétrir la conduite de la personne à laquelle il est fait allusion, et pour engager les savants qui sont appelés à porter leur jugement sur de semblables faits à se tenir en garde contre l'astuce de certains hommes sans conscience, qui se font plus tard un jeu des duperies qu'ils ont exercées.

Le gorgement bien constaté, nous allons donner maintenant les caractères à l'aide desquels on peut le reconnaître.

Caractères des sangsues gorgées. — Peut-on distinguer une sangsue gorgée de celle qui ne l'est pas? Cette question n'est pas aussi simple à résoudre qu'on pourrait le croire au premier abord.

Si l'on ne trouvait dans le commerce que des sangsues des marais naturels; si la pêche ne se faisait pas souvent avec des foies d'animaux; si l'on ne nourrissait pas ces annélides avec le sang des vertébrés comme on le fait aujourd'hui dans les marais artificiels, il serait possible de connaître tout de suite si une sangsue est gorgée; il suffirait pour cela de la presser comme nous avons dit de le faire pour le dégorgement à la main, et d'examiner au microscope le liquide qui en sort. Par la nature des globules que l'on observerait, on saurait bientôt si la sangsue a été ou non gorgée avec le sang des mammifères.

Magendie s'est assuré que les sangsues gorgées contenaient du sang de mammifère, tandis que celles qui sont retirées des marais ne contiennent que du sang provenant d'animaux inférieurs (1).

Mais cette méthode n'est plus praticable depuis que dans le système d'éducation qui a été adopté pour les sangsues, on est obligé de les nourrir avec le sang des abattoirs ou celui des mammifères que l'on mène paître dans les marais qu'elles habitent. On est alors conduit à se servir des caractères exté-

(1) On sait que les globules du sang des mammifères sont lenticulaires, tandis que ceux du sang des reptiles, des oiseaux ou des poissons, sont elliptiques.

rieurs qui, malheureusement, n'offrent rien de bien certain. Voilà alors ce que la pratique fait connaître :

Les sangsues gorgées sont, en général, paresseuses et restent au fond des vases qui les contiennent ; elles s'allongent beaucoup moins et offrent des anneaux distants, ce qui leur ôte l'apparence veloutée que présentent les sangsues vides (Chevallier, J. Martin).

Lorsqu'une sangsue contient du sang dans son canal digestif, on sent comme une sorte de corde intérieure au centre du corps, et en la pressant entre les doigts, on aperçoit à travers la peau de l'animal un reflet d'un brun rougeâtre qui est dû à la présence du sang (J. Martin, Chevallier). Selon J. Martin, ce dernier caractère ne se retrouve pas dans la sangsue de Turquie, à cause de son système musculaire beaucoup plus épais. Quelquefois le sang s'est solidifié dans le corps de la sangsue, ainsi que l'a vu Vauquelin ; alors on sent à travers la peau des grumeaux qui roulent sous les doigts. Enfin le sang que l'on extrait par dégorgement à la main est toujours rougeâtre et bien différent du liquide noir verdâtre que rendrait une sangsue vide sortant des marais.

Si l'on ouvre des sangsues gorgées et des sangsues qui n'ont pas servi, on trouve les cellules de l'estomac des premières pleines de sang, tandis que ces cavités, chez les autres, ne contiennent qu'un liquide clair et limpide comme de l'eau (Chevallier).

J. Martin pense que l'on peut, rien qu'au toucher, reconnaître si le sang provient du gorgement ou du marais. On a remarqué, dit-il, que le sang, s'il a été récemment administré, n'occupe pas la même partie du canal digestif que dans le cas où le sang a été absorbé depuis un ou deux mois : dans ce dernier cas, il est plus voisin de la partie postérieure que dans le premier.

Si l'on observe que les *Sangsues médicinales* vides ont une longueur qui doit être dans un certain rapport avec leur grosseur, et que le gorgement augmente plutôt cette dernière dimension que la première, il doit être possible, pour qui en a l'habitude, de juger, rien que par l'extension, si une sangsue est gorgée ou vide.

Chevallier rapporte un procédé conseillé par Jourdan pour reconnaître les sangsues pures et les différencier de celles qui sont gorgées. Ce procédé consiste à placer la sangsue sur un linge blanc et à la saupoudrer de sel marin en poudre. Au bout d'une trentaine de secondes, après diverses contractions, elle dégorge du sang si elle en a sucé, ce qui n'arrive pas quand elle est pure. En ne laissant la sangsue au contact du sel que le temps nécessaire à l'expérience, et en la lavant aussitôt, on n'aura rien à craindre de son action délétère (Jourdan).

Enfin, un moyen beaucoup plus simple et qui nous réussit bien, consiste dans le palper des sangsues. Pour le pratiquer, on saisit la sangsue de la main gauche et de la main droite, de manière à faire refluer le sang, s'il y en a, vers le milieu du corps, qui se distend d'une manière marquée; en pressant alternativement les deux extrémités de l'animal, le bourrelet produit par le sang obéit à la pression, de telle façon que l'on ne peut en méconnaître la présence. Une sangsue vide ne présente rien de pareil.

Quoi qu'il en soit de tous ces moyens que l'habitude seule peut rendre plus ou moins certains, il est évident que l'on ne peut les appliquer à chaque sangsue que l'on achète; c'est donc une marchandise qui devrait être vendue de confiance, et pour cela il ne faudrait pas que tout le monde pût s'occuper de son commerce : il faudrait que des marchands responsables seuls eussent le droit de la vendre; mais il faudrait aussi qu'une inspection sérieuse vérifiât souvent la qualité de celles qu'ils vendent, et que des peines très sévères leur fussent appliquées lorsqu'on les saisirait ayant en magasin des produits ainsi falsifiés, soit par le gorgement, soit par des espèces tout à fait impuissantes à mordre. On pourrait d'abord commencer par saisir, au profit des hôpitaux, toutes celles que l'on trouverait gorgées. De cette façon, le pharmacien aurait toujours des sangsues de bonne qualité, sauf le cas dont nous avons parlé à l'article *Application*, et le médecin serait bien plus certain des effets produits par les sangsues, pourvu qu'il s'astreigne lui-même à tenir compte de toutes les circonstances favorables qui doivent entourer l'application de ces annélides.

Le besoin qu'on a d'employer du sang pour mettre cette fraude en pratique pourrait mettre l'administration, soit à Paris, soit à Lyon et à Strasbourg, soit en tout autre lieu, sur la voie, et lui permettre de faire saisir les sangsues dans le moment où on les gorge (Chevallier).

Aujourd'hui que l'hirudoculture fournit un assez grand nombre de sangsues au commerce, et que cette industrie ne paraît pouvoir s'exercer qu'à l'aide de l'alimentation par le sang des mammifères, il est difficile de trouver des sangsues qui ne contiennent pas de sang dans leur tube digestif.

Toutefois, à l'aide de certaines mesures, il ne serait pas impossible d'avoir des sangsues vides : par exemple, en forçant les éleveurs à avoir des bassins de purification dans lesquels seulement on pêcherait les sangsues que l'on doit livrer à la consommation, et encore peut-être ne devrait-on prendre que celles qui viennent aux premiers appels.

Des sangsues pêchées dans les marais des départements de l'Indre et d'Eure-et-Loir ne contiennent pas de sang (Chevallier). L'abbé Moreau a attesté le même fait, et Derheims, en 1846, a fait la même observation sur les sangsues pêchées dans les environs de Saint-Omer.

Enfin, pour ne pas entraver le commerce de ces animaux, doit-on, comme on le propose, tolérer la présence d'une certaine quantité de ce fluide ? Selon J. Martin, un huitième de sang pour les sangsues moyennes et un sixième pour les grosses ne devraient pas les faire considérer comme non marchandes.

En adoptant un pareil système de tolérance, il serait bien difficile de s'arrêter à une juste limite. Or cette quantité de sang est encore assez notable pour que nous pensions, avec Magendie, que les sangsues ainsi gorgées ne sont *ni loyales ni marchandes*.

Mayer, de Besançon, a émis l'idée que le gouvernement devrait s'emparer du monopole des sangsues et établir des dépôts dans chaque localité, à l'instar de ceux où se vendent le tabac, les cartes à jouer, la poudre, etc. Cette proposition n'est pas admise par Chevallier, parce que, dit-il, il faut que le commerce soit exercé par les contribuables et non par le gouvernement. La raison de Chevallier ne nous paraît pas suffisante, et nous inclinerions volontiers à appuyer la proposition de Mayer, si nous ne voyions dans cette manière de faire des inconvénients sans nombre difficiles à éluder, et dont le moindre, à notre avis, serait dans les soins qu'exigent ces animaux pour être conservés pendant plus ou moins de temps avec le moins de pertes possibles.

7° *Soins à prendre pour faire voyager les sangsues médicinales.*

Les moyens que l'on emploie pour faire voyager les sangsues sont au nombre de deux :

1° Lorsque les sangsues doivent voyager au loin, par terre, et en quantité considérable, on les met dans des sacs de toile placés horizontalement à côté les uns des autres, sans pression supérieure. Ces sacs, qui ont 42 centimètres de hauteur sur 30 de largeur, et qui peuvent contenir de 3 à 4 kilogrammes de sangsues, sont chargés et disposés en plusieurs étages sur des fourgons qui en transportent jusqu'à 120. On les place sur de la paille sèche, distribuée de manière à séparer les sacs et à éviter qu'ils se touchent par les cahots de la voiture.

Quelquefois on les emballe dans des paniers que l'on place sur les treillages des fourgons. A l'époque des chaleurs, il faut avoir grand soin de préserver les sangsues de l'action du soleil, et en hiver on enferme les sacs dans des caisses garnies de papier et de petit foin, sans odeur, et que l'on recouvre encore de paille et même de couvertures. Les fourgons voyagent toujours en poste. Dans quelques circonstances, et quand on n'a que de petites parties de sangsues, on a recours à la diligence et à la malle-poste (J. Martin). Quand le voyage se prolonge deux ou trois jours, autant que possible il est bon de s'arrêter pour les laver, les rafraîchir et retirer les sangsues mortes. Quand on les emballe, il est bien important de les débarrasser de la matière muqueuse qui les enveloppe, et de ne les mettre que dans des sacs très propres.

Malgré la rapidité du voyage et tous les soins que l'on prend de ces animaux, il arrive néanmoins que, pendant l'été, la mortalité est considérable (Vayson).

2° Quand les sangsues doivent voyager par mer,. on les place dans des tonneaux ou des baquets à moitié pleins d'argile pétrie et rendue en pâte molle au moyen de l'eau, et recouverts d'une toile ou d'un couvercle de bois percé à son centre d'une ouverture garnie d'une toile métallique pour le passage de l'air. Les sangsues ne subissent pas de quarantaine, si ce n'est exceptionnellement (J. Martin).

Vayson dit avoir assisté, à Marseille, à la réception et à la vente immédiate des sangsues qui y arrivent en si grande quantité, qu'il les a vues non seulement souffrantes la plupart, mais mortes par couches entières, et dont la putréfaction avait corrompu la masse d'argile et fortement altéré la santé des survivantes.

Si les commerçants entendaient parfaitement leurs intérêts, ils ne feraient jamais voyager les sangsues que pendant l'automne, ou bien au printemps, avant l'époque de l'accouplement et surtout de la ponte : l'hiver les exposant à des froids trop rigoureux, et l'été, non seulement à des chaleurs fatales, mais encore à un déplacement contraire à toutes les lois de la nature, déplacement qui peut déterminer leur mort ou tout au moins les rendre malades et impropres au service médical (Vayson).

De ce qui précède, on peut reconnaître que, malgré les soins les mieux entendus, une grande partie de ces animaux meurent en route, et quelquefois même des chargements entiers succombent avant la terminaison du voyage. La cause évidente de cette mortalité tient essentiellement à l'entassement, à la fatigue, au défaut d'air, à la trop grande chaleur ou quelquefois aux grands froids, mais surtout à l'état contre nature dans lequel elles se trouvent pendant un temps plus ou moins long, état contre nature que les soins les plus assidus ne sauraient contre-balancer. L'usage de la terre glaise était une amélioration importante, mais qui est très limitée dans sa bonne action; elle ne fait absolument, par l'espace qu'elle occupe, qu'apporter à la sangsue une quantité d'air un peu plus grande que dans le cas où on les empile dans des sacs, et encore a-t-on soin de n'en mettre que la plus petite quantité possible, relativement au nombre des sangsues.

Les sangsues sont fort souvent transportées à une distance de plus de mille lieues et obligées de traverser l'Océan; on comprend que l'on ne saurait trop apprécier un moyen qui aurait l'avantage de les faire voyager sans trop les sortir de leurs habitudes.

Dans l'établissement de Smyrne, où, comme nous l'avons dit autre part, on met parquer les sangsues, on a compris qu'il ne fallait pas entasser ces animaux, et une grande amélioration sous ce rapport a été introduite dans les cuves destinées à les recevoir pendant leur voyage. On a soin de prendre des cuves d'un mètre de diamètre environ et d'un demi-mètre de profondeur, plus larges en bas qu'en haut, et dans lesquelles on ne met ordinairement que trois cents sangsues. Voici comment on pratique l'encuvage des sangsues : On choisit une terre glaise qui, dans les environs de Smyrne, paraît excellente pour cet objet; on la bat à plusieurs reprises pour la réduire en poudre presque impalpable. On la trempe dans l'eau, et des serviteurs turcs la pétrissent laborieusement, d'abord avec les pieds nus, ensuite avec les mains, pour en faire une pâte homogène qui ne contienne pas de gouttes d'eau dans son intérieur, ce qui la ferait se dessécher et l'exposerait à tuer les sangsues. On place la pâte dans les cuves, de manière à ne les emplir qu'à moitié, et quand les sangsues sont choisies avec soin, comptées et pesées, elles sont pétries dans l'argile, de telle sorte que bientôt la masse entière, qui est d'un beau jaune, sur lequel tranche la couleur noire des sangsues, ressemble beaucoup à certains gâteaux que font les boulangers et qui sont parsemés de raisins noirs de Corinthe. Chaque cuve est alors fermée par un couvercle de fer-blanc percé de petits trous, et qui y est scellé à coups de marteau. Elles sont alors prêtes à être embarquées. (*Répertoire de pharmacie*, octobre 1852.)

Comme on le voit, les sangsues ont de l'espace, plus d'air, et sont dans de meilleures conditions de conservation que par les moyens usités avant. Cependant il faut bien reconnaître que ce procédé n'est pas encore aussi parfait qu'on pourrait le désirer. Cette idée avait été si bien comprise par Vayson, que cet auteur a donné la description d'un modèle de *caisse-marais*, qui nous paraît présenter une amélioration marquée sur le procédé de Smyrne. Voici en quoi consiste la caisse-marais de Vayson :

Une forte caisse de bois longue de 2 mètres, large de 6 décimètres, sur une hauteur de 1 mètre, reçoit dans son intérieur de la tourbe humide extraite d'un marais. La couche supérieure doit être formée de mottes de jonc ou d'herbes aquatiques marécageuses qu'on dispose symétriquement à côté les unes des autres, comme si l'on voulait gazonner un parterre. Cette couche doit être de 20 à 25 centimètres au-dessous des bords supérieurs de la caisse. Les bords excédants de la caisse devront être garnis également d'une seule couche de gazon épaisse de quelques centimètres ; de telle sorte que le milieu de la caisse présentera une cavité entièrement gazonnée.

Pour entretenir l'humidité dans ces caisses, sous les chaleurs tropicales, cette caisse doit être placée sur une autre caisse plus basse et plus large, doublée intérieurement d'une feuille de zinc ou de fer-blanc, maintenue pleine d'eau, de manière à former une sorte de *bain-marie* à la première ; pour cela, la caisse-marais devra avoir sa planche inférieure percée d'une infinité de petits trous. Ces trous étant fort petits et reposant à plat dans le bain, les sangsues ne pourront fuir.

Nous pensons que dans ce système les sangsues qui se

trouveront au fond des caisses, et qui auront à supporter le poids de presque un mètre de terre et de sangsues, se fatigueront aisément, soit parce que la tourbe étant mouillée, un choc peut la faire retomber dans la cavité creusée par la sangsue et ainsi peser sur elle; soit parce que, pendant une longue traversée, elles n'auront pas assez d'air pour leur respiration, celles des couches supérieures seules en ayant tout au plus assez. D'un autre côté, cette seconde caisse, dans laquelle la caisse-marais est plongée, ne nous paraît pas utile, puisque l'on peut arriver différemment aux mêmes résultats. Enfin nous ne voyons pas comment Vayson couvre ses sangsues pour les empêcher de sortir de la caisse, ce qui peut fort bien arriver; et si par hasard, comme cela doit se présenter, on avait besoin de déplacer l'eau corrompue, comment y arriverait-on? nous ne le voyons pas trop.

D'après Vayson, un pareil marais pourra contenir 7,000 à 8,000 sangsues. Nous pensons qu'il y aurait avantage à diminuer le nombre de ces animaux et à n'en mettre que la moitié: même alors ce serait déjà proportionnellement une quantité beaucoup plus considérable que dans la méthode de Smyrne.

Nous avons fait connaître, à l'article *Conservation*, un appareil que nous avons désigné sous le nom de *marais portatif à déplacement rationnel* de l'eau. Nous pensons que l'on pourrait s'en servir avec un très grand avantage, seulement alors on remplacerait le petit îlot par un système de stratification de glaise et charbon et de tourbe; la glaise et le charbon étant réduits à l'état de pâte aussi homogène que le permettrait du charbon concassé et passé à travers un crible de toile métallique à mailles de 4 à 5 millimètres. La terre et la tourbe s'élèveraient à peu près au niveau du robinet et en talus sur les bords du vase, de manière à faire une cavité centrale qui serait de 1 ou 2 centimètres au-dessus du niveau d'eau (1). De chaque côté du robinet on ménagerait

(1) Nous avons laissé le niveau d'eau au-dessous de la terre, afin que les secousses qui se communiquent si facilement par l'eau soient autant que possible anéanties.

une pente suffisante pour empêcher la terre de l'obstruer au moment du renouvellement de l'eau. D'ailleurs, on aurait soin de gazonner la terre et d'y planter des herbes aquatiques.

Comme on serait obligé de mettre relativement plus de sangsues que dans les marais portatifs destinés à la conservation de ces annélides, on pourrait ne donner aux vases qu'une hauteur de 30 à 35 centimètres. Ces vases seraient supportés par trois pieds (PPP, fig. 37), qui permettraient d'en superposer plusieurs, tout en laissant arriver l'air nécessaire à la respiration des annélides.

Fig. 37.

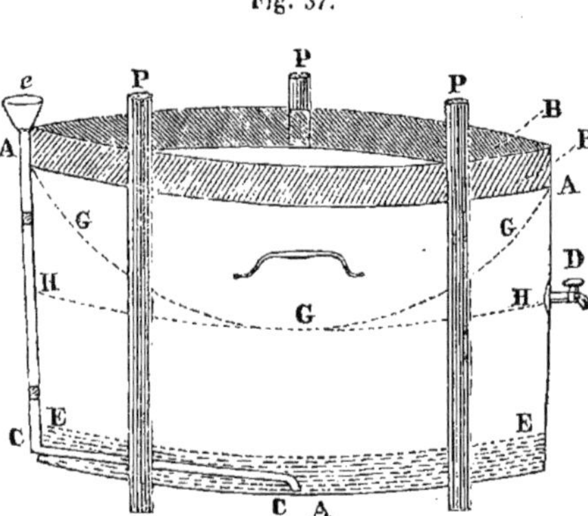

Ces marais portatifs nous paraissent préférables aux caisses-marais de Vayson, en voici les raisons : Aux avantages que présente la caisse-marais nous joignons : 1° celui d'une couche de terre de 25 à 30 centimètres seulement, qui pèsera beaucoup moins sur les sangsues logées au fond ; 2° celui d'une pénétration plus facile de l'air, puisque la couche est moins épaisse ; 3° celui de pouvoir déplacer l'eau très économiquement, dès que ce déplacement sera jugé nécessaire ; 4° celui qui résulte de la certitude où l'on est que les sangsues ne s'échapperont pas, quoique les vases ne soient pas couverts ; 5° enfin celui de n'avoir qu'une seule pièce à remuer. Nous avons préféré donner en étendue horizontale ce que Vayson a donné en étendue verticale, afin d'éviter les effets de l'entassement dont nous avons parlé.

Une tonne d'eau peut suffire au déplacement, indispensable seulement, de l'eau corrompue d'un grand nombre de ces marais portatifs, pourvu qu'il soit fait avec intelligence et en l'économisant comme on doit le faire à bord. Cette eau nouvelle a, de plus, l'avantage de porter dans le sein de la terre une certaine quantité d'oxygène dissous dont elle pourrait être privée, et ainsi donner aux sangsues une force capable de les faire terminer leur voyage sans danger pour leur santé.

Si cela était jugé nécessaire, on pourrait donner aux vases de bois une forme carrée ou rectangulaire, qui se prêterait mieux aux exigences des bâtiments. Enfin peut-être serait-il bon de former autour des marais portatifs, avec des couvertures de laine, comme une sorte de chambre close, afin que les vapeurs ou les gouttelettes d'eau de mer ne vinssent point à pénétrer la demeure des sangsues : le sel marin exerçant une action délétère sur ces annélides.

Les sangsues qui arrivent à Strasbourg sont d'abord expédiées à Vienne, et de Strasbourg on les dirige sur Paris : il y a des jours, dit-on, où Strasbourg expédie pour Paris de 60 à 80,000 sangsues. Les sangsues que l'on récolte dans la Syrie, l'Egypte et la Grèce, arrivent à Trieste, d'où elles sont expédiées à Bologne, Milan et Turin, par voie de terre ; ou à Toulon et à Marseille, par eau. Cette dernière ville, qui en reçoit aussi directement du Levant et de l'Afrique, les dirige ensuite sur Toulouse et plusieurs autres villes du Midi, et sur Lyon, Strasbourg et Paris. Strasbourg expédie aussi à Lyon une partie des sangsues qu'il reçoit. C'était de cette dernière ville que les départements du Midi et du Centre tiraient celles dont ils avaient besoin ; aujourd'hui les sangsues indigènes font dans cette partie de la France une rude concurrence aux sangsues étrangères.

Hambourg envoie aussi en France une certaine quantité de sangsues provenant du nord et aussi de la Hongrie.

Les sangsues n'arrivent à la frontière qu'au bout de six à huit jours. Pendant ce voyage, à l'époque des grandes chaleurs, on les rafraîchit deux fois dans l'eau, et au moins une fois durant un jour. Dans ce but, à Kehl, on a disposé de grands baquets qui en contiennent de plus petits : les uns et les autres sont pleins d'eau. Les sangsues sont retirées des sacs et jetées dans les petits baquets; toutes celles qui, en s'échappant, arrivent dans les grands, sont jugées capables de continuer la route ; celles qui restent au fond de l'eau sont mises de côté comme trop faibles pour faire le voyage (Fleury).

Pendant le transport, quelques industriels, quand il fait très chaud, ont grand soin de visiter les sacs plusieurs fois par semaine et de les laver avec de l'eau pure, dans laquelle on a mis, par litre, une demi-cuillerée de charbon et autant de chaux pulvérisée (Moquin-Tandon). Nous concevons l'usage du charbon ; mais nous croyons que l'emploi de la chaux est plus nuisible qu'utile.

Trieste, Marseille et Kehl, sont les endroits où se rend le plus grand nombre de sangsues. On estime qu'à Trieste, il se vend annuellement de 2,500,000 à 3,000,000 de francs de sangsues. Cette estimation dépasse le chiffre officiel de 700,000 à 1,200,000 francs. Il faut attribuer cet excès de la quantité de marchandise vendue sur celle apportée aux résultats d'un cabotage très actif, qui apporte à Trieste, par baquets, de petites parties de sangsues vendues sans que l'on en tienne compte. On doit estimer que le commerce annuel de Marseille s'élève à 1,500,000 francs ; mais surtout en espèces d'Afrique, de Syrie, etc.

Lorsque le service des bateaux à vapeur de la Méditerranée sera régulièrement établi, et que les chemins de fer relieront Marseille à Londres, il est probable que cette première ville deviendra l'entrepôt général des sangsues en Europe (J. Martin).

Le cours se fait au lieu d'achat et au lieu de vente, par la proposition du plus haut prix du premier et du plus bas prix du second, par offre verbal pour les achats en gros, et par circulaire pour les ventes (J. Martin).

CINQUIÈME PARTIE.

DE L'HIRUDOCULTURE ENVISAGÉE SOUS LE POINT DE VUE DE L'HYGIÈNE PUBLIQUE ET DE LA SALUBRITÉ.

Nous nous sommes autre part suffisamment étendu sur les efforts incessants que l'on a faits pour arriver à la création d'une industrie qui a doté la France d'un commerce dont le revenu atteint déjà la somme de 800,000 francs au moins (Elie Masson), que tout fait présumer devoir être, très prochainement, beaucoup plus importante encore. Aujourd'hui l'hirudoculture fait des progrès tellement considérables, que commencée d'abord par Béchade, de la commune de Parempuyre, dans un premier marais affermé pour une faible somme, cet éleveur a pu successivement porter sa ferme à 3,000, 6,000, 15,000 francs, et aujourd'hui, dit-on, elle dépasse 30,000 francs. Ce n'est pas tout : la fortune de Béchade n'a pas tardé à avoir des imitateurs. Comme lui, chaque paysan s'est créé un marais à sangsues, et en peu de temps cette industrie s'est étendue non seulement aux communes de Bordeaux, de Bruges, de Blanquefort, de Ludon, d'Ambès et de Montferrant, où de nombreux bassins se sont formés, mais encore au Teych, à Saint-Médard, à Cestas, à Talais, à Saint-André-de-Cubzac, etc.

La création de cette industrie avait d'ailleurs été sollicitée par quelques sociétés savantes, et particulièrement par la Société d'encouragement de Paris, par l'institution de prix, qui avaient pour but la résolution du problème de la multiplication des sangsues.

Mais cette multiplication ne saurait avoir lieu chez ces annélides, s'ils se trouvaient placés en dehors de leurs habitudes, et par conséquent hors des marais, qui sont l'élément sans lequel ils ne peuvent vivre, se conserver, croître et multiplier. D'un autre côté, le maintien des marais naturels, et surtout la création de nouveaux marais artificiels, sont formellement en contradiction avec la mesure si sage du *dessèchement des marais*, dont l'idée première remonte à Henri IV, dans son édit du 8 avril 1599, où il pose les principes du dessèchement des marais. Cette idée, que Louis XIII protégea par un édit rendu en 1607, et par lequel il accorde des lettres de naturalisation et des titres de noblesse aux citoyens qui voudraient entreprendre les dessèchements, et les exempte de toutes contributions, etc., etc., a été à peu près abandonnée sous le règne de Louis XIV. Elle fut reprise par Louis XV, dans un édit qu'il rendit le 14 juillet 1764, mais dans lequel le dessèchement des marais par leurs propriétaires n'étant plus obligatoire, alors le propriétaire aima mieux abandonner les encouragements que de prendre la peine de continuer l'œuvre du dessèchement. Cet état de choses dura jusqu'en 1791, où, le 6 janvier, une nouvelle loi fut promulguée, qui donne à chaque propriétaire un délai de six mois pour déclarer s'il veut faire ou non le dessèchement de ses marais, faute de quoi l'administration le fera au profit de l'État. Enfin, le 16 septembre 1807, une nouvelle loi impose à chaque propriétaire l'obligation expresse du dessèchement, quand il est reconnu indispensable.

Comme on le voit, il règne entre l'industrie de la multiplication des sangsues et ces idées de dessèchement un antagonisme flagrant qui, au premier abord surtout, semble menacer de ruine l'une ou l'autre des deux œuvres, et l'on comprend que le conseil d'hygiène de la Gironde ait dû se préoccuper vivement de ces deux questions.

L'industrie de l'élève et de la multiplication des sangsues est-elle de nature à faire avancer ou rétrograder ce dessèchement? C'est là toute la question (Levieux).

Bien que nous soyons de ceux qui respectent les idées de la nature de celles de Levieux, puisque nous croyons que l'hygiène publique doit être toujours et partout prise en considération, quand il s'agit d'un établissement qui pourrait porter préjudice à la santé publique, cependant, s'il est vrai que l'hirudoculture doive s'opposer au système de desséchement des marais, nous ne pensons pas que l'on puisse dire avec raison que ce soit là toute la question; car s'il était prouvé que l'on pût avoir des marais à sangsues sans que pour cela l'hygiène publique eût à en souffrir, on pourrait laisser s'établir et même encourager l'industrie qui nous occupe, puisque les avantages qu'elle présente sont de toute évidence. Toute la question nous semblerait mieux posée en ces termes: *Peut-on sans inconvénients ou sans dangers réels pour la santé publique établir des marais à sangsues?*

Nous sommes bien loin de prétendre résoudre complétement cette question. Cependant nous croyons pouvoir présenter certaines considérations qui nous paraissent de nature à détruire une grande partie des craintes un peu exagérées qui sont exprimées dans l'ouvrage de Levieux.

Nous sommes beaucoup plus de son avis, lorsqu'il s'élève contre l'usage des chevaux ou autres animaux domestiques dans l'alimentation des sangsues, et surtout contre les inconvénients pour l'hygiène et la salubrité publique, qui résultent quelquefois de cet usage. Enfin, comme lui, nous devons examiner pareillement si les sangsues ainsi nourries ne sont pas exposées à être versées dans le commerce avant leur entière digestion, et, dans ce cas, si elles ne doivent pas être assimilées, plus ou moins, à des sangsues gorgées. Ce sont autant de questions que nous nous trouverons implicitement amené à traiter en répondant aux différents reproches que l'on adresse à l'hirudoculture, et qui malheureusement sont quelquefois justifiés.

Parmi les reproches faits à l'élève des sangsues, nous signalons particulièrement (1):

1° La contravention à la loi du desséchement des marais et,

(1) Nous les présentons à peu près dans l'ordre adopté par Levieux dans son ouvrage (*Études hygiéniques de l'élève des sangsues dans le département de la Gironde*, Bordeaux, 1853).

par conséquent, le maintien d'une cause permanente d'insalubrité.

2° La transformation en marais artificiels d'excellents terrains où l'on faisait ample récolte de maïs, d'avoine ou de fourrage.

3° Les inondations, dont les conséquences sont fâcheuses sur les propriétés, et qui sont, en même temps, un obstacle au dessèchement.

4° La détérioration des marais par la constance de l'eau et le piétinement des chevaux, qui les défoncent quelquefois à une telle profondeur, que ces malheureux animaux s'y engloutissent sans qu'il soit possible de les en retirer (Levieux).

5° Il est de notoriété scientifique que les marais ont une influence délétère sur la santé publique par l'exhalaison de *miasmes paludéens*, qui sont la cause directe de certaines maladies, telles que : les *fièvres intermittentes* ou *rémittentes pernicieuses;* les *fièvres putrides* et *malignes*, *adynamiques* ou *typhoïdes;* la *maladie charbonneuse*, chez les animaux qui en meurent. De plus, l'extension de l'hirudoculture, en compromettant et l'avenir et le passé de l'œuvre du dessèchement, doit bientôt peut-être ramener les marais à leur état primitif d'insalubrité (Levieux).

6° Pour assurer l'alimentation des sangsues, on livre des animaux sans défense à une mort lente et préméditée, alors qu'il existe des lois de protection en faveur des animaux.

7° Ces animaux, après leur mort, sont abandonnés au courant d'une rivière voisine, ou donnés en pâture aux chiens des gardes qui peuvent être ainsi prédisposés à l'hydrophobie, ou quelquefois abandonnés à la putréfaction, dont les miasmes alors peuvent singulièrement altérer la pureté de l'air.

8° Il se pourrait que la sangsue pût être considérée comme voie de transmission de certaines maladies contagieuses du cheval à l'homme.

9° Enfin, on peut profiter de ce mode d'alimentation des sangsues pour en faire l'objet d'une fraude tout aussi condamnable que le gorgement direct, opéré par quelques marchands peu consciencieux.

Ces reproches, reproduits sous toutes les formes, ont nécessairement dû fixer l'attention de l'administration supérieure, et le docteur Mélier, que l'on sait être toujours actif à prendre les intérêts de la santé publique, et qui, d'ailleurs, a pu entendre sur les lieux mêmes formuler ces reproches, est venu les reproduire au comité consultatif d'hygiène publique. Sur l'invitation du ministre, le comité a adressé au conseil d'hygiène de la Gironde, qui s'était déjà sérieusement occupé de ce sujet, une série de questions que nous allons retracer ici, ainsi que les réponses auxquelles elles ont donné lieu (1).

1° *Quelle est actuellement l'étendue des marais ou étangs où l'on élève des sangsues dans le département de la Gironde?*

Le relevé fourni par les maires porte cette étendue à 1,100 hectares ; mais il est évident pour la commission, qui a plusieurs fois visité attentivement les lieux, qu'il y a erreur dans cette indication. On peut fixer l'étendue occupée par les bassins à 2,000 hectares.

2° *Des portions de rivage déjà desséchées ont-elles été converties de nouveau en marais ou étangs pour servir à l'élève des sangsues?*

Ces bassins sont à peu près tous situés sur les deux rives de la Dordogne et de la Garonne, mais en plus grande partie sur la rive gauche de cette dernière rivière. Tous les marais où l'on élève aujourd'hui les sangsues étaient desséchés d'une manière plus ou moins parfaite. La plus grande partie ne se couvrait plus d'eau, si ce n'est dans les hivers très pluvieux, lorsque les voies d'écoulement devenaient insuffisantes, alors même la submersion n'était que de courte durée. On cultivait dans ces terrains des avoines, du maïs, des menus grains, ou l'on y récoltait du foin, des fourrages. Quelques rares portions gardaient les eaux durant une partie de l'hiver, mais

(1) Nous les extrayons du *Dictionnaire d'hygiène publique et de salubrité*, publié par Ambr. Tardieu, 1854, t. III, p. 364.

elles se desséchaient dès le retour de la belle saison. On y trouvait, en été, de bons pâturages et d'abondantes récoltes de *jonc*. Tous ces marais sont maintenant tenus sous l'eau pendant dix mois de l'année, au moyen d'irrigations faites à l'aide, soit des eaux du fleuve, soit de celles provenant de ruisseaux qui prennent leur source dans les Landes. Afin de faciliter l'introduction de ces dernières, on a coupé les digues ou cordons élevés par les fermiers dessécheurs, uniquement dans le but d'en préserver ces fonds. Les eaux ne sont retirées de ces marais, lorsqu'il y a possibilité, que du 15 juin au 20 ou 30 août, pour faciliter la ponte ou l'éclosion des cocons que les sangsues déposent à la surface, c'est-à-dire pendant la saison où, des terres restées longtemps mouillées, se dégagent des vapeurs qui engendrent les fièvres intermittentes, les fièvres typhoïdes chez les hommes, et les épizooties parmi les bestiaux.

3° *Les travaux qui ont été faits, soit dans les terrains qui n'ont jamais cessé d'être, du moins partiellement, inondés, soit dans les marais nouvellement formés pour y nourrir et y multiplier les sangsues, ces travaux ont-ils excercé quelque influence sur la salubrité?*

Les rapports des médecins attestent que ni ces travaux, ni le nouvel état des marais n'ont eu aucun effet fâcheux sur la santé des habitants des lieux où siége l'industrie, ni sur celle des habitants des localités voisines. Il en est même qui, ainsi que les maires, ont affirmé que ces travaux avaient contribué à l'amélioration de la santé publique. Les relevés des registres de l'état civil ont, en outre, établi que la mortalité ne s'était pas accrue. Toutefois ces faits, vrais pour le moment, ne tarderaient pas à se modifier fatalement, si l'état des lieux ne changeait.

Ainsi qu'on l'a dit plus haut, une partie des marais où l'on élève les sangsues n'était desséchée qu'imparfaitement; dès que des bassins ont dû y être établis, des travaux ont été exécutés pour faciliter le mouvement des eaux; elles peuvent être renouvelées.

Il y a eu effectivement amélioration sous ce rapport ; mais d'un autre côté, ces terrains, qui consistent généralement en une couche de tourbe ou terre légère, reposant sur un fond fangeux, se dénaturent sous le séjour à peu près continu des eaux entretenues pour les sangsues ; la partie solide, incessamment piétinée par les nombreux chevaux employés au gorgement, à l'alimentation des annélides, a été broyée et amenée à l'état de boue. On comprendra sans peine qu'à l'époque de la ponte et de l'éclosion, en juin, juillet et août, il se dégagera nécessairement, de ces lieux exposés aux rayons ardents du soleil, des gaz délétères, et l'on verra alors renaître les épidémies qui autrefois moissonnaient les populations et les forçaient, le parlement en tête, à s'expatrier de Bordeaux.

Cet état est aujourd'hui incontestable dans la presque généralité des marais à sangsues : il ne faut que voir les lieux pour s'en convaincre. Il est venu justifier la justesse de cette observation consignée dans le rapport du conseil du 19 juillet 1852 : « Cette industrie, si elle n'était réglementée, serait fatale à la santé publique, en même temps qu'elle mettrait obstacle à l'amélioration de vastes étendues de marais. »

4° *Peut-on indiquer d'une manière, au moins approximative, le nombre des sangsues que les établissements formés dans la Gironde livrent actuellement au commerce, et quels ont été les progrès de cette industrie depuis* 1850?

D'après les renseignements fournis par les maires, cette quantité serait de 5 millions. Mais ici, de même que sur l'étendue des marais exploités (première question), il y a erreur. Une quantité beaucoup plus considérable a été pêchée et livrée au commerce pendant chacune des deux années qui viennent de s'écouler. Il en a aussi été vendu beaucoup pour peupler les bassins nouvellement formés. Il sera toujours difficile d'obtenir des éleveurs des renseignements exacts à ce sujet. Pour en avoir de positifs, il faudrait faire surveiller avec soin la pêche de l'un des bassins placés dans de bonnes conditions. Des indications données par des personnes qui ont quelque expérience, il résulterait que la production annuelle pourrait être portée en moyenne, dans ces conditions, de 15 à 20,000 sangsues par hectare.

Les progrès de cette industrie ont été très rapides depuis 1850.

Comme le prévoyait le conseil, dans le rapport du 19 juillet de cette année, les témoins des succès obtenus par les premiers éleveurs se hâtèrent de suivre leur exemple : alors les bassins pouvaient s'étendre à 300 hectares ; on a vu, par la réponse à la première question, qu'ils embrassent 2,000 hectares. Ce rapprochement fait ressortir les rapides progrès de l'industrie qui aurait déjà probablement envahi tous les marais sans exception, si les plaintes qui s'élèvent de toutes parts n'étaient venues en arrêter l'essor.

5° *Les sangsues fournies par ces établissements sont-elles considérées comme étant en général de bonne qualité? — Quel est, approximativement, la quantité qu'on en consomme dans le département de la Gironde, et combien en exporte-t-on, soit à l'intérieur, soit à l'extérieur?*

Les sangsues, lorsqu'elles ne sont pas gorgées, sont de bonne qualité, surtout les sangsues indigènes. Les hongroises et celles provenant des autres pays étrangers, introduites d'abord dans les bassins en grande quantité, pour les peupler, sont moins appréciées. Les éleveurs s'attachent à les faire disparaître et à les remplacer par celles du pays.

Cette industrie n'étant soumise à aucun contrôle, il n'est pas possible d'indiquer les quantités consommées dans le département, non plus que celles exportées, soit à l'intérieur, soit à l'extérieur, ; mais il est constant que cette double exportation et la vente pour la consommation du département ont une grande importance.

6° *Est-il établi, par des expériences positives, que les sangsues nourries artificiellement avec du sang de mammifères prennent une croissance plus rapide et se multiplient plus que celles qui sont abandonnées à elles-mêmes?*

Il n'a pas été fait d'expériences positives et suivies à cet égard ; mais le fait de la notable extension de l'industrie et de ses succès depuis 1850 prouve que l'alimentation avec le sang chaud des mammifères contribue puissamment au développement rapide des sangsues, puisqu'on les a vues devenir marchandes en beaucoup moins de temps qu'il n'en fallait lorsqu'on n'avait pas recours à ce moyen, ou qu'on n'en usait qu'avec réserve, et pour ainsi dire accidentellement. On n'a pu acquérir la même certitude en ce qui regarde la multiplication ; le gorgement peut y contribuer, en rendant les sangsues plus tôt aptes à la reproduction et en augmentant leur fécondité.

On ne devrait cependant pas conclure de ces dernières observations, que la large multiplication qui s'est fait remarquer depuis peu doit être attribuée au nouveau mode de nourriture des sangsues. On en trouverait plutôt la cause dans les circonstances que voici : Lorsque la pêche des sangsues n'avait pas pris rang parmi les industries, elle était faite par des femmes, des enfants, des ouvriers inoccupés. Elle était faite dans les fossés, dans les marais qui restaient constamment couverts d'eau, où de la surface desquels elle ne disparaissait qu'après une longue sécheresse, en été, et qui en était de nouveau couverte après quelques jours de pluie. Cette alternative de desséchement à la surface et de submersion avait souvent lieu à l'époque de la ponte ou pendant l'éclosion. Elle suffisait pour détruire toute une ponte. Elle se généralisait dans le département, et la production se trouvait entièrement perdue. A cette époque aussi, les marais offraient des pâturages qui, quoique médiocres, étaient utilisés ; on y conduisait les bestiaux qui, par le piétinement, écrasaient les cocons ; enfin, la pêche avait lieu sans interruption, surtout lorsque la sangsue se préparait à la ponte. Telles sont les causes qui, avant que cette pêche passât à l'état d'industrie très lucrative, s'opposaient à la multiplication. Il arrivait, à ce sujet, ce qui s'est produit dans les localités abondantes en poissons ou riches en coquillages, où les uns et les autres ont presque disparu par suite de l'inobservation des règlements interdisant la pêche pendant la saison du frai et l'usage des engins qui les détruisaient.

Aujourd'hui les causes de destruction des sangsues ont disparu ; on entretient à peu près constamment couvertes d'eau les surfaces des bassins dans lesquels les sangsues trouvent les insectes, les plantes qui les nourrissent. Partout où les mammifères ne pénètrent pas, les bassins sont desséchés à l'approche de la ponte jusqu'après l'éclosion, les bestiaux en sont rigoureusement éloignés ; alors la pêche reste suspendue, aucune circonstance ne peut arrêter la reproduction. Très certainement c'est à ces dispositions bien entendues au point de vue de l'industrie, qu'on doit plus spécialement attribuer le développement de la multiplication depuis quelques années. En 1852, les longues pluies de juillet et d'août ayant fait disparaître l'une de ces conditions, le dessèchement de la surface, la plus grande partie de la ponte a été perdue. Il y a eu, sur plusieurs points, une atteinte grave portée à la reproduction. Quelques éleveurs, pour se soustraire à de semblables accidents, ont placé au milieu de leurs bassins de petites buttes où les sangsues vont déposer leurs cocons au milieu des eaux. Ce mode, qui permet le système d'inondation continue, a été, de la part de M. Vayson, l'objet d'un travail qui, vous le savez, a reçu votre approbation.

7° *Les sangsues nourries avec du sang des mammifères ne sont-elles jamais livrées au commerce ou à la consommation qu'après avoir été complétement dégorgées? — Quels sont les moyens de surveillance qu'on emploie à Bordeaux et dans les autres villes du département pour empêcher qu'on ne vende des sangsues gorgées? — A-t-on observé que depuis quelque temps des accidents qu'on pourrait attribuer à l'usage des sangsues malsaines soient devenus plus fréquents dans les hôpitaux de Bordeaux ou dans la pratique civile? — Quels sont ces accidents, et quelles raisons a-t-on de croire qu'on puisse les imputer à des sangsues nourries du sang d'animaux malades?*

Presque toujours les sangsues sont vendues plus ou moins

gorgées, malgré les soins que prennent les acheteurs pour s'en procurer qui aient subi un long jeûne, dont la durée indispensable n'a pas encore été déterminée d'une manière sûre. Rien, d'ailleurs, ne la garantirait aujourd'hui, attendu que les éleveurs n'ont pas eu la précaution d'établir des bassins exclusivement destinés à recevoir les sangsues prises dans les bassins de gorgement, disposition à laquelle on ne supplée pas suffisamment en retirant momentanément des bassins les chevaux, qu'on ne tarde pas à y ramener pour pousser au développement les nouveaux sujets mêlés à ceux qu'on se prépare à livrer au commerce.

Il résulte de cet usage un abus, une fraude réelle, préjudiciable au point de vue de la dépense, au consommateur obligé d'employer un plus grand nombre de sangsues, afin d'obtenir un effet utile, fraude qui peut aussi avoir des suites bien funestes en faisant échouer, dans les cas pressants, le traitement auquel servent ces annélides ; car les prescriptions du médecin reposant sur la supposition qu'elles sont en état de fonctionner efficacement, il peut se faire qu'elles ne produisent qu'un effet insuffisant, si elles sont gorgées, et que les malades restent exposés aux plus graves dangers. C'est en considération de ces circonstances possibles que les tribunaux ont toujours regardé le gorgement comme un fait répréhensible ; or, que le gorgement ait lieu artificiellement, ou qu'il soit le résultat du mode d'alimentation, ne peut-il pas avoir les mêmes conséquences, et ne doit-il pas être également proscrit? Ceci mérite une sérieuse attention de la part de l'autorité supérieure. Il n'est, d'ailleurs, exercé à ce sujet aucune surveillance dans le département de la Gironde. La vente n'est soumise à aucune règle ; elle est complétement libre, et les pharmaciens, les personnes qui font le commerce des sangsues, celles qui les consomment, sont livrés sans défense.

On n'a pas constaté d'accidents attribués aux sangsues malsaines. Néanmoins, depuis qu'on a remarqué l'emploi d'un grand nombre de chevaux parvenus à l'état de dépérissement le plus déplorable, l'attention s'est portée sur certains faits qui pouvaient provenir de l'insanité de ces annélides. Ainsi, on a vu se développer des inflammations graves sur les parties où ils avaient été appliqués ; des plaies d'un aspect fâcheux s'y sont quelquefois manifestées, sans cependant qu'on pût en trouver la cause dans l'état du malade. Maintenant on observe, et l'expérience viendra répandre la lumière sur cette question sur laquelle il n'y a eu encore que des doutes.

8° *A combien évalue-t-on le nombre de vieux chevaux, de vieux ânes qui sont livrés annuellement aux sangsues dans le département de la Gironde?*

Ici encore on n'a pu recueillir des renseignements positifs, chaque éleveur se croyant intéressé, pour masquer la mortalité, à déguiser la vérité. Il paraît certain, cependant, que dans les bassins où l'on force le gorgement, on peut porter à dix par hectare la quantité de vieux chevaux employés chaque année, et qui viennent trouver la mort sur ces terrains. Il faudrait une vigilance des plus soutenues pour arriver à être parfaitement fixé à cet égard. Les animaux, ne vivant pas longtemps, sont fréquemment remplacés ; ce mouvement échappe nécessairement à la surveillance à peu près nulle maintenant, et qui restera telle tant que l'industrie n'aura pas été réglementée et soumise à l'inspection d'agents spéciaux. L'emploi de cette prodigieuse quantité de chevaux choisis parmi les sujets qui, devenus vieux, tarés, malades, ne peuvent plus faire aucun service, est une des pratiques qui peuvent rendre très dangereuse l'industrie des sangsues. Si l'on s'en rapporte aux renseignements fournis par les maires des localités, la mortalité des chevaux ne serait pas très considérable ; l'enlèvement des cadavres s'opérerait immédiatement; les équarrisseurs les dépouilleraient de la peau et en enfouiraient les autres parties, lorsqu'ils ne s'en serviraient pas pour la fabrication des engrais.

Ces fonctionnaires ont été mal renseignés, incontestablement. Ainsi, un honorable propriétaire a écrit au conseil que fréquemment on voyait près de la rivière, à une faible distance du hameau de Lagrange, commune de Parempuyre, des restes de nombreux chevaux abandonnés sur le sol, après l'enlèvement des peaux et des os, restes qui servaient de pâture aux chiens, et qui cependant étaient assez longtemps exposés au grand air pour répandre au loin une détestable odeur.

Par une lettre sous la date du 28 juin dernier, M. le maire de Bordeaux marquait ce qui suit au conseil : « Les informations que je me suis hâté de prendre, et sur l'exactitude desquelles j'ai tout lieu de compter, confirment malheureusement les faits qui vous ont été signalés. Il est très vrai que la mortalité a été considérable parmi les chevaux, dans les marais à sangsues, pendant les mois de mai et juin. Dans ce dernier mois, elle a dépassé 300. L'insuffisance des moyens de transport et l'inondation des marais rendent fort difficile l'enlèvement des chevaux morts; beaucoup restent sur la place. Parmi ces derniers, quelques-uns sont enfouis, mais très imparfaitement; d'autres sont donnés en pâture aux chiens préposés à la garde des marais, et ce qui reste des cadavres à demi dévorés se trouve entièrement et indéfiniment abandonné. C'est surtout, m'assure-t-on, dans les communes de Blanquefort et de Parempuyre que la mortalité a été la plus forte cette année. L'action de notre police ne peut s'étendre jusque sur ces communes; mais la portion des marais comprise dans le territoire de Bordeaux deviendra désormais l'objet d'une surveillance active, et il ne tiendra pas à moi que les faits si graves et si inquiétants pour la salubrité publique qui viennent de vous être révélés ne s'y reproduisent plus. »

Le 17 juillet dernier, M. le maire de Cussac écrivait : « J'ai appris que le conseil, etc. » (Cette lettre a été reproduite un peu plus loin).

On a cité un éleveur exploitant un marais de 27 hectares, dans la commune de Blanquefort, qui, du mois de mars au mois de juin dernier, en quatre mois, a perdu 190 chevaux.

La présence de ces nombreux animaux malades et tarés a commencé à porter de tristes fruits. Ils sont signalés par M. le médecin vétérinaire du département, dans sa lettre du 15 juillet dernier, que nous rapportons un peu plus loin.

Un autre fait bien grave aussi a été porté à votre connaissance : c'est celui attaché à l'enlèvement des chevaux morts dans les marais. On les transporte au milieu du jour, au nombre de quatre ou six, sur des charrettes, couverts simplement d'une toile. On leur fait parcourir plusieurs lieues pour les remettre aux équarrisseurs. Pendant la durée du trajet, ils répandent une odeur infecte ; il est des voies publiques sur lesquelles ce fait se renouvelle à peu près tous les jours. Plusieurs convois ont été trouvés dans les rues situés au nord de Bordeaux et conduisant à la route du Médoc.

Ces divers faits, incontestables, prouvent que l'emploi des chevaux et des ânes, pour le gorgement ou l'alimentation des sangsues dans les bassins, non seulement accélère la détérioration des marais, mais peut encore devenir une des causes les plus compromettantes de la santé publique, surtout dans les localités autour desquelles se trouvent des centres de population, comme à Bordeaux, par exemple, dont les bassins à sangsues ne sont pas éloignés de plus de 3 à 4 kilomètres.

C'est en se basant sur ces inconvénients que le conseil d'hygiène publique et de salubrité a, dans un dernier rapport, formulé les conclusions dans lesquelles il demande :

1° Que les établissements pour la multiplication et l'élève des sangsues soient rangés au nombre de ceux réputés insalubres ou incommodes de première classe, qui ne peuvent être formés qu'avec l'autorisation de l'administration, conformément au décret du 15 octobre 1810 ;

2° Que l'ingénieur des ponts et chaussés chargé du service hydraulique soit toujours entendu dans l'instruction des demandes, afin de fixer le régime des eaux ;

3° Qu'il soit expressément recommandé aux autorités locales de veiller à ce que les eaux qui alimenteront ces établissements soient renouvelées conformément aux prescriptions des autorisations ;

4° Qu'il soit formellement interdit aux éleveurs d'introduire, à aucune époque de l'année, des chevaux et autres animaux dans les bassins à sangsues ;

5° Que des mesures soient prises pour empêcher la vente des sangsues gorgées, quel que soit le moyen que l'on ait employé pour en obtenir le gorgement ;

6° Que les terrains communaux ou jouis en commun, consacrés à l'industrie des sangsues, cessent de recevoir des bestiaux en dépaissance, lorsque les annélides ne sont pas rentrés dans le sol ;

7° Qu'il soit institué sans retard un ou plusieurs inspecteurs spéciaux, au choix et à la nomination du préfet (qui pourra les révoquer), pour veiller à l'exécution des conditions imposées.

Lorsque l'on examine tous les reproches que nous venons de reproduire, sans les approfondir suffisamment, il est certain que l'on peut se sentir tout d'abord disposé à blâmer l'hirudoculture et à désirer même sa proscription, quels que soient les services qu'elle est appelée à rendre à la France et à la médecine. Cependant il n'est pas rare de voir que les personnes les mieux intentionnées, relativement à certaines mesures, se laissent aller, sans qu'elles s'en doutent, à l'exagération, et c'est le défaut, ce nous semble, dans lequel on est tombé à l'égard de cette nouvelle industrie. A coup sûr, au point de vue de l'hygiène et de la salubrité publique, l'hirudoculture laisse beaucoup à désirer ; mais entre quelques inconvénients qu'elle présente et les moyens extrêmes que l'on propose pour elle, il nous semble qu'il y a quelques moyens termes qu'il serait peut-être bon de prendre.

Cette manière de voir nous paraît d'autant plus juste, que quelques auteurs sont complétement opposés aux vues de ceux qui blâment l'élève des sangsues.

L'hirudoculture ne fait que de prendre naissance : il n'est donc pas surprenant qu'elle traîne à sa suite des inconvénients, graves si l'on veut, mais que la patience, le temps, l'étude et la bonne volonté, pourront faire disparaître avant peut-être qu'il soit longtemps.

D'ailleurs, pour nous faire une idée exacte de ces inconvénients, nous allons les passer en revue un à un, et peut-être serons-nous assez heureux pour faire reconnaître qu'ils sont quelquefois exagérés, et qu'ils peuvent être détruits ou au moins bien atténués.

EXAMEN CRITIQUE ET RAISONNÉ DES REPROCHES ADRESSÉS A L'HIRUDOCULTURE.

I.

Le premier reproche que l'on adresse à l'hirudoculture, c'est d'être en contravention avec la loi du desséchement des marais, et par conséquent de maintenir une cause permanente d'insalubrité.

Nous trouvons dans un extrait des travaux du conseil d'hygiène publique et de salubrité du département de la Gironde, depuis le 16 juin 1849 jusqu'au 16 juin 1851, publié par la préfecture de ce département (Clémenceau, rapporteur), les détails suivants sur les marais à sangsues :

« La propriété de M. de Pichon, où cette industrie a réellement pris naissance dans la Gironde, est dans de bonnes conditions pour l'industrie qui s'y développe ; et sous le rapport de la salubrité publique, elle ne laisserait à désirer qu'autant qu'on négligerait de renouveler les eaux qu'elle reçoit à la rivière.

» La seconde propriété, appartenant à M. Jeantet du Jonca, est à très peu de distance du marais communal, *le Volant*, qu'elle limite sur une certaine étendue : ces deux marais sont dans des conditions à peu près semblables à celles de la propriété de M. de Pichon ; ils peuvent aussi recevoir fréquemment les eaux de la Garonne et les lui renvoyer rapidement. Cette double opération peut être faite de manière à prévenir tout inconvénient pour la santé publique.

» Il en est de même des propriétés de MM. Meymat et

Delbos, qui, placées, la première en face du chenal des *Flamands*, et la seconde le long d'un large fossé faisant suite à ce chenal, peuvent recevoir les eaux de la rivière et les lui rendre assez souvent, pour que leur séjour dans ces lieux ne puisse faire naître aucune crainte.

» Dans l'état où sont aujourd'hui les divers établissements par elle visités (la commission), et avec les moyens qu'ont les exploitants de renouveler les eaux toutes les fois que cela est nécessaire, la salubrité publique n'a rien à redouter de cette opération. Il résulterait même des renseignements fournis par MM. les maires, que la santé des habitants de leurs communes serait améliorée depuis la création de ces établissements, parce que les eaux stagnantes ont disparu. »

Il nous semble résulter de ces citations que, si l'établissement des sangsues est contraire à la loi du desséchement, ces établissements n'en sont pas moins une cause d'amélioration pour les marais déjà existants, et tandis que l'on n'a pu encore parvenir au desséchement des marais qui, dans leur état de nature, sont une cause d'insalubrité, l'hirudoculture, au contraire, offre un moyen de les utiliser et de les rendre plus salubres.

D'ailleurs, nous ne croyons pas nous tromper en disant que ce qui rend les marais insalubres, c'est moins l'abondance de l'eau que l'état de fange qui les constitue.

1° Quand il y a abondance d'eau, la fermentation putride des matières organiques est moins facile, moins prompte, et les exhalaisons paludéennes moins abondantes. En effet, le miroitement, ou mieux le pouvoir réfléchissant de la surface liquide s'oppose à ce que le sol sous-aquatique s'échauffe par l'action des rayons solaires, et si l'on observe que les couches liquides échauffées sont plus légères que les couches plus froides, que les liquides sont de très mauvais conducteurs du calorique, on concevra que la présence d'une épaisse couche d'eau ait pour effet de s'opposer à ce que la température des matières organiques soit assez élevée pour qu'elles entrent en décomposition facile, et c'est une des causes qui font que les fermentations putrides sont bien plus lentes sous l'eau.

Selon Berzelius, les matières organiques se conservent assez bien, même à quelques degrés au-dessus de zéro; la fermentation putride ne commence vers 6 ou 7 degrés qu'après quelque temps; elle s'établit promptement de 15 à 18 degrés; elle est rapide de 20 à 30 degrés.

2° Lorsque la terre est simplement humectée, elle n'en est que plus noire, et partant plus apte à absorber la chaleur; elle est constamment en contact avec l'air ambiant, et les trois conditions essentielles, humidité, chaleur et oxygène, sont abondamment en présence des matières organiques, d'où leur putréfaction plus facile.

Cette manière théorique d'expliquer la formation des miasmes semble être confirmée par les idées suivantes que nous empruntons au mémoire de P. Savi, sur les causes du fléau qui afflige certains pays méridionaux de l'Italie, et que l'on connaît sous les noms de *cattiva* ou *mal'aria* (mauvais air).

Dans la Toscane, on s'est formé une opinion qui paraît être adoptée par Savi, et qui nous paraît assez fondée. On dit que certains terrains, après avoir été desséchés par les chaleurs de l'été, recevant l'action des eaux pluviales, éprouvent une espèce de fermentation, que la terre bout (*ribolle*), comme on dit communément, et qu'en conséquence de cette ébullition il se dégage des miasmes délétères, source de maladies, et particulièrement des fièvres intermittentes. Ce qu'il y a de certain, c'est que les maladies ne commencent, ou du moins ne deviennent communes qu'après les pluies ou les inondations. Plus il y a d'alternatives de chaleurs et de pluies dans une année, plus les ravages des fièvres se font sentir: c'est là un fait acquis par l'expérience, qu'aucun habitant des *maremmes* ne voudrait nier; il est cité, d'ailleurs, par plusieurs auteurs, notamment par le célèbre Brocchi.

Il est également avéré que ces circonstances favorables

au développement des fièvres s'appliquent non seulement aux terrains marécageux, mais aussi à certains terrains dépourvus de marais, tels que ceux du pays de Volterra.

Au lieu de dire, comme cela arrive souvent, que les influences morbides sont dues au mélange des eaux pluviales et des eaux stagnantes, il serait donc plus rationnel de dire qu'elles sont dues à l'action des eaux sur certains terrains desséchés.

Enfin, de même qu'il est prouvé que les végétaux vivants purifient l'eau, de même aussi il serait fort possible que la présence des animaux aquatiques eût une influence analogue sur l'eau, quoique sans doute bien différente dans ses effets, et les sangsues qui habitent ces marais sont peut-être une condition favorable à l'hygiène des lieux circonvoisins.

Il ne faut donc plus s'étonner si, comme Clémenceau le dit dans son rapport, la santé des habitants des communes où sont les marais à sangsues s'est sensiblement améliorée; si les éleveurs affirment que jamais la santé publique n'a été meilleure que depuis l'établissement de ces marais; et si enfin Levieux, forcé de reconnaître la vérité de ces assertions, s'est exprimé de la manière suivante, page 51 :

« Cet argument est d'autant plus spécieux, qu'il paraît être confirmé par les faits, et que sa vérité actuelle, à quelques exceptions près, est prouvée par l'enquête à laquelle a dû se livrer le conseil d'hygiène, pour répondre aux différentes demandes que lui adressait M. le ministre de l'agriculture et du commerce sur cette importante affaire. »

Si, en effet, on s'approche d'un marais à sangsues, pourvu qu'il y ait une couche de liquide assez épaisse et qu'il soit bien planté de végétaux, on reconnaît qu'il ne se dégage aucune odeur désagréable : on peut même prendre de l'eau dans un vase, et s'assurer qu'elle n'a pas l'odeur sulfureuse et croupie que présente celle de quelques fossés, incessamment agitée par l'arrivée de nouvelle eau.

Cette observation nous conduit naturellement à blâmer le conseil que l'on a donné de renouveler souvent l'eau pendant les grandes chaleurs. Nous croyons, au contraire, que l'hygiène publique gagnerait plus à la stagnation de l'eau qu'à son renouvellement, pendant lequel le mouvement imprimé à la vase aurait pour effet le dégagement des miasmes délétères qui y sont comme enfermés, et les sangsues ne s'en trouveraient pas plus mal. C'est, au reste, la conséquence de ce que nous venons de dire; mais, pour se convaincre qu'il en est bien ainsi, il faut observer que l'on ne voit que de loin en loin quelques bulles de gaz venir crever à la surface du liquide, ce qui prouve que les effluves délétères sont bien peu abondants.

D'ailleurs, les observations de Morren viennent jusqu'à un certain point confirmer ce que nous avançons. En effet, puisque les matières organiques vivantes microscopiques, vertes, végétales ou animales (conferves et monadaires), qui se forment dans les eaux stagnantes, ont la propriété de décomposer l'acide carbonique sous l'influence de la chaleur et de la lumière solaire, de s'en approprier le carbone et d'en dégager l'oxygène, elles agissent évidemment comme moyen de purification des eaux. Or, le renouvellement de l'eau s'oppose à leur formation, ou bien les emporte au moment où elles peuvent être utiles. Il est fort possible même que ces végétaux ou animaux microscopiques agissent sur des hydrogènes carbonés encore peu connus ou sur des matières plus subtiles auxquelles peut-être on pourrait attribuer l'influence délétère des miasmes paludéens, en les décomposant et les transformant en matières moins insalubres. Ce qu'il y a de certain, c'est que bien des fois nous avons pu observer que de l'eau dans laquelle nous avons conservé des Dorades, des Salamandres aquatiques, des Grenouilles et des Sangsues, et qui, jamais renouvelée, a donné naissance à ces végétations verdâtres microscopiques, ne s'est jamais corrompue, n'a jamais offert la moindre mauvaise odeur, bien que pourtant on y ait souvent jeté des parcelles de pain, de biscuit ou de pain à chanter, qui, en se putréfiant, auraient dû communiquer à l'eau une odeur plus ou moins infecte. Nous avons remarqué aussi que les animaux s'y conservaient mieux, qu'ils étaient plus vifs, quoique moins affamés, que s'ils eussent été conservés dans de l'eau renouvelée chaque jour.

Ce n'est pas que nous pensions qu'il ne faille jamais absolument changer l'eau des marais à sangsues; mais s'il était prouvé que ce changement fût nécessaire, il faudrait y procéder par un moyen plus rationnel, qui permettrait un renouvellement plus complet, et en automne ou au printemps plutôt qu'en été. En effet, alors la chaleur n'étant pas aussi grande, la diffusibilité des miasmes est de beaucoup diminuée, en même temps que peut-être aussi la constitution humaine est, à ce moment, plus en état de résister à leur action que pendant les fortes chaleurs.

Nous croyons, en conséquence de tout ce que nous venons de faire observer, que la transformation des marais ordinaires en marais à sangsues est plutôt une cause de salubrité que d'insalubrité, et nous ne voyons, dans l'établissement de pareils marais, rien qui doive inquiéter pour l'avenir, pourvu que l'on s'astreigne à les construire comme ils doivent l'être et ainsi que nous le dirons plus loin. Sans doute l'hygiéniste doit chercher tous les moyens possibles de préserver la société des maladies qui pourraient la menacer, plutôt que d'attendre qu'elles soient développées pour les combattre, et c'est pour cela que nous sommes étonné de trouver de l'opposition à la transformation des marais insalubres en marais à sangsues plus salubres.

II.

On a reproché à l'hirudoculture la transformation en marais artificiels d'excellents terrains où l'on faisait ample récolte de maïs, d'avoine ou de fourrages.

Élie Masson dit qu'il a pris des informations sur les lieux mêmes, et que rien n'est venu justifier les assertions de Levieux; mais comme, d'un autre côté, on a assuré au docteur Mêlier, qui a aussi visité les mêmes localités, que ces transformations avaient véritablement eu lieu, ce témoignage nous suffit pour regarder comme très fondé ce reproche fait à l'industrie des sangsues.

Mais si l'on observe que le propriétaire est maître de faire de son terrain ce que bon lui semble, pourvu qu'il s'astreigne à remplir les conditions qui pourront être ultérieurement exigées pour la construction des marais à sangsues, et que s'il l'emploie pour faire de l'hirudoculture, c'est qu'il pense y trouver un intérêt plus grand, on comprendra que l'inconvénient reste sans aucune valeur. Si, en effet, les marais de la Gironde consacrés à l'élève des sangsues, et dont l'étendue est aujourd'hui évaluée à 1000 hectares, produisent 4 millions de sangsues d'une valeur de 800,000 fr., comme le dit Élie Masson, nous ne voyons guère de produits, de récoltes ou pâturages capables de contre-balancer en valeur une pareille somme, et partant, sous ce rapport, nous trouvons que l'hirudoculture serait plutôt un avantage qu'un inconvénient.

III.

Il n'en est pas de même du reproche formulé par Levieux dans le paragraphe suivant, tiré de la page 40 de son livre :

« C'est ici le cas de dire, et de dire bien haut, qu'au point où les choses en sont arrivées, il existe entre les divers propriétaires des marais une solidarité telle, que ceux mêmes qui auraient le désir de faire de l'agriculture se voient contraints à se lancer dans l'industrie. Et comment n'y seraient-ils pas entraînés, quand le niveau constant indispensable aux éleveurs submerge leur culture et détruit complétement leur récolte? »

Bien que les inconvénients sérieux qui ressortent de cette citation, et dont nous ne faisons aucun doute, ne soient nullement du ressort de nos occupations, puisqu'il existe des lois qui doivent sauvegarder les propriétés voisines dans le cas où les possesseurs de ces propriétés ne voudraient pas se lancer dans l'entreprise de l'élève des sangsues, cependant nous avons cru devoir en faire l'objet d'une question à traiter, afin de proposer des moyens qui, eu égard à l'importance de l'industrie, ne sont pas de ces opérations trop difficiles ou trop coûteuses. Dans le cas contraire, c'est-à-dire si les propriétaires se sont engagés dans la voie de l'hirudoculture, nous pouvons être persuadés qu'ils y ont trouvé, ou qu'ils ont cru y trouver un intérêt certain qui pouvait les dédommager de la transformation qu'ils n'auraient probablement point consenti à faire subir, sans cela, à leurs propriétés.

En admettant, par impossible, que les lois n'ayant pas prévu un cas pareil, les propriétaires voisins aient véritablement à souffrir d'un tel état de choses, il ne serait sans doute pas difficile d'obliger alors le possesseur de marais à sangsues à lui donner une profondeur telle que le niveau constant qu'exige son entreprise soit au-dessous des parties les plus basses des propriétés voisines d'une quantité qu'il conviendrait de réglementer ; de sorte que l'infiltration des eaux, se faisant comme de coutume, irait leur porter une humidité qui serait plutôt favorable que contraire aux cultures, surtout pendant les grandes chaleurs.

Si, non loin du marais, il existait une suffisante quantité d'argile, il nous semble que, pour s'épargner des reproches, les possesseurs de marais pourraient les glaiser tellement, que l'eau n'eût que beaucoup de peine à filtrer à travers la couche d'argile, et de cette façon les propriétés circonvoisines seraient préservées de l'inondation que l'on reproche à l'hirudoculture (1). C'est surtout dans ce cas que la construction des marais d'après les principes que nous avons posés autre part serait une chose véritablement utile.

(1) Pour arriver certainement à ce résultat, on devra former autour et au fond du marais une sorte de muraille d'argile d'une épaisseur de quelques pieds, et bien battue, de façon à ne laisser aucune issue à l'eau. (Voyez, au reste, pour de plus amples détails, la figure et la description de notre marais à déplacement rationnel, page 345.)

IV.

La détérioration des marais par la constance de l'eau et le piétinement des chevaux, qui les défoncent quelquefois à une telle profondeur, que les malheureux animaux s'y engloutissent sans qu'il soit possible de les en retirer, est une assertion dont l'affirmation a été donnée au docteur Mêlier. Il est assez difficile d'obvier à cet inconvénient pour les marais à sangsues déjà établis. Mais en admettant, ce qui n'est rien moins que prouvé, que la nourriture par les chevaux ou autres mammifères soit indispensable au progrès de l'hirudoculture, on peut, dans ce cas, remédier à cet inconvénient en faisant subir aux marais une disposition heureuse proposée par Vayson, disposition qui a essentiellement pour objet la conservation du sol sous-aquatique dans un état toujours convenable, et qui, par conséquent, peut dans l'avenir échapper au reproche précité. Elle consiste à faire creuser, dans la longueur des marais, de profondes tranchées de 2 mètres de large que l'on remplit de sable. Ces tranchées, ainsi comblées, deviennent autant de chemins solides sur lesquels les chevaux peuvent marcher sans s'enfoncer, sans détruire les plantes aquatiques, sans soulever la vase des marais, et néanmoins servir à la nourriture des sangsues. Une double barrière, établie le long de ces chemins, sert d'ailleurs à faire que les chevaux ne puissent s'en écarter. En faisant daller ces chemins, on serait plus sûr de leur bonne conservation.

Enfin, s'il était vrai, comme le dit Levieux, que les éleveurs se vissent dans l'obligation d'abandonner leurs *barrails* au bout de quelques années, en vertu de la mesure précédente, il arriverait une époque très rapprochée où tous les marais seraient, sous ce rapport encore, rendus moins insalubres. Peut-être pourrait-on forcer les propriétaires à soumettre les marais ainsi abandonnés à l'action du colmatage, ce qui leur procurerait un terrain d'une grande fertilité par la profondeur du sol arable.

V.

Bien que nous nous soyons déjà occupé de la formation des miasmes paludéens, nous devons y revenir pour les étudier au point de vue de leur émanation et de leur diffusion dans l'atmosphère; car c'est dans cet état de mélange avec l'air que l'on doit admettre qu'ils agissent comme cause déterminante et incontestable des maladies dont nous avons fait plus haut l'énumération. Nous avons déjà dit qu'une amélioration sensible avait été constatée dans la santé des habitants des communes où se trouvent les marais à sangsues, et nous avons fait voir comment on pouvait, jusqu'à un certain point, expliquer cette amélioration. Peut-être faut-il ajouter que le bien-être que traîne toujours après soi toute industrie entre pour une grande part dans le meilleur état de la salubrité de ces communes (1). Le Bordelais a été de tout temps le théâtre de fièvres intermittentes, qui ne sauraient être attribuées à la culture de la sangsue, puisque les statistiques de Parempuyre et de ses environs font connaître que, depuis que les marais servent spécialement à ce genre d'industrie, le nombre des décès a diminué, malgré l'augmentation de la population. Les relevés authentiques de Parempuyre pour la dernière période de dix ans, de 1843 à 1853, pendant laquelle la culture de la sangsue s'est faite sur une assez grande échelle, donne 113 décès seulement, tandis que la période décennale précédente, de 1833 à 1843, a donné une mortalité de 152 (E. Masson).

Ce n'est pas à dire, pour cela, que les marais à sangsues soient exempts de reproches, au point de vue des exhalaisons paludéennes, et qu'il ne soit pas utile de réglementer

(1) A. Ph. Laurens nous apprend, dans son mémoire déjà cité, que le prix des journées d'un homme s'est élevé graduellement de 1 fr. 25 à 1 fr. 50, 2 fr., 2 fr. 50 et jusqu'à 3 fr.; que les habitants faisaient entrer peu de viande de boucherie dans leur nourriture, et qu'au bourg de Parempuyre, où il n'existait, il y a peu de temps, aucun boucher, aujourd'hui il y en a deux toujours pourvus de bonne viande. (Page 70.)

leur position ainsi que leur construction, et c'est parce que nous croyons qu'il est possible de leur faire subir des modifications avantageuses que nous soutenons l'hirudoculture avec force et conviction.

Parmi les éleveurs, il en est qui, à une époque déterminée, vident leurs marais. Cette opération, que l'on pratique du 10 au 15 juin, nous semble inutile pour le succès de l'industrie des sangsues, et a l'inconvénient de placer les marais dans les plus mauvaises conditions hygiéniques. La fermentation putride des matières organiques est rendue plus facile, et le dégagement des miasmes qui résultent de cette décomposition n'est arrêté par aucun obstacle, et cela au moment des plus fortes chaleurs de l'année, où l'on a le plus besoin de respirer un air salubre.

Si les éleveurs qui agissent ainsi avaient suffisamment observé la pose des *embryophores* ou *cocons*, ils n'auraient pas manqué de changer ce mode de procéder. La sangsue, en effet, a l'instinct de placer son cocon dans le lieu qu'elle sait convenir le mieux à son développement ultérieur. Aux mois de mai et de juin, un grand nombre de sangsues ont déjà posé: donc, lorsqu'on opère le desséchement, on met trop à sec les embryophores déjà posés, et ils ne tardent pas à périr desséchés par l'action de la chaleur solaire ou des vents, et le nombre qui doit se perdre ainsi doit être incalculable.

D'un autre côté, les sangsues posent encore des embryophores à une époque assez avancée de l'année, et quand vient, à la fin d'août, le moment de l'inondation, une grande quantité de cocons, se trouvant submergés, sont perdus sans ressource pour l'éleveur (Vayson).

Il est vrai que le desséchement, au dire de quelques hirudoculteurs, présente l'avantage de laisser le sol se raffermir par l'action de l'air et du soleil, de favoriser la digestion des sangsues (A. Ph. Laurens); mais, nous le répétons, nous croyons le desséchement plutôt nuisible qu'utile au double point de vue de l'industrie et de l'hygiène.

D'autres hirudoculteurs ont le bon esprit de maintenir l'eau de leurs marais dans une constance de niveau qui leur épargne la peine du desséchement et rend leurs marais supérieurs, quant à la reproduction et à la salubrité, aux marais desséchés. Le soin qu'ils prennent d'élever sur une grande partie de leur superficie, de petits îlots où vont nicher les sangsues, leur assure toujours une multiplication abondante qui n'a à craindre ni trop d'humidité, ni trop de sécheresse.

La végétation, que l'on sait avoir la faculté de purifier l'air altéré par les animaux, nous paraît avoir une influence favorable sur la purification de l'eau des marais et de l'air qui les avoisine. C'est pour cela que nous avons toujours conseillé une végétation abondante en pleine eau, et, pour prévenir toute fâcheuse émanation de la part des marais, même de ceux qui sont placés dans les meilleures conditions hygiéniques, il nous a toujours semblé qu'une ceinture d'arbres et de haies aurait non seulement l'avantage de former une sorte de cordon sanitaire qui arrêterait les vapeurs paludéennes, mais encore mettrait les marais à l'abri des pêches nocturnes, difficiles à surveiller, ou du moins rendrait cette surveillance infiniment plus praticable.

Pour que ce système de plantation pût être fait avec succès, et pour qu'il ne manquât pas d'une sorte de beauté symétrique, on aurait soin de choisir des arbres qui se plaisent dans les lieux humides, et, après avoir consulté l'étendue de l'expansion de leur tête, on aurait la précaution de les placer à une distance de 3 à 4 mètres les uns des autres, et de relier chaque pied avec son voisin par une haie vive, haute et épaisse de végétaux qui viennent avec le plus de facilité dans le voisinage des marais.

Les marais seront eux-mêmes gazonnés sur leurs berges et bordés de plantes aquatiques élevées, telles que ***Roseaux à balais***, ***Typha***, ***Iris***, ***Salicaire***, ***Butome***, ***Ruban d'eau*** (Sparganium erectum), ***Epilobe des marais***, etc.; les îlots seront aussi gazonnés et bordés de plantes élevées, et çà et là les marais devront être plantés de végétaux essentiellement aquatiques, comme le sont le ***Ménianthe***, les ***Berles***, les

Bécabunga, le *Cresson*, les *Nymphea*, les *Potamogets*, les *Charagnes* ou autres. Dans ces conditions, les marais seront non seulement à peu près complétement salubres, mais encore pourront offrir au regard du voyageur un lieu d'agrément sur lequel il aimera à reposer sa vue au milieu des terres arides et ingrates qui abondent dans les Landes.

VI.

Nous touchons véritablement à la question la plus difficile et la plus délicate de l'hirudoculture, celle de l'alimentation. Est-il de nécessité impérieuse, pour le succès de cette industrie, que les sangsues soient nourries avec le sang des mammifères? Dans ce cas, est-il indispensable de les nourrir aux veines mêmes de l'animal? Telles sont les deux questions qu'il nous importe d'examiner ici.

Si nous remontons à l'époque où les marais de la France centrale abondaient en sangsues; si nous considérons que ces annélides viennent tout naturellement dans les marais étrangers où se font les pêches les plus abondantes; si nous observons que quelques éleveurs, et entre autres Letavernier de la Mairie et Laiguez, n'emploient jamais de sang pour nourrir les sangsues qu'ils cultivent, nous pourrons supposer que le sang des mammifères n'est pas indispensable à la nourriture de ces annélides, et que s'ils ont pu quelquefois se nourrir de ce sang, ce n'a jamais pu être que d'une manière tout à fait fortuite. Toutefois, dans l'état de nature, il est certain que la multiplication est moins abondante que dans les marais artificiels, soit parce que le niveau d'eau étant subordonné à l'état de l'atmosphère, les sécheresses ou les inondations font chaque année périr des myriades de sangsues avant leur éclosion, soit à cause de l'état de vacuité ou d'émaciation où la plupart d'entre elles peuvent se trouver, par suite du jeûne qu'elles sont forcées de subir, si, existant en grande abondance dans les marais, la quantité de nourriture n'est plus en proportion avec le nombre de ces annélides, état d'émaciation qui paraît essentiellement faire qu'elles n'éprouvent pas le besoin de s'accoupler.

Il y a donc cette différence entre la multiplication naturelle et la multiplication artificielle, que pour cette dernière l'industrie est venue en aide à la nature en faisant que les conditions d'accouplement et d'éclosion des embryophores soient toujours constamment meilleures, conditions qui ont dû considérablement diminuer les chances d'avortement. C'est pour cette raison, sans doute, que les marais artificiels sont relativement plus riches en jeunes sangsues, et que, pour ne pas les laisser mourir de faim, l'hirudoculteur a dû en arriver à la nourriture artificielle par le sang des mammifères.

Si nous ne nous trompons, nous pensons que la question de la nourriture des sangsues est loin d'être complétement résolue. Sans doute le sang des mammifères peut être considéré comme un aliment de ces annélides, mais nous sommes convaincu qu'il n'est pas le seul, et dans l'état de nature nous voyons qu'ils savent s'en passer. De plus, nous savons que les sangsues pêchées dans les marais naturels ne contiennent pas de sang (Derheims, Chevallier, Moreau, etc.) : il faut donc qu'elles trouvent dans leur habitation des éléments de nourriture autres que ceux que les éleveurs emploient aujourd'hui. Pour nous, toute la question semble se concentrer dans les moyens de faire naître dans les marais artificiels ces éléments de nourriture, et nous pensons que les larves aquatiques d'insectes, les têtards, les grenouilles, les salamandres, et probablement aussi un grand nombre d'animaux infusoires, ont une grande part dans leur alimentation, et que les meilleurs moyens à employer pour les faire naître sont de préparer sur les bords des marais ou même dans leurs eaux une abondante végétation de plantes diverses. Celles-ci, en y appelant les insectes qui y apportent leurs œufs, contribuent ainsi, quoique indirectement, à la nourriture des sangsues. Dans ce cas, il ne s'agirait donc plus que d'équilibrer le nombre des sangsues avec la quantité d'aliments que peut fournir une étendue donnée de marais placés, sous ce rapport, dans les meilleures conditions.

Selon plusieurs auteurs, parmi lesquels nous citerons de Plancy, Noble, Pallas, Charpentier, Laubert, Soubeiran et Huzard, les sangsues médicinales ne se reproduisent bien qu'autant qu'elles ont été gorgées de sang des mammifères. Mais d'autres, avec Chatelain, Dufft, Laignez et Letavernier de la Mairie, ont parfaitement observé que la reproduction pouvait avoir lieu sans qu'elles aient préalablement sucé un pareil sang, et Moquin-Tandon n'est pas éloigné d'admettre cette manière de voir. Afin de réduire ces idées pour ainsi dire antagonistes à ce qu'elles ont de vrai toutes deux, il faut dire que le sang des vertébrés n'est pas plus indispensable à la reproduction qu'il n'est juste de soutenir que les sangsues à jeun sont dans de meilleures conditions pour accomplir cet acte. Il est évident qu'une sangsue gorgée sera plus apte à la reproduction qu'une sangsue à jeun, mais seulement parce que le temps amènera chez la première un moment favorable à la reproduction ; tandis que chez la seconde, le temps ne fera que l'affaiblir et l'éloigner du moment où, bien nourrie, elle eût pu facilement reproduire. Mais si la sangsue est bien nourrie, quelle que soit l'espèce de nourriture qu'elle ait prise, elle sera toujours disposée à la reproduction quand viendra son heure, et nous n'en voulons pour preuve que la pratique usitée en Bretagne pour le repeuplement des marais épuisés. Ainsi, sous ce rapport encore, la nourriture avec le sang des mammifères n'est pas aussi indispensable que quelques auteurs ont bien voulu le dire.

Mais admettons que les besoins de l'hirudoculture ne puissent se contenter des moyens naturels, et que pour nourrir les sangsues il faille nécessairement recourir à l'usage du sang. Dans ce cas, il convient d'examiner s'il faut employer le sang frais puisé dans les veines de l'animal, ainsi que le veut Vayson, et comme le pratiquent les éleveurs du Bordelais, ou si d'autres moyens ne peuvent pas être utilisés avec autant de succès.

Selon Faber, on peut se servir du sang d'animaux nouvellement tués, tels que veau, chèvre, mouton, bœuf, etc., et en obtenir d'excellents résultats dans l'alimentation des sangsues. Pour l'employer, on se contente de le faire coaguler et de le placer sur des planches entourées d'un petit rebord et creusées au centre. Après les avoir disposées de façon qu'elles n'enfoncent pas sous le poids du caillot et des sangsues, on les fait flotter sur l'eau, et, pour attirer ces animaux, on a soin de répandre un peu de sang autour des planches en même temps que l'on agite l'eau. Ainsi pour Faber, la nourriture par ce moyen est possible, et les résultats qu'il a obtenus témoignent assez de sa valeur. Néanmoins un grave inconvénient accompagne ce mode d'alimentation. En effet, le sang que l'on jette dans l'eau s'y divise et devient bientôt une cause d'infection pour les marais, et c'est sans doute pour cela que très peu d'éleveurs, si tant est qu'il y en ait, se servent de ce mode d'alimentation et que tous ont eu recours au système usité dans le Bordelais (1).

D'après Soubeiran, M. Borne serait tout récemment arrivé à employer une méthode de laquelle on a dit beaucoup de bien. Cet hirudoculteur n'emploie ni le sang coagulé, ni le sang puisé sur l'animal vivant. Il se sert du sang encore chaud des animaux abattus. Pour cela, il pêche les sangsues et les porte à la boucherie au moment où l'on vient de saigner le bœuf, le veau ou le mouton. Le seul soin à prendre consiste à battre le sang pendant quelques instants pour lui enlever sa fibrine et l'empêcher de se coaguler; après quoi, on y plonge les sangsues que l'on tient enfermées dans des petits sacs de flanelle. Au dire de Soubeiran, M. Borne serait arrivé à former ainsi un établissement en pleine prospérité et à avoir des dépôts dans les départements environnants, où ses sangsues sont préférées de beaucoup aux sangsues ordinaires du commerce.

(1) Le docteur Harreaux suit à peu près la méthode de Faber ; seulement il emploie le sang défibriné concurremment avec le sang coagulé.

Ainsi donc, nous voyons qu'un nouveau système de nourriture, beaucoup moins barbare que celui qui est employé dans le Bordelais, peut être appliqué avec succès à l'élève des sangsues. Malheureusement il a contre lui l'obligation où l'on est de pêcher deux ou trois fois par an les annélides ; mais il présente des avantages tellement puissants, au point de vue de l'hygiène et de la loi Grammont, qu'il serait bien important qu'il fût seul mis en pratique. Nous échapperions de cette façon à ces actes de cruauté qui ne sont ni de notre époque, ni de nos goûts, et que la morale la moins délicate réprouve. Nous sommes donc bien loin de partager les vues d'Élie Masson (1) à cet égard, et si, pour faire des expériences qui doivent profiter à la science et par suite au bien-être général de l'homme, on est obligé de sacrifier un grand nombre d'animaux, nous trouvons cette différence importante pour légitimer jusqu'à un certain point ces sacrifices, que dans les expériences indiquées l'esprit conçoit une fin, tandis qu'il n'en est pas ainsi pour le sacrifice des animaux qui sont donnés en pâture aux sangsues.

Enfin, si l'hirudoculture ne pouvait s'accommoder de l'un des moyens que nous venons de passer en revue, nous pensons qu'il vaudrait mieux que les éleveurs s'astreignissent à n'acheter que des chevaux jeunes et bien portants qu'ils ne livreraient aux sangsues que quelques heures par jour, et encore ne devraient-ils pas les exposer à la succion plusieurs jours de suite ; ils préviendraient ainsi des mesures qui pourraient leur être imposées, et selon nous, ce serait bien mieux comprendre leurs intérêts pécuniaires et sanitaires.

Soubeiran nous apprend que cette pratique est usitée à Hambourg dans le marais de M. Coyard, et E. Masson assure que quelques éleveurs de Bordeaux ont soin de n'exposer leurs chevaux à la succion des sangsues qu'une ou deux fois par semaine.

(1) *Élève des sangsues*, par Élie Masson (d'Ardres). Paris, 1854, pages 9 et 10.

Au reste, il ne serait pas impossible d'établir une surveillance active qui aurait pour but de s'opposer à l'achat à vil prix de ces chevaux infirmes, tarés ou malades, dont les inconvénients qu'ils portent avec eux sont de plus d'une nature et ont bien des fois donné prise à de vives et justes réclamations.

VII.

De l'usage que l'on fait des chevaux dans l'alimentation des sangsues résultent des reproches souvent bien mérités. Selon Levieux, chaque année on emploierait en moyenne, dans le seul département de la Gironde, de 18 à 20,000 chevaux pour le gorgement des sangsues. Quelques propriétaires (les plus rares) exigent qu'aussitôt après leur mort, ils soient enterrés à une assez grande profondeur; d'autres les enterrent aussi, mais sous une couche de terre si mince, que les produits volatils de la putréfaction ne tardent pas à se répandre dans l'atmosphère ; quelques-uns s'en débarrassent en livrant leur corps au courant d'une rivière voisine; il en est qui les donnent en pâture aux chiens de garde que cette alimentation putride peut prédisposer à l'hydrophobie (Levieux); enfin les autres, quand ils ne les livrent pas aux équarrisseurs nomades qui en font leur profit, les abandonnent à la putréfaction au milieu même des marais où ils sont enfoncés.

Ces faits sont incontestables, et dans une lettre adressée au conseil d'hygiène publique et de salubrité de la Gironde, le maire de Cussac se plaint avec raison de cette singulière manière de procéder.

« Il ne m'appartient pas, dit-il, de discuter ici si les lois humanitaires, qui défendent de maltraiter les animaux domestiques et punissent ceux qui s'en rendent coupables, permettent de les faire manger vivants ; mais ayant remarqué ces jours-ci, des rives du *Fort-Médoc* au chenal de *Beychevelle* (distance de 3 à 4 kilomètres), dix-sept chevaux morts charroyés par les flots et jetés sur la grève où ils exhalaient les miasmes les plus délétères, je viens vous demander si ces odeurs fétides ne pourraient pas compromettre la santé des populations riveraines qui, à cette époque de l'année, sont constamment dans les champs pour la fauche des foins, et si ces cadavres ne sont pas susceptibles de corrompre l'eau de la rivière, la seule qu'ils boivent...; sans compter que tous les chiens du pays viennent en faire *curée*, et que des viandes aussi putrides pourraient bien développer chez ces animaux des symptômes rabiques. »

D'un autre côté, une partie de ces faits ont été certifiés au docteur Mêlier, lors de son voyage dans la Gironde. Selon ce savant, des personnes très recommandables et dignes de foi lui auraient assuré que les chevaux, pour arriver dans les marais à sangsues, traversent le fossé qui les entoure en passant sur une planche que l'on a soin de relever à la manière d'un pont-levis ; de cette façon, les chevaux ne peuvent échapper à la mort certaine qui les attend ; ils tombent bientôt épuisés par les morsures des sangsues, et fort souvent on les abandonne dans les marais, où ils se putréfient.

Ces excès parlent d'eux-mêmes, et nous ne comprenons pas que les éleveurs soient assez peu soigneux de leurs intérêts pour ne pas, au moins, faire immédiatement enlever les chevaux morts pour les livrer à l'équarrisseur ou les enterrer; car il est bien évident que les sangsues doivent peu s'accommoder des odeurs putrides, surtout de celles qui émanent des matières animales en décomposition, et qui, dans beaucoup de cas, peuvent être une cause certaine de maladie épidémique pour ces annélides.

Tous ces résultats, sans être complétement contestés, sont cependant bien atténués par Élie Masson. Cet auteur dit que le nombre des chevaux employés dans les exploitations n'est tout au plus que de 2,000; qu'on ne les introduit qu'à tour de rôle et pour certain temps, selon les besoins et selon les circonstances des saisons et de la température; que beaucoup de ces chevaux sont en fort bon état, et que l'on peut même les revendre avec avantage; qu'il a parcouru les marais et qu'il n'a rien senti d'analogue à l'odeur de la putréfaction; que les propriétaires qu'il a interrogés lui ont dit qu'ils procédaient à la sépulture des animaux avec un soin tout particulier, et que les cadavres non enterrés étaient aussitôt livrés aux équarrisseurs.

Nous souhaiterions fort qu'il en fût ainsi; mais nous ferons observer toutefois qu'entre ce que l'on dit faire et ce que l'on fait véritablement, il y a souvent une grande distance, et Élie Masson a été certainement induit en erreur, sinon par tous, du moins par quelques éleveurs. D'un autre côté, alors même que sur les lieux et en passant, on ne sentirait aucune odeur de matières animales en putréfaction, il ne serait pas rigoureusement prouvé qu'il n'y existe pas de miasmes délétères provenant de la putréfaction même.

Néanmoins nous ne voyons pas, dans tous ces faits, d'inconvénients véritablement sérieux, puisqu'une simple mesure de police peut obtenir que la sépulture des cadavres qui ne seraient pas remis à l'équarrisseur soit faite dans des fosses suffisamment profondes, tandis qu'une peine sévère serait infligée à ceux qui, par négligence, laisseraient leurs chevaux morts dans les marais ou qui les porteraient dans une rivière voisine, afin que le courant les entraînât au loin.

VIII.

Les inconvénients sont bien autrement graves, s'il est certain, comme le dit Levieux, que l'on emploie des chevaux atteints de morve et de farcin. Ce médecin rapporte une lettre du vétérinaire des épizooties, adressée au préfet et transmise au conseil d'hygiène. Nous en extrayons les passages suivants, comme preuve à l'appui des inconvénients précités :

« Monsieur le préfet,

» Depuis quelques années, j'ai été appelé, dans les propriétés contiguës aux marais à sangsues, à constater et à combattre quelques maladies contagieuses dont l'espèce chevaline a été plus particulièrement victime.

» Ces maladies sont la morve et la gale. Les propriétaires des animaux atteints attribuent l'invasion de ces affections à la contagion par les chevaux destinés à l'éducation de la sangsue, et redoutent les plus graves accidents pour l'avenir.

» Les divers renseignements que j'ai recueillis sur l'état sanitaire des animaux introduits et entretenus dans nos marais par bandes nombreuses justifient complétement le sentiment et les appréhensions de ces propriétaires.

» En général, on n'achète et l'on ne sacrifie, pour l'éducation de la sangsue, que des animaux condamnés déjà par leurs infirmités, tares ou maladies, au couteau de l'équarrisseur. Le plus grand nombre peut donc être affecté des maladies les plus graves et les plus dangereuses pour l'espèce chevaline.....

» *Signé* DUPONT,

» Vétérinaire des épizooties. »

A côté de ce document authentique, nous trouvons dans le mémoire d'Élie Masson, qu'un propriétaire de marais à sangsues possède quelquefois 150 à 200 chevaux de tout âge ; qu'il est le premier intéressé à les garantir de la contagion, et que d'ailleurs ces chevaux sont achetés sur les marchés publics où la surveillance est très grande, puisqu'elle est exercée par la police d'une part, et que les particuliers, d'autre part, sont invités à désigner les animaux malades. Enfin, dit-il, « tout le monde sait avec quelle sévérité chacun remplit son devoir dans cette circonstance : aussi l'objection des chevaux morveux ou autres tombe d'elle-même. »

Sans nous faire l'arbitre des deux antagonistes que nous venons de citer, disons donc que s'il est véritablement dangereux, au point de vue de la contagion d'espèce à espèce, d'admettre dans l'alimentation des sangsues des chevaux atteints de maladies contagieuses, l'autorité nous semble avoir en main les moyens de s'opposer à ce que de pareils chevaux soient employés à cette industrie, et par cela même elle sauvegardera les intérêts des éleveurs qui seraient assez aveugles pour s'imaginer qu'ils font des bénéfices certains sur l'achat de semblables chevaux : d'ailleurs, un vétérinaire de l'endroit pourrait être commis à la surveillance de la vente des chevaux destinés à cette exploitation.

IX.

Enfin comme dernière question, nous avons à examiner le gorgement des sangsues par la nourriture artificielle de laquelle nous venons de parler, au double point de vue de la transmission de certaines maladies contagieuses du cheval à l'homme, et de l'emploi de ces annélides comparé à celui des sangsues vierges ou considérées comme telles dans le commerce.

A. La sangsue peut-elle être considérée comme voie de transmission de certaines maladies contagieuses du cheval à l'homme ? Telle est la proposition que nous trouvons formulée à la page 74 du mémoire de Levieux. Cet auteur dit que depuis quelques années il a observé dans la pratique civile un très grand nombre d'accidents inflammatoires survenus à la suite d'applications de sangsues (érysipèles, phlegmons circonscrits, pustules, engorgement des ganglions axillaires ou inguinaux), mais surtout une difficulté de cicatrisation des piqûres et une longue suppuration de chacune d'elles.

En parlant de la réapplication des sangsues, nous nous sommes longuement étendu sur ce sujet, et nous avons dit qu'il ne nous semblait pas possible, vu le mécanisme de la succion, que l'absorption des matières virulentes pût se produire. En effet, tandis qu'une sangsue suce ou aspire pour former d'abord le mamelon, et ensuite absorber le sang ; tandis que les vaisseaux déchirés expulsent eux-mêmes, par plénitude et contraction, le sang qui s'écoule avec assez de force et d'abondance, même après la chute des sangsues, notre esprit ne saurait concevoir que les tissus mordus pussent absorber en même temps les matières étrangères qui pourraient être contenues dans le tube digestif de ces annélides.

Pour bien concevoir notre pensée à ce sujet, nous allons exposer l'expérience théorique suivante qui nous semble aussi analogue que possible au phénomène qui nous occupe. Supposons deux liquides, l'un rouge et l'autre incolore, sortant de deux orifices égaux, avec une certaine vitesse représentée par 1 dans le liquide rouge, par 10 dans le liquide incolore, et amenés tous deux au contact. Il est évident pour l'esprit que le liquide incolore poussant le liquide rouge avec une force dix fois plus grande, le liquide blanc pourra pénétrer dans le liquide rouge sans que la réciproque ait lieu. Or, le sang est, par rapport aux liquides de l'estomac des sangsues, ce que le liquide blanc est au liquide rouge : donc il ne saurait y avoir absorption de matières virulentes par les tissus animaux dans le cas dont il s'agit.

Au reste, les expériences de Vitet sur des sangsues réappliquées sur l'homme sain après avoir mordu des galeux, des vénériens, des dartreux, des varioleux, etc. ; celles de Pallas et de Simon sur les sangsues appliquées sur eux-mêmes après avoir mordu les bords d'un ulcère vénérien ; celles de Domanget qui a essayé les sangsues qui avaient mordu sur la peau d'un varioleux, sur un phlegmon, sur un érysipèle et sur le contour d'une dartre : toutes ces expériences sont tellement probantes, qu'elles doivent rassurer complétement l'esprit des médecins qui ont conservé quelques craintes.

Toutefois il est juste de dire que, bien que l'expérience chaque jour répétée dans les hôpitaux de Paris, et cela depuis une quinzaine d'années, n'ait amené la remarque d'aucune communication de maladie par les sangsues, cependant la manière dont on les applique est pour beaucoup dans les inflammations plus ou moins passagères, mais jamais graves, qui suivent leur morsure. Les expériences et les observations de Vitet, de Derheims, de Pelletier et Huzard, ont fait connaître, en effet, que lorsque l'on tourmente ou lorsque l'on cherche à faire tomber une sangsue par des moyens irritants, elle se contracte et rend par la bouche une certaine quantité de liquide intérieur qui est souvent la cause de l'inflammation. C'est pour cette raison surtout qu'il est prudent de n'employer que des sangsues vierges (1) ou des sangsues qui ont été purifiées, comme nous allons le dire.

B. Si nous penchons pour croire à la non-contagion des maladies par l'intermédiaire des sangsues, nous sommes au contraire convaincu qu'un inconvénient plus grave doit résulter de l'emploi de sangsues plus ou moins récemment gorgées, par la raison qu'il est évident qu'elles ne sauraient remplir le but que se propose le médecin. Si, par exemple, il suppose qu'un certain nombre de sangsues doit sucer une quantité déterminée de sang, parce qu'il les croit vides et affamées, il est certain que, gorgées, elles n'absorberont que la moitié, le quart ou peut-être moins de la quantité qu'il espère tirer, et si la maladie est grave, si la vie dépend entièrement de l'énergie du traitement, on conçoit quelle grave responsabilité doit retomber sur celui qui fournit de pareilles sangsues.

C'est donc avec raison que les médecins, les pharmaciens et quelques marchands consciencieux s'élèvent si fort contre le gorgement frauduleux que pratiquent certaines maisons. Les méthodes employées aujourd'hui pour nourrir les sangsues ne sont-elles pas de nature à faire craindre que le gorgement frauduleux ne se pratique encore sous une apparence de bonne foi? Telle est la question qu'il s'agit d'examiner.

Évidemment, que les sangsues soient gorgées dans les magasins ou dans les marais, le résultat serait exactement le même, si la sangsue gorgée au marais était aussitôt pêchée

(1) Au dire de plusieurs négociants consciencieux, il n'existerait pas dans le commerce de sangsues véritablement vierges.

pour être livrée au besoin du commerce ; mais il en est rarement ainsi, et nous croyons que la pêche ne s'exerce d'ordinaire que sur des sangsues affamées : les sangsues ayant coutume de s'enfoncer en terre pour digérer tranquillement. Conséquemment, nous croyons que toute sangsue gorgée l'a été après la pêche et doit être considérée comme un objet fraudé.

D'ailleurs, ainsi que nous le disions, il est certain que quelques marchands de mauvaise foi ne manqueront pas de se servir du prétexte de la nourriture avec le sang des mammifères pour faire passer comme sangsues pures des sangsues gorgées que l'on saisirait chez eux. Or, comme il est possible de reconnaître d'assez faibles proportions de sang dans la cavité stomacale des sangsues, nous croyons que l'on pourrait rendre le marchand en gros responsable d'un pareil méfait. Joseph Martin dit qu'avec l'habitude, mais qui ne s'acquiert qu'avec une longue pratique, on distingue non seulement la sangsue de bonne qualité ou parfaitement officinale d'avec la sangsue bâtarde, mais encore on peut indiquer leur degré d'énergie, de vitalité, etc.

Nous sommes persuadé que l'on pourrait assez facilement arriver à n'avoir dans le commerce que des sangsues pures ou vierges, ou pour mieux dire, vides, si l'autorité employait tous les moyens qu'elle a à sa disposition. Une surveillance sévère conduirait sans peine à ce résultat si important.

Maintenant que l'hirudoculture se fait sur une assez vaste échelle et qu'elle tend à se répandre dans presque tous nos départements, nous pouvons espérer qu'elle ne tardera pas à fournir à la France toutes les sangsues qui s'y emploient, et alors nous serons affranchis de l'obligation de les aller chercher à l'étranger, auquel, dit-on, on doit attribuer le premier gorgement. Jusque-là, comme le reproche du gorgement est directement adressé à l'élève des sangsues, nous devons dire que rien ne nous semble plus facile que de le prévenir :

1° On pourrait obliger les éleveurs à avoir, comme le recommande Vayson, un bassin de purification duquel seulement on pêcherait les sangsues livrées au commerce; une inspection bien faite aurait pour objet l'exécution de cette mesure.

2° D'ailleurs, en obligeant les marchands en gros, chez lesquels seulement les marchands en détail s'approvisionneraient, en les obligeant, disons-nous, à n'avoir que des sangsues pures, ils auraient toujours grand soin de ne les prendre que chez les éleveurs consciencieux, ce qui forcerait bientôt à le devenir ceux qui auraient d'autres tendances.

CONCLUSIONS GÉNÉRALES SUR CETTE CINQUIÈME PARTIE.

Nous ne savons si nous avons été suffisamment compris et si nous sommes arrivé à détruire une partie des craintes exagérées, selon nous, qui se trouvent exprimées dans l'ouvrage, du reste très recommandable, de Levieux. Dans tous les cas, nous croyons que le conseil d'hygiène publique et de salubrité a formulé des conclusions quelque peu draconiennes, qui seraient bien de nature à détruire complétement une industrie qui est appelée à occuper une assez grande place dans les produits agricoles de ces terres ingrates.

Mais si nous trouvons que les demandes du conseil d'hygiène publique et de salubrité de la Gironde sont exagérées, nous sommes forcé de reconnaître que les éleveurs ont besoin de placer leurs marais dans des conditions telles qu'ils puissent échapper aux reproches les plus graves qui leur ont été adressés. Ils se trouveront ainsi concilier leurs intérêts avec ceux de leurs voisins et ceux de l'hygiène publique.

Si nous ne nous abusons, nous croyons pouvoir répondre à la question très importante que nous avons posée en tête de cette partie de notre ouvrage : *Oui, il est possible de faire de l'hirudoculture sans dangers et sans inconvénients réels pour la santé publique, pourvu que certaines mesures soient prises pour placer les marais à sangsues dans les meilleures conditions hygiéniques possibles.*

Envisagée sous ce point de vue, nous pensons, contrairement à Levieux, que l'hirudoculture est plutôt une exploitation agricole qu'une exploitation essentiellement industrielle; car elle est un moyen d'augmenter, comme l'agriculture, les revenus des terrains; or, nous avons déjà dit à quelles proportions remarquables cette augmentation s'était élevée. Au reste, le passage suivant, emprunté à un mémoire adressé au préfet de la Gironde en 1853, est un précédent probablement bon à constater :

« Une contestation entre deux associés, ayant pour objet l'élève des sangsues, ayant été portée devant le tribunal de commerce de Bordeaux, il fut statué en ces termes :

« Attendu qu'on ne peut considérer l'élève des sangsues » comme ayant un caractère commercial, que c'est une ex» ploitation rurale plutôt qu'industrielle, le tribunal se dé» clare incompétent et renvoie les parties devant leurs juges » naturels. » (Rapporté par A.-Ph. Laurens.)

La nature même des questions déjà posées par le comité consultatif d'hygiène et les réponses que nous avons rapportées, ainsi que les demandes du conseil d'hygiène publique et de salubrité de la Gironde, prouvent que si aucune réglementation n'a été établie concernant les marais à sangsues, le temps n'est pas éloigné, sans doute, où des mesures seront prises pour le classement des marais parmi les exploitations agricoles ou les industries insalubres. Nous ne pouvons prévoir quelle sera la solution prochaine que recevra cette importante question, mais nous désirons fort que l'on puisse concilier les intérêts de l'hirudoculture avec ceux de l'hygiène publique. Nous sommes convaincu que l'industrie des sangsues bien réglementée peut amener les plus heureux résultats au point de vue seul de la médecine, en conduisant à la production de toutes les sangsues dont nous aurons besoin, et en arrivant à ne les faire livrer au commerce que parfaitement purifiées, c'est-à-dire complétement vides et présentant les caractères des meilleures sangsues.

FIN.

LISTE

DES NOMS D'AUTEURS

CITÉS DANS CET OUVRAGE.

FIN DE LA LISTE DES AUTEURS.

Pl. I.

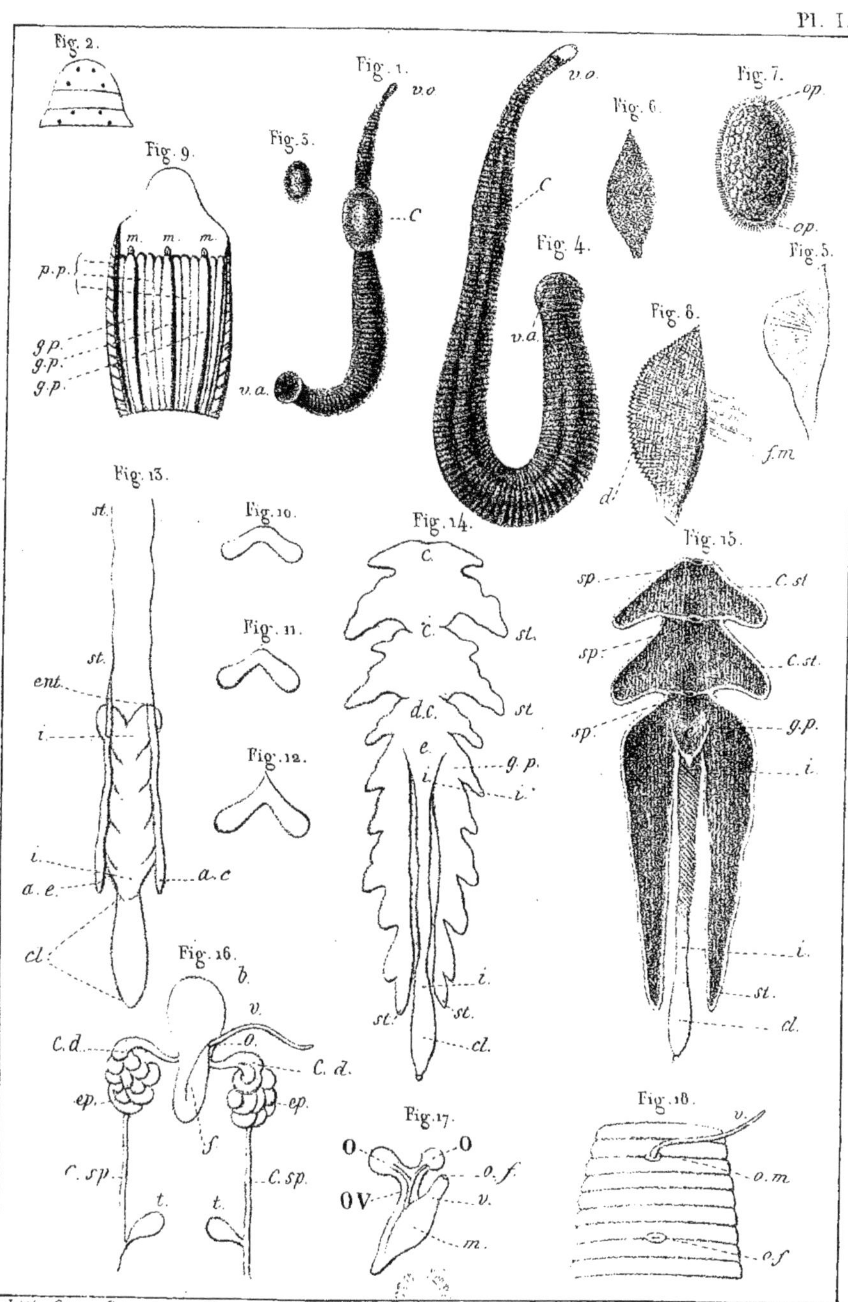

Lith. Caron Delamarre, r. Mazon, 6, Paris. A. Mignon, lith.

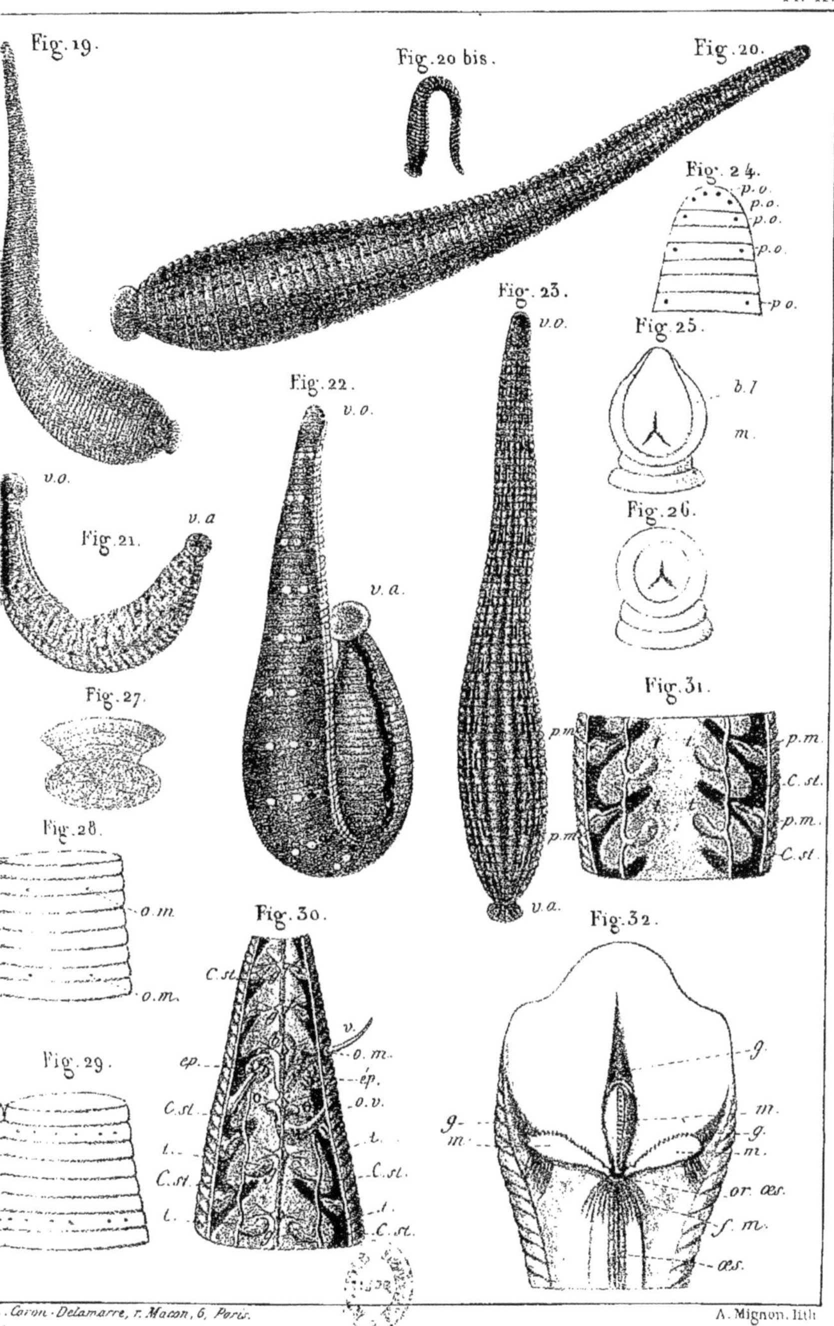

Coron-Delamarre, r. Macon, 6, Paris. A. Mignon, lith.

Paris. — Imprimerie de L. Martinet, rue Mignon, 2.

www.ingramcontent.com/pod-product-compliance
Ingram Content Group UK Ltd.
Pitfield, Milton Keynes, MK11 3LW, UK
UKHW022320190726
13856UKWH00001B/122

9 782011 938862